KB235633

빛의 역사

빛의 역사

초판1쇄 발행 2010년 5월 2일

지은이 김기용
펴낸이 정종현
펴낸곳 도서출판 누가

등록번호 제20-342호
등록일자 2000. 8. 30.
주소 서울시 동작구 상도2동 186-7(3층)
전화 (02)826-8802, **팩스** (02)825-0079
E - mail lukevision@hanmail.net

정가 28,000원
ISBN 978-89-92735-44-5

빛의 역사

김기용 지음

서문

나는 모든 것에 대해 무지한 채, 이 세상에 태어났다. 그러나 내가 태어난 이 세상에는 하늘과 땅과 바다가 있었으며 그 곳에는 내가 모르는 것들로 빽빽이 차 있었다. 해, 달, 별, 우주, 내 조국, 미국, 영국, 로마, 아프리카, 멋진 山, 공룡, 사자, 호랑이, 독수리, 물, 파도, 섬, 고등어, 상어, 참치….

나는 이 모든 만물에 대하여, 학교라는 곳에서 조금씩 배우기 시작했다. 어떤 건 확실히 알 수 있게 되었고, 어떤 건 배워도 모르는 것이 있었고 배울수록 또 다른 궁금함이 끊임없이 나를 엄습해왔다. 세월이 흐르자 알만한 것들로 이 세상은 가득 차 있었고, 그것들은 과학과 역사라 불리고 있었다. 나는 한 조각의 빵보다도 그것들을 더 알려고 했었다.

이윽고 나는 외과전문의가 되었고 만물에 대한 나의 "앎"은 그 정도의 "앎" 속에서 만족한 채, 내 인생을 끝마치려 했었다. 그러나 끝내 나는 "레이저"를 통해 「빛」을 만났고, 그 「빛」을 알려고 하자 너무나 어렵게 느껴져 한 쪽에 덮어 두었던 물리학 책을 끄집어 낼 수밖에 없었다.

내 나이는 마흔 중반을 넘어섰고, 10여 년을 나는 과학책 정독과 사고실험 그리고 자유토론에 빠졌다(전 전남의대 생화학주임교수셨던 이민화 은사님과 선배님 김문중내과의원(전주)원장님과 송호경내과 과장님(전주우석한방병원) 그리고 평범한 사람들…). 그 속에서 가장 큰 두 주제는 "과학과 성서"였다. 거의 모든 책들과 대부분의 사람들은 마치 이 두 주제가 서로 대립되는 것처럼 말했다. 그러나 내가 발견한 것은 「과학과 성서」가 대립되는 것이 아니라 과학자의 추론적인 결론과 성서가, 그리고 비성서적 성경관과 과학이 서로 대립될 뿐이었다.

내가 과학에서 발견한 가장 큰 진주는 "알 수 있는 것"과 "알 수 없는 것"이 있다는 것이었다. 그러나 젊은 날에, 나는 모든 것을 알 수 있다고 생각한 적이 있었으니…. 이 책은 과학보고서나 연구결과서가 아니다. 이 책은 한 인간의 만물에 대한 처절한 열정과 궁금증에 대한 몸부림의 산물일 뿐이다.

나는 이 책을 짧고 쉽게 쓰려고 했으며, 부분적인 자세함보다는 전체적인 윤곽(개념)을 독자들이 알 수 있도록 목적하고 썼다. 얼마나 우리들은 책을 읽다가 지루함과 어려움 때문에 읽던 책을 중단하였던가! 1988년 출판된 스티븐 호킹의 "시간의 역사"가 그랬고, 2003년 출판된 빌브라이슨의 "거의 모든 것의 역사"가 그랬다. 또한 우리는 부분적인 이해에는 익숙하나 전체를 한 눈에 볼 수 있는 개념에는 부족하여 항상 우리의 지적 세계는 검은 구름으로 드리워져 암담했으며 말하거나, 읽거나, 듣고 나면 "붕어빵에는 붕어가 없다"란 결론에 도달하곤 하였다(또한 장님코끼리 만지는 비유처럼).

「무엇에 대해 말이 많으면 아직 우리는 그것을 확실히 모른다는 것이다」(전남의대 조직학 교수님이셨던, 고 최재권 교수님의 명언). 「당신이 무엇을 확실히 안다는 것은 어린아이한테도 설명할 수 있어야 한다」(아인슈타인의 말). 이 말들이 주는 교훈을 생각하여 일반외과전문의인 나에게 누군가가 "위암 수술하는 방법에 대해 설명해 주세요!"라고 한다면, 나는 이렇게 대답할 것이다. "위암수술방법을 자세히 설명한다면, 3~6개월이 걸릴 것이다. 해부학, 조직학, 생리학, 생화학, 병리학, 외과학 등. 그러나 당신이 의학에 종사할 사람이 아니라면, 위암수술방법을 개념적으로 이해하면 될 것이다. 이를 위해서는 몇십 초 정도면 충분하다. 「위암의 몽우리(종괴)를 절제하고, 원래대로 위장 관을 연결하고, 위암세포가 번져 갔을 가능성이 있는 임파절(임파선)을 선별하여 제거하면 된다」." 이런 방법으로 이 책의 모든 것의 전체적인 윤곽을 설명해 나갈 것이다.

책 제목을 「빛의 역사」라고 정한 것은 "빛의 역사"란 "자연과학의 역사"

이며 「우주, 지구, 인류의 역사」인 것이다. 빛은 만물의 중심이며, 자연과학 역사에서 빛은 중심적인 역할을 했다. 만물 중 우주의 거의 모든 정보는 빛(별빛)을 통해 얻게 되며 대표적인 "우주팽창"은 먼 은하단에서 온 빛의 스펙트럼을 분석하여 적색편이(Red Shift)하는 것을 보고 알게 된 셈이다. 물질의 최소 단위인 원자도 빛을 통해(X-선 회절을 통해) 알게 되고 빛을 더욱 알므로 "원자구조모델"도 정립되었다(닐스 보어가). 생물의 최소단위인 세포 그 중 세포핵의 염색체 본체인 DNA구조도 플랭클린의 해상도 좋은 DNA의 X-선 회절 사진을 통해 "이중나선구조"임이 확정되었다(우주팽창과 이중나선구조는 20세기의 최고의 지식 2가지로 알려져 있다).

이렇듯이 만물이 "빛"을 통해 들어났으며, 1901년부터~2008년까지, 노벨물리학상을 수상한 과학자들은 170여 명 정도에 이르는데, 이들의 대부분의 논문 제목은 "빛"과 관련된 것이다. 인류 최고의 과학자인 아인슈타인(1999년 타임지표지모델)을 한마디로 말한다면 그는 "빛 박사"라고 할 수 있다(빛의 이중성확립, 유도방출이론, "광속불변의 법칙"을 통해 상대성이론확립 등).

스티븐호킹은 "시간의 역사"란 책에서 빅뱅에서부터 빅크런치까지를 시간의 역사라 했다. 리챠드바이스는 "간략한 빛의 역사"(1996년 출간)란 책에서, 순수한 전자기파인 빛의 역사를 말하였다. 우주가 대폭발(빅뱅)에 의해 형성된 빅뱅이나 태양이 붕괴하고 별들과 지구가 충돌하므로 우주의 종말이 온다는 빅크런치는 사실 엄청난 빛 E가 방출되었으며, 방출될 것이다. 성서도 천지창조는 빛으로부터 시작되고 성서의 끝이나 불심판도 빛으로 끝난다. 아무리 생각해 보아도, 빛! 빛! 빛은 특이하며 신비스럽다.

빛을 이해하면 자연과학의 절반을 이해하였다고 조금 과장해서 말할 수 있지 않을까? 어떻든 인류가 지금까지 흘러온 과정은 빛에 대해서 알아가는 과정이라고 말할 수 있지 않을까? 빛 E를 제어할 수 있는 국가가 최고의 선진국이라고 말하는 작금의 시대! 그래서 나는 이 책 제목을 "빛의 역사"라

했다. 제1장 빛의 역사, 제2장 빛, 제3장 원자, 제4장 우주, 제5장 생물체, 제6장 과학과 성서, 제7장 자유토론 순으로 배열하였으며 제1장~제5장 각각의 역사를 4단계로 나눠 설명하였다.

(제1기~제4기, 제1기(여명기), 제2기(개화기), 제3기(성숙기), 제4기(황금기)라 칭하고) 각 단계를 요약하여 설명해 본다면 여명기란 점을 찍었으며 개화기는 단어를 만들었고, 성숙기는 문장을 만들었으며 그리고 황금기는 시나 수필 소설을 만든 시기라고 비유할 수 있겠다. 이 책을 쓰게 된 동기는 내가 내 일생을 통해 가졌던, 궁금함과 호기심! 이것에 대한 도전과 응전의 결과로 어느 정도 그 궁금증이 해소된 자연과학의 사실과 역사 그리고 그 본질에 대해서 어린아이에서부터 나이 많으신 어르신까지 소곤거리듯이 솔직하게 짧고 쉽게 들려주고 싶었을 뿐이다. 내가 가졌던 나의 의문과 궁금함은 대충 이런 것들이었다.

내가 위암 수술을 끝냈을 때 어떤 느낌이 들까? 히말라야의 8천 미터 고봉에 올라섰을 때 어떤 느낌이 들까? 아인슈타인은 누구이며 그는 어떻게 상대성원리를 정립하게 되었을까? 뉴턴은 누구이며 그는 어떻게 "중력법칙"을 알게 되었을까? 찰스 다윈은 누구이며 그는 왜 "진화론"의 대명사가 됐으며, 진화론은 정말로 의미가 있는 이론인가? 만물은 원자로 되었는데 쿼크란 무엇이며 만물의 입자인 힉스입자(Higg's particle)란? K-K입자란? 리차드 파인만은 징밀로 물리학을 가지고 놀았나?

원자폭탄은 무엇이며 어떻게 만들었을까? 전기란 무엇이며 어떻게 알게 되었는가? 도대체 "과학과 성서"는 서로에게 어떤 입장인가? 과학은 어떻게 시작해서 어떻게 흘러왔으며 과학의 본질은 무엇인가? 세계역사를 간략하게 마음 판에 새길 수 없나?

1986년에 일반외과 전문의 자격증을 취득함과 동시에 하늘에 걸쳐 있던 외과학의 검은 구름은 훌훌 사라져 버렸다. 1990년에 다녀온 낭가파르밧원정을 통해, 등산가로서 어느 정도 호기심도 해결되었다. 두 번 다시 학문에 빠지는 일은 없을 것 같았으며 하늘에 두 번 다시 검은 구름이 드리워져 있을 것 같지 않았던 나의 인생이었다! 의학이 마지막 학문이 되었으며, 그것으로 족할 줄 알았건만! 레이저에 빠져 2000년에는 "레이저의학"을 집필하여 출간하였다. 레이저광 때문에 빛을 조금 알게 되자 하늘에 또 다시 "자연과학"에 대한 의문의 검은 구름이 드리워져 10년을 독학하며 몸부림쳤다.

그리고 지금 2009년 3월에 나는 보성의 녹차밭(청룡다원)에서 밤하늘과 별빛을 보았으며, 두 마리의 진도견이 봄바람에 늘어져 벌렁 누워 있는 정원과 초원을 바라보며 「빛의 역사」를 정리하고 있다. 적어도 나는 별이 보이지 않는 곳(서울 도심지나 아파트촌)에서는 물리학을 생각하고 싶지 않았으며 생각도 잘 나지 않는 편이었다. 마지막으로 「대형선단이든 작은 박테리아든 소립자든 주변의 모든 것을 이해하려는 인간정신이 바로 과학이다. 우리는 이 일이 너무나 재미있고 너무나 신나기 때문에 계속하고 있을 뿐이다」라는 죠지 가모브의 명언을 생각하며, 조용히 *學而時習之不亦悅乎*(학이시습지불역열호! 배우고 때로 익히니, 이 아니 좋은가)! 라고 읊조려보며, 창세기 2장 19절을 찾아 읽는다.

2009年 3月 4日 오후
전남 보성의 청룡다원 녹차 밭에서

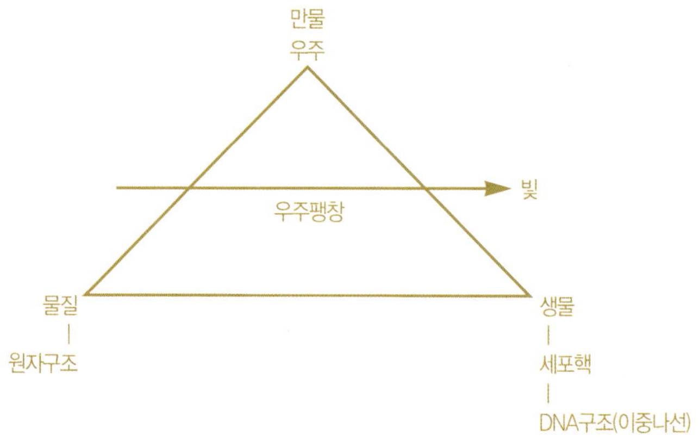

이 책의 특징

항상 전체를 보여주고, 부분부분 설명하였다. 그러므로 전체적인 윤곽을 잡고나서, 중심과 균형을 잃고 헤매는 일은 없을 것이다. 부분부분을 세세히 설명함 보다는, 키포인트(Key Point) 위주로 짧게 설명하고자 했다. 더 자세한 설명은, 이제 독자 자신이 이 책을 기초로 하여, 더 쌓는 일일 것이다. 당신에게는 그러한 능력이 충분히 있다.

학술적 용어나 관용어 보다는, 그저 대화체나, 쉽게 설명할 때 통상 우리가 쓰는 언어를 사용하여, 어렵지 않고 간단한 지식전달을 최대한 목표로 하였다. 은사님께, 호킹의 「시간의 역사」를 선물하고, 크게 얻어들은 말이 있다. "아니! 물리학자들이나 보려고 이 책을 쓴 거야! 대중을 위한 책이라면서, 이렇게 어렵게 표현하다니!"

나는 이 책을 쓸 때, 문호 괴테식의 천재적인 미사어구나, 잘잘 흘러가듯이 쓰는 표현은 쓰지 않았다. 또한 大문호 세익스피어식의 만물을 이해한 듯한 비유나 우리의 오장, 육부를 도려내는 기막힌 표현도 포기하였다. 그럴만한 능력도 없겠지만, 가장 큰 문제는 문장이 길어지거나 지식전달에 혼돈이 생긴다는 것이다. 최근에 "파인만의 일생"에 관한 「천재 파인만」을 새벽에 20여 장을 읽었는데 문장력도 기가 막히고, 술술 잘 넘어 갔지만 결론은 파인만은 천재였다(특히 수학적 계산에서 그렇다)이다.

그러나 인격은 악동이며, 익살스러웠다. 이 한 줄을 표현하기 위해 그 많은 시간을 허비한 걸 내가 알았을 때 내 책은 적어도 10장 읽거나 20장 읽거나 100장 읽거나 하게 될 때 알게 되는 일이 부쩍부쩍 늘어나 읽고 나면

뿌듯함이 넘쳐야 한다. 과학서 중에서 전체를 보여줄려고 했던 책이며 가장 기본이 되고 쉬운 책으로, 이제 다른 과학서를 보게 될 때 A, B, C와 같은 기초가 되는 책! 읽은 독자와 그렇지 않은 사람 사이에 큰 차이가 있는 책! 한 권을 읽고도 그것을 알 수 있는 책(나는 5~6권의 과학서를 읽고 난 후에야 비로소 아인슈타인의 상대성원리에 대한 개념을 갖게 되었다)! 만물에 관한 책으로 어린아이나 노인들까지도 알 수 있고 알아지는 책!

　나는 그러한 책이 되도록 노력했다. 화려한 그림은 다른 책에 많이 있으므로 생략했다. 양해를 바란다.

차 례

1-1을 위한 기본용어 및 개념

1) 빅뱅(Big Bang. 대 폭발) – 우주 생성 초기에 온 우주가 한 점에서 펑하고 터졌던 大폭발을 의미.

2) 빅뱅 이론 – 우주 생성의 표준 모델이 되는 물리학 이론으로, 온 우주가 한 점에서 대폭발하고, 팽창함으로 식어오고 있다는 이론.

3) 빅크런치(Big Crunch. 대격돌) – 50억 년 후 태양이 붕괴하고, 그 이후에 팽창하던 우주가, 우주의 물질들의 중력에 의해 잡아당겨져 팽창이 멈추고, 이윽고 수축하게 되어 모든 별들과 지구가 충돌하는 우주의 종말을 뜻함.

4) 적색편이(Red Shift) – 먼 은하에서 온 별빛의 스펙트럼(빛띠) 분석에서 빛 또는 광원이 적색의 파장쪽으로 치우치는 경향을 말하며, E(에너지)가 약해져서 나타나는 현상으로, 빛이나 광원이 멀어지고 있음을 뜻함(먼 은하단에서 온 별빛의 수소 스펙트럼선이 적색으로 치우쳐 은하단이 멀어지고 있음을 뜻하며, 우주가 팽창하고 있음을 허블이 발견함).

5) 청색편이(Blue Shift) – 별빛이 스펙트럼 분석상 청색 쪽으로 치우치는 것을 말하며, E가 강해지고 있고 빛이나 광원이 가까이 오고 있음을 말함.

6) 우주 알(Cosmic Egg) – 빅뱅이 일어난 점으로 온 우주가 한 점에서 폭발된 가상적인 점을 말함(르메트리가 제안함).

7) 전자기파(Electromagnetic Wave) – 전기장과 자기장으로 된 파동으로, 속도가 모두 광속도와 같다는 것이 특징. 우주선, 감마선, X선, 자외선, 가시광선, 적외선, 마이크로파, 단파, 중파, 장파의 전파 등, 이 모두의 스펙트럼을 총칭하는 말임.

8) 마이크로파(Microwave. 극초단파) – 파장이 수cm(센티미터)인, 전자기파를 말함.

9) 특이점(Singularity) – 에너지와 곡률과 밀도가 무한대인 유일무이한 점을 말함. 수학적 용어이며 빅뱅, 블랙홀, 빅크런치에서 나타난 점.

10) 우주 배경 복사(Cosmic Back Ground Radiation) – 빅뱅 시 발생한 열복사가(고온에서 빛 방출) 우주의 팽창으로 식어져서, 오늘날 마이크로웨이브(극초단파)로, 절대온도 2–3K 온도이며 우주의 모든 방향에 잔존하는 빅뱅의 화석, 빅뱅의 메아리로 통함.

11) 허블의 법칙 – 은하단이 멀어져 가는 속도가(후퇴 속도 또는 우주 팽창 속도), 지구에서 그 은하단까지의 거리에 정비례한다는 법칙.

12) 허블 상수 – 우주의 팽창 속도와 그 은하계까지의 거리의 비례 상수를 말하며, 허블 상수의 역수를 취하면, 우주의 나이를 알 수 있음(약 150억 년).

13) Ir(이리듐) – 원자 번호 77인 원소로, 주로 우주에 많이 포함됨. 공룡의 화석이 발견되는 지질층(백악기 석회암)에 함유량이 증가되어 있어, 천체의 충돌을 암시하는 원소. 천체의 충돌로(혜성, 소행성), 공룡의 전멸을 설명함.

14) 오스트랄로 피테쿠스 – 최초의 유인원으로, 400만 년 전 출현 추정(오스트랄로–남쪽의. 피테쿠스–유인원: 남쪽의 유인원).

15) 호모 하빌리스 – 도구를 든 원인(hominid). 호모 에렉투스–직립 보행하는 원인. 호모 사피엔스–지혜로운 원인.

16) 빅 버즈(Big Birth : 대 탄생) – 선 캄브리아 代의 바다의 원시수프에서 생명체가 1회성으로, 단세포 형태로 발생하여, 성장, 분열하여, 여러 생명체로 번성함(빅뱅에 빗대어 쓰임).

17) 르네상스 – A.D 14C – 16C에 이태리의 로마를 중심으로 일어난 문예부흥(불어의 "복귀" "재생"이란 뜻. 고대 희랍의 부흥으로의 복귀).

18) 지구라트(Zigurrat) – 이라크에 있는 최초의 인류 문명 유적으로서, 슈메르인들의 제단 흔적이 있음.

19) 볼로냐대학 – 인류 최초의 대학으로서, A.D 1088년에 이태리 볼로냐에 세워짐(천문학으로 유명함).

20) 지혜의집 – A.D 786년에 바그다드에 세워졌으며, 이곳에서 학자들이 문헌과 희랍 책들을 번역하고, 학문을 연구했던, 이슬람 제국의 최초 학문의 장소임.

21) 망원경

　① 고 배율 확대 망원경 – 고 배율로 확대시켜, 시각으로 보는 망원경.

　② 스펙트로스코피(Spectroscopy. 분광망원경) – 빛의 스펙트럼을 분석해서 알게해 주는 망원경(우주팽창을 알게 해줌).

　③ 전파 망원경 – 전파의 파동을 잡는 망원경(파동과 잡음이 들림), "우주 배경 복사"를 잡는 망원경.

　④ 자외선 망원경 – 자외선을 보게 해주는 망원경.

22) 블랙홀(Black hole) – 뚱뚱한 별들의 시체로(태양의 20~30배 질량을 가진 별들이 중력붕괴로 빛도 빠져나가지 못하는 시공의 영역을 말함), 중력장이 강해 빛도 빠져나가지 못하는 어두운 우주의 시공으로 예견되지만 아직 발견은 되지 않았음.

제1장
빛의 역사(자연과학의 역사)

『우리가 무엇을 배우려고 할 때, 가장 먼저 생각해야 할 것이 역사가 아닐까? 나는 그렇게 생각된다. 그 이유로는, 과거의 역사를 알게 될 때, 현재의 위치를 파악할 수 있으며, 내일의 진보를 예견할 수 있기 때문이다. 과거에 일어난 일 중에서 문헌을 통해서 찾아 볼 수 있을 때, 우리는 그것을 역사(역사 시대)라고 말하며, 문헌이 없을 때, 유물이나 유적 또는 화석 등을 통해서, 과거를(선사시대) 추정할 따름이다. 그러므로, 역사는 잣대(기준)이며, 모델이며(전형), 거울(교훈)이 된다』

"과거를 기억할 줄 모르는 사람은 과거를 되풀이 하게 된다.
슬기로운 사람은 경험에서 지혜를 배우고,
지혜 있는 민족은 역사에서 교훈을 얻는다"
 - 죠지, 산타야나 -

나는 누구일까?

아버지, 아버지, 아버지… 하고 올라가면, 누가 나올까? 내가 지금 살고 있는 이 세상은 어디에서 왔을까?

이 우주는 어떻게 해서 만들어졌을까? 이 지구는 어떻게 해서 만들어졌고, 이 지구상의 온 인류는 어떻게 해서 지금 현재 살고 있는가? 오늘의 나를 자연과학은 어떻게 설명하고 있는가? 가장 오래된 과거는 어디일까?

가장 먼 미래는 어디일까? 마지막 두 가지 질문에 대해서, 자연과학 중 물리학이 대답한다. 150억 년 전에 빅뱅에 의해서 우주가 만들어졌고, 50억 년 후에 태양이 붕괴하고(150억 년과 50억 년은 어떻게 해서 나온 숫자일까?), 그 후에 빅 크런치가 일어나 우주의 종말(인류의 종말)이 온다.

그 다음으로, 물리학과 지구학은 46억 년 전에 먼지 구름과 가스가 만나서 별들과 지구가 만들어졌다고 한다. 이어서, 고 생물학과 지질학은 대(代), 기(紀), 세(世)로 생물들의 진화사를 말한다. 그리고 천만 년 전 이후에 유인원이 나오고, 여기에서 원인(Hominid)이 나와서, 오늘의 인류로 발전해 왔다고 한다.

1-1 한눈으로 보는 빛의 역사(자연과학의 역사)의 범주

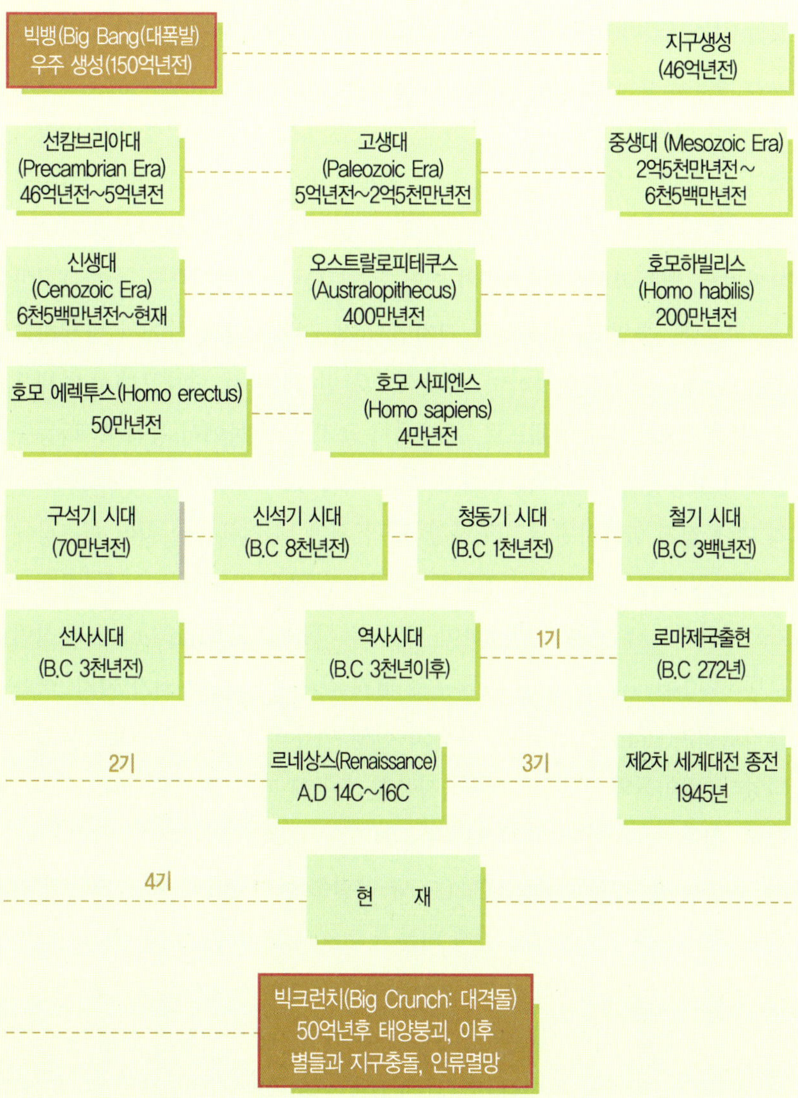

지금 우리가 살고 있는 이 세상은 어떻게 시작되어 어떻게 흘러왔으며, 먼 미래에는 어떻게 될 것인가? 오늘의 내가 있기까지를 자연과학은 어떻게 말하는가? 이 두 개의 질문에 대해서 앞장의 도표는 과학 학문이 말하는 것을 일목요연하게 한 눈에 보여 주고 있다. 즉, 자연과학과 역사가 말하고 있는 내용을 요약하여 함축하고 있음을 본다.

150억 년 전에, 어느 날 "펑"하고 대 폭발이 일어나면서, 우주가 만들어졌다. 만들어진 우주는 팽창하고, 그 뜨거워진 온도가 식어가면서, 우주 공간은 별들로 채워지기 시작했다. 이윽고, 46억 년 전에 먼지 구름과 가스가 합쳐져서, 별들과 태양과 지구가 되었다. 지구는 지질학적으로, 선캄브리아대, 고생대, 중생대, 신생대를 거치면서 생명체가 바다 물에서 탄생하고(Big Birth), 분열을 반복하며, 폭발적으로 번성하면서, 단세포에서 다세포로, 무핵세포에서 유핵세포로, 바다에서 육지로, 식물에서 동물로, 하등동물에서 고등동물로 진화해 왔다고 한다. 생물들은, 멸종과 번성, 진화를 수억 년에 걸쳐 반복하면서 진행해왔다. 약 천만 년 전에 유인원이 지구상에 나타나 원인(Hominid)으로 진화했다. 챨스 다윈(C, Darwin)이 예견한대로 아프리카에서 유인원이 발생하여, 도구를 사용하고(Homo habilis), 직립 보행하며(Homo erectus), 온 지구로 퍼져 갔으며, 그들의 뇌가 커져, 더욱 슬기로워져(Homo sapiens), 유럽의 현생 인류의 조상들인 크로마뇽인이 되었다. 원인들과 인류는 그들이 사용한 도구에 따라 구석기 시대, 신석기 시대, 청동기 시대, 철기 시대로 구분하였으며, 이제 역사는 화석이나, 유적, 유물을 통해 추정되는 B.C 3000년 이전을 선사시대라 하고, 그들의 기록 문헌이나 문자를 통해서 알게 되는 B.C 3000년 이후부터를 역사시대라고 구분하게 되었다. 나는 여기서 역사시대 이후의 세계사를 4기로 구분해서 쓰기로 한다. 어떤 기준이 있어서가 아니라 그냥 기억하기 쉽게 하기 위한 개인적인 방법일 뿐이다. B.C 3000년 이후 역사시대로부터 도시국가 로마가 이태리 반도를 통일하여, 로마 제국이 된 B.C 272년까지를 세계사

Ⅰ기(여명기), 그리고 로마 제국 출현부터 르네상스까지를 세계사Ⅱ기(개화기), 르네상스부터 제Ⅱ차 세계 대전까지를 세계사 Ⅲ기(성숙기), 제Ⅱ차 세계 대전 후부터 지금까지를 Ⅳ기(황금기)로 구분 했다. 이제 우주나 지구, 인류의 미래는, 50억 년 후에, 태양이 연료를 다 태워 붕괴되고, 100억 년 후엔 팽창하던 우주가, 우주의 물질들의 중력에 의해 팽창이 멈추고 수축하게 되어, 우주 별들이 서로 격돌하므로 우주의 종말을 초래하는 빅 크런치(Big Crunch=대 격돌)가 온다는 것이 자연과학의 우주사 시나리오이다.

여기서, 위의 간단한 진술을 좀 더 부연해서, 학문적으로 조금 깊게 들어가 보자. 처음 질문의 "이 세상"이 뜻하는 바는 3가지를 담고 있는 데,「우주」「지구」「인류」의 의미를 포함하고 있다.

먼저,「우주」와「지구」의 생성에 대해서는, 자연과학 중, "물리학"이 답변하고 있다.

Ⅰ. 우주와 지구의 생성에 대하여

우주 생성의 정설로는, "Big Bang 이론"을 기본 모델(Standard Model)로 하고 있다. 이 이론의 최초 주장자인 "르메트리"는, 온 우주가 한 점인 "우주 알"(Cosmic Egg : Super Atom)에서 집중되어, 이 우주 알이 중력 수축하면서, 내부 온도가 올라가, 전체 우주는 "E의 핵"과 같이 되어, 대 폭발을 일으켜, E 핵은, 퍼져나가면서 우주를 만들었다. 이것은 약간 추상적인 설명이다. 양자이론에서는, Energy차이가 있는 "두 진공의 요동"에 의해, 두 진공 사이에 막대한 E(에너지) 차이가 순식간에 발생해, 초폭발을 일으켰다고 말한다. 150억 년 전에 지금의 우주가 무한대의 밀도, 무한대의 E, 무한대의 곡률인 한 점〈유일무이한 한 점:특이점(Singularity)〉에서 대폭발하여 우주가 생성되었다. 엄청난 빛 E가 방출되면서, 비로소 "E"가 있자,

시간, 공간, 질량 등도 나타나기 시작하여 우주는 팽창하면서, 빅뱅 시의 엄청난 온도(100조 도)가 식어오고 있다. 빅뱅 후 어느 순간(약 3분), 이 식어진 우주에서 비로소 원소들이 형성되었다. 양성자와 중성자가 결합하여 원자핵이 되고, 전자를 포획하여 비로소 수소 원소가 되고, 이 수소 원소들이 핵 융합하면서 헬륨 그리고, 그외의 원소들이 만들어졌다. 46억 년 전에 먼지 구름(입자, 물질)과 가스가 결합하여 지름이 약 240억 Km의 덩어리로 뭉쳐져서 태양이 되고, 두 개의 작은 알갱이들이 정전기 힘에 의해 합쳐져서 지구라는 행성이 되었다. 45억 년 전, 화성크기의 천체가 지구에 충돌하면서 튕겨져 나간 파편에서 달이 만들어졌다고 한다.

Ⅱ. 지구상의 생물체와 인류의 발생에 대하여

지질학, 지구 과학, 고 생물학에서는 이 지구상의 모든 생물의 진화사를 크게, 대(代:Era), 기(紀:Period), 세(世:Epoch)로 세분하여 말하고 있다.

A. 선캄브리아대(Precambrian Era): B.C 46억 년 전－B.C 5억 년 전

1.캄브리아기 2.오르도비스기 3.실루리아기
약 40억 년 전, 선캄브리아대에, 바다의 원시 수프속(메탄, 암모니아, 수소, 수증기 포함)에서 세균 세포의 단세포 형태로 생명체가 유일하게 1회 성으로 발생했다(Big Birth:대탄생).

1. 캄브리아기에서, 생물이 폭발적으로 번성하여, 다양한 형태의 생물이 바다에 충만했으며, 5억 년 전쯤 지구에는 삼엽충(머리, 흉곽, 꼬리 3부분으로 된 생물체)이 전 지역에 걸쳐 살았으나, 현재는 한 종도 생존하지 않

는다.

2. 오르도비스기에는 최초의 어류와 척추동물이 출현했으며, 최초의 생물 멸종 사건이 일어났다.

3. 실루리아기에는 바다 식물이 육지에서 서식하여 최초의 관다발 식물이 육지에서 퍼지기 시작했다(“캄브리아”라는 언어는 웨일스의 “로마이름”에서 유래했고, “오르도비스” “실루리아”용어는 고대 웨일스의 부족 이름에서 유래함).

B. 고생대(Paleozoic Era) ; B.C 5억 년 전 – 2억 5천만 년 전

1. 데본기

최초의 곤충과 양서류가 출현하고, 동물이 육지에 상륙하여 서식함(“데본”이란, 영국의 데본이란 지역에서 유래 됨).

2. 석탄기

최초의 나무와 파충류가 출현함.

3. 페름기

최초의 공룡이 출현했으며, 동물 멸종 사건이 대규모로 일어나 생물 중 96%가 소멸됨 (“페름”은 고대 러시아의 우랄 산맥에 있는 페름이란 지역에서 유래됨).

4. 트라이아스기

최초의 포유류가 육지에 출현하고, 동물 멸절 사건이 발생함.

⊙ 지구상에 5회의 생물 멸종 사건이 있었는데, ①오르도비스기 멸종 ②데본기 멸종 ③페름기 멸종(지구의 냉각된 날씨와 관련된 것으로 추정) 그 외, ④트라이아스기멸종 ⑤백악기 멸종(이 사건은 소행성이 지구 충돌로 간주되는 경향이 크다).

C. 중생대(Mesozoic Era) : B.C 2억 5천만 년 전 – B.C 6천 5백만 년전

1. 쥐라기
최초의 조류가 출현함("쥐라"는 프랑스와 스위스 사이에 있는 "쥐라 산맥"에서 유래함).

2. 백악기
육지에서 최초의 꽃식물이 출현하고, 공룡 번성과 말기에는 공룡이 멸종됨.
⊙ 공룡의 멸종은 여러 요인으로 설명된다.
① 환경의 변화(기후 변화 – 빙하기).
② 데칸 트랩에서의 화산, 용암 분출로 식물이 사라짐(공룡의 먹이가 사라짐).
③ 소행성의 충돌로 대기가 오염되고, 기후의 변화 등으로 공룡의 멸종을 설명할 수 있다.
　우주에서 혜성이나 소행성이 멕시코의 유카탄 반도나 그 외의 지역에 떨어져서 공룡이 멸종되었던 것으로, 일반적으로 알려져 있다. 또, 그 증거로 백악기 지질층에 이리듐(우주에 많은 원소로 알려짐)의 양이 다른 지질층에 비해 많이 내포되어 있다는 것을 들고 있다 ($_{77}$Ir:이리듐). (백악기의 "백악"이란 용어는 라틴어의 "분필"; Cretaceous이란 말에서 유래됨).

3. 제3기
최초의 고래와 영장류가 출현함.

D. 신생대(Cenozoic Era); B.C 6천 5백만 년 전 – 현재

1. 제4기
최초의 인류 출현함.
현재는 지질학적으로, 신생대 제 4기 충적세(Holocene)에 해당됨.

Ⅲ. 인류의 발생에 대하여

이제, 고고학이나 고생물학, 고인류학에서 일반적으로 말하는 인류의 연결 고리를 살펴보자.

약 천만 년 전에 인간과 비슷한 생물이 지구상에 처음으로 출현했으며, 그들의 뇌가 커지면서, 인간과 비슷한 생물로 진화함에 따라, 영리해지고, 두개골도 커졌으며 직립보행하고 사냥 시 도구를 사용하는 최초의 영장류 목 인과(人科)에 속하는 최초의 유인원이 Africa에서 출현했다.

이 최초의 유인원을 오스트랄로 피테쿠스(Australopithecus)라 한다. (오스트랄로=남쪽의, 피테쿠스=유인원)

오스트랄로 피테쿠스는 일반적으로 B.C 400만 년으로 알려졌으며, 대표적으로는, A 아프리카 누스(타웅 아이)가 있다. 즉, "아프리카에서 얻은", "남쪽의 유인원"이라는 뜻이다.

오스트랄로 피테쿠스는 "호모 하빌리스"(Homo habilis)="도구를 사용하는 원인"(약 200만 년 전)을 거쳐, "호모 에렉투스"(Homo erectus)="직립보행하는 원인"(약 50만 년 전)으로 진화하고, 호모 에렉투스는 아프리카를 떠나 최초의 휴머니드로 전 세계로 퍼져 나갔다. 그 이후에 현생 인류의 조상인 "호모 사피엔스"(Homo sapiens)="지혜로운 원인"(4만 년 전)이 지구상에 출현한다. 유럽의 현생 인류의 조상인 크로마뇽인이 여기에 속한다.

A. 오스트랄로 피테쿠스 아프리카누스(B.C 200만 년)

1924년 남아프리카 공화국의 "칼라하리 사막" 근처에 있는 "타웅"이라는 석회석 채석장에서 발굴 된 "타웅아이"로 알려진 고대 인간의 어린이 화석으로, 요하네스버그에 있는 비트바테르스란트 대학의 해부학 학과장인 레이먼드 다트(Raymond A. Dart)에게 보내져 200만 년 전의 원인(Hominid)으로 추정하고, A–아프리카누스로 명명했다.

B. 호모 에렉투스(Homo erectus :직립 보행하는 Hominid(B.C 50만 년)

호모하빌리스와 호모사피엔스의 과도기에 살았던, 호모 에렉투스는 아프리카를 떠난 최초의 원인(Hominid)으로, 전 세계로 퍼져나갔으며, 약 100만 명 정도가 살았을 것으로 추정된다. 이들은 사냥을 했고, 불을 사용했으며, 집단생활을 하고, 늙고 병든 자를 돌보았다.

C. 호모 사피엔스(Homo sapiens):지혜로운 hominid (B.C 4만 년)

지혜가 있는 원인(hominid)으로서, 유럽의 현생인류의 조상으로 알려진 크로마뇽인이 여기에 속한다.

⊙ 네안데르탈인

1856년, 독일 뒤셀도르프 근처의 동굴에서, 요한 칼 플로트(Johan Carl Fuhlrott)라는 과학 교사가 최초로 고 인류화석 14개를 발견하고, 발견된 "네안더 계곡"의 이름을 따서 "네안데르탈인"이라고 불렀다. 이 네안데르탈인의 유골은, 현재까지 약 300구 이상으로서 유럽, 아시아, 아프리카에서 발견되었다.

⊙ 크로마뇽인

1868년, 프랑스 남부 도르도뉴 지방의 레제이지 마을 부근의 "크로마뇽"이라 부르는 절벽의 동굴에서, 철도 공사장인부가 발견한 5~6점의 빙하기 고인간의 유골을 말한다. 오늘날 대부분 고인류학자들은 약 23만 년 전부터 나타나기 시작하여, 3만 년 전 사라진 네안데르탈인이 Homo sapiens의 조상이라는 데 동의한다.

1-1-1 세계사

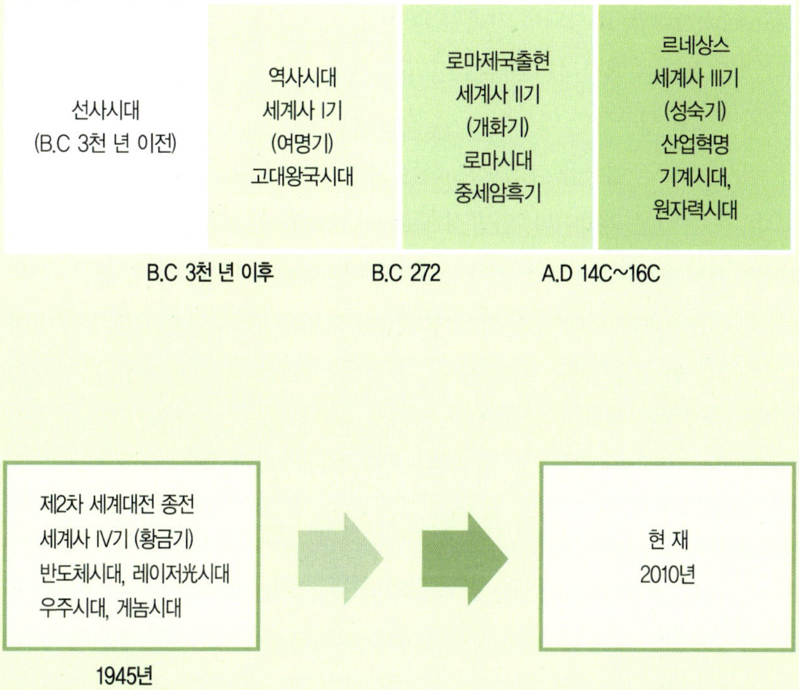
선사시대
(B.C 3천 년 이전)
역사시대
세계사 I기
(여명기)
고대왕국시대
로마제국출현
세계사 II기
(개화기)
로마시대
중세암흑기
르네상스
세계사 III기
(성숙기)
산업혁명
기계시대,
원자력시대
B.C 3천 년 이후
B.C 272
A.D 14C~16C
제2차 세계대전 종전
세계사 IV기 (황금기)
반도체시대, 레이저光시대
우주시대, 게놈시대
1945년
현 재
2010년

Ⅳ. 인류 세계사

이제 역사학에서 말하는 세계사를 살펴보자. 역사는 과거에 있었던 사실 (Geschichte)과, 조사되어 기록된 과거(History)라는, 두 가지 뜻을 갖고 있다. 즉, 전자는 객관적인 사실로서의 역사를 후자는 이를 토대로 역사가가 주관적으로 재구성한 역사의 두 측면을 말한다.

역사는 자연 현상을 대상으로 하는 자연 과학과 달리, 인간의 삶을 대상으로 하는 인문 과학이다. 일반적으로, B.C 3000년 후부터를 역사시대라고 하며, B.C 3000년 이전을 선사시대라고 한다. 선사시대는 유적, 유물, 화석 등으로 유추하는 시대이고, 역사시대는, 파피루스, 양의 가죽 등의 두루마리 책이나 문헌, 또는 벽화, 상형문자 등으로, 알게 되는 시대를 말한다. 최초의 인류 문명으로 알려진 지구라트(Zigurrat)에서, 최초의 슈메르인들이 제단 벽에 상형문자를 남겼는데, 대략 B.C 3000년을 반영한다고 한다.

이제 나는, 세계사 전체 윤곽을 갖기 위해서 역사시대 이후의 세계사를 4시기로 구분해 본다(이것은 순전히 기억하기 쉽게 하려는 개인적 방법임을 밝혀 둔다).

A. 세계사 Ⅰ 기(여명기) : 고대 왕국시대
역사 시대(B.C 3천 년 이후–로마 제국 출현까지(B.C 272년)

역사시대 (B.C 3천년이후)	로마제국 출현까지 (B.C 272년)

슈메르인 : 현재 이라크 지역에 지구라트 문명 남김.

· 이집트 왕국 : 피라밋, 점성술, 천문도, 수로 사업, 측량 측조술발달.

· 바빌로니아 왕국 : 함무라비 법전, 천문도, ※앗수르 왕국.

· 페르샤 왕국 : 궁정, 탑 건축, 마라톤 전쟁, 살라미스 해전.

· 카르타고 왕국 : 조선술, 페니키아 문자, 포에니 전쟁(1차-3차, 로마제국과의 전쟁).
· 중국 왕국 : 천문도.
· 인도 왕국 : 아라비아 숫자.
· 알렉산더 왕국(헬레니즘) : 대부분의 자연과학이 태동하고 최초의 자연과학 학문이 세워짐.

◉알렉산더 : 32세에 사망, 12년간 재위, B.C 323년에 말라리아로 사망 추정.

◉세계사 Ⅰ기는, 자연과학 학문의 여명기

1. 고대 희랍에서 거의 모든 자연과학 학문의 뿌리가 태동함(탈레스-자연과학의 태두. 아리스토텔레스-만학의 아버지).
2. 고대 희랍에서 최초의 자연과학 학문과 학원이 출현함(Akademea platonica-platon의 학원, Lykeion-Aristoteles가 세운 학원임).
3. 천문도를 그렸으며, 점성술 등으로부터 천문학이 자연과학 중 가장 먼저 싹이 틈.

나는, 세계사 Ⅰ기(여명기)를 고대 왕국 시대라고도 부른다. 기원 전 5천 년 경에 큰 강가에 정착해서 농업과 목축업을 하던 부족들은, 이제 국가를 이루어 기원 전 3천 년 이후로부터, 로마 제국의 출현까지(B.C. 272년까지), 이 지구상에는 여러 왕국들이 출현하게 되는데, 그들은 대략 이렇다.

이집트의 나일 강 유역에 이집트 왕국, 티그리스 강과 유프라테스 강 유역에 바빌로니아 왕국(바벨론), 앗수르 왕국, 페르샤 왕국(메데, 바사). 인더스 강과 갠지스 강 유역에 인도 왕국, 중국의 황하 강 유역에 하나라 왕국과 은나라 왕국, 지중해 연안에 페니키아 인들이 세운 카르타고 왕국은 배를 만드는 조선술이 발달했고, 헬라어와 영어의 근원인 페니키아 문자를 만들었다. 이 시기에 가장 거대한 왕국은 고대 희랍의 알렉산더 왕국으로, 후에 헬레니즘이라는 문명을 꽃피운 자연과학과 철학의 태동시기이며, 각 학문의 원조들을 배출했다. 자연과학의 원조-탈레스, 의학의 아버지-히포크라테스, 수학의 아버지-피타고라스, 원자론의 아버지-레우키포스나 데모크리토스, 지질학의 원조-크세노파네스, 기하학의 아버지-유클리드, 만학의 아버지-아리스토텔레스 등.

B. 세계사 Ⅱ기(개화기) : 중세 암흑기 = 로마시대

도시국가 로마가 이태리 반도를 통일하여(B.C 272년), 로마 제국이 되는데, 로마 제국 출현부터 A.D 14C~16C에 이태리 로마를 중심으로 일어난 문예부흥인 르네상스까지를 말한다.

로마 제국 출현 B.C 272년	르네상스(Renaissance) A.D 14C~16C

◉개화기인 세계사 Ⅱ기(중세 암흑기)의 자연과학 학문적 의의

1. 전쟁과 페스트로(흑사병), 사망과 파괴가 넘쳐나, 학문의 진보가 없었던 것처럼 보이는 중세의 암흑기를 말한다.
2. 천문학에서 물리학이 발생된다.
3. 이집트에서 싹튼 연금술이 A.D 1C 경에, 고대 희랍에서 정진되고, 르네상스 후에는 근대화학을 꽃피우는 근간이 된다.
4. 고대 희랍의 자연과학 학문의 뿌리가, 이슬람 제국으로 전래된다.
- 지혜의 집(A.D 786년), 니자미아 학원(A.D 1067년) 등이 바그다드에 세워짐. 알마게스트 출간.
5. 유럽에 최초의 대학들이 세워짐. 중세 암흑기이지만 후에 르네상스의 근간이 되다.
   A.D 1088년-이태리 볼로냐 대학

A.D 1167년-영국의 옥스퍼드 대학

A.D 1170년-프랑스의 파리 대학 등.

⊙로마 제국

B.C 753년(B.C 8C 중엽)에 티베르강(Tiber)에 인접한 일곱개의 언덕위에 로마 도시 국가 형성. (①퀴리날레 언덕 ②비미나레 언덕 ③에스퀼리노 언덕 ④첼리오 언덕 ⑤팔라티노 언덕 ⑥아벤티노 언덕 ⑦캄피돌리오 언덕)

B.C 272년에 이탈리아 반도를 통일하고 강력한 제국이 됨. B.C 27년에, 원로원(Senate)에서 옥타비아누스가 초대 황제로 등극함(아우구스 투스). A.D 313년, 콘스탄티누스가 종교회의 소집하고 기독교를 국교로 공인함. A.D 395년, 황제 테오도시우스 사망 후 로마 제국은, 동로마와 서로마로 분할됨. A.D 476년, 남하한 게르만 민족에 의해 서로마가 멸망함. A.D 1453년, 오스만 투르크 제국(터키 이슬람 제국)에 의해, 동로마가 멸망함(로마는 역사에 2천여 년 이상을 지속함).

⊙①로마 왕정 시대-B.C 7C에 에트루리안 인들이, 로마를 침입하여 왕국을 세움.

②로마 공화정 시대-B.C 509년 경에 라틴인들이 에트루리안인들의 통치를 물리치고 공화정을 수립함.

③로마 황제 시대-B.C 27년에 옥타비아누스(케자르의 양자)가 아우 구스투스 칭호하에 초대 황제가 됨.

세계사 Ⅱ기인 개화기는 중세 암흑기를 말하는 데, 중세 암흑기란, 페스트(흑사병)가 창궐하고(14C에만 5회나 유럽을 강타하여, 당시 유럽 인구의 4분의 1인 2천 5백만 명이 사망함) 전쟁이 끊이지 않아 과학 학문의 진보가 이어지지 못했기 때문에 붙여진 이름이다(로마와 헬레니즘과의 전투, 로마와 카르타고의 전투, (포에니 전쟁), 게르만 민족 남하로 서로마 제국 멸망, 이슬람 제국의 십자군 전쟁, 징기스칸 몽골 제국과 이슬람 제국 또는 로마 제국과의 전쟁 등 헐리우드에 중세 전쟁 영화의 소재를 듬뿍 안겨준 시기). 가령 운동이라는 현상에 대한 연구의 뿌리는 고대 희랍의 아리스토텔레스에서 시작되었음을 알게된다(움직이지 않고 고정되어 있는 것이 가장 자연스러운 상태이며, 움직이기 위해선 힘이 가해져야 한다).

무거운 물체와 가벼운 물체를 낙하시키면, 무거운 물체가 더 빨리 떨어진다(물론 틀린 말이다). 천동설 등, 이렇게 운동을 논해보면, 아리스토텔레스에서 시작하여, 코페르니쿠스, 갈릴레오로 이어지며, 원자론을 논해보면 데모크리토스에서 시작하여, 라부아지애나 죤 달톤으로 이어져 중세 시대가 빠져 버린다. 그래서 중세 암흑기인 것이다. 학문의 진보를 이어간 뚜렷한 학자는 없었으나 세계사 Ⅱ기를 개화기라 칭한 것은 앞으로 도래할 르네상스의 근간이 되는 유럽의 대학들이 설립되었다는 것이다.

세계사 Ⅱ기를 로마시대라고 부를 수 있는 것은, 세계사적으로 로마는 중요한 위치와 특이한 제국임에 틀림 없다. 그런 역사를 가진 제국은 로마 뿐이다. 로마는 인류 역사상 가장 강력한 철권 통치의 장기 집권 제국이었다(거의 2천여 년 간). 세계를 짓밟고 부스러뜨린 철의 나라로, "나는 왔노라" "보았노라" "이겼노라"의 줄리어스 케자르(씨이저)의 구호는, 로마의 전쟁사를 대변하는 것 같다.

로마는 B.C 8C 중엽, 도시국가로 티베르 강가의 일곱 언덕 위에 세워졌으며, B.C 272년에 이탈리아 반도를 통일하고, 강력한 제국을 형성했다. 이후 많은 전투에서 승리하고, 세계를 정복하고, 그들의 영웅들로 인해, 광대한 로마 제국을 건설하여 "로마는 하루에 이루어지지 않았다"는 유명한 말을 남겼다.

서로마가 A.D 476년에, 남하하는 게르만 민족에게 멸망하고, 동로마는 A.D 1453년에 오스만투르크의 이슬람 제국에 멸망하기까지, 중세 세계사의 중심으로, 거의 2천여 년을 군림했던 셈이다. 그러므로 그 중심 무대였던, 로마는 어떤 유적과 흔적이 그곳에 있을까? 상상 이상이다.

나는 로마를 처음 보았을 때, 마치 알프스를 볼때처럼 "왜 나는 이곳에 이렇게 늦게 온거야"하고 외칠 수밖에 없었다. 나는 42세에 처음 로마를 보았다. 그런데 그때, 일본의 초등학생들이, 로마에 수학여행 온 것을 보고 깜짝 놀랐다. 일찍이 로마를 보고 자란 그들은 어떤 생각을 하고 살아갈까?

콜로세움,(원형 경기장), 베드로 성당, 시스터 성당의 천지창조 천정화, 등등, 가는 곳마다 관광객이 길게 줄을 서 있는 곳, 로마에 가서 한번 보라고 말할 수밖에 없다.

중세 암흑기로서, 전쟁과 파괴, 페스트의 창궐 등으로, 죽음이 지구를 덮었지만, 세계사의 Ⅱ기는 학문의 중심인 대학들이 역사에 출현하므로, 인류는 이제 체계적이고, 전수되어지는 학문에 접하게 되어, 르네상스를 일으키는 원동력과 기초가 되었다는 것이, 학문적인 측면에서 중세의 가장 큰 의의가 아닐까?

코페르니쿠스, 케플러, 갈릴레오 등이 중세 유럽 대학 출신들이다. 그리고, 자연과학의 뿌리였던 고대 희랍의 학문이 이슬람 제국으로 전해져 플라톤, 아리스토텔레스, 그리고, 프톨레마이오스의 책들이 바그다드의 "지혜의 집"에서 번역되고(A.D 786), 1067년에는 바그다드에 "니자미아" 학원이 세워져, 세계사적으로 고대 희랍의 학문을 이어받는 나라가, 헬레니즘을 정복한 로마가 아니라 이슬람 제국인 것이, 참으로 아이러니칼하다.

C. 세계사 Ⅲ기(성숙기) : 르네상스(A.D 14C-제Ⅱ차 세계 대전까지)

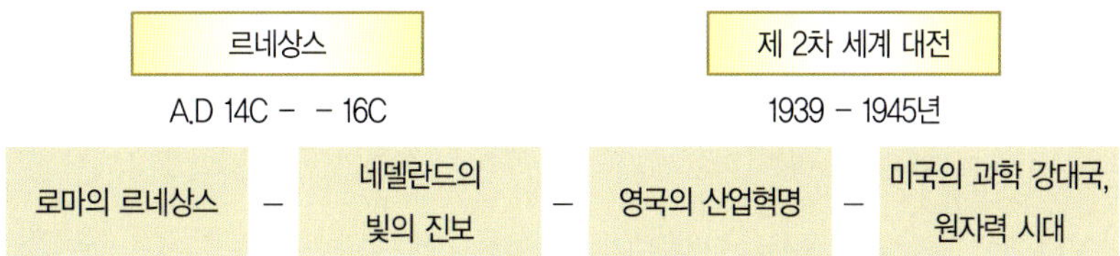

◉ 르네상스의 4가지 부흥

1. 예술의 부흥 (미술, 건축)

    a.레오나르도 다빈치(Leonardo Davinci, 이태리, 1452-1519)

    b.미켈란젤로(Michelangelo Di Lodovico Buonarroti Simon, 1475-
      1564)

    c.라파엘로 산치오(Raffaello Sanzio, 1483-1520)

2. 해상로의 발견

    a.디아스-희망봉 발견(1486년)

    b.콜럼버스-중 남미 신대륙 발견(1492년)

    c.바스코다가마-인도 항로 개척(1497년)

    d.마젤란-최초 세계일주(1519년)

3. 종교 개혁

    a.마틴 루터(Martin Luther, 독일, 1483-1546)

      ; 95개 조항 반박문.

    b.죤 칼빈(쟝 칼뱅)(Jean Calvin, 프랑스, 1509-1564)

      ; 기독교 강요(개혁 신앙의 교리) 저술.

※ 종교 개혁자를 뜻하는 말

독일-프로테스탄트, 영국-퓨리탄, 프랑스-위그노, 네델란드-고이센

4. 과학 학문의 부흥

    a.요한 뮬러(John Muller, 독일, A.D.1435-1476)

    b.레오나르도 다빈치(Leonardo Davinci, 이태리, A.D 1452-1519)

    c.코페르니쿠스(Nicolaus Copernicus, 폴란드, A.D 1473-1543)

    d.갈릴레오 갈릴레이(Galileo Galilei, 이태리, A.D 1564-1642)

    e.요하네스 케플러(Johannes Kepler, 독일, A.D 1571-1630)

세계사 Ⅲ기는,

♣ 자연과학 학문의 성숙기

뉴턴의 고전역학	맥스웰의 전자기역학	아인슈타인의 상대성원리	하이젠베르그와 폴디락의 양자역학	리즈마이트너와 엔리코페르미의 원자력시대

이 시기를 성숙기라고 하는 것은, 현대문명과 현대과학을 이룩하는 근본 자연과학의 원리들과 법칙들이 이 시기를 통해서 정립되고 완성된다.

로마의 르네상스는 로마와 이슬람의 십자군 전쟁과 상업을 통해, 이슬람의 학문을 번역하고, 고대 희랍과 이슬람의 학문을 전수받았고, 유럽 대학에서 학문 탐구가 르네상스의 밑바탕이 된 셈이다.

로마 르네상스에서 꽃피운 학문과 예술과학의 부흥은, 네델란드에서 "빛"에 대한 진보를 이루고, 영국에서 산업 혁명을 일으켜, 아메리카 신대륙에 미합중국이라는 지구상에 최고 최상의 과학 강대국을 탄생시키고, 이제 그 미국을 통해서 인류의 최신 과학 지식과 기술이 세계로 보급되었다. 바로 세계 제Ⅱ차 대전이 이런 과학 발전의 촉매로서 가속화시킨 셈이다.

◉ 르네상스

A.D 14C~16C까지, 이태리, 로마를 중심으로 일어난 문예부흥을 말하며, 이태리의 과학자들과 예술가들은 고대 희랍의 철학과 과학과 예술을 동경하며, 그 시대를 꿈꾸었다.

르네상스(Renaissance)는, 프랑스어로 "재생, 복귀"를 의미하며, "고대 희랍으로 복귀했다"는 뜻이지만, 지구상에 두 번째 학문 과학과 예술이 크게 진보한 시기이다.

고대 희랍, B.C 6C에, 크게 3분야에서, 학문과 종교적으로 부흥하며 요동치던 시기였으며, 바로 이태리의 르네상스가 고대 희랍의 부흥으로의 복귀란 뜻으로, 크게 진보한 3분야가 비슷하다.

♣고대 희랍(B.C 6C경)의 부흥이, 르네상스와 비슷한 점

　1. 과학분야

탈레스, 피타고라스, 아리스토텔레스 등에 의해서 자연과학이 태동한 시기

　2. 종교분야

페르샤의-조로아스터교. 중국의 공자와 노자-유교. 인도의 석가모니-불교. 유대인의 예언자들-메시아 종교 예언(이사야, B.C 700년경) 등, 종교의 황금기.

　3. 해상로의 개척

이집트 파라오인 "네코"의 명에 따라, 페니키아 선단이 3년 동안에 아프리카 대륙을 일주하는 항해가 있었다(B.C 600년 경). 르네상스는 코페르니쿠스, 케플러, 갈릴레오 등에 의해, 천동설이 깨어지고, 지동설로 복귀했으며, 행성들의 법칙과 관성과 낙하 운동 등에 물리학적 진보를 이뤘다.

　마틴 루터(M, Luther)는 법학도 출신답게 1517년에 95개 조항의 항목을 들어, 로마 가톨릭의 부패를 비판하고, 종교 개혁을 일으켰다(그는 95개 조항의 반박문을 비텐베르크 성당 문에 걸었다).

　죤 캘빈(J. Calvin)은 프랑스 인으로, 스위스로 이주하여, 지금의 프로테스탄트(개혁주의 교회)의 원조가 되었다(신교인 장로교회 창시자가 됨). 이제 로마 가톨릭을 구교라 하고, 개혁 교회를 신교라 하여, 오랜 투쟁의 역사가 시작 된다.

　바다에 대한 항해는, "바다 멀리 나가면 떨어질 것"이라는 생각을 고대 인류부터 갖고 왔었다. 그러나, 지구가 둥글다고 과학자들이 주장하자, 바다로 항해해도 결국은 출발점으로 돌아온다는 과학적 확신이 크게 작용했을 것이다. 그 결과 르네상스 시대에는 유럽에서 많은 해상로가 개척되었다.

　마지막으로, 예술 분야에서 크게 부흥을 일으켰는 데, 지금까지도 현대의 인류가 로마를 방문하게 하는 근본 이유가 되고 있다.

　3명의 걸출한 예술가를 배출했으니, 먼저 레오나르도 다빈치는 23권의

책을 저술한 과학자이며, 화가로서 현재 프랑스의 루브르 박물관에서 최고의 작품으로 전시되고 있는 "모나리자"가 그의 대표작이며, "최후의 만찬"과 비행체의 설계도도 남겼다(이태리 화가인 다빈치의 그림이 프랑스 루브르 박물관에 전시되는 것은, 다빈치를 아버지처럼 섬겼던 프랑소아 황제에게, 그가 임종시에 미완성인 "모나리자"를 기증했기 때문이라고 한다).

로마 관광의 백미로서, 시스터 성당의 천정화인 "천지 창조"는, 지금도 매일 관광객이 인산인해를 이루어 줄을 서고 있다. 바로 미켈란젤로의 대표작이며, 그 외에 "다비드 상" "최후의 심판" "피에타"가 있고, 또한 "성모상"의 화가로 불리는, 라파엘이 그 3인이다.

르네상스─네델란드의 빛의 진보─뉴턴과 영국의 산업 혁명─미국 과학 대국으로 성장, 그리고, 아인슈타인의 상대성 원리와 양자 역학의 두 기둥에 의한 현대 물리학의 확립 등, 자연 과학 학문의 발전이 급물살을 탔으며, 제 2차 세계대전이 과학화를 더욱 촉진 시켜서, 원자 폭탄과 원자로가 발명되는 원자력 시대가 도래 했다.

D. 세계사 Ⅳ기(황금기) : 제Ⅱ차 세계 대전 후─현재

세계사 Ⅳ기는, 황금기로서, TV, 레이저, 컴퓨터, 로봇과 우주시대가 도래하였고, 생명 복제및 지놈 시대를 맞이했다. 물리학, 지질학, 고생물학, 고인류학, 세계사가 어울어져 조금 현기증이 느껴질 독자도 있을 것이다.

우리는 지금, 오늘의 "나"가 있기까지를, 과학 학문이 말하는 150억 년의 세월을 요약해서 읽고 있는 중이다. 먼저, 1-1의 도표를 마음 판에 새겨 넣는 것이 필요하다. 이제, 이 장의 첫 부분이요 핵심인, 우주 생성의 표준 모델로서, 빅뱅 이론에 대하여, 물리학이 말하는 내용을 주의 깊게 살펴보기로 하자.

1-1-2 빅뱅론(Big Bang theory) : 우주생성의 표준모델

(1) 1917년 : 아인슈타인의 일반상대성이론에 따른 우주방정식에서 출발

⬇

(2) 1922년 : 프리드만, 아인슈타인의 우주방정식의 해(답)에서 역동적인 우주 예견

⬇

(3) 1927년 : 허블의 우주팽창발견

⬇

(4) 1927년 : 죠르쥬 르메트리의 빅뱅이론제안

⬇

(5) 1948년 : 죠오지 가모브, 빅뱅용어 만들고, "우주배경복사"예견

⬇

(6) 1965년 : 아르노 펜지아스와 로버트 윌슨의 "우주배경복사"발견

⬇

(7) 1970년 : 펜로즈와 스티븐 호킹이 빅뱅 특이점 입증

⬇

(8) 1976년 : 스티븐 와인버그 "최초의 3분간"저서출간

⬇

(9) 1992년 : COBE(우주배경복사탐사 위성)"우주배경복사 온도측정"

⬇

(10) 2003년 2월 : WMAP위성에서 전송된 관측데이터를 분석 "우주배경복사"

    → 창조의 메아리, 빛의 화석

V. 빅뱅 이론

우주는 언제, 어디서, 어떻게 생성되었는가? 라고 질문하면, 물리학은 다음과 같이 대답한다. 150억 년 전에 우주의 알(Cosmic Egg. 또는 Super Atom)이나, 진공의 요동에 의해 대폭발(빅뱅)로 인하여 생성되었다고 말할 수 있다. 그러나, 도대체 빅뱅 이론이 어떠한 과정과 역사를 갖고 있으며, 과학적인 배경은 무엇인가? 매우 궁금할 것이다. 이제 여기서, 그 빅뱅 이론이 어떤 과정을 거쳐서 정립 되었으며, 어떻게 과학적으로 입증된 이론인가를 소상하게 스케치 해보기로 하겠다. 이제, 도표 〈1-1-2〉를 풀어서 설명해보기로 한다.

빛 박사이며 우주론의 아버지로 알려진 아인슈타인은, 1905년에 "특수 상대성 이론"을 포함한 4가지 이론을 발표하고, 그 10년 후인 1915년에 "일반상대성이론"을 확립한 후, 1916년에 이를 발표했다.

이 일반상대성이론에 근거한 우주론(우주 방정식)이 과거의 상상적이고 전설적인 우주관에서 인류로 하여금, 새로운 과학적 우주관을 갖게한 출발점이며 모든 우주론의 뿌리가 된다.

이제, 이 방정식을 풀어서, 답을 구해 사고 실험을 해 보면, 우주는 시작과 끝이 있으며, 물리적인 변화를 겪는 존재로서, 수학적이고 과학적인 설명의 대상이 된 것이다. 그렇다, 적어도 아인슈타인 전까지는, 우리는 우주에 대해서, 지구 둘레 4만 km의 범주 안에서 올려다 본, 하늘의 육안적인 별자리들의 이름 몇 개와 그중 행성들의 계절에 따른 위치와 공전 주기, 일식과 월식의 예견되는 날과, 혜성이 나타나는 예견된 날들 정도밖에는 몰랐으며, 그리고 대부분은 비과학적인 점성술과 신화와 미신들로 점철되어 있던 것이 우리의 우주관이었던 것이다.

그러나 아인슈타인의 일반상대성이론에 의해 유추되던, 우주의 시공도 물리학적인 변화를 겪으며, 우주가 시작(빅뱅)과 끝이 있고(빅 크런치), 블랙홀(덩치 큰 별들의 시체로, 중력장이 강해 빛도 빠져나가지 못하고, 잡아당겨진 어두운 시공), "암흑 물질" 등이 예견되는 우주요, 더 나아가, 우주가 팽창하기도 하고, 수축하기도 하는 살아 꿈틀대는, 역동적인 우주가 되었다. 한마디로 아인슈타인 때문에, 별 볼일 없는 우주에서, 별 볼일 있는 우주가 된 것이다.

⑴ 특수상대성이론은, 특수한 상황인 관성계(일정한 속도로 운동하는 계)에서만 적용되는 이론이며, 이 우주에는 관성계만 있는 것이 아니라, 가속계도 있으며, 가속계는 중력과 큰 관계가 있게 보인다. 그래서 아인슈타인은, 관성계나 가속계, 어떤 계에서도 적용되는 일반적인 불변의 물리법칙을 정립했는데, 그것이 1915년의 일반상대성이론이며, 중력이 작용하는 계까지, 특수상대성이론을 확장한 이론이다. 이 일반상대성이론의 방정식(우주 방정식)을 풀어 수학적인 답을 얻은 아인슈타인은, 그 수학적인 답들로부터 마치 우주가 팽창하고 수축하는, 역동적인 우주상을 보인 것을 발견했다. 그러나 아인슈타인의 평소의 우주상은 "정적인 우주"였다(별로 변화없는). 그래서 그는, 자기의 방정식에 "우주 상수항"을 넣어서, 정적인 우주상을 만들었으며, 후에 그는, 자기의 큰 실수였다고 고백했다. 하여튼 빅뱅이론의 출발점은, 아인슈타인의 일반 상대성이론에서 시작했다.

⑵ 1922년, 러시아의 물리학자며 수학자인 프리드만(Alexander Friedmann : 1880-1925. 죠지 가모브의 한 때의 스승)은, 아인슈타인의 "우주 방정식"에서, 우주 상수항을 빼버리고, 그 수학적인 해를 구하자, 불안정한 동적인 우주를 얻었다. 즉, 우주가 팽창하다가 멈추고, 다시 수축하게 되어, 붕괴될, 닫힌 우주(Closed Universe) 즉, 공의 표면처럼 양으로 휘어져 있는(양의 곡률을 갖는) 우주 모형을 발견하고, "우주가 팽창하는" 모형의 논문을 발표했다. 동시에 자신의 논문을 아인슈타인에게도 보냈다. 이것은 1927년 허블에 의해서 발견될 "우주 팽창"을 가장 처음 예견

한 지적인 사건이었다. 프리드만은 허블의 우주 팽창을 보지 못하고, 1925년 폐렴으로 사망했다.

(3) 1927년, 에드윈 허블(Edwin Powell Hubble:1889~1953, 미국의 변호사, 천문학자)과 밀턴 휴메이슨(Milton Humason:1891~1957. 아마츄어 천문가)은, 캘리포니아에 있는 윌슨산 천문대에서, 구경 2.5m인 후커 반사 망원경으로 천체들을 관측하고, 은하들의 별빛의 스펙트럼을 분석한 결과, 지구로부터 멀리 떨어진 은하단들의 스펙트럼이 모두 적색편이(Red Shift)를 보였으며, 더 놀라운 사실은 적색편이의 정도가 은하까지의 거리에 비례하여 증가한다는 사실이었다. 적색편이를 도플러 효과로 설명하면, 은하들이 멀어져 가고 있음을 의미한다(청색편이〈Blue Shift〉는 별빛이나 광원이 가까이 오고 있음을 의미한다). 결국 지구로부터 멀리 떨어진 은하일수록 그 거리에 비례한 속도로 은하들이 멀어져가고 있다는(은하단과 은하단의 거리가 지구로부터 먼 은하단일수록, 더 빨리 멀어져 간다) 20C 최고의 지식중 하나인 "우주 팽창"을 발견했다(1929년 발표).

♣ 도플러 효과(Doppler Effect)
앰브란스가 우리에게 가까이 다가오면, 우리가 보지 않더라도, 우리 귀에 싸이렌 소리가 커지고, 멀어지면 소리가 점점 줄어든다. 이것은 소리의 진동수가 우리 귀에 증가되었다가, 감소하기 때문이다.

소리와 같이 파동인 빛도 멀어지면 진동수가 감소한 적색편이를 보이며, 빛이나 광원이 우리에게 가까이 오면, 진동수가 증가한 청색편이를 보인다. 소리나 빛이 파동이라는 점에서 이런 현상이 일어나며, 이것을 도플러 효과라 한다.

멀어져 가는 은하단의 별빛의 수소 스펙트럼선은 지구까지 오는 동안에 여러 은하단에서 E가 흡수되어 약해지므로, 적색 쪽(파장이 길고, 진동수가 적은 약한 E쪽)으로 치우쳐 진다. 물론 먼 은하단의 "적색편이" 현상을 도플러 효과로 해석하여, "우주 팽창"을 주장한 이론에 반대의 뜻을 나타낸 천문학자도 있다. 적색편이 현상을 은하 내부의 어떤 폭발에서 기인한다고 생각하거나, 중력장에 의해 빛이 휘어져 적색편이가 일어난다는 주장이 있으나, "허블의 적색편이 현상"은 도플러 효과로 설명하는 것이 가장 과학적인 접근으로 알려졌다.

⑷ 1927년, 르메트르(George Lemaitre :1894~1966,벨기에 신부, 천문학자)는, 아인슈타인의 일반상대성이론과, 허 블의 우주 팽창 발견에 근거하여, "옛날 옛적 시간에 모든 물질이 하나의 작은 우주알 속에 들어 있었고, 이 우주알이 중력 수축하므로 내부 온도가 올라가면서, 전체 우주는 에너지의 핵과 같았으며, 어느 순간 우주의 알은 대 폭발을 일으켜, E의 핵은 우주 전체로 퍼져나갔다. 동시에 은하들의 후퇴 운동은 그같은 폭발이 일어난 것을 보여주는 증거"라고 함으로써, 빅뱅이론을 제안한 셈이 되었다(1931년 발표).

♣ 양자 이론에서는, 에너지의 차이가 있는 두 진공에 요동이 일어나면, 두 진공 사이에 막대한 E 차이가 순식간에 발생해, 대 폭발을 일으킨다고 주장한다.

⑸ 1948년, 러시아 출신의 미국 핵 물리학자인 죠지 가모브(George Gamov. 1904~1968)는 "화학 원소들의 기원"이라는 논문에서, 중성자를 계속 포획함으로써 생겨난 원자핵들에 의해 원소들이 생성되었다고 주장하였으며, 빅뱅이라는 용어도 처음 사용했고, 빅뱅의 증거로 "우주 배경 복사"를 예견했으며, 마이크로 파장에서 검출될 수 있을 것이라고 제안했다.

♣ 1950년대 영국의 BBC방송에서, "우주의 본질"이란 제목으로 과학 특강을 하던 "프레드 호일(Fred Hoyle)", 물리학자가, 비꼬는 투로 빅뱅을 사용함으로써, 전 세계에 알려지게 되었다.

(6) 1964년, 펜지아스(Arno Penzias. 1933~ 독일)와 윌슨(Robert Wilson. 1936~ 미국)이 벨 연구소에서, 전파 망원경으로, 우주의 모든 방향에서 오는 잡음의 파동을 발견했는데, 이것이 가모브가 예견한 "우주 배경복사"로 "빅뱅의 지문"으로, "창조의 메아리"로 알려져 있다. 그는, 1965년에 논문을 발표하고, 1978년에 노벨 물리학상을 수상했다.

(7) 1970년, 옥스퍼드의 수학자이자 물리학자인, 펜로즈(Roser Penrose)와 케임브리지 대학의 스티븐 호킹(Stephen Hawking. 1942~)은, "특이점 정리"라는 논문을 발표했다. 이 논문은 수학과 물리학적으로, 빅뱅 특이점이 존재할 수밖에 없다는 사실을 입증한 논문이다. 결국 우주가 빅뱅 특이점에서 시작되었다는 것을, 학문적으로 제시하여 일반적으로 빅뱅이론이 받아들여지게 하는 데, 크게 기여했다(우주 생성시기에 특이점이 있었고, 블랙홀에 특이점이 있고, 우주의 끝〈빅 크런치〉에 특이점이 있다는 것을 제시함).

(8) 1976년, 미국 하버드 대학의 물리학 교수인, 스티븐 와인버그(Steven Weinberg)는 "최초의 3분간"(The first 3 Minutes)이라는 저서를 출간했다. 그는 1979년, 빅뱅의 정황적 연구 업적으로 노벨 물리학상을 수상했다. 그는 이 책에서, "태초에 대폭발이 있었고, 그때 우주의 온도는 약 100조 도였으며, 최초의 3분이 지나고 나서, 온도는 1조 도까지 떨어졌으며, 그 상태에서 양성자와 중성자가 결합하여 원자핵이 만들어졌고, 우주의 성분은 주로 빛(Photon)과, 뉴트리노(Neutrino-중성미자)와 반 뉴트리노로 이루어졌으며, 우주는 계속 팽창하고 식어가면서, 수소원자와 헬륨원자가 만들어졌다"는 식으로, 우주와 원소들의 생성을 정황적

증거로 제시하며, 한편의 시나리오처럼 진술했다(스티븐 호킹의 〈시간의 역사〉, P148-149 그림 참조).

⑼ 1992년, 미국 NASA의 COBE(Cosmic Observer Background Explorer Satellite; 우주배경 복사 탐사위성)가, 극초단파의 우주배경복사의 요동을 측정했다(대부분의 물리학 책 뒷장에 사진 게재함).

♣ COBE 위성, 1989년 11월 18일 발사 됨.

⑽ 2003년 2월, WMAP(Wilkinson Microwave Anisotropy Probe)위성으로부터 전송된 관측 데이터를 분석하여, 120억 광년 거리의 퀘이사(Quasar=준 항성체)보다, 먼 거리의 복사를 관측했다.

♣ WMAP위성, 2001년에 발사됨.

이렇게 관측된 "우주배경복사"를, "사라져간 우주기원의 광채" "창조의 메아리" "신의 얼굴" "빛의 화석"이라 부르며, 공룡보다 더 오래된 우주를 반영한다. 오늘날 물리학은, 빅뱅의 증거로, "우주 배경복사"를 강력하게 제시하는 셈이다.

진술이 길어져, 독자들이 지루함을 갖지 않도록, 빅뱅이론을 짧게 간추려 본다.

【우주 생성의 빅뱅 이론은, 아인슈타인의 일반상대성이론에서 출발하여, 그 우주 방정식의 해답을 과학적, 수학적으로 해석하면서, 프리드 만이 우주 팽창 모형을 예견했고, 허블이 먼 우주에서 온 별 빛들의 스펙트럼선이 적색편이 현상을 보이는 것을 통해, "우주 팽창"을 발견했으며, 두 죠오지에 의해(죠지 르메트르, 죠지 가모브), 빅뱅이론과 빅뱅 용어가 제안되고, 빅뱅 용어는 프레드 호일이, 영국의 BBC 방송에서 비꼬는 투로 사용하여,

세계에 널리 알려졌고, 가모브가 예견한 우주배경복사를, 펜지아스와 윌슨이 전파 망원경으로 발견하고, 펜로즈와 호킹이 "특이점 정리"라는 논문으로 빅뱅이론을 과학적인 우주생성 표준 모델로 학계에 정착되게 했으며, 빅뱅의 화석이라고 할 수 있는, 우주 배경 복사의 마이크로파를, COBE 위성이나, WMAP 위성이 관측하고 측정했다】

⊙ 현재 빅뱅 이론의 정황적 증거로 근거가 되는 5가지 예는?

1) 아인슈타인의 일반상대성이론, 방정식의 불안정한 수학적인 해답

2) 허블의 우주 팽창 발견

3) 위성들의 우주 배경 복사 발견과 관측

4) 펜 로즈와 호킹의 "특이점 정리 논문"

5) 먼 별빛에서 많은 밝은 원소가 관측되어, 초기 우주가 매우 뜨겁고, 밀집되어 있었다고 가정하는 이론적인 모형과 부합된다.

빅크런치

이제 우주나, 지구나, 인류의 미래에 대해서 물리학은 이렇게 예견하고 있다. 50억 년 후에, 태양의 핵 연료가 다 소진되면, 태양 빛은 8분 후에(태양의 거리가 1억 6천만 Km 빛의 속도로 8광분 거리), 지구에서 사라지고, 지구는 8분 후에 태양의 중력이 사라짐으로 인해, 타원 운동하던 지구는 일직선으로 우주로 날아갈 것이다.

그런데, 인류는 지구를 떠나, 우주의 어떤 행성이나 항성을 개척하여 이주해 있을까? 동시에 100억 년 후에는, 팽창하던 우주가 우주의 물질들의 중력으로 잡아당겨져, 팽창 속도가 느려지고, 정지하고, 이윽고 수축하여, 우주의 천체들이 서로 충돌하는 빅크런치가 일어날 것이다. 그래서 우주는 붕괴되고, 종말을 맞을 것이다. 대충 이런 정도가 과학이 예측하는 시나리오이다.

1-1-3 우주의 나이

허블 : 20억 년

앨런샌더지 : 200억 년

드보클레르 : 100억 년

툴리와 피셔 : 100억 년

아론슨과 후크라 : 150억 년

구상성단 연구와 방사성동위원소 연대측정 : 150억 년

※ 2002년 7월 사이언스지 : 연세대교수

이영욱과 윤석진 : 130억 년

Ⅵ. 우주의 나이

우주의 나이로 알려져 있는 우주의 생성 시기에 대해서 150억 년이라는 수치가 나오게 된 과정은 대강 이렇다. 그 근본적인 근거는, 은하까지의 거리에 비례해서, 우주가 팽창한다는(우주 후퇴속도), 허블의 그래프에서 출발했다. 우주의 팽창 속도를 역으로 계산하여, 한 점에서의 출발점을 계산한 것이다. 팽창하는 우주의 시간을 거슬러 올라가면, 팽창의 시작점에 도달하는데, 이곳이 빅뱅점이다.

먼저 허블은 20억 년을 계산해냈다. 그러나 과학자들은 지구 암석의 나이가, 40억 년 되는 것을 발견하므로 허블은 그 계산의 오차를 수정해야했다. 허블이 죽고, 그 후임자인 앨런 샌더지는, 허블의 오차를 수정하여, 1960년대에 우주의 나이를 200억 년이라고 발표했다.

1970년 초에, 텍사스 대학의 드보클레르는 샌더지가 은하단의 중력에 의해 당겨지는 현상을 무시하여 오차가 생겼다고 주장하면서, 우주의 나이를 100억 년으로 제안했다. 샌더지와 보클레르의 방법이 큰 차이를 보이자 다른 방법으로 측정치가 연구되어, 1972년 브렌트 툴리(Brent Tully)와 리챠드 피셔(Richard Fisher)는 은하들의 회전 속도를 연구하여, 우주의 나이를 100억 년으로 측정했다.

아리조나주의 마크 아론슨(Marc Aronson. 스튜워드 천문대)과 하버드 대학의 죤 후크라(John Huchra)는 툴리와 피셔의 방법에 문제점을 제기하고(우주의 먼지가 거리 측정을 방해한다고), 그들은 우주의 나이를 150억 년이라고 했다.

이제, 이들의 방법이 아닌 다른 방법으로 우주의 나이가 연구되었다. 구상성단(수십만~수백만개의 별들이 구형으로 모인 성단)의 연구와 방사성 동위원소의 연대 측정으로, 우주의 나이를 측정한 바, 추정치는 150억 년이었다. 그래서 150억 년이 우주의 나이로 추정되어 알려져 오고 있다. 그러나 그 이후, 150억 년~90억 년 사이로, 여러 과학자들에 의해서 제안 되었다. 2002년 7월 "사이언스지"에 발표된 한국 연세대의 이영욱 교수와 윤석진 연구원의 "자외선 우주 망원경을 이용한 은하형성과 구상성단 형성들을 연구한 논문에 의하면, 우주의 나이는 130억 년으로 추정되었다. 어떻든 우주의 나이는 추정치이며, 허블의 우주 팽창 속도의 역이 가장 크게 기여했다.

♣ 2010. 3. 11 〈사이언스〉지에 서울대 천문학부 이명균 교수팀은 빅뱅직후 형성되어, 오랜 세월 후에 큰 은하에 포함되지 못하고 공전궤도 없이 은하에 떠도는 "방랑자" 구상성단을 봄철 처녀자리 은하단에서 세계최초로 확인했다고 발표했다(공모양의 별집단).

Ⅶ. 유인원의 연결 고리

　인류의 기원과 진화를 연구하는 학문에는 고고학, 고생물학, 고인류학, 그리고, 최근에는, 분자 생물학, 분자 인류학, 진화 생물학(Evolutionary Biology), 생태학(Ecology), 분자 계통학 등이 있다.

　몇 백만 년 전의 유인원 화석을 가지고, 추정하고, 설명하고, 주장하는 분야다. 자연과학 학문들 중에서도, 논쟁과 토론이 가장 활발한 분야 중의 하나다. 하룻밤 사이에 또 다른 인류 화석이 발견되면, 그 인류가 살았던 연대가 추정되고, 이어서 속명과 학명이 붙여지고, 새로운 학설이 주장되어 신문과 매스컴에 특종처럼 보도되고, 기존 학설을 뒤흔들어 놓는 일이 비일비재한 것이 이 분야이다. 이 분야의 과학자들은 이 시간도 아프리카의 밀림이나, 사막, 또는 어느 지역의 동굴에서 뼈 조각의 발굴을 위해서 힘쓰고, 실험실에서 분자 생물학적으로 분석하고, 미토콘드리아 DNA나, "체세포 DNA 지문 감식법(DNA Finger Printing Method)" 등을 통해, 분석하고,

실험하면서 연구하고 있다.

억겁의 세월을 거슬러 올라가서 연결 고리의 수수께끼를 푸는 일이란 빙산의 일각처럼 힘들고 어려운 분야라고 할 수 있다.

챨스 다윈은 1871년에 출간한 "인류의 유래"란 책에서, 인류의 혈통 중에서 가장 오래된 화석은 아프리카에서 발견될 것이라고 예견했는데, 그 같은 유인원 화석의 몇 가지 예가 다윈 이후로 아프리카에서 발견되었다.

아프리카는 현재 인류와 가장 가까운 침팬지, 고릴라(오랑우탄, 긴팔 원숭이는 아시아에 서식) 등이 서식하고 있는 지역이다.

일반적으로, 인류의 연결고리로, 오스트랄로 피테쿠스→호모 하빌리스→호모 에렉투스(네안데르 탈인, 쟈바 원인, 베이징 원인)→호모 사피엔스(크로마뇽인:현생 인류의 조상)는 잘 알려져 있다. 문제는 오스트랄로 피테쿠스에 이르는 연결 고리인데, 아직도 이견이 분분하다.

그중 일부를 소개한다.

*사헬란트 로푸스 차덴시스(700만 년 전)

2002년, 챠드의 드 주라브 사막에서 프랑스 연구팀이 발견한 700만 년 전의 유인원 유골.

1. 아르디 피테쿠스 라미두스

거의 450만 년 전으로 연대가 추정되었다. 1994년 말, 미국 켈리포니아의 버클리 대학의 인류 진화 연구센터의 교수인 티모시 화이트와 그의 동료, 겐슈 및 에디오피아의 과학자인 버헤인 아스포는, 에디오피아 중부 아와시 지역의 아라미스에서, 오스트랄로 피테쿠스 아파렌시스보다 훨씬 더 유인원을 닮은 사람의 화석을 발견했다고 발표했다. 이 화석들은 거의 450만 년 전으로 연대가 추정되어, 사람과 아프리카 유인원의 공통 조상이 분지한 추정시기와 근접하였다.

아라미스 표본은 너무나 유인원을 닮았기 때문에 일부 학자들은 침팬지

1-1-4 인류의 연결고리

① 아르디 피테쿠스 라미두스 (Ardipithecus ramidus)
440만 년 전, 땅위에 살았던 유인원

↓

② 오스트랄로피테쿠스 아나멘시스 (Australopithecus anamensis)
400만 년 전

↓

③ 오스트랄로피테쿠스 아파렌시스 (Australopithecus afarensis)
300~370만 년 전

↓

④ 오스트랄로피테쿠스 아프리카누스 (Australopithecus africanus)
200만 년 전

↓

호모 하빌리스 (Homo habilis) (도구를 든 원인) 200만 년 전

↓

호모 에렉투스 (Homo erectus) (직립 원인) 50만 년 전

↓

호모 사피엔스 (Homo sapiens) (지혜로운 원인) 4만 년 전

*사헬란트 로푸스차덴시스 : 2002년, 챠드의 드주라브사막에서
프랑스연구팀이, 700만 년 전의 유인원 유골을 발견함

*오스트랄로피테쿠스 세디바 : 2008년 3월 남아공 말라파 동굴에서 약 180만 년 전의
화석 유물을 남아공에 위트워터 스랜드 대학의 리 버거 교수 연구팀이 발견, 나무에서
생활하던 초기 인류와 지상에 정착한 현생 인류에 중간적 특징을 갖고 있다고 보고함

의 조상이라고도 의심한다. 그러나 화이트 교수와 그의 동료들은, 이 화석에 아르디 피테쿠스 라미두스라는 속명을 붙였다(땅위에 사는 유인원이라는 뜻으로, 오스트랄로 피테쿠스라고 하지 않고, 아르디 피테쿠스라고 한것은, 유인원에 더 가깝다는 뜻을 강조하기 위함이었다. "라미드"는 에디오피아 지역 방언으로, "뿌리"를 의미하는데, 인류의 조상임을 강력하게 주장한다는 뜻이다).

2. 오스트랄로 피테쿠스 아나멘시스

2006년 4월 12일, 과학 전문지 "네이쳐"에 발표함. 2006년 1월 다국적 고생 인류학 발굴팀의 대표, 미국의 티모시 교수에 의해, 이디오피아 아디스 아바바에서 북동쪽으로 225Km 떨어진, 사막지대인 미들 아나 시에서, 아나멘시스 화석을 발굴했다고 발표했다. A-아나멘시스는 400여 만 년 전에 살았다고 추정되는 남자 화석의 총칭이다.

이 새로 발굴된 화석은 해부학적인 연대기적으로 440만 년 전에 아르디 피테쿠스 라미두스와 300~370만 년 전의 "A-아파렌시스"(일명 루시) 사이의 공백을 메워줄 연결고리로 전문가들은 기대하고 있다.

티모시 화이트 교수는 이번에 발굴된 장소가 이전에 화석이 7차례나 발견된 곳과 가까워, 초기 인류 진화의 추이를 분석하는데, 중요한 단서를 제공할 것으로 보고 있다.

3. 오스트랄로 피테쿠스 아파렌시스

(A-Afarensis : 일명 루시, 300-370만 년 전) 세계에서 가장 유명한 고인류의 유골이다. 1974년, 유명한 고인류학자, 도날드 조핸슨(Donald Johanson. 1943)은 약 350만 년 전에 이디오피아 하다르 지역에서, 살았던 어린 소녀(요한슨이, 소녀에게, 그때 유행하던 비틀즈 노래에서 따와, 루시〈Lucy〉라는 이름을 지어 주었다)의 거의 완전한 유골을 발견하고, 인류의 조상인 오스트랄로 피테쿠스의 새로운 종으로 밝혀져, "A-Afarensis"로 명명했다(아파르 지역에서 발굴되었다고 하여). 루시는 현재, 이디오피아의 한 박물

관에 소장되어 있고, 그 모형이, 조 핸슨이 인류학 분야 큐레이터로 일하고 있던, 미국의 클리브랜드 자연사 박물관에 전시되어 있다.

♣ 1950년대 말에 이르러서, 이름이 붙여진 사람과(人科)의 수는 100가지가 훨씬 넘었는데, 현재는 이보다 더 많다. 이 외에도, 많은 속명의 인과, 유골이 있지만, 고고인류학에서는 아직도 증거가 부족하여, 학계에서 합의점을 찾지 못하고 있다.

♣ 고 DNA가 추출되었다고 주장하는 생물들의 출현 연대 (로저르윈의 저서 "진화의패턴" 참고).

1) 이집트의 미이라 : 2550~2310년

2) 모 아 : 4천 년 전~3천 년 전
   천 년 전, 뉴질랜드에서, 사람이 살기 전에 번성 했던, 타조를 닮은 거대한 새.

3) 티롤지방의 냉동 인간 : 5300~5200년
   1991년 9월, 프랑스의 티롤지방에서 발견된 냉동 인간. 방사성 동위원소를 사용하여, 피부와 뼈의 표본을 연대 측정함.

4) 메머드 : 4만 년 전 코끼리를 닮은 포유류.

5) 호박 속의 곤충 : 4천만 년 전 : 나무의 송진이 굳어서 돌같이 단단한 것을 호박이라 하며, 그 속에 들어 있는 곤충.

1-2 자연과학의 시대적 흐름

① 고대희랍 B.C 600년~A.D 400년
(이오니아문명, 아테네중심
알렉산드리아 도서관중심)

② 이슬람왕국
(바그다그중심)
A.D 7C 이후 십자군전쟁

③ 르네상스 (로마중심)
A.D 14C~16C

④ 네델란드 "빛의행렬"
A.D 16C~17C

⑤ 영국의산업혁명 A.D 18C~19C
방적기와 증기기관
영국 왕립 학회

⑥ 미국의 과학화 (미국중심)
A.D 20C

⑦ 세계 과학화 (각나라에서 현재)
A.D 20C, 21C

1-2 자연과학의 시대적 흐름

자연과학의 시대적 흐름은, 고대 희랍에서 시작되어 이슬람 제국으로 전래 되었으며, 이어서 르네상스에서 크게 부흥하여 고대희랍의 문명을 재현하는 것 같았다. 르네상스의 부흥에 이어, 네델란드에서는 「빛의 행렬」로 나타나고, 영국으로 건너가서 산업혁명을 일으켰으며, 근대 자연과학 학문이 정립되고(대표주자 : 뉴턴의 고전역학 정립), 이어서 신앙의 자유를 찾아 아메리카 대륙으로 간 청교도 등에 의해 미합중국이 건설되어 강력한 과학 중심국인 미국이 도래하므로, 이곳에서 세계로, 세계과학화가 이루어지고 있는 실정이다.

　※ 중국은 많은 문명의 이기물들을 발명하여 인류 문명의 진보에 기여한다.

　* A.D 105년 : 채륜의 종이 개발.

　* A.D 983년 : 세계최고의 지폐 「교자」발행.

이즈음에, 나침반, 화약, 목판인쇄가 중국에서 발명되고 그 외에 우산, 수레바퀴, 쟁기 등을 개발함.

앞의 내용을 좀 더 자세하게 기술해보자.

오늘날의 현대과학과 첨단 현대 문명, 즉 반도체, 레이저, 원자로, 핵폭탄(원자폭탄, 수소폭탄), 입자가속기, 인공위성, 게놈 프로젝트, 체세포 생물복제, 지능 로봇 등등의 이론적인 근거가 되는 자연과학은 언제, 어디서, 누구에 의해, 어떻게, 무엇이 밝혀져 어떤 나라와 어떤 문명을 거쳐서 오늘날의 우리에게 이르렀는가를 이 장에서는 생각해 보기로 하자.

아인슈타인의 상대성원리처럼 예외는 있지만, 거의 대부분의 과학지식은 오랜 세월동안 여러 과학자에 의해서 연구되고, 주장되고, 반론에 부딪히고, 수정되고 입증되어서 농축되고, 농축되어온 시간과 공간에 제한된 역사적 축적물이다.

우리의 과학지식은 지금까지 그렇게 알고 있고, 알려져 왔다는 것일 뿐 내일과 미래에는 보다 정확하고, 보다 확실하며, 보다 편리한 진보를 가져 온다면, 우리는 언제나 우리의 현재의 과학지식을 수정하는데 주저하지 않 을 것이다.

자연과학의 뿌리요, 태두요, 출발점은 고대희랍이다. 고대이집트나, 고 대바빌로니아, 고대 중국에서 그렇게 생각한 과학자가 없었을까마는, 문헌 에 기록된 바에 의해 그렇다는 것이며, 고대희랍 이전에, 가르치고 배우는 스승과 제자는 있었으나, 여기서 다루는 것은 자연과학에 국한된 것이다.

모든 학문의 뿌리를 거슬러 올라가면, 세계사 Ⅰ기의 고대희랍 즉, 헬레 니즘이 나온다. 고대희랍에서 싹튼 자연과학 즉, 천문학, 수학, 의학, 물리 학, 지질학, 기하학 등은 이슬람 제국으로 전래되어 인도에서 전래되어온 수학(아라비아 숫자, 수학에서 0이라는 수 등)과 함께 「바그다드」에서 자연 과학의 진보에 역사적 족적을 남긴다.

더욱 뚜렷한 족적은 이탈리아의 로마가 「르네상스」로 꽃피운 사실인데, 이것은 초기유럽의 대학교육의 결실이며, 이슬람제국과의 7~8차 십자군전 쟁과 무역을 통해서, 고대희랍의 학문과 이슬람의 학문을 배웠기 때문이다. 이제 로마의 「르네상스 학문」은 유럽의 이웃나라인 네델란드에서 「빛」의 행 렬로 진보를 보이고 (16C~17C), 해가 지지않는 해양강국 영국에서는 뉴턴 과 더불어 산업혁명(방적기와 증기기관발명)으로 찬란히 꽃피운다.

유럽에서(그 중 대부분 영국에서) 「종교의 자유」를 찾아 이주자들이 미지 의 땅인 아메리카대륙을 찾아 정착하였다. 불과 200~300년의 역사일 뿐인 데 세계최상의 과학중심국인 미국을 낳게 되어, 이 미국을 통해 선교, 통상, 전쟁, 유학 등을 통해 세계 각지로 현대과학이 전해져 오늘날에 지구촌 과 학화가 이루어진 셈이다.

이상의 과학의 흐름 중에서 몇 가지 의문이 강하게 떠오른다. 왜 하필 자 연과학은 「고대희랍」에서 발생했을까? 고대희랍의 헬레니즘을 쳐부수고,

정복한 나라는 로마제국인데, 고대희랍의 학문을 왜 2번째로 이어받지 못했을까? 영국이 세계에 끼친 영향은 왜 대단한가? 미국은 어떻게, 왜, 그 짧은 세월동안에 세계 최고의 과학국가가 되었을까?

자연과학의 이 흐름에서 대표주자로 한사람씩을 추천한다면, 고대희랍은 아리스토텔레스이고, 이슬람제국은 알하젠이며, 「르네상스」는 갈릴레오이고 네델란드는 호이겐스이며, 영국은 뉴턴이고, 미국은 아인슈타인이다. 아리스토텔레스-알하젠-갈릴레오-호이겐스-뉴턴-아인슈타인! 그들은 역시 「빛」에 대해 두각을 나타낸 과학자들이다.

1. 고대희랍의 학문 - 3가지로 분류할 수 있음

〈1〉이오니아 문명의 학자들 〈2〉아테네 중심의 학자들 〈3〉알렉산드리아 도서관 학자들

〈1〉이오니아 문명의 학자들 (Ionian=Dorian, 고대희랍민족의 일파, B.C 600년~B.C 200년)

(1) 탈레스(Thales, B.C 624(?)~B.C.546(?), 밀레투스(Miletus=밀레바)출신) : 만물은 물로 되어있다. 자연과학의 태두(원조)이다.

(2) 아낙시만드로스(Anaximandros, B.C 610(?)~B.C 545(?), 밀레투스출신) : 최초의 해시계와 천구도를 만듦. 모든 물질의 성질을 나타내는 1차 물질이 있다.

(3) 아낙시메네스(Anaximenes, B.C 585(?)~B.C 525, 밀레투스출신) : 만물은 공기로 되어있다.

(4) 피타고라스(Pytagoras, B.C 582(?)~B.C 497(?), 사모스섬 출신) : 수학의 아버지「피타고라스정리」, 직각삼각형에서, $a^2+b^2=c^2$,

(5) 히포크라테스(Hippocrates, B.C 460~B.C 377(?), 코스섬출신)

: 질병이란 신의 노여움 때문이 아니라, 체액의 부조화로 발병하며, 과학적 진단을 추구했고, 병은 자연(physis)이 치유함을 주장하였고, 현재 히포크라테스 선서가 의사들의 지표가 되었다.

(6) 아낙사고라스(Anaxagoras, B.C 500(?)~B.C 428, 클라조메내출신)

　: 만물은 영원히 쪼갤 수 있다. 태양, 달, 하늘에 대한 탐구를 인생의 목적으로 삼아 왔으며, 월식현상과 달빛을 정확히 설명했다.

(7) 엠페도클레스(Empedocles, B.C 495~B.C 435)

　: 의사였으며, 4원소설(불, 흙, 공기, 물)을 주장했다.

(8) 데모크리토스(Democritos, B.C 460(?)~B.C 370(?))

　: 원자론의 아버지라 불리며 레우키포스(Leukippos)의 제자이다. 만물은 더 이상 쪼갤 수 없는 상태가 있다고 주장.

　(atoma : 쪼갤 수 없다, tome : 쪼개다)

9) 아리스토텔레스(Aristoteles, B.C 384~B.C 322, 스타기라출신)

　: 주로 아테네에서 활동하였으며, 만학의 아버지, 소요학파창시자이다. 그는 플라톤의 아카데미에서 공부하고, 알렉산더대왕을 3년간(13세~16세까지) 가르쳤다.

(10) 아리스타르코스(Aristarchos, B.C 310(?)~B.C 230(?)) 사모스섬출신 : 지동설의 원조이다.

〈2〉 아테네중심의 학자들 (B.C 500~B.C 200)

(1) 소크라테스(Socrates, B.C 469~B.C 399)

　: 철학의 아버지이며, 플라톤의 스승이다. 「너 자신을 알라」

(2) 플라톤(Platon, B.C 427(?)~B.C 347(?))

　: 영혼불멸설, 이데아(Idea) : 인간정신을 중시하였다.

(3) 아리스토텔레스(Aristoteles, B.C 384~B.C 322)

　: 스타기라 출생으로 주로 아테네에서 활동하였다.

2가지 증거로 지구가 둥글다고 주장하고, 「천체에 대하여」 (On the hea-
ven)와 「오르가논(논리학)」을 저술하였다. 그의 천동설이 1800여 년간
군림하였고, 「역학」의 뿌리이며, 5원소설과 에테르를 주장하였다. 그 외
에 많은 강의록을 남겼다.

※ 크세노파네스(Xenophanes, B.C 570(?)~B.C 475(?))
: 지질학의 원조이며 높은 산의 암석에서 조개껍질을 발견하고 대홍수
때 그곳에 묻히게 되었을 것이라 생각하였다.

〈3〉 알렉산드리아도서관 학자들(B.C 300~A.D 400)

⑴ 유클리드(Euclid, B.C 330~B.C 275)
: 기하학의 아버지라 불리며, '기하학에는 왕도가 없다. 빛은 직진하며 반
사법칙이 있다' 라고 하였다.

⑵ 아르키메데스(Archimedes, B.C 287(?)~B.C 212(?))
: 부력을 발견하였다.

⑶ 에라토스테네스(Eratosthenes, B.C 273(?)~B.C 192(?))
: 도서관 관장으로 수학자, 천문학자, 평론가였으며 지구의 둘레를 가장
최초로 정확하게 측정하였다. 저서로는 「천문학」「고통으로부터 자유」
가 있다.

⑷ 히파르코스(Hipparchos, B.C 160(?)~B.C 125(?))
: 천문도를 작성한 천문학자로 별들의 밝기를 추정하였다.

⑸ 디오니시우스(Dionysius, 트라키아출신)
: 말의 품사를 정의하고, 언어학의 체계를 확립한 학자이다.

⑹ 아폴로니오스(Apollonius, 페르가출신)
: 수학자로 타원, 포물선, 쌍곡선이 원추곡선임을 밝혔다. 케플러의 행성
의 공전궤도가 타원임을 알아내는데 그의 타원공식이 기여하였다.

⑺ 헤로필로스(Herophilos)

: 생리학자로, 지능은 두뇌에서 나온다고 생각하였다.

(8) 헤론(Heron)

: 톱니바퀴와 증기기관을 고안하였고, 로봇에 관한 최초의 책인 오토마타(Automata)를 저술하였다.

(9) 프톨레마이오스(Klaudios Ptolemaeos, A.D 100(?)~178)

: 천문학자이며 지리학자이다. 빛의 굴절현상(수중에 잠긴 막대가 굽어져 보인다)과 천동설을 주장하였다. 「천문학집대성」을 저술하였고 히파르코스에 영향을 받았다.

(10) 히파티아(Hypatia, A.D 380~420)

: 여성수학자이자 천문학자로 알렉산드리아 도서관이 불타고 파괴될 때 함께 사망하였다. 알렉산드리아 도서관 학자들 가운데 마지막 사람이다. 거의 모든 학문의 역사적 뿌리를 찾아 거슬러 올라가면, 우리는 고대희랍의 학자들을 만나게 되며, 그곳에는 학문의 아버지(원조)들이 많이 살았다. 그들 학자들은 크게 3부분으로 나눌 수 있는데, 앞에서 요약하였다.

⟨1⟩ 고대희랍의 학자들 중 원뿌리는 고대희랍민족의 일파인 이오니아인(도리아인)들이며, 그들은 「이오니아문명」을 낳았다. B.C 1천여 년부터 그들의 경계는 그리이스와 그들의 식민지령인 동양과 서양의 접합점인 지중해를 중심으로 동쪽은 소아시아(지금의 터어키)지방이며, 북쪽은 유럽대륙(이탈리아반도, 그리이스, 마케도니아 지방 등), 그리고 남쪽은 아프리카(대표적 이집트) 대륙이었다.

지중해를 통해 동양과 서양의 무역의 교차점이었으며 북쪽으로는 에게해를 통해 러시아의 흑해로 열려있는 곳으로 많은 섬들에서 학문의 원조들을 배출하였다. 여기에서 나는 먼저 칼 세이건의 「코스모스(cosmos, 1980)」 책을 독자들에게 소개하고 싶다. 우주의 천문학자의 대가로 알려진 그에게서 우주에 대해서 알고 싶어 읽었던 책이었는데, 머리에 남아 있는 건 고대

희랍의 학문의 원조들에 대한 화려한 문장과 잘 요약된 지도, 그리고 그들의 생애 도표였다(참고:코스모스 P.303(도표), P.282(지도, P286~302). 중국, 인도, 이집트, 페르샤에서 자연과학이 발생하지 않고, 이오니아문명에서 발생한 이유를 칼세이건은 3가지 정도로 요약하였다.

⑴ 여러섬들을 중심으로 다문화가 형성되었고, 지중해를 통해 여러 문화권(즉 이집트, 아프리카, 아시아, 유럽의 문화)의 전통과 사상이 무역을 통해 전달되고, 교류되었기 때문이다.

⑵ 이오니아인들과 고대희랍에서는 철학적 사고가 중시되어 자연과 우주에도 질서와 조화가 있어서, 반드시 따라야 할 규칙이 있으므로, 자연과 우주도 이해의 대상이 될 수 있다고 생각했다(우주의 훌륭한 정돈된 질서를 「코스모스(cosmos)」라고 하였다. 이와 반대는 혼돈-카오스(chaos)).

⑶ 페니키아의 음성알파벳 기호를 처음으로 그리스어(희랍어)에 사용한 곳이 이오니아로 언어를 통해, 상호생각과 의견이 소통되고 자유토론을 통해서 학문과 사상이 점진되었을 것이다.

다문화가 형성되었고, 무역을 통해 여러 문화의 전통과 사상이 교류되고 고대 희랍 민족이 철학적 사고에 기반을 두고 자연과 우주의 「코스모스」를 추구했으며, 언어의 정착으로 자유토론을 통해 학문과 사상이 정진되었다고 지적한 셈이다. 여기서 나는 넓은 의미의 「고대희랍」이 학문의 발생지가 된 연유에 대해서 그동안 내가 찾은 책들에서 발견한 것을 부연해서 쓰고자 한다.

⑴ 세계사 Ⅰ기는 왕국시대였다고 앞에서 썼다. 그 왕국들 가운데, 가장 광대한 땅을 정복한 나라는 고대 희랍의 알렉산더(B.C 355~323, 32세에 사망) 왕국이었다. 그는 마케도니아의 필립 2세 왕의 아들로 태어나, 13~16세까지 만학의 아버지인 아리스토텔레스에게서 3년을 배운다(알렉산더 영화에서도 묘사됨. 아리스토텔레스는 궁전의 시의(의사)의 아들로 알려짐). 기

록에 의하면, 그는 자기의 학문의 스승인 아리스토텔레스에게 코끼리를 선물했다고 한다. 12년간 통치중 요절하지만, 자기 부하 장수에게(프톨레마이오스) 이집트에 자기 이름을 기억하게 할 도시를 건설하게 하여, 이집트 알렉산드리아 도시가 건설되고, 그곳의 大도서관은 한때 세계 학문의 중심지였다(B.C 300~A.D 400). 최고의 정복자였던 알렉산더대왕, 그리고 그의 스승인 인류최고의 지성인, 아리스토텔레스에게 받은 3년간의 교육이 빚은 합작품은 아닐까? 문무를 겸한 왕으로, 학문을 권장하고 학자들을 우대하므로 그렇게 기록물들을 남길 수 있지 않았을까?

자연과학의 진보에 절대 권력을 가진 왕들이 기여한 경우를 보면, 콜롬버스의 남미 대륙발견 항해는 이사벨라 여왕과 페르난데스 왕의 전폭적인 지원에서 힘입었으며, 독일의 초대수상 비스마르크의 철혈정책으로 대포와 무기들을 제조하기 위한 제철산업의 발달로 그 용광로의 고열로 인한 「빛의 스펙트럼 분석」을 통해, 「맥스플랑크」는 「에너지양자가설」 논문을 써서, 양자론의 원조가 된 셈이다 (양자론은 뒤에 「양자역학」으로 진보하여, 현대과학문명에 끼친 공적은 말로 다 할 수 없다).

※적은 예지만, 1613년 허준이 동의보감 25권을 출간하는데는 16년이(쓰는 데는 14년) 소요되었는데, 선조대왕의 뒷바라지 때문에 가능했던 것이다.

(2) 최초로 자연과학 학문을 자유토론했으며, 최초의 자연과학 학문을 가르치던 학교가 고대 희랍에 있었다. 플라톤의 아카데미학원(Academea platonica, B.C 387년개교~A.D 529년 폐교)이나, 아리스토텔레스의 뤼케이온(Lykeion)학원이 그것이다(신약성서, 사도행전 7장 22절에 보면 모세가 바로 왕궁에서 학문을 배웠다고 기록되어 있다. 이곳은 왕족이나, 귀족만이 다니는 학원이었을 것이다).

오늘날 우리는 많은 학문적인 프로그램에 「아카데미」라는 말을 많이 쓰고 있지만, 그 말의 어원이 어디에서 왔는지를 아는 사람은 드물다. 플라톤의 아카데미학원에서 유래됨을 이제 알 수 있다.

(3) 언어의 정착으로 자유토론을 즐겨하고, 자연과 우주의「cosmos」법칙을 추구했던 고대희랍 민족의 우수성이다. 파르테논신전을 건축할 때도, 민회를 소집하고(민회의장:페리클레스가), 자유토론으로 함께 의논하여 신전건축을 했으며, 학문에 대한 열정은 아낙사고라스의「내 인생의 목적은 하늘과 태양, 달에 대한 탐구이다」라는 말에도 잘 나타나 있다 (물론 고대희랍에도 노예제도는 있었던 것으로 알려짐).

(4) 올림피아와 같은 스포츠를 추구한 민족으로 건전한 육체에, 건전한 정신을 가졌던 민족이다.

(5) 우리 한국은 5천 년 역사라고들 하는데, 그리이스 민족은 8천 년 역사라고 하여 긴 역사를 갖고(일찍 강대한 나라가 된 것도) 있는 것이, 학문의 원조가 된 이유 가운데 하나로 생각할 수 있다.

이제 그들이 추구하였던 자연과학의 세계를 살펴보면, 그들은 먼저 만물의 물질이 무엇으로 되어있는가와, 그 물질을 더 쪼갤 수 없는 기본상태(atoma)가 있다, 없다에 관심을 가졌다. 만물은 물로 되었다, 공기로 되었다, 물, 불, 공기, 흙과 같은 4원소로 되었다. 지상계는 그렇지만 천상계는 완전한 세계로 원운동을 하며, 에테르로 되었다하여 5원소설도 주장하기에 이른다(아리스토텔레스). 아낙사고라스는 만물은 영원히 쪼갤 수 있다고 생각하기도 했다.

이와 같이 만물의 구성부분에 관심을 가졌고 그리고 우주의「코스모스」법칙과 해, 달, 별들에 관심을 가져 해와 달과 지구의 운동에 따라 나타나는 일식, 월식, 달의 모형 변화를 비교적 정확히 설명하였으며, 천문도를 그려냈다. 수학과 기하학에서도 피타고라스정리와 타원, 포물선의 법칙도 알아냈으며, 의학에서도 질병을 신의 노여움 때문이 아니라, 체액의 병적변화로 판단하여 합리적인 진단을 추구하였고, 병은 저절로「자연(Physis)」이 치유하므로 치료의 목적은 자연을 돕는 방식이었다. 고정된 물체가 가장 자연스런 상태이며, 움직이려면 힘이 필요하며, 낙하시는 무거운 물체가 먼저 떨어진다고 생각했다. 그들은 천동설(아리스토텔레스와 프톨레마이오스)과 지동설(아리스타르코스)도 주장했다. 철학에도 심취하고, 영혼 불멸을 주장하고, 이데아의 관념을 중시하였다.

이오니아문명의 학자들 중 탈레스(Thales, B.C 624(?)~B.C 546(?))만을 소개한다. 그는 인류에게 「자연과학」 시간이 시작되었다고 첫 종을 두드린 자연과학 태두이다. 그는 동료인 아낙시만드로스나 제자인 아낙시메네스들과의 자유토론에서 자연현상에 대해 설명할 때, 미신적이거나, 종교적이거나, 신화적이거나, 점성술적이거나 하는 것은 배제하고, 합리적이고, 이성적으로만 하자고 제안하고 과학정신을 깨우친 최초의 과학자이며, 군인이며, 자연과학의 원조이다.

〈2〉 아테네 中心의 학자들 :

시기적으로 이오니아 문명의 일부분으로 볼 수 있으나, 구태여 이오니아 문명의 학자들과 아테네 中心의 학자들을 구별하는 이유는 다음에서 알 수 있다.

그리이스 중심도시인 아테네(수도)는 최초의 자연과학 학교가 태동한 학문의 고장이며, 철학적인 사고와 과학적 지식이 스승에게서 제자에게로 전수되어 발전해갔다. 이 시기에는 철학과 과학이 아직 구분되지 않았다. 결국 모든 학문의 아버지 아리스토텔레스가 비록 마케도니아의 스타기라 출신이지만 그의 생에 대부분을 아테네에서 펼쳐 그의 학문의 주 무대였기 때문이다.

최초의 자연과학 학교인 플라톤의 아카데미 학원(Academea Platonica : B.C 387년 개교~A.D 529년 폐교)은 약 800여 년간 역사상에 존재하였으며, 그들의 스승과 제자들의 계보는 소크라테스(B.C 469~B.C 399)-플라톤(B.C 427(?)~B.C 347(?))-아리스토텔레스(B.C 384~B.C 322)-알렉산더대왕(B.C 355~B.C 323, 32세 사망)이다. 소크라테스와 플라톤은 그들의 철학적인 사상으로 더 유명하며 철학자들의 아버지격에 해당된다. 「너 자신을 알라」, 「악법도 법이다」. 소크라테스는 아테네의 저자거리와 아크로폴리스광장(파르테논신전아래)에서, 아테네의 시민들과 자유토론을 즐기고, 그들에게 「화두」를 던지고 그들의 대답을 경청했다. 탈출이나, 추방될 수 있었으나, 죽음을 초월하여, 감옥에서 「악법」도 준수되어야 한다고 말하며, 스스로 죽어간 철학자였다. 플라톤은 그의 스승의 사상을 기록하였고, 자연의 만물에는 神이 깃들어 있다고 생각했으며, 영혼불멸설을 주장하고 인간의 정신을 높이 평가했다. 사물보다는 이데아(Idea)에 심취한 철학자이며, 아테네에 「아카데미학원」을 세워서 제자를 육성하였으며, 그의 수제자인 「아리스토텔레스」가 17세 때부터 플라톤이 죽을 때까지 거의 20여 년간을 아카데미학원에서 배웠던 것이다.

아리스토텔레스는 플라톤 사후에 13살의 알렉산더를 3년간 가르쳤으며, 10여 년을 세계여행을 한다. 50세 이후에는 아테네 교외에 뤼케이온(Lykeion)이라는 학원을 세워서 제자들을 가르쳤으며, 소요학파의 창시자가 되었다. 그가 가르친 강의록이 2000페이지 분량의 책으로 보존되어서 그 내용을 분류하면, 자연학(물리학, 심리학, 생리학), 논리학, 정치학, 윤리학, 시학, 철학 등 광범위한 영역에 걸쳐서 강의를 했던 것을 엿볼 수 있다. 알렉산더대왕에게서 코끼리를 선물 받은 것으로 유추해도 스승으로서 존경을 받았으며, 뤼케이온학원이 세워지는데도 제자인 대왕의 도움이 있었을 것으로 짐작된다.

아리스토텔레스는 모든 학문의 아버지로 불리우며 지구상에 살다간 인간 중 최고의 지성인(시대까지 감안하여)이라고 말할 수 있다. 「빛의 파동설」을 추론하였고, 돌멩이 던지는 실험을 통하여 던진 돌멩이가 항상 아래쪽 지구로 떨어지는 것을 보고 지구가 우주의 中心이므로, 항상 지구쪽으로 떨어진다고 생각했다. 중심인 지구는 고정되어 있고, 태양과 별이 지구둘레

를 돈다는 천동설을 주장하여 약 400여 년 후에 프톨레마이오스의 동의를
받았으며, 이 천동설은 중세 때에는 가톨릭의 비호까지 받아, 갈릴레오에게
목성의 위성이 4개인데 그 위성들은 지구를 도는 것이 아니라 목성을 돌고
있으며, 금성의 달과 같은 형태 변화는 금성이 태양을 돌때 지구의 위치에
따라(적은 지구가 태양을 돈다) 나타난다는 근본적인 지동설의 근거로 한방
에 격침되기까지, 1800여 년간에 걸쳐 지구의 과학지식을 지배하였다.

움직이지 않는 물체가 가장 자연스러운 상태이며 정지한 물체가 움직이
려면 (알짜)힘이 필요하다(운동과 힘과의 관계). 지구는 둥근데 그 이유는
달에 비친 지구의 그림자가 둥글며, 북쪽에서 북극성을 보면 머리 위로 보
이지만 남쪽으로 가면서 북극성을 보면 지평선 위로 비스듬히 보이기 때문
이다. 물체의 색깔을 구별하게 되는 이유는 눈에서 빛이 나가기 때문이며
눈을 감으면 색깔을 구별할 수 없다.

무거운 물체와 가벼운 물체가 동시에 떨어지면 무거운 물체가 먼저 떨어
진다(동시에 같이 떨어지는 것이 진실이다→낙하운동현상연구). 종불변설
(원숭이에게서 원숭이가, 개에게서 개가 나온다), 생명자연 발생설, 인간은
정치적 동물이다. 예술은 영혼의 모방이다. 관념보다는 실재를 추구했다.
등등 아직도 쓸 것이 많지만 줄인다. B.C 350년 지금으로부터 2천 360년
전에 그런 정도의(틀린 오류의 말도 많지만) 지식을 쏟아 놓다니! 그는 인류
최고의 지성인으로 그의 틀린 말은 곧 인류가 연구해야 할 대상이 되었으며
그는 인류가 자연과학을 연구할 방향제시까지 한 셈이 되었다. 그가 말한
내용은 이후에 오랫동안 과학자들의 토론의 주제가 되었고, 학문의 뿌리로
서, 주춧돌과 나아갈 방향의 나침반 역할을 하였다. 그는 자연(Physis)에서
자연의 이해(Physics)라는 용어도 만들었다.

〈3〉 알렉산드리아 大도서관의 학자들 :

B.C 323년에, 32세의 나이로 알렉산더대왕이 요절하자 그의 왕국은 그

의 부하장수들에 의해 4개의 왕국으로 분할된다.

프톨레마이오스의 이집트왕국, 프톨레마이오스왕조를 세운다. 셀류쿠스의 시리아왕국, 카산더의 마케도니아왕국, 리시마쿠스의 소아시아 왕국이다. B.C 320년경에 알렉산더는 그의 장수인 프톨레마이오스에게 이집트에 대도시를 짓게하고, 자신의 이름을 기념하여, 알렉산드리아라고 명명하였다.

그래서 알렉산드리아 大도서관의 학자들은 대부분 이주해간 고대희랍사람들이다. 알렉산더 사후에 프톨레마이오스는 이집트에 프톨레마이오스왕조를 세운다. 이 왕조의 4대 황제의 등극을 기념하는 내용이 적힌 석판을 나폴레옹 군대가 나일강에서 주웠던 것이 로제타석이다. 천동설과 고정된 수정구 안의 주전원(Pericycle) 개념을 주장한 학자는 클라우디오스 프톨레마이오스라는 이름을 가진 학자이다.

지금의 알렉산드리아에서는 알렉산더대왕의 기념묘역과 고대 세계7대 불가사의의 하나로 간주되었던 파로스(Pharos)의 거대한 등대를 볼 수 있고, 고증을 통해 복원된 大도서관을 볼 수 있는데, 그 큰 규모와 실내장식은 그 당시의 영광을 재현했다고 한다.

알렉산드리아는 그때 당시 세계학문의 中心지로써 거의 700여 년간 (B.C 320년경에 세워져, A.D 400(?)년경에 불타버렸다) 세계에 군림했던 大도서관이 있었으며, 이곳에 50여 만권의 파피루스 두루마리 책이 있었을 것으로 추정되며, 모두 불에 타 역사 속으로 사라져버렸다. 오늘날 그 책들 중 한권이라도 발견된다면 보물중의 보물이 될 것이다. 그래서 오늘날 우리가 보는 영화중에서 금, 은, 보화로 가득한 보물의 창고에 들어가서 "알렉산드리아의 책도 있군"하는 대사가 나오는데 이제 그 의미를 알았을 것이다.

(1) 에라토스테네스(Eratosthenes, B.C 273(?)~B.C 192(?))

알렉산드리아 大 도서관의 관장으로 지구의 둘레 4만 km를 밝힌 수학자요 천문학자이며 평론가이다. 그의 저서에는 「천문학」,「고통으로부터의 자유」가 있다. 그는 어느 날 도서관의 두루마리 책 中에서 시에네(Syene:현재 댐이 있는 애스완을 말하며, 구약성서 에스겔 29장 10절의 수에네를 말한다)에서는 정오에 그림자가 없다는 내용을 읽게 된다. 그래서 그는 알렉산드리아에서는 정오에 막대기를 세우면 7° 정도에서 그림자가 생기는 것을 발견하고, 시에네에서 정오에 그림자가 안 생기는 것을 확인한 후 알렉산드리아(이집트의 북쪽 도시)에서, 시에네(이집트의 남쪽지방도시)까지 사람을 시켜 도보로 걷게 하여 도보를 계산한 결과 800km정도였다.

그는 둥근 지구에서 7°에 해당하는 거리가 800km라면, 360° 원인 둘레는 7°의 약 50배이므로, 거리는 약 4만 km가 나온다. 그는 지구의 둘레를 과학적으로 측정한 최초의 사람이며, 우주의 한 행성의 크기를 맨 처음 알아낸 최초의 지구인이다.

(2) 기하학의 아버지 유클리드와 부력을 발견한 아르키메데스, 천문도를 작성하고 별들의 밝기를 추정했던 히파르코스, 그리고 천동설을 주장하고 「천문학집대성」을 저술한 클라우디오스 프톨레마이오스 등이 이 시대의 대표적인 학자들이다.

〈1〉, 〈2〉, 〈3〉 이와 같이, 고대희랍(3부분)의 학자들에 의해 오랜 세월동안 고대희랍에서 자연발생적으로 일어난 학문부흥을 나는 고대희랍 르네상스라고도 부른다. 인류의 3시대 르네상스(문예부흥)는 고대희랍 르네상스, 중세 로마 르네상스, 현대 르네상스(유럽과 미국)라고도 말할 수 있다.

어떻든 고대희랍의 이 시대 학자들은 일식과 월식을 예측하고, 만물의 구성성분을 논했으며(4원소설, 5원소설), 천동설(아리스토텔레스와 프톨레마이오스)과 지동설(아리스타르코스)을 주장하고, 피타고라스의 수학과 히포크라테스의 의학을 낳았으며, 철학과 과학에 자유토론의 방법을 사용하였다. 그들은 아리스토텔레스라는 자연과학의 거인을 낳았으며, 인류의 자연과학 학문의 뿌리로서 주춧돌과 나아갈 방향의 나침반 역할을 한 자연과학의 학문의 부흥이었다.

결국 그들은, 그들이 살고 있는 환경인 지구와 하늘의 천체, 그리고 존재하는 만물의 구성성분, 수학, 기하학, 의학, 그리고 자연의 「코스모스」와 낙하운동, 생명발생 및 인간 내면의 영혼에 관심을 가졌다.

2. 고대희랍으로부터 시작된 자연과학의 물줄기는 이제 중세 이슬람제국으로 흘러들어갔다

기원 후 중세 7세기 초에 현재의 사우디아라비아 內에 있는 메카에서 「마호메트」가 태어나 알라신의 선지자로서 이슬람교를 창시하고 포교를 하고 죽자, 그의 추종세력에 의해 전쟁이 시작되고 이어서 강력한 제국이 형성되는데, 이들을 이슬람 제국이라 한다.

중세의 암흑기에 오랫동안 유럽과 로마제국의 카운터파트너로서 전쟁을 해왔으며, (십자군전쟁, 8~9차)이후에는 세계 곳곳에서 이슬람제국과 여러 나라가, 그리고 그 후에는 징키스칸의 몽골제국과 세계의 패권다툼을 벌여왔다. 그리하여 이슬람종교와 이 제국의 정복의 흔적으로 이베리아반도(스페인, 포르투갈 등의 영토), 아프리카 대륙, 소아시아, 아시아, 인도, 이스라엘 등의 세계사에서 이슬람 종교의 여러 명칭의 제국들을 우리는 발견할 수 있다.

고대희랍의 학문이 이슬람제국으로 계승되면서 두 번째 자연과학의 흐름의 통로가 되었던, 이슬람왕국의 중심지인 바그다드에 A.D 786년(8C 후반)에 「지혜의 집」이 세워졌다. 이곳에서 학자들은 문헌과 책들을 이슬람어로 번역하고 그들의 과학책과 이야기책들을 만들었다. 그들은 플라톤, 아리스토텔레스, 프톨레마이오스(클라디우스)의 책들과, 히포크라테스, 갈레노스(희랍의 해부학자, 의사)의 책들과, 전쟁에서 포획한 페르샤의 고전들까지도 그들의 언어로 번역하였다.

그리하여 만든 책에는 알마게스트(Almagest)와 「천일야화」 등이 있다. 알마게스트란 '가장 위대한 것'의 뜻을 가진 책으로, 알렉산드리아의 천문학자요 지리학자인 프톨레마이오스의 「천문학집대성」을 이슬람어로 번역한 책으로 원본보다 더 알려졌으며, 르네상스의 과학 서적이 나오기까지, 유명한 천문학 책 중의 한권이다. 또한 이때 「천일야화(아라비안나이트)」란 이야기책이 출간되었는데, 이 책속에 「알라딘과 요술램프」, 「알리바마와 40인의 도적」, 「선원 신밧드의 모험」 등이 들어 있다.

A.D 1067년에는 바그다드에 「니자미야 학원」이 세워져 플라톤의 아카데미처럼 학문을 가르치고 연구하였다. 현재 아라비아숫자라고 알려진 1,2,3,4,… (Ⅰ, Ⅱ, Ⅲ, Ⅳ, Ⅴ… 라틴어) 숫자는 인도에서 만들어져, 아랍으로 전래되고, 아랍인들이 「아라비아숫자」로 정립하였다. 그리고 아랍인들은 유럽인들과의 무역(12C부터)시 계산하는데 이 숫자를 사용하여 유럽인들보다 앞서갔다. 유럽은 16C에 이 숫자를 받아들여 복잡한 라틴어 숫자보다 더 편리하게 사용했다.

고대희랍만큼 유명한 철학자나 과학자는 없었으나, 다른 민족의 학문을 배우려는 호기심과 열심이 학문의 흐름에서 2번째의 자리를 갖게 했다. 아랍의 학자들에는 〈지혜의 집〉에서 연구하면서 「알 자브르」 수학책을 쓴 알화리즈미가 있고(그래서 대수학을 Algebra라고 한다) 8C의 아랍 연금술사로 식초를 발견한 자비르 이븐 하이얀이 있다.

그리고 A.D 1000년경에 광학책을 7권이나 저술한 「알하젠」 등이 있다. 그는 이 책에서 시각을 설명하였는데, 광원에서 빛이 나와 물체에 반사되었다가 우리 눈에 들어오므로 시각을 만든다고 했다. 유한한 빛의 속도가 물속에서 느려진다고 했으며, 카메라옵스큐라장치(방을 어둡게 하고 바늘구멍으로 빛을 들어오게 하는 장치)로 빛이 직선으로 나아감을 관찰했다.

A.D 1280년 아랍인 의사 알 크바라시는 피가 심장과 허파사이를 순환한다는 것을 인식했다. 오늘날에도 우리가 외래어로 쓰고 있는 알칼리, 암모니아, 알코올, 시럽, 소오다 등의 단어가 이슬람어에서 온 단어들이며, 별자리 이름 中 베텔기우스(오리온성좌의 알파별로서, 거인의 어깨를 의미하는 아랍어), 베가(직녀성), 리겔, 알타이르, 알데바란, 데네브 등이 아랍어이다. 이런 단어가 시사하는바가 크다하겠다.

어떻든 이슬람제국은 자연과학 학문의 흐름에서 2번째를 차지하며, 십자군전쟁과 유럽과의 무역을 통해서 이탈리아 로마의 「르네상스」 발생에 영향을 미친다. 그리고 알하젠의 7권의 광학책은 후에 뉴턴에게 빛에 대해서 영향을 미친다.

3. 르네상스(이탈리아 로마와 유럽)

이탈리아와 유럽에 대학이 세워지기 전에 자연과학 학문을 탐구하고 관심을 가졌던 장소는 수도원이었다. 유럽 최초의 수도원은 프랑스의 「클루니 수도원」으로 대학 개교보다 약 200년 앞선 곳이며, 기원후 910년에 세워졌다 (세계최초대학 : 볼로냐대학의 개교, A.D 1088).

수사와 신부, 수녀가 되기 위한 성서연구 외에 자연과학 학문도 필수로 배웠으며, 무역과 십자군전쟁 등을 통해서 얻게 된 이슬람의 과학서적들이 수도원에서 라틴어로 번역되어, 고대 희랍의 지식과 이슬람문화의 지식들이 로마나, 유럽으로 전래되었다.

로마는 주위의 항구도시(제노바, 피렌체)를 통해 무역의 결과로 이슬람문화와 세계 여러 나라의 문화를 접할 수 있었으며, 그들은 뒤늦게나마 그들이 정복했던 헬레니즘 과학지식들을 이슬람제국을 통해서 전래받고, 배우

고 하여 그들의 마음속에는 고대희랍의 학문이 항상 동경되고 꿈꾸어 왔을
것이다. 중세 암흑기였지만 전쟁과 무역을 통해 얻은 고대희랍의 학문과 이
슬람의 학문들은 수도원이나, 유럽의 초기대학(블로냐대학, 옥스퍼드대학,
파리대학, 파두아대학, 페라라대학 등)에서 연구함으로 르네상스의 밑바탕
이 되었다. 이 시대의 과학자들과 대학교수들은 가톨릭 수도원 출신의 신부
이거나, 초창기 교육을 수도원에서 받고 유럽대학을 졸업한 사람들이 꽤 있
었다.

(1) 요한 뮬러(Johann Müller, 1436~1476, 독일)

1463년에 뮬러는 알마게스트에 쓰여진 프톨레마이오스의 지구중심설(천동
설)에 의문을 갖고, 약점을 지적하였다. 요한 뮬러는 아리스토텔레스 – 프
톨레마이오스의 천동설, 즉 지구는 움직이지 않으며, 우주의 중심이라는 주
장에 반대하는 최초의 시도로 천동설이 지동설로 바뀌는 천문학의 혁명에
첫 단초를 제공한 셈이다.

· 저서 : 1496년 사후에 「요약」(Epitome)출간

(2) 레오나르도 다빈치(Leonardo da vinci, 1452~1519, 이탈리아)

「모나리자」,「최후의 만찬」을 그린 유명한 화가이면서, 「23권」의 책을 저술
한 과학자와 시체해부 및 해부도도 그리고, 빛의 파동설도 주장하고 비행기
나 헬리콥터의 설계도도 그렸다. 토스카나 출신의 르네상스의 대표적 화가
이며 과학자이다.

현재 프랑스 파리의 루브르박물관에 소장되어 있는 최고의 작품으로 모
나리자가 전시되고 있는 이유는 다빈치는 이탈리아 사람이지만, 말년에 프
랑스의 프랑소아 황제의 초청으로 왕궁주변의 대저택에서 살았으며, 황제
는 그를 아버지 대하듯 했으며, 건축의 설계에 대해서 자문을 구하곤 했다
고 한다. 항상 미완성품으로 가지고 다녔던 「모나리자」 그림을 죽기 직전
황제에게 기증하였다고 한다.

(3) 니콜라우스 코페르니쿠스(Nicolaus Copernicus, 1473~1543, 폴란드)

폴란드의 신부이며, 천문학자, 수학자로 이탈리아의 여러 대학에서 공부하였다. 볼로냐 대학에서 천문학을, 파도바대학에서는 의학을, 페라라대학에서는 법률을 공부했다.

대학졸업 후 여러 대학에서 천문학, 수학, 의학을 강의하기도 했다. 그의 생애의 대부분은 폴란드, 프라우엔부르크에서 수사신부로 보냈다. 1506년에 자신이 직접 관측하고(평생 27번 천체를 육안으로 관측함) 계산한 천체의 움직임을 근거로 천문학체계를 작성하고 「뮬러」처럼 프톨레마이오스의 지구중심설이 실제 관측결과와 일치하지 않음을 알게 된다. 1530년에 「요약」이라는 논문을 발표하고, 지구중심설의 잘못을 지적하고 태양중심설의 개략적인 내용을 세상에 발표한다.

즉 1800여 년간 지구의 천문학지식을 지배해온 천동설을 부정하고, 지동설이 올바르며 지동설로의 복귀를 주장하고 태양을 中心으로, 지구와 별들이 원운동(실제로는 타원운동―케플러가 밝힘)을 하고 있다고 천명하였다. 그래서 「코페르니쿠스적」이라는 말은 「혁명적」이라는 뜻이 되어 버렸다. 1800년의 역사를 깨뜨렸으니!

· 저서 : 천체의 회전에 관하여(죽기 직전에 출간함), On the movement in Heaven (1543년)

(4) 티코브라헤(Tycho Brahe, 1546~1601, 덴마크)

평생에 육안으로 천체를 가장 많이(수만 번) 관측하여 천체의 자료와 정보를 케플러에게 물려주어 케플러가 「행성의 법칙」을 수립하는데 크게 공헌한 덴마크의 천문학자로 벤섬의 「우라니보르그」천문대 소장으로 20여 년간 천체를 관측하고 그 후에는 프라하의 신성 로마제국 ; 루돌프 2세의 황실 수학자로 일하던 中에 케플러를 제자로 삼는다. 그는 죽기 전, 케플러에게 "나의 삶을 헛되이 말라"고 외쳤다고 한다.

(5) 갈릴레오 갈릴레이(Galileo Galilei, 1564~1642, 이탈리아)

르네상스를 대표하는 실험 물리학의 아버지로 이론물리학자이다. 이태리

피사에서 태어나 12세에 예수회수도원 학교에 입학하고 피사의과대학에 입학했으나, 수학과 물리학, 천문학에 심취한다. 피사대학의 수학교수로도 재직했다. 최초로 망원경으로 천체를 관측하여 1610년에 「별의 사자」란 보고서를 내고, 달에 산맥과 분지가 있으며, 목성의 위성 4개(이오, 칼리스토, 유로파, 가니메데)를 발견했으며, 은하수가 별들의 집단이란 사실을 크게 깨닫는다.

낙하운동을 설명하여 물체가 낙하한 거리가 시간의 제곱에 비례함을 알았으며, 무거운 물건과 가벼운 물건을 동일한 위치에서 낙하 시 공기의 저항을 무시한다면, 똑같이 떨어진다는 사실을 실험(비탈길에서 공을 굴려서)으로 입증한 과학자이다. 그러나 왜 그런지는 설명하지 못했다(중력과 관성력이 상쇄되기 때문이다). 관성을 설명했으며(물체가 운동의 변화에 저항하려는 성질을 말한다), 빛의 속도도 재려고 친구들을 1.2km 떨어진 언덕위로 올라가서 랜턴불로 신호를 하게 한 실험물리학자이다.

· 저서 : 「천문대화」「두 가지 새로운 과학」이 있다.

(6) 요하네스 케플러(Johannes Kepler, 1571~1630 독일)

지구에서 타원에 관한 원리가 우주 천체에서도 일치함을 발견하여 지구에서 적용되는 물리법칙이 천체 우주에서도 똑같이 적용된다는 것을 입증한 최초의 과학자이다. 티코브라헤의 천체관측자료와 정보로 「행성의 3가지 법칙」을 수립하고 행성들의 공전운동이, 원운동이 아닌 타원운동임을 밝혔다(티코의 관측 자료와 고대희랍의 수학자 아폴로니우스의 타원곡선 연구). 중세르네상스시대의 자연과학 학문은 고대희랍 그리고 이슬람제국을 거쳐서 흐른 과학학문의 3번째 흐름이다.

고대희랍의 천동설을 1800여 년 만에 지동설로 복귀토록 변혁하고, 천체의 운동과 낙하운동, 그리고 관성운동의 본질을 올바르게 파헤친 시기이며, 근대 물리학과 근대 실험물리학이 싹튼 시기이다. 뉴턴의 고전역학정립에 큰 영향을 미친 갈릴레오의 관성운동과 케플러의 행성운동이 밝혀진 시기로 아리스토텔레스 거인 이후로 지구의 학문에 2번째 거인 아이작 뉴턴의 출현을 예비한 시대라고 말할 수 있다. 우리는 통상 어떤 학문에 대해서 이야기할 때, 고대희랍을 이야기하고는 곧바로 1000여 년간을 뛰어넘어 르네상스로 이어짐을 곧 잘 보게 된다. 사람도 지구에 살고 살았건만, 학문이 없어서 뛰어넘는 안타까운 1000년의 세월!

　르네상스학문은 「빛」에 대해서 갈릴레오를 통하여 유한한 빛의 속도를 측정하려는 시도가 이루어져 누군가가 빛의 속도를 측정할 것임을 예견한 첫 시도가 된 셈이었다.

4. 네델란드의 「빛의 행렬」 - 16C~17C

네델란드　　　　　1581년-스페인으로부터 영국의 도움을 받아 독립선언

　　　　　　　　　1648년-스페인과 계속 전쟁하여 완전 독립

(1)광학기구발명 : 1)현미경 - 1590년 암스테르담의 렌즈연마공인

　　　　　　　　차하리야스-얀센이 발명

　　　　　　　　2)망원경 - 1608년 암스테르담의 안경사인 한스리퍼쉬

　　　　　　　　(Hans Lippershey, 1570~1619)가 발명(현미경 발명 후

　　　　　　　　18년만에 망원경 발명).

　　　　　　　　볼록렌즈를 겹쳐서 보면 상이 커지는 것을 발견하여 대

　　　　　　　　물렌즈에 맺힌 상을 두 개의 볼록렌즈로 확대시켰다.

(2)현미경 관찰 : 레벤후크(Leeuwenhoek) : 정충과 원생동물을 처음 관찰

(3)빛의 화가 :　　1)베르메르(Vermeer)

　　　　　　　　2)렘브란트(Lembrant) : 파수꾼의 야경

　　　　　　　　3)프란스 할스(Frans Hals)

(4)빛의 과학자 : 1)크리스티앙 호이겐스(Christiaan Huygens,

1629~1695, 네덜란드) : 빛의 파동설의 대표주자

2)스넬(Snell) : 빛의 반사법칙(Snell's Law)

3)데카르트(Rene Descartes, 1596~1650, 프랑스)

: 빛의 입자설 주장

(5)사상의 자유 철학자

: 1)베네딕트 스피노자(Baruch De Spinoga,1632~1677, 네덜란드)

2)죤 로크(John Locke)

: 에덤즈, 프랭클린, 제퍼슨에 영향을 줌

3)데카르트 : 「나는 생각한다. 그러므로 나는 존재한다」

과학학문의 흐름이 르네상스에서 영국으로 흘러가기 전, 네덜란드에서 17C에 특이하게 「빛의 주제」가 각 분야에서 진보를 보이게 되는데, 이것을 네덜란드에서의 빛의 행렬이라고 표현해본다.

유럽의 소국으로 스페인 제국에서 독립한 네덜란드는 17C에 혁명적인 공화국으로 범선을 이용한 해상무역이 성하고, 사상의 자유가 있고, 지식을 합리적으로 추구하는 계몽주의사조가 강했다. 그래서 많은 유명 인사들이 중세 가톨릭의 권력의 억압으로부터 사상과 학문의 자유를 찾아 「빛」처럼 자유가 쏟아지고 있는 네덜란드로 이주하는 경향이 있었다. 출판업도 성행하여 유럽의 중심지 역할을 하였다.

그들 건축문화의 자존심인 암스테르담시청청사는 고딕양식을 던져버리고 배들을 통하여 대리석을 실어와 건축하였고, 시청광장 돌바닥에 그려진 세계지도는 세계를 향한 네덜란드 민족의 꿈을 반영하고 있다. 유리렌즈의 연마와 가공업이 발달하여, 현미경과 망원경을 발명하였고, 예술에서는 그림에 빛을 그려내 명암을 살려서 그림을 살아나게 하는 빛의 화가(렘브란트, 베르메르, 프란스할스)들이 나왔다(르네상스 화가들은 원근법으로 사물을 표현했다).

그들이 발명한 현미경으로 마이크로 생물들을 관찰하여 레벤후크는 최초로 정충(Sperm)과 원생동물 등을 관찰하였으며, 망원경으로는 빛의 파동설의 대표주자이며, 「빛의 행렬」의 주역인 호이겐스가 토성을 관측하고 얼음과 암석으로 된 「토성의 고리」를 처음으로 발견하고, 토성의 위성 가운데 가장 큰 타이탄도 그가 발견한다.

빛의 과학자로는 호이겐스 외에 스넬이 빛의 반사법칙을 정립하고, 철학과 자연과학을 함께 연구한 마지막 철학자인 데카르트는 프랑스인으로, 이곳으로 이주해 살았으며 그는 빛의 입자설의 주창자였으며, 「나는 생각한다. 고로 존재한다」는 유명한 말을 남긴다. 그는 「확실하지 않으면 절대로 그것을 진실로 간주하지 말고, 애매하면 다 던져버리고 다시 시작해야 한다」는 자연과학에 임하는 자세와 철학을 또한 남겼다 (17C에 철학과 과학이 나누어졌다).

이 시대에 빛처럼 자유롭게 사상과 철학을 구가했던 철학자는 17C의 네덜란드의 유명한 철학자로 범신론의 신봉자였던 베네딕트 스피노자가 있었다. 그는 유대인으로 개개의 사물을 잘 인식할수록 神을 더 잘 인식할 수 있으며, "자연자체가 神이다" 라고 했다. 그의 명언은 「나는 오늘 지구의 종말이 오더라도 한그루의 사과나무를 심겠다」였다. 또 애덤스, 프랭클린, 제퍼슨 등 미국의 정치가와 사상가들에게 큰 영향을 끼친 정치학자 존 로크(John Locke)도 네덜란드에 거주했다.

네델란드인으로 이 시대를 대표한 과학자는 크리스티앙, 호이겐스이다. 그는 빛의 파동설의 대표주자로 물위에 떠있는 착색된 기름 막을 근거로 로버트후크와 함께 빛의 파동설을 주장했다. 빛의 파동설과 입자설은 자연과학 역사에서 300여 년간 이상으로 엎치락뒤치락했던 학설이다. 아리스토텔레스에서 레오나르도 다빈치로 그리고 호이겐스와 로버트 후크로 이어지는 것이 빛의 파동설의 주창자였다면, 데카르트, 뉴턴, 시몽라플라스 등은 빛의 입자설 주창자였다 (유클리드, 알하젠 등도 빛의 직진성 주장으로 입자설에 가깝다).

호이겐스와 로버트후크가 파동설을 주장하자 영국왕립학회의 회장인 동시에 만유인력법칙(중력법칙)으로 세계적 명성을 얻고 있는 뉴턴이 「빛은 입자로 직진하다가, 어떤 물체가 있으면 더 이상 진행하지 못하고 그림자를 만든다」고 설명하며, 파동설 주창자들에게 위압감을 주며, 빛의 입자설(빛의 입자설 또는 소립자설, Particle theory, corpuscle theory)을 주장한다.

그러나 토마스 영이(영국의 의사이며, 과학자, 언어학자) 빛의 두 틈새 실험으로 간섭무늬현상을 빛의 파동에 의한 간섭현상(Coherence)으로 설명하고 파장을 구하는 공식까지 제시하며 빛의 파동설을 입증하자 빛의 입자설이 주춤하는 듯하였으나, 아인슈타인이 광전효과를 설명하고자 빛의 광양자가설(입자설)로 빛의 입자설을 입증하자 이미 빛의 파동설도 입증되었고, 아인슈타인이 빛의 입자설도 입증하게 되어, 빛은 파동이며, 입자이고 입자이면서 파동이라는 빛의 이중성(duality)이, 1905년에 발표한 아인슈타인의 양자론에 의해서 확립되었고, 아더콤프턴이 X-선 산란실험으로 빛의 파동성과 입자설을 한 실험으로 입증하게 된다는 것이 빛의 입자설과 파동설 논쟁의 주류이다.

　※참고: 시몽 라플라스(Pierre S Laplace, 1749~1827, 프랑스 결정론주
　　　　　창자로 수학자이자, 물리학자)

크리스티앙 호이겐스는 시인이며 음악가이고, 외교관이었던 아버지(콘스탄틴 호이겐스)덕에 다양한 문화 활동과 끊이지 않는 명사들과의 접촉으로 그는 여러 나라의 언어, 회화, 법률, 과학, 수학, 음악 등에 다재다능했다. 그리고 학문에 대한 열정으로 평생 독신으로 지냈으며, 과학에 빠져든다. 그는 「전 세계가 나의 고향이며, 과학이 바로 나의 종교이다」라고 선언한 과학자이다. 빛의 파동설주장, 망원경으로 토성 관측하여, 토성고리와 토성의 위성 타이탄을 발견하고 추시계인 궤종 시계를 발명하였다. 1690년에 「천상계의 발견」이란 행성들의 세계를 출간한다. 이것이 호이겐스의 업적이다.

5. 영국의 산업혁명과 과학의 발달 (18C~19C)

제임스 하그리브의 제니방적기(1764년), 제임스 와트의 증기기관 발명 (1765년)으로 상징되는 영국의 산업혁명은 농경과 목축업에 종사하던 사람들이 기계화 공장으로 몰리면서, 급격히 도시화와 산업화를 이루고, 제품의 대량생산과 대량물자수송을 가능케했다. 그래서 철도를 통한 기차 수송과 범선에서 증기기선으로(바람으로 가던 배가 증기기관의 힘으로 가게 됨)바뀌면서, 철도와 도로공사, 항만건설과 근대 조선업이 발달한다.

그리고 기계화 공장의 동력을 공급할 전기시설 등으로 근대산업이 여러 방면에서 일어나고 결국은 빅토리아 여왕시대에 제1차 만국박람회가 런던에서(1851년) 열리게 된다. 절대 권력의 왕정시대에서 제일 먼저 시민혁명으로 왕의 권력을 문서로 제한하여, 근대 민주주의 헌법의 토대를 꽃피운 영국!

물론 지금도 엘리자베스 여왕이 있지만, 상징적이요, 정치자체는 완전한 민주주의 국가이다. 1215년의 마그나 카르타(대헌장)를 통해, 죤 왕의 권력을 제한하여 일찍이 근대 민주주의 헌법의 토대를 세웠다. 산악국도 아니면서(최고봉(벤네비스 Ben Navis:1343m)이 우리나라 설악산보다 낮은 나라) 최초로 알피니즘을 싹 트인 나라 영국!(영국 알핀산악회: 세계최초 산악회 1857년 12월 22일 창립) 세계최초 기계 문명의 발달로 시간이 남을 때 인간은 타락의 길을 걷기 쉽지만(나체주의, 집시주의), 영국인 들은 눈을 들어 도버해협 건너의 알프스산맥을 바라보고, 그곳을 오르내렸다. 그래서 유럽의 산악국을 깨우자, 그들도 자기 산을 오르내리는 알피니즘에 빠져들었다.

현대과학학문의 밑바탕이 되는 근대 과학학문을 일으킨 나라 영국! 최강의 과학의 나라 미국을 건설한 영국!(메이플라워호의 이민으로) 이탈리아 다음으로 세계에서 대학을 개교시키고(볼로냐 → 옥스포드), 지금도 세계 최고의 대학 中, 하나로 현존하는 옥스퍼드와 케임브리지 대학이 있는 나라 영국! 이제 과학학문이 영국에서 크게 열리는데, 그 中心에 물리학의 거장이며, 영국최고의 자존심인 뉴턴이 있고, 과학종교의 창시자인 찰스다윈이 있다.

　영국에서 현대학문의 밑바탕인 근대 과학학문이 크게 발전한데에는 다음의 사실들에서 우리는 그 이유를 자명하게 보게 된다.

　※ 두 큰 역사적 해전의 승리국인 영국!

① 스페인의 무적함대(펠리페 2세 : 태양이 지지않는 나라, 스페인)를 1588년에 영국이 물리치고, 세계바다를 제패함(영국 엘리자베스 여왕, 1603년, 70세로 여왕사망).

② 나폴레옹의 함대를 트라팔가 해전에서 넬슨제독이 승리함으로 물리친다(1805년).

⑴ 1167년 헨리 2세에 의해 옥스퍼드 대학 설립(1088년 이탈리아 볼로냐 대학)

⑵ 1660년 : 영국 왕립학회 설립

⑶ 1807년 : 13명의 지질학자로 시작한 「영국런던 지질학회」

　(1803년에, 회원 735명으로 늘어나, 영국왕립학회를 위협할 수준임)

　고전역학정립, 미적분정립, 중력법칙정립:→아이작 뉴턴(Isaac Newton)

⑷ 아이작 뉴턴(1642~1727, 영국), 1687년 「프린키피아출판」(자연철학의 수학적원리) 1704년 「광학」 출판

· 지질학의 아버지 : 제임스 허턴(James Hurton, 1726~1797)

· 근대 지질학의 아버지 : 찰스 라이엘(Charles Lyell, 1797~1875)

· 진화론 : 찰스 다윈(Charles Darwin, 1809~1882)

· 근대 원자론의 아버지 : 존 달톤(John Dalton, 1776~1844)

· 화학이 연금술에서 벗어나는데 기여 : 로버트 보일(Robert Boyle, 1627~1691)

· 세포의 원조 : 로버트 후크(Robert Hooke, 1635~1703)

· 빛의 파동설과 중력이 거리의 제곱에 반비례한다를 주장.
· 지구의 밀도와 질량을 구한 과학자 : 헨리 캐번디시(Henry Cavendish, 1731~1810)빛의 파동설 입증, 언어학자, 영국의 의사 : 토마스 영(Thomas Young, 1773~1829)
· 전기발명 : 마이클 페러데이(Michael Faraday, 1791~1867)
· 전자기역학정립 : 제임스 맥스웰(James clerk Maxwell, 1831~1879, 스코틀랜드)

유럽 최초의 대학인, 이탈리아의 볼로냐 대학(1088년) 다음으로 세계 2번째의 대학인 영국 옥스퍼드대학(1167년)은 현재도 세계 최고의 대학 中 하나로, 영국의 케임브리지 대학과 함께 영국의 지성을 상징한다. 그리고 케임브리지의 캐번디시연구소는 「새로운 과학이론의 산실」의 상징이다. 대학 못지않게 자연과학 학문의 발전과 연구에 기여한 영국 자연과학 학문의 산실은 영국의 왕립학회다. 뉴턴이 죽을 때까지 왕립학회의 회장직에 있었다는 것만 보아도 그 상징성을 짐작할 수 있다. 왕립학회에 버금가면서 영국 지질학의 산실은 1807년에 13명의 지질학자로 시작한 영국런던 지질학회이다. 1830년에 회원 수 735명으로 늘어나, 영국왕립학회를 위협할 수준이었다고 한다.

이 18C~19C에 영국에서 이룩한 자연과학 학문을 요약하면 뉴턴이 이룩한 고전역학(물리학의 첫 부분)이 정립되어, 중력법칙과 운동법칙이 완성되고, 수학의 미적분학, 광학 등이 체계를 갖췄다. 자연과학을 종교의 수준에까지 올려놓은 진화론의 찰스 다윈! 지질학의 아버지와 근대 지질학의 아버지인 제임스 허튼경과 찰스 라이엘경! 화학이 연금술에서 벗어나 어엿한 자연과학이 되게 하는데 기여한, 아일랜드의 화학자 로버트 보일과 근대 원자론의 아버지인 존 달톤! 세포학의 원조이며, 빛의 파동설과 중력의 「거리의 제곱에 반비례 법칙」을 정립한 로버트 훅!(빛의 입자설을 주장한 뉴턴과, 각각 중력의 「거리의 제곱에 반비례한다는 법칙」을 발견한 두 사람 사이에

심한 논쟁을 하게 됨) 지구의 밀도와 질량을 구한 헨리케번디시! 빛의 파동설을 입증한, 영국의 의사이면서 물리학자요, 언어학자(후에 로제타석의 비문을 해독함)인 토마스 영! 인류에게 전기를 선물한 아마추어 물리학자 마이클 페러데이! 물리학에서 「전자기 역학」을 정립한 제임스 맥스웰 등 기라성 같은 무수한 과학자들을 배출하여 과학의 흐름에 5번째 국가로, 800여 년의 대학교육역사와 400여 년의 왕립학회역사를 꾸준히 이어온 해양강국(펠리페 2세의 스페인 무적함대 격파-1588년, 엘리자베스 여왕) 나폴레옹의 프랑스, 스페인 연합함대를 트라팔가 해전에서 격파(넬슨제독, 1805년)이며, 근대 민주주의의 출발국가로 알피니즘을 부르짖었던 나라 영국! 옥스퍼드대학과 케임브리지대학, 케번디시연구소, 왕립학회, 영국런던지질학회 등으로 교육과 과학연구를 표방한 나라! 그 영국에서 현대과학의 밑바탕인 근대과학의 원리와 법칙들이 자생적으로 산출되었다. 그 영국이 아메리카 대륙으로 눈을 돌렸다.

6. 자연과학의 황금시기 : 20C~21C 미국과 지구촌의 과학화

1492년 이탈리아의 콜롬버스가 신대륙(아메리카대륙)을 발견한 후, 17C 초(1607年 5月 : 104명, 1620년 : 메이플라워호 : 102명) 주로 영국과 유럽에서 신앙의 자유를 찾아 나선 청교도와 기타의 사람들에 의해 대서양을 건너와 미국의 동부지역이 개척되기 시작했다. 그 빠른 시기인(개척에 비해) 1636년에는 최초의 아메리카 대학이며 장차 세계 최고의 대학이 될 하버드대학이 세워졌다. 이젠 미국이라는 거대한 과학국가로 부상하기 위해 먼저 영국의 식민지로부터 독립하기 위해, 13년간의 독립전쟁을 거치고, (1776 年 7月4日 : 영국으로부터 독립을 선포함) 원주민인 인디언의 부족과 30~40여 년간 전쟁을 치룬 후(1830년 「인디언 강제이주법 제정」) 미 16대 대통령인 아이브라함 링컨의 지도아래, 「흑인노예해방」을 위해 4년간

(1861~1865年4月9日 전쟁이 종료됨) 남북전쟁을 하여 링컨의 북군의 승리로 전쟁이 끝난다. 남북 전쟁 후, 미국에는 오늘날의 대기업 모형인, 철강왕의 앤드류 카네기, 석유왕 존 록펠러 그리고 자동차왕 헨리 포드가 등장하며, 고속산업화가 이루어지고, 1879년에는 에디슨이 백열등의 필라멘트를 개발하여 뉴욕을 밝혔다.

그리고 1894년에는 영국을 제치고 세계 1위의 공업생산력을 이룩한다. 뒤늦게 2차 대전에 참전해 원자폭탄으로 2차 대전을 1945년에 종식시킨다. 이후로도 세계는 핵시대, 반도체시대, 광시대, 우주시대, 지놈시대로 접어들었으며, 그 中心에 미국이 있다.

※ 우리나라와의 관계 :

1871년- 신미양요사건 (강화도 부근에서 미국전함 5척이 조선 초병들과
　　　　전투, 어재연 장군이 전사하였다)

1882년- 한미수호통상조약

1883년- 견미사절단 파견(11명-민영익, 홍영식 등)

이제 그 미국의 자연과학자들 中 물리학자들을 살펴보면, 미국 최초의 물리학자인 벤자민 프랭클린(Benjamin Franklin,1706~1790)은 번개도 일종의 전기라 생각하여, 「연 날리는 실험」으로 입증하고, -전기와 +전기가 있다고 밝혔으며, 피뢰침도 발명했다. 알버트 마이컬슨(Albert A Michelson, 1852~1931, 물리학교수)은 미국 최초의 노벨물리학상 수상자로, 빛이 파동으로 진행하지만, 매질이라고 추정했던(아리스토텔레스 때부터) 에테르는 없고, 광속 불변의 법칙을 마이컬슨-몰리실험(M-M 실험)을 통해서 입증했다.

로버트 오펜하이머(Robert Oppenheimer, 1904~1967, 물리학교수)는 유럽의 양자역학을 미국에 처음 소개한 물리학자로 (게팅겐대학의 막스보른 밑에서 수학함) 맨하탄 프로젝트(미국에서 제2차 대전 중 원자폭탄을 만들어 내는 계획)에서 폭탄 제조의 총책임자로 활약했다. 아서 홀리콤프턴

(Arthur Holly Compton, 1892~1962)의 X-선 산란실험으로 빛의 이중성 (입자, 파동)을 한 실험에서 입증하였고, 맨하탄 프로젝트에서 오펜하이머 의 상관으로 과학자 중 최고의 책임자로 활동했다.

리챠드 파인만(Richard Phillips Feynman, 1918~1988) 칼텍(켈리포니 아 공과대학)의 물리학 교수로 QED(Quantum Electrodynamics)논문으로 노벨 물리학상을 수상했으며, 최고의 물리학 교수 中 한명으로 물리학을 가 지고 놀았던 천재로 알려졌다. 줄리안 슈잉거(Julian schwinger)는 하버드 대학의 물리학 교수로 QED로 노벨물리학상을 수상했으며, 칼텍에는 파인 만이 있고, 하버드에는 슈잉거가 있다고 회자되었다.

머리 겔만(Murray Gell-Mann, 1929~) 칼텍의 천재교수로 파인만과 겔 만이 칼텍에 있다고 회자 되었다. 입자물리학의 대가로, 소립자들을 분류하 고, 정리하여 21C의 「멜델레프(원소주기율표 작성자)」로 알려졌으며, 「쿼 크」명칭을 명명했다. 칼세이건(Carl E Sagan, 1934~1996)은 세계적인 천 문학자로 「코스모스」책의 저자이며 소설 「컨택」의 저자로도 유명하다. NASA(미항공우주국)의 자문위원이며, 코넬대학의 행성연구소소장이었다.

그 외에도 많은 과학자가 있는데, 다 적지 못한다.

이상이 미국의 자국 內의 과학자들이고, 1933년 독일의 나치스 정권 히 틀러의 등극으로 유대인 과학자들이 독일과 유럽에서 핍박과 위협을 받아, 미국으로 망명하거나, 이민, 이주 등으로 미국에 정착하게 되어 미국에서 200~300년의 단기간에 최고의 현대과학 학문이 꽃을 활발히 피운다.

이 이주 과학자 中 대표적인 인물이 알버트 아인슈타인으로, 프린스턴 대 학의 고등 연구원으로 정착한다. 그는 상대성 원리와 세상을 바꾼 공식인 $E=mc^2$공식으로 유명한 인류 최고의 과학자로 일컬어진다. 그 외에 이탈리 아에서 온 핵 물리학자인 엔리코 페르미(Enrico Fermi, 1901~1954)는 시 카고대학 교수로 페르미상, 페르미입자가속기연구소가 그의 이름을 따서 지었다. 중성미자도 명명했으며, 원자폭탄과 원자로를 처음으로 만들어 낸

과학자이다.

조지 가모브(G Gamov, 1904~1968)는 러시아에서 핵물리학자로 「빅뱅」
용어를 만들고 「액체방울원자핵모형」 「우주배경복사예견」 생물학의 「코돈
(Codon)이론제안」 「조지 가모브의 물리열차를 타다」란 저서로도 유명했다.

독일에서 온 한스 베테(Hans A Betche, 1906~2005)는 맨하탄 프로젝트
에 종사한 핵 물리학자이며, 「태양과 별들의 핵융합 반응」을 연구했다. 헝
가리에서 이주해 온 에드워드 텔러(Edward Teller, 1908~ 수소폭탄의 아
버지), 레오 실라르드(Leo Szilard, 1898~1964, 헝가리 맨하탄 계획에 참
여해 우라늄-238로부터 우라늄-235를 분리해내는 방법을 최초로 고안해
냈다).

유진 위그너(Euzin Wigner) 등이 있었다. 이들에 의해 이룩된 미국의 현
대 물리학은 「상대성이론」과 「양자역학」의 두 기둥과 파인만과 젤만 등에
의해 정립된 입자 물리학이다.

어떻든 자연과학의 황금시기인 미국의 과학화는 이런 물리학의 이론과
기초로 반도체시대, 레이저光시대, 우주시대 그리고 생물학에서의 지놈시
대(2000年 6月 백악관에서 미대통령 클린턴이 지놈프로젝트의 거의 완성
을 발표함) 이런 것이 미국의 과학화의 특징과 모습이다.

이곳 미국으로의 유학 또는 연구원으로 종사하여 현대과학을 자국으로
배워오므로, 미국으로부터 지구촌의 과학화가 이루어지고 있는 실정이다.

1-3 자연과학 학교의 역사

플라톤의 학원
(Akademea platonica)
B.C 387~A.D 529년 800여년간

→

아리스토텔레스의 학원
뤼케이온(Lykeion)
B.C 334년경

아헨궁정학교
A.D 806년,프랑크
왕국의 카알대제때

*프랑스의 클루니수도원
A.D 910년,유럽최초의 수도원
중세의 수도원이 학원역할

이슬람 왕국의 학원 바그다드 중심
지혜의 집(A.D 786년)
니자미아 학원(A.D 1067년)

이태리의 볼로냐대학
A.D 1088년,세계최초의 대학
파도바대학(1222년, 페라라대학(1388)

영국의 옥스포드대학
A.D 1167년
케임브리지대학:1209년

프랑스의 파리대학
A.D 1170년
소르본 대학:1257년

러시아의 백운동서원
A.D 1543년

미국의 하바드대학
A.D 1636년

한국의 서울대학교
A.D 1946년 8월 22일

*경성의학전문학교(경성의전):1916년
*경성제국대학교:1920년

인류 최고 고대 역사 중에서 가르쳤던 기록과, 배웠던 기록을 엿볼 수 있는 곳은, 신약성서 사도행전 7장 23절이다. 기원전 1500여 년 전에 구약의 모세오경을 기록했던 모세(유대인으로 바로 왕궁의 왕자가 되었다)가 바로 왕궁에서 애굽의 학술을 배웠다고 기록하고 있다. 이곳은 로얄 패미리들만 가르친 특수 왕궁 학교였을 것이다.

기원전 7C경(B.C 600년경) 인도 왕국에서 석가모니가 석가여래(스스로 깨달은 자)라 하여, 추종자들에게 불교의 도를 설법했으며, 중국 왕국에서는 공자가 그의 제자들에게 인생의 도(유교)를 가르쳤다.

인생을 사는 동안의 도와 사후의 문제를 다루는 형이상학적인 일로 자연과학과는 거리가 멀다. 자연현상과 과학적인 지식을 가르쳤던 최초의 학교는 어느 나라의 어떤 학교였을까?

오늘날 웬만한 학술모임에 붙은 "아카데미"라는 단어는 어디서 유래했을까? 젊은 시절 아인슈타인은 그의 두 제자와 함께 아르바이트로 교실이 아닌 들판이나 산을 산책하며 토론식으로 가르쳤던 모임을 "올림픽 아카데미"라고 했으며, 그때 그는 많은 앞으로의 그의 이론을 "사고실험"했다고 했다.

앞에서 이미 기록한대로 아테네에 있었던 플라톤의 아카데미(Academea Platonica ; B.C 387 개교-A.D 529년 폐교. 거의 800년간 지속됨)가 최초의 자연과학 학교였으며, "아카데미"는 여기서 연유되었다.

그리고 이 학교에서 배출된 아리스토텔레스는 20여 년을 이 학교에서 배우고, 50세 이후에 그도 "리케이온"이란 학원을 아테네 교외에 세워서 제자들을 가르쳤으며 그의 강의록이 보존되어 알려져 있다(약 2천 P정도).

중세 때(806년에는) 프랑스의 프랑크 왕국의 카알 대 황제 때, 그들의 아헨 궁정에 아헨 궁정학교를 두어서 로얄 패미리들에게 헬라어, 히브리어, 신학, 천문학 등을 가르쳤다. 프랑스의 클루니 수도원은 910년에 유럽에 세워진 최초의 수도원으로 중세 때 대학이 세워지기 전 가톨릭 수도원은 과학

학문을 연구하고 전수하던 교육기관인 셈이다.

영국의 수도사 로저 베이컨(아리스토텔레스에 정통했고, 1250년에 자동차와 비행기를 만들 수 있다 예견함), 코페르니쿠스, 갈릴레오, 멘델 등은, 수도원과 연관이 있다. 이슬람 제국에는 전술한 대로 바그다드에 "지혜의 집"(A.D 786)과 니자미아 학원(A.D 1067)이 있어서 중세에 미미한 자연과학의 족적을 남겼다.

이제 이후에 인류는 배움의 상아탑의 전당인 대학을 세웠고 스승에게서 제자로 학문이 전수되고 학문을 연구하는 산실이 되었다. 최초의 대학은 1088년의 이태리 볼로냐 대학으로 천문학으로 유명했고, 이어서 파도바 대학은(1222) 의학으로, 페라라 대학은(1388) 법학으로 유명하다.

이어서 영국에서는 옥스퍼드 대학(1167)과 케임브리지 대학(1209) 그리고 이 대학의 케번디시 연구소가 역사적으로 새로운 이론과 학문의 산실이 되었으며, 현재도 두 대학은 최고중의 최고 대학으로 옥스퍼드에는 펜 로스가 있고 케임브리지에는 스티븐 호킹이 있다는 말이 회자된다.

프랑스에서는 파리 대학(1170년), 소르본 대학(1257년), 그리고, 미국에는 하버드 대학(1636년)이 세워졌다. 메이플라워호가 영국에서 미국 동부에 1620년에 도착한 것으로 추정하면 뒤늦은 시기이나 그렇게 빠르게 대학이 미국에 설립되는 것을 볼 수 있다.

현재 세계 최고 대학과 연구소는 미국의 하버드, 칼텍 (켈리포니아 공과대학), MIT, 시카고의 페르미 연구소, 영국 옥스퍼드 케임브리지 케번디시 연구소, 독일 맥스 플랑크 연구소, 덴마크의 코펜하겐 대학과 닐스 보어 연구소 등으로 노벨 물리학상의 산실들이다.

학회의 역사도 비슷하나 "영국 왕립 학회"가 최고의 권위와 최고의 학문의 전당으로 지금껏 그 위용을 나타내고 있다. 오늘날, 자연과학의 잡지로 논문을 발표하고 있으며, 모든 과학자가 자신의 논문을 발표하기 원하는 영광스러운 학회지에는 네이쳐지, 사이언스지, 셀지, 메디슨지, 켄서지 등이 있다. 학교의 역사를 살펴보아도, 자연과학이 고대희랍→이슬람 제국→이태리 로마(르네상스, 네덜란드)→영국→프랑스→미국→세계 각 국 순으로 흘러 왔음을 우리는 보게 된다.

🔴 자연과학 학회의 역사

(1) 자연의 신비 아카데미(A.D 1560년, 이태리, 잠바티스타 D.포르타가 설립)

(2) 아카데미 프랑세즈(A.D 1635년, 프랑스)

(3) 실험아카데미(A.D 1657년, 이태리)

(4) 영국 왕립 학회(A.D 1660년, 영국)

(5) 영국 런던 지질학회(A.D 1807년)

🔵 학회지

(1) 네이쳐지(Nature지), 1869년 출간
  : 영국의 Macmillan Publishers 에서 발행하는 월간과학잡지

(2) 사이언스지(Science지), 1880년 출간
  : 미국과학진흥협회(AAAS)에서 발간하는 세계적인 과학주간잡지

(3) 셀지(Cell지), 1974년 출간
  : 미국에서 발간한 생명공학분야 과학잡지

(4) 메디슨지(Medicine지), 1981년 출간
  : 미국 홉킨스대학병원에서 발간하는 의학잡지

(5) 켄서지(Cancer지), 1989년 출간
  : 미국 암 협회(American Cancer Society)의
   국제적인 격주간 학술연구지

1-4 자연과학사의 16개 기둥

1 탈레스(B.C 624(?)~1546(?))
: 자연과학의 태두
아리스토텔레스(B.C 384~322)
: 만학의 아버지

2 아이작 뉴턴(영국)
(A.D 1642~1727)의 만유인력
(중력법칙)과 운동법칙

3 칼폰 린네(스웨덴)
(A.D 1707~1778)
동식물분류 및
명명법 (이명법)

4 마이클 페러데이(영국)
(A.D 1791~1867):발전기
토마스 에디슨(미국):백열등
(A.D 1847~1931)
제임스 맥스웰(스코틀랜드)
(A.D 1831~1879):전자기파
윌리엄 크룩스(영국):빛발생
(A.D 1832~1919)관찰

5 챨스 다윈(영국)
(A.D 1809~1882)
"진화론"

6 그레고 멘델(오스트리아)
(A.D 1822~1884)
"유전자와 유전법칙"

7 드미트리 멘델례프(러시아)
(A.D 1834~1907):원소주기율표
헨리모즐리(영국):원자번호순배열
(A.D 1887~1915)

8 알버트 아인슈타인(독일)
(A.D 1879~1955)
"상대성원리"

9 어니스트 러더포드
(뉴질랜드)(A.D 1871~1937)
닐스 보어 (덴마크) (A.D
1885~1962)"원자모형모델"

10 에드윈 허블 (미국)
(A.D 1889~1953):
"우주 팽창발견"

11 베르너 하이젠베르그
(독일)(A.D 1901~1976)
폴 디락 (영국)
(A.D 1902~1984):"양자역학"

12 리즈 마이트너 (오스트리아) (A.D
1878~1968) 엔리코 페르미 (이태
리) (A.D 1901~1954):"우라늄의 핵
분열"원자폭탄과 원자로

13 프랜시스 크릭 (영국)
(A.D 1916~2004) 제임스
왓슨 (미국) (A.D 1928~):
"DNA의 이중나선구조"

14 닐 암스트롱과 버즈 올드린의
아폴로 11호의 달착륙
(1969년 7월 20일)

15 이안 윌머트(영국)
"체세포 복제"에 의한
복제 양 돌리 출생 (1996년)

16 지놈프로젝트완성
(2000년 6월26일)
백악관에서 빌 클린턴
미국대통령이 발표

1-4 자연과학사의 16개 기둥

자연과학 학문이 실 같은 물줄기로부터 시작되어 거대한 바다 같은 현대과학 학문으로 들어나기까지 어찌 16개의 기둥뿐이겠는가? 그것은 전 인류의 각 시대마다 위대한 과학자들의 사고실험, 실험적 입증, 수정, 그리고 끝없는 열정적 연구와 자기희생을 통해서 조금씩 모아지고 현상과 법칙이 들어나 오늘날의 현대과학 학문의 세계에 든든한 버팀목의 기둥들로 받쳐져서 이루어진 것이다. 그 과정에 내 주관적인 판단에 의해서 중요하고 의미 있는 이론과 학문의 발견을 16개의 기둥이라고 칭하고 나는 그것들을 진술하고자 한다. 이것이 전부가 아니며 객관적인 모델이나 표준(Standard)이 아님을 먼저 밝혀둔다.

먼저 나는 첫 번째 기둥은 근원이며 출발점이 되어야 한다고 생각했다. 바로 고대희랍이며 많은 학문의 아버지들이 살았던 그 시대의 일들이다. 그 중에서 탈레스(자연과학의 태두)와 아리스토텔레스(만학의 아버지)를 대표 주자로 내세웠다. 이 시기는 인류에게 숙제를 내준 시기이며, 나침반 역할을 했다.

두 번째 기둥은 자연의 4가지 힘 중 가장 첫 번으로 밝혀진 중력을 밝힌 사건이다. 바로 뉴턴이다. 그는 지구에 살다 간사람 중, 아리스토텔레스이후 최고의 과학자이며 자연과학 올림픽 시상이 있다면 당연히 은메달을 수상할 자격이 있다(금메달은 아인슈타인). 중력은 물리학과 수학이 어우러져 인류의 삶에 여러 가지 혜택을 주었는데(큰 건물을 지을 때, 엘리베이터 설치 시 비행기, 인공위성 이착륙 발사시, 등등), 물리학자이면서 수학자여야 한다면 뉴턴만큼 적합한 사람도 드물다.

세 번째 기둥은 시기적으로 생물학자를 택했으며, 그는 지구상의 동물, 식물에 이명법으로 이름을 붙인 과학자다. 과학은 비로소 이름을 붙이면서 시작되지 않는가? 동물과 식물에 학술적인 이름을 붙이므로, 생물을 통합시켰고 그 이름을 사용하면서 편리하게 학술적 회의가 통일되게 한 셈이다. 바로 칼 폰 린네다.

네 번째 기둥은 어둡던 지구를 밝힌 전기를 만들어낸 사건이며 전자기파인 빛을 처음 발생시키므로 앞으로 원자나 분자에서 빛을 만들어 낼 수 있음을 알게 하였고 전파를 통해 지구에 통신 혁명을 가져온 사건이다. 마이클 페러데이, 토마스 에디슨, 윌리엄 크룩스, 제임스 맥스웰 등이 대표 주자다.

다섯 번째 기둥은 종교를 제쳐두고 유일하게 이 세상과 이 세상의 생물의 근원과 과정을 과학을 이용하여 설명하려는 첫 시도요 출발점인 찰스 다윈의 진화론이다.

여섯 번째 기둥은 생물에서 어떻게 후손이 부모를 닮는가? 를 처음으로 설명해주는 쌍 유전자와 유전 법칙을 밝힌 그레고 멘델의 사건이다.

일곱 번째 기둥은 만물의 최소 단위인 원소(원자)의 주기율표와 수소 1번부터 시작하여 우라늄 92번까지를 일렬로 세운 과학적 사건이다. 멘델레프와 헨리 모즐리를 대표 주자로 세웠다.

여덟 번째 기둥은 자연과학의 금메달감인 아인슈타인이다. 인류로 하여금, 빛(광자), 전자와 같은, 소립자의 세계인 미시세계를 설명하려 했고 우주의 천체들을 다루는 거대세계에까지 통할 수 있는 이론과 법칙을 고안해낸, 빛박사이며 상대성이론의 대명사인 아인슈타인이다.

뉴턴은 눈에 보이는 일반 세계의 법칙을 만들었고 아인슈타인은 미시세계와 보통 세계뿐 아니라, 우주 전체의 거대 세계까지를 아우를 수 있는 법칙과 이론을 우리 앞에 선물했던 것이다. 원자로, 레이저, GPS(우주 항법장치) 등의 기본이론과, 우리에게 물리학적인 "시간"을 알려 주었다.

아홉 번째 기둥은 눈과 현미경으로도 볼 수 없는 그 원자의 구조를 밝힌 사건으로 러더포드와 닐스 보어를 꼽았다.

열 번째 기둥은 지구에서 멀리 떨어진 은하단에서 온 별빛을 스펙트럼 분석해 적색편이 하므로 우주가 팽창하고 있다는 사실을, 밝힌(20C의 최고의 지식 중에 하나인), 에드윈 허블이 차지했다. 이는 빅뱅 이론과 우주의 나이를 밝힌 근본 토대가 되었다.

열한 번째 기둥은 현대 물리학의 두 기둥(아인슈타인의 상대성 원리와 양자역학)중 하나이며 광자나 전자와 같은 소립자(입자)들의 미시세계에서 행동하는 모든 현상들을 설명하는 도구인 양자역학이며 베르너 하이젠 베르그와 폴 디락을 꼽았다.

열두 번째 기둥은 핵 시대를 도래케한 원자폭탄과 원자로 즉, 두 얼굴의 사나이가 나오기까지의 사건이며 리즈마이트너와 엔리코 페르미를 선택했다.

열세 번째 기둥은 생물의 최소 단위인 세포 그중에서 유전 메카니즘을 담당하는 세포핵의 염색체 즉 DNA의 분자구조인 "이중나선구조"를 밝힌 일이며 프랜시스 크릭과 제임스 왓슨이다.

열네 번째 기둥은 인류의 과학을 총 집결하여 신화나 전설을 한 방에 깨뜨려버리고, 삭막한 달에 착륙하여 육안의 눈으로 확인한 인류 최초의 달착륙 사건이다.

열다섯 번째 기둥은 체세포 복제나 수정란 복제에 의한, 동물의 출생 사건이다.

열여섯 번째 기둥은 한 인간의 총체적 유전 정보를 담고 있는 지놈에 대한 프로젝트이다. 이외에 컴퓨터나, 지능 로봇 등 빠진 부분이 있다. 솔직히 말해서 나는 이런 부분을 자세히 알지 못한다.

이제 16개 기둥을 좀 더 세밀하게 살펴보자.

A. 첫 번째 기둥

세상의 거의 모든 것에는 시작과 끝이 있다. 우주도, 지구도, 인류도, 국가도, 전쟁도, 사랑도, 학문도 그렇다. 특히 학문은 문헌과 기록을 통해서 만들어지고 알려지게 된다. 기록되지 않은 것들은 세월 속에서 바람처럼 사라져 버렸다.

자연과학사의 첫 번째 기둥은 자연과학 학문의 출발점이요, 근원이요, 뿌리로서 이미, 나는 고대 희랍을 말하였다. 먼저 나는 두 사람만 쓰고 싶다. 첫째는, 탈레스(Thales, B.C 624(?)~546(?))로서, 그는 자연과학 시간이 시작되었음을 알리는 첫 종을 친 자연과학의 태두라고 할 수 있다. 이오니아 문명의 밀레투스(Miletus, 터키, 밀레바)사람으로 이집트와 바빌로니아를 여행하고 이집트에서는 기하학을 바빌로니아에서는 천문학을 이오니아로 가져온 상인이며, 정치가며 과학자다.

신화와 전설, 점성술, 종교, 개인의 체험, 미신 등이 일찍이 인류에게 비이성적이고 비합리적인 결정과 생활과 문화를 지배해 왔으며 오늘날도 그렇다. 그러나 그는 동료와 제자들과의 자유토론 모임에서 자연 현상을 설명할 때 이런 것들을 배제하고 합리적이고, 이성적으로만 설명하자고 주장한 사람이다.

자연의 "코스모스"를 이해하고 법칙을 발견하기 위해서는 이성적이고, 합리성이 요구됨을 그는 간파했던 것이다. 그것이 자연을 접근하는 과학적인 방법이다.

B.C 586년의 일식도 예언하고, 이등변 삼각형의 두 밑각이 같음도 알았다. 호박(나무의 송진.Elektron)을 문지른 후 털을 대면 정전기적 현상을 인식했다. 결국 신들이 세상을 만든 것이 아니라, 자연 속에서 물리적 힘이 서로 영향을 미쳐서 만물이 만들어졌다고 생각했다.

둘째는 아리스토텔레스(Aristoteles. Aristotle Aristote)이다. 그는 모든 학문의 아버지이며, 모든 학문의 원조들을 대신한다. 그는 먼저 자기가 살고 있는 배경 즉, 지구와 하늘의 천체(태양, 별)에 대해서, 지구는 2가지 관점에서 둥글고, 지구는 우주의 중심으로 태양과 행성들이(별), 지구 주위를 돈다고 했다(천동설). 그리고 그 우주는 완전한 원운동을 하며 천상계는 에테르로 되어 있고, 지상계의 만물은 엠페도 클레스의 4원소(흙, 물, 공기, 불)로 되었다는 5원소 설을 주장했다.

자연과학이 앞으로 추구할 방향이 인간의 환경인, 지구, 천체, 우주 만물임을 가리킨 것이며, 만물의 구성 성분을 (원소, 원자) 알아내는 것이, 우리의 학문의 길이다고 말한 셈이다. 또한【자연 발생설】【 종 불변설】을 주장하여 생물체는 저절로 생기며, 원숭이가 원숭이를, 개는 개를, 사람은 사람이 낳는다고 생각했다. 영혼에 대한 관심도 커서 결국 인생의 생명과 죽음에 관심을 두었다.

물체의 운동에도 관심을 가져 낙하운동에서 항상 지구로 떨어짐을 통해, 지구 중심 사상을 품었다. 무거운 물체가 더 먼저 떨어진다는 직감적인 애기를 했으며, 던진 물건이 날아가는 것은 공기가 뒤에서 밀어 그렇다는 것이다. 움직이지 않는 정지된 물체가 가장 자연스런 상태며, 정지된 물체가 움직이려면 힘이 필요하다는 힘과 운동과의 관계를 생각했다.

빛의 피동설을 추론했고 눈에서 빛이 나가므로 물체의 색을 구별한다는 오류도 말했지만, 그의 오류는 우리로서는 연구 대상이 된 셈이다. 정치, 예술, 자연학, 논리학 등 넓은 범위를 다루었다. 2천 페이지에 달하는 남아 있는 그의 강의록이 무척 궁금할 뿐이다.

결론으로 첫째 기둥은, 모든 학문의 시작과 뿌리로서 탈레스와 아리스토텔레스를 내세운 셈이며, 이제 인류가 추구할 학문의 방향을 가리키는 나침반이요, 힌트가 된 셈이다.

B. 두 번째 기둥

중력 법칙과 운동 법칙, 그리고 광학을 발견한 뉴턴(Isaac Newton. 영국. 1642~1727)이다.

만유인력의 힘(중력의 힘)= F = G $\dfrac{m1, m2}{r^2}$ (G=만유인력상수, m1m2=두 물체의 질량, r×r=거리의 제곱) 이공식이 인간이 자연 현상에서 만든 최초의 방정식이다. 만유인력의 힘(중력)은, 두 물체의 거리의 제곱에 반비례하고(약해지고), 두 물체의 질량에 비례한다(커진다). 중력이란 이 우주에 두 물체 사이에는 서로 잡아당기는 힘(인력)이 존재하는데 그 힘의 크기는, 서로의 질량에 비례해서 커지고 서로의 거리가 멀어지면, 거리의 제곱에 반비례해서, 작아진다. 그런데 왜 그런 현상이 있는지는 아직 잘 모른다. 이것이 중력이다.

뉴턴은 중력 현상과 중력의 수학적 크기는 알아냈으나, 왜 중력이 생기는지에 대해서는 몰랐다. 그것은 아인슈타인의 몫이었다. 자연에는 4가지의 힘이 있는데 중력, 전자기력(전기, 자기, 빛), 강한 핵력, 약한 핵력이 그것이다. 그중 제일 첫 번째의 힘에 대해서, 알아낸 것이 자연과학 역사의 두 번째 기둥이다.

학생들에게 중력을 물어 보면 지구가 잡아당기는 힘이라고만 말한다. 이것은 아직 중력을 모르는 것이다. 우주의 모든 천체가 서로 잡아당긴다.

이 방정식은 인간이 만든 첫 번째 공식이므로 적어도 이 공식을 만들려면 수학자여야 하고 만물에게 있는 현상을 규명한 것이므로, 물리학자여야 한다. 뉴턴이 적임자다. 그는 미적분을 정립한 수학자이며, 중력 법칙을 알아낸 영국 최고의 자부심의 물리학자다.

버킹검 왕립 묘지(Westminster) 사원에 묻혀 있는 그의 비석에는 두 개의 비문이 있다고 한다. 하나는 시인, 알렉산더 포프가 쓴 것으로 「자연과 자연의 법칙이 어두운 암흑에 묻혀 있었다. 하나님이 말씀하셨다. "뉴턴아 있어라", 그러자 사방에 빛이 가득했다. 또 하나의 비문은 이렇다. "죽은 자들이여 기뻐할지니, 그대들 가운데 인류의 위대한 자랑이 살아있음을…"

그는 중력 법칙과 뉴턴의 3운동 법칙을 1687년에 출간한 「프린키피아 원명：자연 철학의 수학적 원리」 책에서 기술했다.

운동 제1의 법칙(관성 법칙 ; Inertial Law)

　정지한 물체는 힘을 가하지 않으면 계속 정지해 있고 직선 등속도 운동하고 있는 물체는 힘을 가하지 않으면 계속 등속도 운동을 한다. 까닭은 물체의 관성 때문이다. 관성이란 모든 물체가 갖는 성질로 물체는 운동의 변화에, 저항하는 성질이 있다. 이것이 관성이다. 정지한 물체는 정지한 채로 일직선으로 굴러가는 물체는 힘을 가하지 않으면 계속 일직선으로 굴러간다. 모든 물체는 "관성"을 가지고 움직이지 않으려고 버티고 있다. 힘을 가해 비로소 움직이면 그것을 관성력이라 한다.

운동 제2의 법칙(가속의 법칙 ; Acceleration Law)

　어떤 물체에 힘을 가하면 힘에 비례해서 속도가 가속된다. 속도뿐 아니라 방향도 바뀔 수 있다. 아리스토텔레스가 본 것은 정지한 물체가 움직이려면 큰 힘이 필요하다. 그러나 갈릴레오와 뉴턴이 본 것은 힘을 가하면 움직일 뿐 만 아니라, "속도와 방향이 바뀔 수 있다"이다(속도와 방향에 변화가 생긴다).

　공중을 향해 일직선으로 돌멩이를 던지면 돌멩이는 공중을 일직선으로 날아가다가 지표에 떨어진다. 뉴턴은 힘이 가해지지 않았다면 계속 날아갈 터인데 지구의 질량 쪽에서 중력이 잡아당기므로(힘이 가해져서), 돌멩이 속도가 줄어들고(속도 변화), 땅으로 떨어진다(방향변화). 여기서 내가 꼭 들려주고 싶은 말은, 어떻게 해서 뉴턴은 중력의 법칙을 알게 되었는가? 또한 중력은 먹는 것인가 마시는 것인가? 우리에게 중력의 의미는 무엇인가? 이 두 가지다. 쉽게 설명해 보겠다.

　뉴턴은 케플러의 2번째 행성의 법칙과 집 주위에 있는 사과나무에서 사과가 떨어지는 것을 보고 중력 법칙을 사고 실험했다고 한다.

〈케플러의 행성의 법칙〉

제1법칙 ; 행성의 공전 궤도 안에 태양이 있다.

제2법칙 ; 행성의 공전 궤도의 속도가 일정하지 않다. 시간당 공전의 단위

면적은 일정하다. 지구는 태양 주위를 한 번 공전하는데, 365일(1년)이 걸린다. 즉 지구는 6개월간 태양 가까이 다가가고, 6개월간은 태양에서 멀어진다고 말할 수 있다.

여기서 왜 지구는 태양 가까이에서는 공전 속도가 빨라지고, 태양에서 멀어지면 공전 속도가 느려지는가?

태양 가까이 있을 때 도대체 어디에서 힘이 나와서 지구를 잡아당길까?

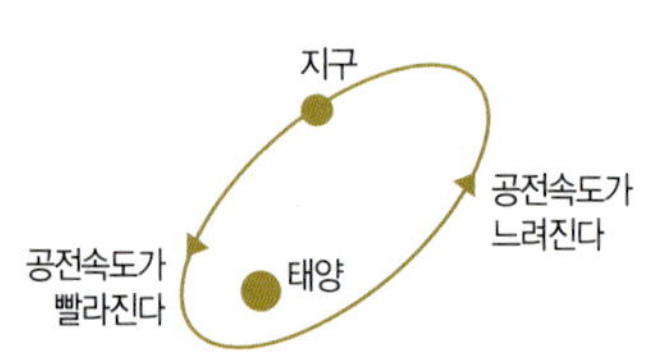

천사가 뒤에서 발로 차는가, 아니면 옆에서 부채로 부치는가? 그것도 아니라면 앞에서 줄로 잡아당기는가?

뉴턴은 이때, 힘이 올 수 있는 곳은 안쪽의 옆인 태양쪽이라고 생각했다. 그렇다면 태양의 무엇이 이렇게 했다는 것인가? 그가 지표위에 돌을 던지자 한참을 일직선으로 날아가던 돌은 공중으로 치솟지 않고 계속하여 날아가지도 않으며 지표면 쪽으로 떨어졌다. 지표면 쪽에서 무엇이 잡아당기는 힘이 작용했다고 그는 사고 실험했다.

사과가 나무에서 떨어지는 것은 지구 쪽에서 무슨 인력(잡아당기는 힘)이 있다는 것이다. 3경우의 공통점은 태양의 질량에서 그리고, 지구의 질량에서 서로 잡아당기는 힘이 나온다고 했다. 뉴턴은 그 힘을 "중력"(만유인력)이라고 했으며 수학적 크기로는 두 질량에 비례하고, 거리의 제곱에 반비례한다고 했다. 그러나 왜 중력이 생기는가에 대해서는 명쾌하게 설명하지 못했다 (뉴턴이 은메달 감이라고 하면 금메달감은 아인슈타인이다).

아인슈타인은 태양이나 지구와 같은 큰 질량을 가진 물체는(큰 E를 가진 물체), 시공을(우주) 휘게 한다고 하고, 시공이 휘어져 있어 경사를 이루므로 물체는 굴러 떨어지게 된다. 시공이 휘어진 곳을 물리학 용어로 "중력장"이라고 하는데, "동일한 중력장에서는 동일한 가속력과 동일한 운동을 한다"라고, 아인슈타인은 일반상대성이론에서 중력의 발생원을 설명했다

(하루 종일 사고 실험을 해 보라! 깨달을 때, 즐거움이 있으리라!).

　사과가 지구의 질량이 중력으로 잡아당겨서 땅에 떨어진다는 것은 뉴턴의 개념이고, 지구의 질량 때문에 공중(시공, 우주)이 휘어져 있어서, 그곳에 사과가 놓이면 경사가 짐으로 굴러 떨어진다는 것은 아인슈타인의 개념이다. 중력이 두 질량에 비례한다는 것은 큰 물건이 떨어질 때, 부딪치는 소리가 더 크다(F=ma. 힘은, 질량×가속도다). 또 거리의 제곱에 반비례한다는 것은 기하학에서 구심력은 원심력과 같은데, 구심력은 사실은 중력을 말한다.

　그런데 기하학에서 원심력은 거리의 제곱에 반비례 해서 약해진다. 구심력을 뉴턴은 지구의 반지름과 달과의 거리에서 수학적으로 입증했다(여기서는, 말을 줄이기 위해서 생략하겠다). 힘은 질량에 비례하고, 중력(원심력)은, 거리의 제곱에 반비례한다고 공식을 만들었다.

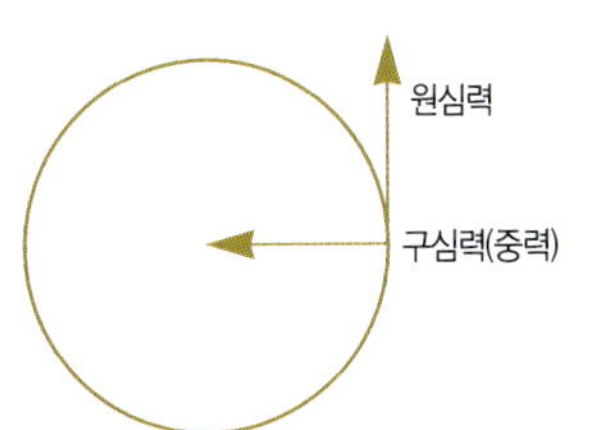

　뉴턴은 중력의 법칙뿐 아니라 빛을 프리즘에 통과시키고, 통과된 각 빛을 다시 프리즘에 통과시킨 후, 또 다시 그 역으로도 실시한 후, 빛은 여러 가지 색깔(파장이 다른)을 가진 빛이 혼합된 것이며 빛은 입자로 되었다고 주장했다(광학 출판. 1704년).

　「사과나무에서 사과가 땅에 떨어지는 것을 본 뉴턴의 사고 실험을, 우리도 생각해 보자!」
어린아이에게 설명해 보자.
1) 땅(지구)쪽에서 잡아당기는 힘이 작용해야 사과는 땅에 떨어진다(물리학에서

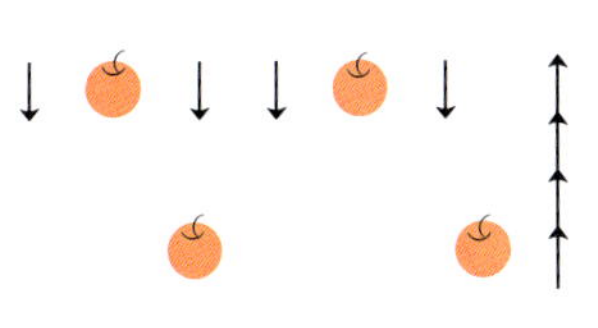

힘은 잡아당기는 힘(인력)과, 미는 힘(척력)이 있다고 한다).
2) 땅 쪽에서 잡아당기는 힘은 1회성이 아닌 계속적으로 반복 작용하는 힘이므로 떨어지는 사과는 가속하게 된다.

3) 땅에 떨어진 사과는 중력에 의해 땅(지구) 위에 붙어 있다.

4) 무게가 다른 사과가 같은 위치에서 떨어지면 동시에 땅에 닿는다. 그러나 쿵 소리는 큰 사과일수록 그 소리가 크게 들린다.

5) 그 떨어지던 사과에 바람이 불면 어떻게 될까? 바람이 부는 방향(미는 힘이 작용한 방향)으로, 사과는 방향이 달라지고 떨어지는 속도도 더 빨라진다(힘이 가해지면, 물체의 방향과 속도가 달라지며, 속도는 힘에 비례하여 가속된다).

6) 거의 동일한 방향과 가속으로 매번 사과가 떨어지므로 어떤 법칙을 만들 수 있지 않을까?

7) 사과가 떨어지는 광경을 본 4명의 과학자들의 버전을 비교해보자.

   a. 아리스토텔레스-땅(지구)쪽으로 매번 사과가 떨어지므로, 지구가 우주의 중심이며 떨어지는 그곳이 지구의 중심이다. 우주의 중심인 지구는 고정되어 있고 해, 달, 별들이 중심인 지구 주위를 돌고 있다(천동설).

   b. 갈릴레오-떨어지고 있는 사과는, 계속해서(멈추지 않고) 떨어진다(관성).

   c. 뉴턴-지구(땅)의 질량이 중력으로 사과를 잡아당기므로, 땅의 방향으로 사과가 떨어진다(중력법칙).

   d. 아인슈타인-지구의 질량에 의해 시공이 휘어져 있으므로 사과는 굴러 떨어진다. 시공이 휜 곳을 중력장이라 하며 동일한 중력장에서는 동일한 운동과 동일한 가속도를 갖는다 (중력의 발생원을 설명).

   뉴턴은, 케플러의 제2행성법칙에서, 중력을 깨달았다고 한다. 즉, 태양 가까이에서는 태양의 질량이 잡아당기므로 행성들의 공전속도가 빨라졌다. 땅(지구)의 질량이 잡아당기므로 사과는 땅으로 떨어졌다. 공중에 수평으로 던진 돌이 직선운동으로 날아가지만 땅(지구)의 질량이 중력으로 잡아당기므로 날아가는 속도가 줄어들면서 점점 땅쪽으로 떨어진다.

3)에서, 사과가 땅에 붙어있는 것은(굴러가지 않고), 무게 때문인데, 무게란 지구의 중력이 잡아당기는 힘이며, 그 힘은 (무게는) 사과의 질량에 비례한다. 4)에서, 큰 사과가 쿵 소리가 더 큰 것은(F=ma, 힘=질량×가속도), 힘은 질량에 비례한다.

2)와 5)에서 속도는 힘에 비례한다. 뉴턴은 "무게"라는 뜻의 라틴어 "Gravitas"에서 중력이라는 "Gravity"를 만들어 냈다.

그리고 "만유인력"(중력)의 법칙과 뉴턴의 3가지 운동 법칙을 정립했는데, 사과 떨어지는 사고실험에서 대부분 유추할 수 있다. 그의 결론은 물체의 질량에서 나오는 잡아당기는 힘을 중력(만유인력)이라하고, 중력은 "물체의 질량"에서 나온다. 그 중력의 크기는 서로의 질량에 비례한다. 다음에 원심력, 구심력의 기하학에서, 중력(구심력)은 거리의 제곱에 반비례한다.

이제 수평으로 날아가는 돌멩이에 지구의 중력 즉, 힘이 미치지 않으면 관성에 의해 직선 등속도 운동을 할 것이다(뉴턴의 운동 제1법칙, 관성의 법칙). 떨어지는 사과에 계속해서 중력의 힘이 작용하고, 떨어지는 사과에 바람(미는 힘)이 불면 그 낙하 속도가 가속된다. 속도는 힘에 비례해서 가속된다(뉴턴의 운동 제2법칙 ; 가속의 법칙).

힘이 가해지지 않으면, 어떤 물체는 갈릴레오의 "관성"에 따라 계속 직선 등속도 운동을 하며(제1운동 법칙), 힘이 가해지면, 속도는 그 힘에 비례하여 커져 더 가속된다(제2운동법칙–가속의 법칙). 힘이 작용할 때 그 힘에 반대하는 힘이 나타나는데 이런현상에 대한 법칙을 반작용의 법칙(제3법칙)이라 한다.

이 뉴턴의 중력 법칙은 다음의 과학자들이 대답하지 못한 것을 모두 설명한다. 얼마나 중요하고 그 위치가 막강한가?

1) 코페르니쿠스

그는 지구가 태양의 주위를 원운동한다고 해서 가장 최초로 "지동설"에 복귀한 사람이다. 그러나 많은 반대자들이 "지구가 태양 주위를 원운동 한다면, 왜 지구 위의 물건들이 날아가지 않는가의 질문에 그는 대답하지 못했다. 뉴턴은 중력이 물체들을 계속적으로 잡아당겨서 무게를 갖게 하므로 지표면에 붙어 있다고 했다(중력 때문에).

2) 케플러

지구가 태양 주위를 타원운동으로 공전하는데, 그 속도가 일정하지 않다. 왜 태양 가까이 가면 지구의 공전 속도가 빨라지는가? 케플러 역시 그 질문에 대답하지 못했다. 뉴턴은 태양의 질량과 지구의 질량에서 중력이란 힘이 작용하는데, 이 힘은 가까운 거리에서는 커져 더 세게 서로 잡아당기므로 공전 속도가 빨라진다고 했다.

3) 갈릴레오

무거운 물건과 가벼운 물건을 동일한 위치에서 낙하운동 시키면(공기 저항을 무시한다면), 동시에 떨어진다. 왜 동시에 같은 가속력으로 떨어지는가? 이 질문에 갈릴레오는 대답하지 못했다.

인류가 자연에서 측정한 최초의 물리량은 중력 가속도($9.8m/s^2$)인데, 이것의 정립에 갈릴레오가 크게 기여했다(낙하거리가, 시간의 제곱에 비례함을 실험 측정하여 밝힌 과학자다). 천동설처럼 1800여 년의 세월을 지배한 아리스토텔레스의 낙하운동 시, 무거운 물체가 먼저 떨어진다는 잘못된 가정도 실험하여 한방에 깨뜨려버린 과학자다.

4) 뉴턴은 가속력은 힘에 비례하여 커지고, 질량에 비례하여 작아진다고 했다. 즉 중력과 관성력이 서로 상쇄되므로 두 물체는 일정한 가속력으로 동시에 떨어진다. 아인슈타인은 동일한 중력장 안에서는 동일한 속력을 가지므로, 무거운 물건이나 가벼운 물건이 동일한 지구의 중력장 안에 있으므로 동일한 가속력을 갖기 때문에 동시에 떨어진다고 했다.

중력의 진화과정을 현재까지 요약해보면, 즉 과학은 칼세이건의 말처럼, 자정작용이 있다. 그래서 정반합이 끊임없이 이루어져, 발전해(도표1-4-1 진화라고 표현해 보았다) 나간다.

1-4-1 중력의 진화

1 아리스토텔레스 : "공중에 던진돌이 어김없이 지구쪽으로 떨어지는 것은 지구가 우주의 중심이기 때문이다."

2 케플러 : "행성들이 태양주위를 타원운동하는데 그 공전속도가 일정하지 않다."

3 갈릴레오 : "무게가 다른 두 물체를 동일한 위치에서 낙하시 동시에 땅에 떨어지며, 낙하한 거리는 시간의 제곱에 비례하며 가속된다."

4 뉴턴 : "우주에서 두 물체 사이에 잡아당기는 힘이 작용하는데 그것을 중력이라 명명했으며, 중력의 힘은 두 질량에 비례하고, 거리의 제곱에 반비례하는 데, 왜 그런 현상이 있는지는 모른다."

5 아인슈타인 : "중력은 시공의 휘어짐이 일으키는 힘(중력장)이며, 큰 질량을 가진 천체는 시공을 휘게 한다. 동일한 중력장에서는 동일한 운동과 동일한 가속도를 갖는다."

6 대부분의 물리학자 : "중력은 시공의 기하학의 발현이다."

7 미치오카쿠에 : "중력은 힘이 아니라 휘어진 시공간의 부산물이며, 어떤 의미에서는 중력이 존재하지도 않는다."

C. 세 번째 기둥

"동·식물의 이명법"(칼 폰 린네. Carl von Linne. 스웨덴. A.D 1707~1778)
−스웨덴의 라 슐트라 마을에서, 루터교 목사의 아들로 태어나, 스웨덴과 네
델란드에서 의학을 공부함. 동·식물들에게 공통적이고 통합적이고, 학술
적인 이름을 붙여준 사건이 자연과학사의 3번째 기둥이다. 린네는 동식물
의 이름을 명명할 뿐 아니라, 이름을 명명하는 법을 쉽게 통일 시켜주었다.
즉, 속명과 종명의 두 단계로 명명하는 이명법을 그는 제창했다. 속명이란?
외형상 비슷한 생물집단을 나타내는 이름이고 종명이란? 교배시 같은 종
의 번식 능력이 있는 자손을 낳을 수 있는 집단의 개체이름이다.

　(예)　늑대 − Canis(개 속), lupus(개 종).

　　　사자 − Panthera(표범 속), leo(사자 종).

　　　인간 − Homo sapiens(호모 속, 사피엔스 종).

1735년에 린네는 「자연의 체계」(Systema Naturae)라는 책을 출간했다.
이 책에서 그는 모든 생물을 7단계로 분류하는 방법을 기록하고(계, 문, 강,
목, 과, 속, 종), 동·식물의 이름을 속명과 종명으로 명명했는데, 이것이 그
유명한 「린네의 이명법」이다. 그는 결국, 17,000종의 동·식물의 이름을 붙
이거나 기록했다.

린네는 한마디로, 지구상의 모든 생물에 학술적인 이름을 명명하므로,
인류에게 동·식물을 보는 눈과 귀와 생각을 통일시키므로, 생물에 대한 연
구에, 획기적인 진전을 가져왔다. 이것은 마치 언어에 있어서 A, B, C, D,
E…나, ㄱ, ㄴ, ㄷ, ㄹ…을 만들어 언어의 기초를 다진 일과 같은 것이다.

18C 중엽부터 19C에 이르기까지, 많은 항해의 결과로 아메리카, 아시아,
오스트레일리아, 아프리카 대륙 등지에서, 발견되는 새로운 동·식물들의
이름을 크게 어려움 없이 명명하게 하므로 오늘에 이르게 하였다. 그는
동·식물을 계통적으로 분류할 수 있게 하여 모든 동·식물을 우리가 일사

분란하게 이름을 명명할 수 있게 했고 그 대상인 생물의 이름을 놓고 자유 토론할 수 있는 기회를 제공한 스웨덴의 생물학자였다.

우선 7단계의 생물 분류를 큰 가지에서부터 나열해보면,

1. 계(界) ; Kingdom) 동물계, 식물계. 원생 동물계, 세균류 계, 진균류 계 등을 말함.

2. 문(門) ; Phylum) 동물계에는, 20여개의 "문"이 있는데, 그중의 하나가, 머리에서 꼬리에 이르는 신경삭을 갖고 있는, 척삭 동물 문이다(어류, 조류, 파충류, 포유류, 인간).

3. 강(綱) ; Class) 척삭 동물의 한 강으로서, 새끼에게 젖을 먹이는 유선을 가진 동물을 "포유강"이라고 한다(고래, 포유류, 인간 등 포함).

4. 목(目) ; Order) 상대적으로 큰 뇌를 갖고 5개의 손과 발가락을 통해서, 물건을 쥘 수 있는, 포유강의 일목을 "영장류 목"이라 한다(침팬지, 오랑우탄, 고릴라, 인간 등 포함).

5. 과(科) ; Family) 영장류 목의 인과(人科)인데 두발 보행이 그 특징이다. (호모 하빌리스, 호모 에렉투스, 호모 사피엔스 등이, 여기에 속하며, 호모사피엔스 한 종만이 살아남았다).

6. 속(屬) ; Genus) 인과(人科)의 한 속(屬)인, 호모(Homo ; "인간"이라는 라틴어에서 유래함). 속(屬)은, 좀더 큰 두뇌로 뇌의 용량이 크고, 현대인과 같은, 머리 모양이 특징이다.

7. 종(種) ; Species) 인과(人科)의 호모속(屬)중에서, 호모사피엔스 한 종만이 유일하게 생존했다.
【종(種)은 서로 교배 시켰을 때, 번식 능력이 있는 자손을 낳을 수 있는 집단의 모든 개체로 정의 된다】

인간을 린네의 7단계 분류로 분류해 보면 동물계, 척삭동물문, 포유류강, 영장류목, 인과, 호모속, 사피엔스종이다.

1-4-2 전기의 역사와 전파(전자기파)

1. 탈레스(Thales (B.C 624(?)~ 546(?))), 고대희랍, 문지른 호박(송진덩어리)이, 머리카락이나, 종이를 잡아당김(정전기 현상 관찰)
   ⬇

2. 길버트(William Gilbert (A.D 1544 ~1603), 영국 : 전기(Electricity)이름을 명명하고, 전기와 자기의 유사점과 차이점을 기록
   ⬇

3. 플랭클린(Benjamin Franklin(1706~1790). 미국. "번개도 일종의 전기다" 전기는 (−)와 (+)가 있다.
   ⬇

4. 쿨롱(Charles Coulomb (1736~1806), 프랑스. "전하를 띤 곳에 전기가 발생한다"
   ⬇

5. 볼타(Alessandro Volta (1745~1827). 이태리. "축전지발명, 화학적 전기 발생 발견"
   ⬇

6. 암페어(Andre Marie Ampere (1775~1836), 프랑스. "전류는 자기장을 발생시킨다"
   ⬇

7. 외르스테드(Hans C Oersted (1777~1851) 덴만크. "전기가 자기가 된다"
   ⬇

8. 가우스(karl. F. Gauss (1777~1855), 독일. "자석에서 자기력이 발생한다"
   ⬇

9. 페러데이(Michael Faraday (1791~1867), 영국. "자기가 전기가 될 수 있다. 발전기 발명"
   ⬇

10. 맥스웰(James Clerk Maxwell (1831~1879) 스코틀랜드. "전자기역학 정립과 전자기 4가지 방정식 정립"
    ⬇

11. 크룩스(William Crookes (1832~1919), 영국. "크룩스관에서 빛 발생 관찰"
    ⬇

12. 에디슨(Thomas Alba Edison (1847~1931), 미국. "백열등의 필라멘트 개발"
    ⬇

13. 헤르츠(Heinrich Hertz, 독일) (A.D 1857~1894) : "전자기파를 실험실에서 발생시키며, 송신과 수신을 함"

D. 네 번째 기둥

인류에게, 전기, 통신, 빛을 선물함(전기와 빛과 전자기파를 만들어 냄).
　【페러데이와 에디슨의 전기 발명】
마이클 페러데이 (Michael Faraday. 영국. 1791~1867)
토마스 엘바 에디슨 (Thomas Alba Edison. 미국. 1847~1931)
제임스 클라크 맥스웰 (James Clerk Maxwell. 스코틀랜드. 1831~1879)
윌리암 크룩스 (William Crookes. 영국. 1832 - 1919) ; 방전 현상에 의한,
초록빛이 발생됨을 관찰함.
　〈1-4-2〉 전기의 역사와 전파(전자기파)

자연과학사의 4번째 기둥은 지구에 전기불을 켜서 지구가 온통 밝아진
것과 전자기파의 발명으로 "통신 혁명"을 이룬 것이다. 바로 인류의 에너지
문제, 주거 조명, 정보 전달(통신 컴퓨터)에 일대 혁신을 가져와 새로운 문
명에 돌입하게 되었다.

인류는 땔감으로 나무와 석탄을 사용하고 등잔 불 빛을 위해 석유를 사용
해 왔다. 그러나 페러데이의 발전기 발명(1831년)과, 에디슨의 백열전구
획기적인 개발로 지구는 전기불로 휘황찬란하기 시작했으며 인류는 전기
에너지(E)의 사용으로 그렇게 간편할 수가 없었다. 백열전구를 처음 고안한
사람은 영국 조지프 스완이며, 에디슨은 백열전구의 탄소 필라멘트를 개발
해 처음 전기불을 밝혔다. 「알렉산더 포프」가 뉴턴을 찬양하기 위해 그의
비석에 썼던 시 구절은, 이제 페러데이와 에디슨을 위해 이렇게 바꾸어 쓸
수도 있지 않을까? 「인류는 어둠속에서 잠을 자고 있었다. 하나님이 가라사
대, '페러데이와 에디슨아 있으라!' 그러자 지구의 사방이 밝아졌다」.

현재도 우리는 전기 불빛 없이는 살 수 없으며, 전기 E와 전기 불빛 속에
서 하루하루를 살아가고 있다. 그러나 막상 "전기가 무엇이지?"라고 물으
면, 선뜻 대답하는 사람이 드물다. 이것은 전기에 대한 우리의 이해가 애매

하고 확실한 개념을 모르기 때문일 것이다.

여기서 우리는 전기에 대한 전체적인 조망과 각 과학자들이 알아낸 과정과 그들이 무엇을 알아냈는지를 한번 보기로 하자.

1) B.C 600여 년 전 자연과학의 첫 종을 울린 이오니아 문명(고대 희랍)의 과학자 탈레스는 호박(나무의 송진이 돌처럼 굳은 것. Elektron)을 문질러 털에 대자 털들이 호박에 달라붙는 현상과 마그네시아라는 마을에서 가져온 돌들에(흑광석일 것이다), 쇠붙이가 달라붙는 현상을 처음으로 관찰했다(자기를 Magnetism이라 한다). 그는 왜 그런 일이 있는지를 설명하지 못했으나, 그런 현상이 있다는 것을 그는 인식했다.

2) 호박에서 나온 힘이므로(호박 ; Elektron), 전기를 "Electricity" (전기적 정전기 현상)라고, 16C 영국의 물리학자 길버트는 이름을 붙였고, 우리는 그를 "전기의 아버지"라고 부른다. 그는 지구도 자석처럼 행동한다는 것을, 맨 처음 보고하고, 전기와 자기의 유사점과 차이점을 기록했다.

3) 18C에 미국의 최초 물리학자로 알려진 벤자민 프랭크린은 "번개불도 일종의 전기다"라고 하여 연 실험을 하여 확인하고, 전기는 +성질과 −성질이 있음을 발견했다.

※연 실험 : 번개 치는 날 연을 날려서 실험하므로, 번개가 큰 전기현상이라고 생각했다. 번개의 전기가 연줄을 타고 내려와 묶어놓은 쇠붙이에 충돌하므로 "타다닥"소리를 내며 파란 불빛을 방출했다. 전기 합선 시 발생하는 현상과 모양, 소리가 동일했다. 번개는 전기불꽃이고, 천둥은 마찰 전기의 타다닥 소리가 커진 것이다. 피뢰침도 프랭클린이 발명함.

4) 18C에 프랑스의 물리학자인 샤를레 쿨롱은 전하를 띤 곳에 전기(전기장)가 발생한다는, "쿨롱의 법칙"을 발견했으며, 두 전하 간에 작용하는 전기적인 힘을 수학 공식으로 표현했다. $F = K \dfrac{Q1, Q2}{r^2}$ 중력과 비슷하나 전기력은 척력(밀어내는 힘)이 있음이 중력과 다르다.

5) 18C 말에, 이탈리아의 과학자 알렉산드로 볼타는, 구리와 중석의 판을 유리관에 넣고, 소금물을 부으므로, 이 금속판에 불꽃이 튀는 것을 관찰했다. 화학적으로 전기는 만들어질 수 있으며, 선을 통해 이동시킬 수 있고, 전기를 오랫동안 저장할 수 있는, 축전지(배터리)도 만들었다.

19C에 과학자들은, 전기를 띤 막대와 자석이, 동일한 작용을 한다는 것을 알게 되었다. +와 −는 잡아당기고(인력으로 작용), +와 +, −와 −는, 서로 밀어낸다(척력으로 작용). 자석도 같은 극끼리는 밀어내고, 반대 극끼리는 달라 붙는다.

N극과 N극, S극과 S극은 서로 밀어낸다. +전기와 −전기, N극과 S극은 서로 잡아당겨 달라붙는다(전기와 자기의 힘이 비슷하게 작용하는 것으로 봐서, 예사롭지가 않은데!).

6) 1820년(19C)에, 덴마크의 물리학자 한스 외르스테드(코펜하겐 대학. 물리학 교수)는, 나침반위에다, 두 가닥의 전선을 놓고, 두 전선에 전기를 통하였더니, 나침반의 바늘이 움직이는 것을 관찰했다. 그는, 전기의 힘이 분명히 자력도 생성시킨다는 사실을 증명했다(이전까지는, 전기와 자기는 각각 독립적인 현상으로 생각했다. 그러나 외르스테드에 의해, 연관이 있는 현상이 되었으며, 결국, 맥스웰에 의해, 전기력과 자기력은, 전자기력으로 통합되었다).

7) 우리의 전기 주인공인 영국의 마이클 페러데이는, 중학교도 졸업을 못한 문맹이었지만, 책벌레였으며, 독학으로, 영국의 저명한 화학자, 험프리 데이비드의 도움으로 그의 연구실의 조교가 되었다. 아마츄어 물리학자인 셈이다.

책을 통해, 외르스테드의 실험을 알게 된, 페러데이(그는, "에너지 보존의 법칙"의 선두 과학자로 알려짐)는, "에너지 보존의 법칙"에 따라, 전류가(전기가) 자력을 만들어낼 수 있다면, 그 역인 자력도 전기력(전류)을 만들어 낼 수 있지 않을까? 에너지의 총합은 변함없이 전기력도 되고, 자력도 되어 변할 수 있지 않을까? 에너지란 형태는 바뀔 수 있지만 그 총합은 변함없지 않을까? 역사적인 1831년에 페러데이는 긴 둥근 막대에 구리선의 코일을 감고 그 코일의 양 끝을 전류 측정계(현대적 버전)에 연결했다. 그리고 그 둥근 막대 사이로 자석을 들락날락 해 보았다. 그러자 전류측정계의 바늘이 움직였다. 자력이 전기력을 발생시킨 것이었다. 그는 그의 처남에게 "봤지? 봤지? 바늘이 움직였지?"라고 큰 소리를 내질렀다. 자석을 멈추면 바늘도 움직이지 않았다. 이번에는 자석을 고정시키고 쇠막대기를 움직였다. 이때도 측정계의 바늘이 움직였다. 이것은 현대적 버전으로 쉽게 표현한 것이며, 그 당시 페러데이는 늘어진 전선줄이 팽팽해지고 빙빙 도는 것을 관찰했다.

페러데이는 큰 자석사이에서 코일뭉치가 돌아가게 함으로써 전기가 발생되는 것을 알았다. 이것이 오늘날의 "발전기"원리로서 인류는 오늘날 페러데이의 원리 그 이상도 나아가지 못했다. 화력발전이든, 수력발전이든, 원자력발전이든, 증기스팀으로 터빈을 돌려 큰 자석 속에 있는 코일 뭉치를 강하게 회전시켜서 지금 우리가 쓰고 있는 전기를 만들어 구리선인 도체를 통하여 각 가정에 전기를 배송하는 것이다.

그러면 백열등 끝의 필라멘트가 고열로 뜨거워지고 그 끝에서 복사열인 빛을 방출하여 밝히는 것이 전기불인 것이다. 페러데이에게 노벨 물리학상 몇 개도 부족할 것이다.

그는 중학교도 졸업 못하였으나, 독학으로 전기를 발전시키는 "발전기"를 만들어냈으며, 에너지가 그 형태를 바꿀 수 있지만(자력→전기력, 전기력→자력), 그 에너지의 총합은 변하지 않는"E보존의 법칙"을 실험을 통해 입증한 아마츄어 물리학자였다. 그가 진실로 "돌리고 돌리고"(한국 팝송)의 사나이다. 자석 속에서 코일 뭉치를 돌리고, 돌리고 하면 전기가 나온다.

8) 미국의 발명왕 토마스 에디슨도 초등교육 정도만 받았으나, 그는 3,000개 이상의 발명품과 1,049개의 특허를 획득한 독학의 발명왕 과학자다.

그는 1879년에 그때까지 전등 불빛의 가장 큰 결점은 전류가 흐를때 필라멘트가 구리여서 너무 빨리 녹아내리는 것을 알았다. 그래서 그는 백금에서 식물 섬유까지 6,000가지가 넘는 물질로 실험에 실험을 거듭하여 탄소 필라멘트(지금은 텅스텐 필라멘트 사용함)를 개발하여 1879년 10월 21일 무려 40시간을 뉴욕에서 전기불을 밝혔다. 드디어 지구덩어리가 전기로 휘황찬란하게 되었다. 페러데이와 에디슨이 지구를 밝힌 것이다.

※ 어떤 물질이 마찰 받을 때 알짜 전하(정전기 현상)를 가지며, 이것을 "대전"되었다고 한다. 전기의 기본 요소는 전하이며 물질의 질량처럼 그 물질의 기본적인 성질이다. 전하의 가장 작고 가장 기본적인 단위는 전자(−) 또는, 양성자(+)의 전하이다. 기본 전하는 e로 표시하며, 크기는 $e=1.602 \times (10^{-19}C)$이며, 정수배로만 나타나 전하도 빛의 양자처럼 양자화 되었다고 한다(전하의 단위는 쿨롱이다).

도체는 전하가 쉽게 흐를 수 있는 물질(금속, 자유 전자가 많아서, 넘쳐흐른다)이고 절연체는 전하가 흐르지 않거나 거의 흐르지 않는 물질(나무, 가죽, 프라스틱 : 자유 전자가 거의 없다)이다. 전류−전하의 흐름 즉, "전자의 흐름"이다. 전류의 기본 단위는 암페어(A)로, 단위 시간당의 전하량 1A=1초 동안에 흐르는 전하량 1쿨롱/1초 = 1A이며, 전위 − 전기의 위치 E로 단위는 볼트(Volt)이다. 1V=Joule/쿨롱이며 $1eV=1.062 \times 10^{-19}J$(전위차 1volt에서 행한 일, 에너지의 양이다).

전자의 흐름이 전류다. 전자는 파동이면서 입자다. 전자가 구리전선 줄에서 구리의 자유 전자와 엎치락뒤치락하면서 빠르게 전선줄을 통과해 지나간다. 기차, 새마을호나 KTX(고속열차)는 전기로 가는데, 소켓이 꽂아 있지는 않다. 어떻게 전기가 흐르는가 생각해 보라!

9) 1864년에 스코틀랜드의 물리학자이며 수학자인 거장 제임스 맥스웰(그는 늙은 페러데이와 서신, 방문을 통해서 깊은 학문적 교류를 갖는다)은 전기와 자기 사이의 어떤 관련성들을 4가지 수학 방정식으로 요약하여 전

자기 역학을 정립한다.

제 1법칙 – "쿨롱의 법칙"(전하를 띤 곳에 전기가 흐른다).

제 2법칙 – "가우스의 법칙"(두 자석의 사이에 자기장이 발생한다).

제 3법칙 – "페러데이의 법칙"(자기장이 전기장을 발생시킨다).

제 4법칙 – "암페어, 맥스웰 법칙"(전류나 전기장이 자기장을 발생시킨다).

이 4가지 법칙중 맥스웰의 가장 큰 업적은 4번째 법칙으로서 그는 자기장이 단지 전류에 의해 발생할 뿐 아니라, 전기장의 변화에 의해서도 발생된다는 것이다.

이 4가지 방정식을 만든 후에 맥스웰은, 셋째 법칙과 넷째 법칙에서 전파되는 전기장과 자기장은 서로 분리될 수 없다고 깨달았다(장, field ; 보이지 않는 힘. 물리학 용어). 그 이유는 전기장과 자기장은 서로를 만들어 내기 때문이다. 전기장이 생성되면 자기장이 생성되고 자기장이 생성되면 전기장이 생성된다. 그는 또한 자력과 전류가 파동을 일으킬 수 있음을 알게된다. 전류가 흐르면, 전기선에서 모든 방향으로"파동"이 퍼져나가는 사실을 발견하고 이것을 전자기파(Electromagnetic Wave)라고 했다.

그는 공간을 진행하는 전자기파의 속도를 계산해본 결과 1초에 30만km로 이미 알려진 빛의 속도와 동일하였다. 순전히 속도가 같은 이유로 빛도 일종의 전자기파라고 맥스웰은 선언하고 빛이 그렇게 빠른 이유는 전기장과 자기장이 서로를 발생시키면서, 상호 껴안기(Mutual Embrace)로 진행하므로 빛의 속도가 빠르다. 우리는 지금도 빛의 속도가 빠른 이유를 맥스웰 이상으로 설명하지 못한다.

어떻든 그는 빛도 전자기파의 범주에 속한다고 했으며, 언젠가 전자기파를 입증할 수 있을 것으로 예측했고 맥스웰이 죽은 지 8년 만에 독일의 물리학 교수인 하인리히 헤르츠는 1887년에 전자기파를 실험실에서 만들어 전파를 송신하고 수신하는데 성공하여 전기로부터 시작된 과학이 인류의 통신에까지 큰 성과를 낳았던 것이다.

전자기파는 파장, 속도, 진동수(주파수)의 3가지 특성을 지닌다. 서로를 그것으로 구별한다. 속도는 물론 항상 같으나 파장과 진동수가 다르다. 전자기파의 스펙트럼은 우주선, 감마선, X선, 자외선 가시광선, 적외선, 마이크로파, 단파, 중파, 장파이다.

10) 1879년 영국의 화학자이며 물리학자인 윌리암 크룩스는 진공관의 양쪽 끝에 전극이라 부르는 구리판을 달고(양극, 음극), 전극에 전기를 연결하자, 관의 내부에서 무엇인가 희미한 광채가 한쪽 전극(−)에서, 다른 쪽 전극(+)으로 이동하는 것처럼 보였다. 이것이 방전현상이다(전자가 방출되는 현상).

그는 전자가 음극에서 양극으로 흐르면서 양극과 충돌하면 초록색발광(스파이크 불꽃)이 생김도 관찰했다. 아직 전자가 알려지지 않았으므로 그는 내부 관에 흐르는 광채(음극선, 자외선, 전자)와 +극에서 초록색의 빛만 보았을 뿐이다. 후에 과학자들은 크룩스 진공관에 형광물질을 바르면 전류가 흐를 때 방출된 전자가 수은과 작용하여 자외선을 내고 이 자외선이 형광물질과 작용하여 가시광선을 방출함을 알게 되었다(형광등의 원리).

형광물질이 흥분상태로 갔다가 다시 기저상태로 돌아올 때, 가시광선의 빛이 방출됨을 관찰하게 된다. 형광물질에서 빛을 발하게 하는 광선이 음극으로부터 나온다하여 이것을 음극선이라 불렀으며 이 음극선의 연구로부터 렌트겐이 X광선을 발견하게 된다(1895년).

어떻든 윌리암 크룩스는 물질의 전기적 성질을 알기위해 과학자들이 고심하고 있을 때 진공관에서 전기를 통해줄 때, 기체가 나타내는 반응을 관찰하게 되는데, 진공관의 기체들에 전기를 흘려보낼 때 미지의 광선이 진공관에서 발생한다는 사실을 발견했다(물질의 전기적 성질은 뉴턴의 중력법칙으로는 설명하지 못한다. 수학적 크기나 속도는 비슷할지 모르나 중력과 전자기파(빛)는 각각 개별적이다).

중력은 빛의 속도로 중력자(Graviton)가 매개하고, 전자기파는 광자(광양자(Photon＝Quantum)가 매개하는 자연의 별개의 힘인 것이다.

결국 윌리암 크룩스는 물질로부터 빛을 만들어낼 수 있음을 직시한 최초의 과학자로 실험실에서 최초로 빛을 만들어낸 과학자이다.

그래서 1879년은 인류의 자연과학사에서 "빛의 해"라고 해도 과언이 아니다. 빛 박사 아인슈타인이 태어난 해가 1879년이며 토마스 에디슨이 지구에 전기 불빛을 처음으로 밝힌 해가 1879년이며 윌리암 크룩스가 진공관으로 방전 현상에 의해 처음으로 빛을 만든 해가 1879년이기 때문이다.

이제 인류는 4번째 기둥을 통해서 전기불을 밝혔고 빛의 속도가 빠른 이유를 설명했고(전자기파이므로, 그림), 전자기파의 스펙트럼을 보았고, 속도가 빠른 전파를 송·수신하므로(cycle을 조정하여), 라디오, TV, 광통신의 문명을 누리게 되었다.

E. 다섯 번째 기둥

챨스 다윈의 진화론(Charles Robert Darwin. 영국(1809～1882)
알프레드 월리스(Alfred R Wallace. 영국1823～1913)

인생을 어떻게 살까?(How to live?) 라고 물으면, 방법론과 더불어 많은 종교와 많은 주의(−ism)가 나올 것이다. 그러나 인생이 무엇일까?(What is life?)라고 질문하면 인류사에서 현재까지는 성경과 과학 2가지만이 그 대답을 논리적이고 체계적인 합리성을 가지고 장황하게 설명하고 있다. 바로 그 과학적인 대답을 준 과학자가 챨스 다윈이며, 그의 이론인 다위니즘(Darwinism)이 자연과학사의 5번째 기둥에 해당되는 진화론이다.

다윈은 생물학의 뉴턴이라 불리는데 뉴턴이 우주를 이해하는 문을 열었다면(실은 우주를 이해하는 문을 연 사람은 아인슈타인일 것이다. 서로의 무덤이 가까울 뿐이다), 다윈은 생명을 이해하는 문을 연 셈이다.

기독교의 창시자가 예수 그리스도라면, 자연과학 종교의 창시자는 당연히 챨스 다윈이다(과학적인 진화론으로 인생을 설명하는 것을 따르는…).

「관찰과 실험을 포기하는 날이 자신이 죽는 날이 될 것」이라고 말하면서 과학자로서 탐사와 연구 그리고 저술로서 73세를 부지런히 살다 간 다윈. 30세에 결혼해서 47세까지 자녀 10명을 두어 다산함으로, 생물학적으로도 생물학자다운 챨스 다윈, 그의 연구 결과가(진화론) 나오기 전 인류는 인간의 기원이나 생물의 변화 과정에 대해서 추론하고, 주장하고, 토론은 있었으나 과학적이고 체계적으로 장황하게 설명할 수 없었다.

다윈의 업적으로(월리스의 공도 물론 중요했다), 이제 인류는 인간의 기원이나, 지구나, 우주의 기원에 대해서, 이러 이러한 과정을 거쳐서 진화해 왔다고 과정을 달리 말할 수 있으나 결론은 항상 진화로 결론 맺는 과정을 지금도 추종하고 있다.

※ 다윈은 의과 대학에 갔으나 의학에는 관심이 없고 동·식물에 관심을 가졌다. 그러나 아버지의 권유로 신학을 한다(케임브리지 대학. 소심하고 주관이 없음).

명실공히 다윈을 자연과학 종교의 교주로 일컫는다 해도 지나치지는 않을 것이다. 그런데, 막상 다윈의 진화론(Darwinism)의 내용이 무엇이냐고 질문을 하면서 그 대답을 찾는다면, 우리는 몇 마디 단어들로 요약할 수 있는데 그것은 적자생존, 돌연변이, 자연선택 정도이다.

또한 다윈의 유명한 저서 「종의 기원」「인류의 유래」를 통해서 다윈은 자신의 "진화론"을 확신 중에서 장황하고 요란스럽게 주장하기보다는 그렇게 생각할 수 있을 것이라고, 조용하고 약간은 소심하게 서술하였으며 아프리카에서 인류의 조상들의 고화석이 발견될 수 있을 것이라고 예견했다.

이제, 다윈과 그의 이론을 천천히 살펴보기로 하자.

그의 학문적인 배경은 에든버러 대학 의학부에 입학했으나, 의학보다는 생물과 식물 등에 더 관심을 보였으며(칼폰 린네와 너무도 흡사하다), 3년 후에는 부친의 권유로 케임브리지 대학의 신학부로 전학하여 신학을 전공하고 졸업했다. 케임브리지 식물학 교수인 헨즐로(John Steven Henslow. 1796~1861)와 친분을 쌓고, 크게 영향을 받는다.

다윈이 관심있게 정독한 책들로는 챨스 라이엘의 「지질학의 원리」 맬더스의 「인구론」 스프랭겔의 「자연의 신비를 발견하다」, 그리고, 그 외 밀턴의 실낙원과, 세익스피어의 역사극, 유클리드의 기하학, 바이런, 워즈워드의 시들이라고 알려져 있다.

그의 가정적 배경은 할아버지인 에라스므스 다윈(1731~1802)은 유명한 의사로서, 생물학자로 초기 진화론의 주장자였으며, 아버지 로버트 웨어링 다윈(1766~1848)도 내과 의사로서 부유한 가정이었으나 어머니 수잔나는 다윈이 8살 때 돌아가시므로 다윈은 누나들의 보호 속에서 개구쟁이로서 산과 들에서 동물과 식물을 마음껏 대하면서 자랐다.

그가 진화론의 업적을 남기게 된 결정적 계기는 1831~1836년까지 5년간 세계를 항해한 영국 해군 측량선 비글호의 박물학자 자리를 헨즐로 교수로부터 추천을 받고 승선하므로서이다. 그의 임무는 답사하고 관찰한 지역의 동·식물을 채집하고 린네의 분류체계에 따라 분류하는 일이었는데 이것이 그로 하여금 진화론에 열중하게 된 계기가 되었다.

그 당시에는 "칼폰 린네"의 이명법과 분류 체계에 따라, 동·식물을 명명하고 분류하는 일을 하는 생물학자를 외국으로 가는 선박에 승선시키는 것이 관례였다. 그 여행에서 챨스 다윈이 관찰하고 생각에 빠졌던 주제들, 그리고 그것들의 사고 실험위에서 진화론의 업적이 이룩된 셈이었다.

1) 각 지역의 땅속에서 발견된 동물들의 화석과 현재 살고 있는 동물들의 해부학적 차이가 다른 이유는 무엇일까?

2) 16개의 섬으로 된 갈라 파고스제도(스페인 말로 "큰 거북"이란 뜻), 여러 섬들에서 서식한 동물들의 신체적 차이가 있는 이유가 무엇일까?

(1) 딱따구리 핀치(되새. 30여종)의 부리 모양이 섬마다 다른 이유는 무엇

인가? (13종의 핀치 발견). 어떤 섬의 핀치(되새)는 딱딱한 과일을 깨뜨리고 쪼아 먹을 수 있게 부리가 짧고 견고하였으며, 어떤 섬의 핀치는 그의 부리가 틈새의 음식을 파먹기 쉽도록 길고 가늘었다. 여기서 다윈은 새들이 그렇게 창조된 것이 아니라, 환경에 적응하기 위해 스스로 그렇게 만들어졌다고(오랜 세월동안) 생각을 하였다.

⑵ 섬마다 거북의 등딱지의 모양, 두께, 색상이 다르고 목, 다리의 길이가 다른 이유는 무엇인가?

⑶ 남아프리카의 타조와 남미의 레아가 신체적으로 아주 비슷한 이유는 무엇인가?(100여 년 전, 사람이 살기 전에 뉴질랜드에서 번성했던, 타조를 닮은 거대한 새, 모아를 봤더라면 다윈의 눈은 어땠을까?)

⑷ 땅속 깊은 곳의 화석의 동물이 현재는 멸종되어 사라진 이유가 무엇일까?

⑸ 찰스 라이엘이 말한 지질학적 변화를 눈으로 확인하고, 그 같은 변화에 오랜 세월이 걸리는데 그 같은 세월동안에 진화가 일어나는 것은 아닌가?

※자연 선택(Natural Selection)

적자생존은 동물 개체가 선택하는 것이 아니고, 오랜 세월동안 자연이 선택한다.

※적자생존(適者生存. Survival Of Fittest)

맬더스의 "인구론"에서 '수요는 공급을 능가 한다' 는 것을 읽고 적자생존을 생각함. 자연에서 적합하게 적응된 것이 살아 남는다.

이런 의문과 함께 각 대륙 각처에서 동 · 식물들을 채집하고, 화석들을 수집하여 돌아왔다. 그리고 20여 년 간을 연구하고 지구를 부지런히 뛰어다니는 탐사를 반복한 후 알프레드 월레스의 진화론 논문에 자극을 받고, 1859년 "종의 기원"책을 출간했다.

※다위니즘(Darwinism)

다윈은 자연의 생존경쟁을 관찰하고, 생물이 환경에 적응된 유리한 변이는 보존되고 불리한 변이는 사라진다고 생각했고, 그 결과 새로운 종이 탄생할 것이다. 마침내 다윈은 깊이 연구해야 할 하나의 이론을 생각하게 되었다. 이것이 "진화론"이란 패러다임(Paradigm)으로 부각되어 과학 역사에 부상했다.

"인간은 지름이 0.02cm의 난자에서 발생되는데, 인간의 난자와 다른 동물의 난자는(우주 초기의 배아는), 거의 구별되지 않고, 목 옆쪽의 가늘게 찢어진 틈은 인간으로 진화된 후에도 남아 있다."

어류 → 양서류→ 파충류→ 유대류→ 포유류→ 털복숭이→ 인간, 이런 과정을 거쳐 진화해 오지 않았을까? 동물의 종만 100만 종이 되는데 이렇게 많은 종이 자연 선택에 의해 생겨날 수 있을까?

그 해답을 다윈은 "종 분화"로 설명했다. 한 종이 여러 종으로 분리되어 나가므로 많은 종이 생기게 되었다. 생식적 격리(지리적 또는 물리적으로)로 인해, 두 집단의 유전적 조성에 큰 차이가 나서 두 집단은 더 이상, 서로의 생식을 통해 자손을 번식시킬 수 없다. 이런 이유로 여우, 늑대, 곰, 코요테의 조상은 모두 하나일 수 있다.

에오히푸스는(Eohippus ; 말의 조상) 5천만 년 이상에 걸쳐, 코뿔소, 맥, 얼룩말, 당나귀, 그리고 현재의 말로 분화해 갔다.

〔챨스 다윈의 진화론을 요약하면〕

생물이 자연계에서 살아갈 때, 환경에 잘 적응하고, 좋은 특성으로 개체에 변이(Transmutation)를 일으키는 종만이 살아남을 수 있으며(적자생존), 이 같은 변이는 후손에 유전되고 자연 선택(Natural Selection)됨으로써 하급 종에서 고급 종으로, 진화가 이루어진다는 이론이다.

그는 자신의 원리를 자연선택 또는 적자생존이라고 불렀으며, 그는 모든 동물은 "하나의 공통 조상"에서 유래되었다고 생각했다. 물론 다윈의 진화론을 보면 다윈은 육안적인 비교 해부 학자처럼 보인다.

오늘날의 분자 생물학적인 진화론과는 학문적으로 거리감이 있지만, 찰스 다윈이 인류의 기원, 생물의 기원에 대한 자연과학적인 패러다임을 부르짖었던 첫 기수인 것에 큰 의의가 있을 것이다.

〈간략한 찰스 다윈의 일생 〉

1. 1809년 2월 12일 영국의 슈루즈 베리에서 2대째 의사인 부유한 가정에서 태어났다. 어머니인 수잔나는 기독교인이었고 그가 8살 때 어머니가 사망함.

2. 1825년 16세 때 에든버러 대학 의학부에 입학함. 1828년 19세 때 케임브리지 대학 신학부로 전학하여, 신부가 되려고 신학을 전공함.

3. 1831년~1836년까지 비글호를 타고 세계를 항해하고, 동·식물을 분류하고, 관찰하고, 화석을 수집했다. 1831년 12월 27일 영국의 플리머스항 출항-남미 대륙 해안선 따라-타히티섬-태평양횡단-뉴질랜드 상륙-호주 상륙-마다카스카라-아프리카 모리셔스섬-아프리카 케이프타운-아프리카 서안의 엘렌섬-남미의 브라질-아프리카 서안 마초레스 제도-1836년 10월 2일 영국 팔머스 상륙.

4. 1837년 「종의 기원 」에 관한 첫 노트를 쓰기 시작함(28세).

5. 1839년 30세에 어머니의 가문(웨지우드 가문)의 엠마와 결혼.

6. 1842년 「비글호 항해기」 지질학 제 1부 출간.

7. 1843년 「비글호 항해기」 지질학 제 2부 출간.

8. 1846년 「비글호 항해기」 지질학 제3부「남아메리카의 지질학적 관찰」 출간.

9. 1858년 다윈과 월레스의 진화론 논문이 런던의 린네학회에서 발표됨.

10. 1859년 「종의 기원」이 출간되어 당일에 매진됨.

11. 1868년 「길들인 동·식물의 변이」 출간.

12. 1870년 「식물에 관한 5권의 책」 출간.

13. 1871년 「인간의 유래」 출간. 인간의 기원과 성에 따르는 선택.

14. 1876년 「식물계의 이종 교배 및 자가 수정효과」 출간.

15. 1881년 「땅 속 벌레(지렁이)들의 활동에 의한 부식토의 형성」 출간.

16. 1882년 4월 19일 다운 하우스에서 사망. 73세로 사망 1년 전에도 끊임 없는 집필 활동을 한 찰스 다윈. 웨스트민스터 사원의 뉴턴 옆자리에 매 장되었다(멘델은 2년 뒤에 사망함).

※종의 기원

이 책에는 종의 기원은 없고 생물의 종들이 더 강해지고, 더 빨라지고, 더 좋아져서 자연에 잘 적응되는가를 설명해주었다. 그러나, 어떻게 새로운 종으로 자라게 되는가에 대해서는 아무런 설명도 해주지 못했다. 생전에 멘델을 만나지 못한 다윈, 다윈 사후 2년 후에 멘델 사망. "붕어빵에 붕어가 없다."

※다윈의 진화론에 대한 많은 오해

1) 사람이 원숭이에게서 나왔다.

다윈은 그렇게 말한 적 없고, 단지 인간과 원숭이는, 공통된 조상을 가졌을 것이라고 말했다(2천만 년~1천만 년 전에, 프로콘술(Proconsul)이라는 동물에서, 원숭이와 사람의 계통이 갈라졌다고 생각함). 결국 인간이 어디에서 왔느냐? 의 대답은 같지 않는가?

2) 자연 선택의 개념

적자 생존하기 위해서 자연 속에서 그런 환경의 적응을 개체가 한다는 개념이 아니라, 오랜 세월 속에서 자연이 선택한다는 개념이다.

3) "종의 기원"이란, 다윈의 대표적 저서에서 "종의 기원"에 대한 확실한 증거와 해답을 얻기 위해 이 책을 읽는다면, 많이 실망을 할 것이다. 왜냐하면 이 책에는 "종의 기원"의 내용이 없고 한번 그것을 생각해 보라는

뉘앙스가 아닌가?

※다윈보다 앞선 진화론자들

다윈의 조부 에라스무스 다윈과, 프랑스의 생물학자, 식물학자인 장 밥티스트 라마르크 (Jean Baptiste Lamarck : 1744~1829). 라마르크는, 1809년에 출판한 「동물철학」에서, 생물의 방대한 종류와 발달을 설명하는 두 가지 원리를 제시함.

1) 용불용설−동물의 기관은 사용하면 발달하고, 사용하지 않으면 퇴화한다 (맹장, 기린의 목).

2) 그러한 기관의 발달을 초래하는 변화는 자손에게 유전된다(획득 형질의 유전설). 그는 창조된 생물이 진화한다고 주장함.

F. 여섯 번째 기둥

그레고 멘델(Gregor Mendel. 오스트리아. 1822~1884)의 유전자와 유전 법칙(34년간 홀로 지냈던 외로운 법칙).

모든 생명이 지니는 기본적인 3대 요소는 기원, 생식, 진화이다. 생명의 기원에 대해서는 생명이 자연히 발생한다는 아리스토텔레스의 "자연 발생설"이 "천동설"처럼 르네상스 이후 시대까지 흘러왔다.

그러나 17C에 와서 영국의 생리학자 윌리암 하비(피의 순환과정 밝힘)는 모든 생물은 난자에서 생기므로 자연발생은 불가능하다고 했고, 이탈리아의 생물학자 프란체스코 레디는, 부패한 고기에서 발생한 구더기들은 자연발생이 아니라, 파리가 부패한 고기에 낳은 알에서 생긴다는 것을 실험으로 증명했다.

또 18C의 이탈리아 생물학자인 라차로 스팔란치니(Lazzaro Spallanzani. 1729~1799)는 동물이 태어나려면 난자와 정자의 접촉이 필수적이라는 것을 증명했다.

이들에 의해서 생명의 기원이나 생식이 이루어지려면 난자와 정자가 필수적이라는 사실이 밝혀지고, 챨스 다윈에 의해서 진화가 체계적이고 조직적으로 주장되고 설명되어졌다. 모든 생물체에는 공통 조상이 있으며, 자연에 적응해가는 좋은 특성 즉, 변이는 자연적으로 선택하는 과정을 통해 후손에게 전달되고 유전되어져 무수한 세월 속에서, 생물체는 하급종에서 고등종으로 진화해 간다는 것이다.

그런데 진화하기 위해서는 좋은 형질이 자손에게 유전되어진다는데, 생명체에서 이루어지는 유전은 내부의 어떤 기전(Mechanism)을 통해서 이루어지는가? 진화론을 주장한 다윈도 유전의 기전에 대해서는 설명하지 못하고 그때까지 알려진 대로 부모의 피를 통해서 자손에게 전달되어지는 것으로 생각했다. 그러나 다윈과 동시대의 오스트리아의 수도사인 그레고 멘델에 의해서 유전자와 유전법칙이 밝혀졌다. 이것이 자연과학사의 여섯 번째 기둥이다.

멘델은 1822년, 오스트리아의 하인젠도르프에서, 가난한 농부의 아들로 태어나 어려서부터 농업에 대한 관심이 많았다. 그는 21세(1843년)때 브르노의 수도원에 들어가 25세에 신부로 서품을 받고 수도원의 지원으로 빈 대학에 들어가 식물학, 동물학, 수학, 물리학 등을 공부했다.

1854년(32세)에는 브르노 시(지금의 체코 공화국의 스브라트 강과 스비타바 강이 합류한 지점에 위치함)로 돌아와 고등학교에서 자연과학을 가르쳤으며 34세(1856년)때부터 거의 10여 년간을 수도원의 정원에서 완두콩을 가지고 7가지의 형질을 서로 교배실험과 잡종교배를 반복하여, 그 통계적 결과를 관찰하고 연구하여 수식으로 정리했다.

그 결과 멘델은 5가지의 원리를 확립할 수 있었으며, 1865년"식물 잡종에 관한 실험"이라는 제목으로 두 편의 논문을 "자연과학 협회"에 제출했으며 1866년 멘델의 논문은 전년도 허브와 함께 출판되어 런던, 빈, 파리, 로마, 베를린 등 유럽의 주요 도시와 미국의 도서관에까지 배포되었다.

그러나 그의 발견이 유전과 진화에 큰 도움이 된다는 사실을 깨달은 사람은 없었고, 그의 논문은 34년간이나 도서관에서 잠자고 있었다. 멘델의 발견은 국적이 다른 3명의 과학자들이 그들의 실험에서의 결과가 멘델의 논문에 기록된 것과 동일함으로 인해서 그들에 의해 "멘델의 법칙"으로, 멘델 사후에 알려진 고독한 학문의 법칙이다(후고, 드브리스를 포함. 3사람).

◉ 멘델의 5가지 원리

1) 모든 생물의 외형적 특징은 특정 유전자의 산물이다(멘델은 유전자를 인자라고 칭했다).

2) 유전 인자는 생물 내부에 쌍으로 존재한다(예를 들면 어머니가 가진 눈의 색깔 인자는 녹색과 담갈색의 인자이고, 아버지는 녹색과 파란색의 인자를 가진다).

3) 이러한 눈의 색깔 각각의 형질에 대해 어머니와 아버지가 가진 2가지 인자 중 하나씩만 자손에게 전해진다(예 : 어머니 쪽에서는 녹색 인자만 아버지 쪽에서는 파란색 인자만 전해질 수 있다).

4) 어머니와 아버지가 각각 가진 2가지 인자 중 하나가 자식에게 유전될 확률은 똑같다. 자식에게 나타날 조합은 다음의 4가지 경우다.

어머니로부터	아버지로부터
녹색	녹색
녹색	파란색
담갈색	녹색
담갈색	파란색

5) 유전인자에는 우성과 열성이 있다(Dominant/우성, Recessive/열성). 위에서 녹색 눈 인자가 파란색이나 담갈색에 대해 우성이고 파란색 인자가 담갈색 인자에 대해 우성이라면 위의 자손은 75%가 녹색 눈 25%는 파란색 눈을 갖는다.

※ 멘델은 키가 큰 완두콩과 키가 작은 완두콩을 교배시키면 그 자식 대에는 어떤 키의 완두콩이 나오는지를 알고 싶어 했다. 키가 큰 완두콩과 키가 작은 완두콩을 심어서 키가 작은 완두콩의 수술꽃가루를 붓으로 묻혀서 키가 큰 완두콩의 암술에 수분을 시켜서 결국 씨를 얻었다. 이 완두콩을 심었더니 잡종 제1대에서는, 모두 키가 큰 완두콩만 나왔다. 다시 잡종 제1대를 교배시켜서 씨를 심었더니 잡종 제2대에서는 키가 큰 완두콩이 3개 키가 작은 완두콩이 1개의 비율로 나왔다.

F1은 모두 키가 크고 F2에서 3개는 키가 크고 1개는 키가 작다. 식물은 붓을 가지고 수술의 꽃가루를 암술에 묻혀주면, 수분이 되므로, 실험이 용이하다. 바로 멘델이 완두콩을 가지고, 잡종 교배실험을 한 것은 완두콩의 생식에 쉽게 인간이 개입할 수 있다는 장점이 있었다. 더구나 완두콩은 같은 꽃 속에 암술과 수술이 함께 들어 있다.

수술의 꽃가루가 암술의 머리에 묻으면 수분이 이루어져 열매가 맺히고, 여기서 씨가 생기고 후에 새로운 완두콩으로 성장하는 것이다. 이 방법은 18C 이래로 식물학자들이 암꽃과 수꽃을 짝지어 수분이 이루어지도록 하여 꽃을 재배하는데 사용해오던 기술이었다.

멘델은 많은 연구가들이 "유전의 문제"에 골머리를 썩고 있음을 알았고, 부모의 형질이 자손에게 유전되는 방법을 규정하는 "자연 법칙"이 존재한다면(물리학의 중력법칙처럼), 식물에서 특히 잘 관찰할 수 있으리라고 생각했다. 멘델은 유전자(gene)라는 말은 사용하지 않았다(그 말은 1913년에 영국 의학 사전에 등장했다).

그는 모든 씨앗에는 우성과 열성이라는 2종류의 인자(Factor) 또는 요소(Element)가 있으며 그 같은 인자들이 합쳐지면, 후손에게 나타나는 형질의 결과를 예측할 수 있게 된다. 이후에 인류는 유전자가 세포핵의 DNA에 위치한다는 것을 1944년에 미국의 세균학자 오스왈드 에이버리(Oswald Avery. 1877~1955)에 의해서, 밝혀진다.

5번째 기둥과 6번째 기둥의 주인공인 다윈과 멘델은 같은 시대를 살았지만 서로 교통하지는 못했다. 두 사람의 과학자는 20C에 시작된 생명과학의 단초와 기초를 닦은 셈이다. 다윈은 모든 생물들이 단 하나의 공통된 선조를 가지고 있어서 유전적으로 서로 연관되었다고 추론했고, 멘델은 그런 유전이 어떠한 기전을 통해서 이뤄지는가를 설명했던 것이다.

멘델은 독일어판 종의기원을 읽었던 것으로 알려져 있으나 다윈은 멘델과 만나지도 못했고 멘델의 논문도 보지 못했다. 결론으로 멘델은 "생물은 부모의 형질을 후손에 전달하는 유전인자가 있으며 그 유전인자가 생물체 내에 쌍으로 존재하며 유전에는 유전법칙이 있다."

유전인자가 쌍으로 존재한다는 한마디 속에 다음의 사실들을 예견한 셈이다. 즉 세포핵 속에 염색체가 쌍으로 존재하며 네 개의 인자가 작용하므로 유전법칙 중 우성과 열성의 비가 3:1로 나타나며, 복제가 쉽게 일어나며, 세포가 분열되어서 재생되고 있는 것이다.

G. 일곱 번째 기둥

원자 주기율표와 원자 번호.

드미트리 멘델레프(Dmitri Ivanobichi Mendeleev. 러시아. 1834~1907).
헨리 모즐리 (Henry Mosely, 영국, 1887~1915).

이제, 자연과학사의 7번째 기둥은 원소 주기율표를 만들어 100여 개의 원소들을 일렬로 줄을 세운 사건과 그런 원소의 종류와 성질 그리고 다른 원소와의 화학 반응 시 화학 반응식을 알게 해준 업적이다.

1-4-3 원소 주기율표와 원자 번호가 정립되기까지

1. 고대희랍철학자, 과학자(B.C 600~300)
   4원소설, 5원소설

2 필리푸스 A 파라셀수스(A.D 1493~1541), 스위스
   최초의 화학자, 의화학의 원조, 근대 약학의 아버지
   수은, 황, 비소 등의 원소를 의약품으로 사용

3. 로버트 보일(1627~1691), 아일랜드
   보일의 법칙, 기체는 미립자(원소)로 됨.『회의적인 화학자』책출간

4. 앙투앙 라부아지에(1743~1794), 프랑스, 근대 화학의 아버지, 원소정의, 32종
   원소 (원소:24, 화합물:8)정리, 산소(Oxygine)용어 사용

5. 죤 달톤(1766~1844), 영국
   화학적 원자론, 원자량표작성, 근대원자론의 아버지

6. 욘스 베르셀리우스(1779~1848), 스웨덴, 49종의 원소표작성, 화학기호
   표준체계

7. 드미트리 멘델레프 (1834~1907), 러시아 원소주기율표작성 (63종, 1869년)

8. 헨리 모즐리 (1887~1915), 영국
   원소배열(1번수소~92번 우라늄 까지)의 토대 확립. (각 원소의 X-선 파장의
   값을 구해 닐스 보어의 관계식에 대입하여 각 원소의 양 전기량을 결정함(1913
   년))

　(1) 최초의 자연과학자들인 고대 희랍인들은 만물의 구성 물질에 대해서 관심이 많았다. 그들은, 만물의 물질을 영원히 쪼갤 수 있다고도 생각했으며 (아낙사고라스), 만물은 더 이상 쪼갤 수 없는 상태인 Atom(원자)(Tomes, 헬라어, 쪼개다. Atome:더 쪼갤 수 없는) 상태도 있다고도 생각했다(레우키포스, 데모크리토스). 만물이 물로도 되었다고 했으며(탈레스), 공기로도 되었다고 했다(아낙시 메네스). 그들은, 만물이 4원소로 되었다고 했으며 (엠페도클레스), 5원소설도 말했다(아리스토텔레스).

　비록 그들의 결론에는 문제가 있었지만 그들은 인류가 공부하고 연구해야 할 자연 과학의 한 방면의 테마를 정확하게 제시했던 것이다. 도대체 만물을 이루고 있는 물질의 기본원소는 무엇이며, 몇 가지나 되는가? 이제 그들의 숙제에 대하여 답했던 과학자들을 살펴보자.

　그전에 비금속으로부터 귀금속으로 전환하는 기술로 알려진 연금술! 화학을 낳게 했던 그 연금술에 대하여 관찰하고 살펴보자. 부패나 부식으로부터 비교적 자유로운 “금”은 잘 변하지 않고, 그 아름다움으로 인해 우리 인류는 금을 귀하게 여기고 할 수만 있으면 모든 물질로부터 금을 만들려는 연금술에 푹 빠져있었다. 이집트에서 그 근원을 찾을 수 있는 연금술은 기원후 1세기경에는 그리스 과학자들을 중심으로 체계화되어 추구되면서 중세기쯤에는 전 유럽으로 퍼졌다. 시행착오와 많은 부작용도 있었지만, 이 연금술로 인해 많은 화합물을 만들어내게 되었으며 바로 이 연금술에서 인류는 “화학”이라는 자연과학의 정식과목 중 한 과목을 만들어냈던 것이다. 마치 일찍이 점성술의 추구에서 천문도를 그리고 천문학이 싹텄으며 천문학에서 물리학이 발생했듯이!

　(2) 마지막 연금술사이며 최초의 화학자로 불리는 스위스 바젤의 의사였던, 파라셀수스(Philippus, A, Paracelsus. 스위스. 1493~1541)는 1526년경에 바젤대학의 교수가 되었다.

　그는 수은, 황 철, 황산구리, 산화철, 안티몬, 비소 등을 함유하는 물질들을 의약품으로 사용했으며, "세상의 모든 약은 독이고 약과 독의 차이를 결정하는 것은 그 용량일 뿐이다"라고 말함으로써, 화학을 의약에 적용시켜 "의화학의 원조", "근대 약학의 아버지"로 불리 운다.

(3) 아일랜드의 화학자이며 영국 왕립학회의 창설회원인(1660년에 설립함), 로버트 보일(Robert Boyle, 1627~1691 아일랜드)은 1661년 「회의적인 화학자」라는 책을 출간했다.

이 책에서 그는 흙, 불, 물, 공기가 원소가 될 수 없음을 주장하고 증명하여, 고대 희랍의 원소설을 학문적으로 부정한 최초의 과학자이다.

①이어서 그는, 보일의 법칙(기체의 부피는 압력에 반비례한다. 1662년)을 발견하고 ②기체는 아주 작은 "미립자"로 되었다는"미립자 설"을 주장했다.

※ 1750년에 프랑스에서 태어나 스코틀랜드에서 교육을 받은 죠세프 블랙(Joseph Black. 프랑스. 1728~1799)은 공기의 구성 성분으로 이산화 탄소와 질소를 발견했다. 1774년에 영국의 화학자인 죠세프 프리스틀리(Joseph Priestley. 영국 1733~1804)는 산소를 최초로 분리해내고 호흡과 연소에서 산소의 중요한 역할을 설명했다.

(4) 근대 화학의 아버지인, 앙투앙 로랑 라부아지에(Antoine Laurent Lavoisier. 프랑스. 1743~1794).

1772년경에 라부아지에는 고대 희랍의 원소설이 틀렸음을 증명하고 원소에 대한 정의를 내리게 되는데, "화학적인 처리를 통해 더 간단한 물질로 분해되지 않을 때에만 원소로 간주할 수 있다고 했다. 이어 라부아지에는 알려진 원소의 종류를 32종으로 늘렸고 물론 원소가 아닌 8가지의 화합물도 있었다(24종의 원소). 그는 또, 공기 중에서 산소를 분리하고, "프리스틀리"의 연구를 더욱 발전시킨 실험들을 행하면서 1777년 9월 5일에 작성한 그의 연구 논문에서 처음으로 산소라는 뜻의 "Oxygine"(희랍어로 "산을 만드는 것"이라는 뜻)용어를 사용했다.

그는 1783년의 프랑스 과학 아카데미에 보고한 논문에서 "그는 물은 수소와 산소의 화합물이다"고 했다. 또 그는 질량 보존의 법칙도 발견했으며 근대 화학의 아버지로 불리나 그는 프랑스의 변호사였으며 과학에 깊은 관심을 가진 아마추어 과학자로서, 20여 종 이상의 원소들을 정리하여 원소 주기율표에 이르는 첫 초석을 놓은 셈이다. 그러나 프랑스 혁명의 와중에서 단두대의 이슬로 생을 마감한 것은 우리에게 큰 손실이 아닐 수 없다.

(5) 화학적 원자의 개념을 수립한 죤 달톤(John Dalton. 영국, 1766~1844).

1803년에 맨체스터 대학 뉴칼리지의 수학 및 자연과학 교수이던 죤 달톤은 "서로 다른 기체들의 혼합물과 용해성에 관한 논문"을 맨체스터 문학, 철학협회에 제출했다. 이 논문에서 죤 달톤은 궁극적 입자들의 상대 무게에 대한 연구 결과로 상대적인 원자량 표를 만들었다(라부아지에와 그 밖의 과학자들의 계산을 기초로 하여). 수소1.0, 질소4.2, 탄소4.3, 산소5.5, 질소9.3, 황14.4, 그리고 20여 년에 걸친 화학 실험들과 이론을 분석하여 질량 보존의 법칙을 설명하고, 화학 반응 시 일정 성분비의 법칙을 설명하기 위해서 죤 달톤은 원자론을 제안했다.

1) 원소들은 더 이상 나누어지지 않는 아주 작은 입자들인 원자로 이루어져있다(죤 달톤은 레우키포스와, 데모크리토스들의 업적을 기려 그 입자들을 Atom이라 불렀다).

2) 같은 원소의 원자들은 모두 똑같지만, 서로 다른 원소의 원자들은 서로 다르다(질량, 밀도, 화학 반응 시).

3) 두 가지 이상의 원소 원자들이 "단단한 결합"을 할 때는 화학 결합이 일어난다.

※ 원소는 그 원자의 기능적인 면을 고려할 때의 용어이며, 원자는 그 원소의 구조적인 면을 고려할 때의 용어이다. 결국 화학적 원자론의 개념을 수립한 죤 달톤은 물질의 최소 입자를 원자(Atom)라고 불렀고, 그 원소 원

자들의 상대적인 원자량 표를 만들었으며, 2가지 이상의 원소들이 결합하여 화학결합이 일어난다고 천명했다(물 1g을 재고, 그 물의 원소 조성비로 나누어서 H의 원자량과 O의 원자량을 상대적으로 구함).

(6) 1810년 이후, 스웨덴의 의사이자 화학자인 욘스 야코브 베르셀리우스(Jons Jakob Berzelius. 스웨덴 1779~1848는 정확한 원자량을 결정하는 데, 크게 기여하고 화학 기초의 표준 체계를 만들었으며, 1826년에 49종의 원소를 작성함(1844년까지는 58종의 원소가 알려짐).

※1811년에 이탈리아의 물리학자인 아메데오, 아보가드로(Amedeo Avogadro. 1766~1856)와 이탈리아의 화학자인 칸니차로(Stanislao Cannizzaro, 1826~1910)는, 아보가드로 분자 가설을 발표한다.

① 물질의 최종입자는 반드시 원자여야 하는 것은 아니며, 원자집단들의 결합으로 이루어진 분자일 수도 있다.

② 똑같은 부피의 기체 속에는 똑같은 수의 분자가 들어 있다. 이 가설의 결과로 분자를 이해하게 되고, 분자량과 분자의 크기를 결정하는 방법을 제공했다. 이후로 화학은 급속도로 발전해나갔다.

(7) 1869년, 러시아의 상트페테르부르크 대학의 화학과 교수였던, 드미트리 멘델레프(Dmitri Mendeleev. 러시아 1834~1907 73세)는 그때까지 밝혀진 63종의 원소를 쉽게 배우고 가르치기 위해, 원자량의 순서로 배열하므로 주기율을 발견하고 주기율표를 작성했다. 또한 독일의 지질학자이며 화학자인 마이어도 1869년에 주기율표를 각각 독립적으로 발표했다.

멘델레프의 주기율표는 수정되고 보강되어, 결국 원소의 양성자 숫자에 해당되는 원자 번호에 따라 지금의 주기율표가 완성되었다. 그리고 그 주기율표는 모든 각 나라의 화학실마다 지금 그렇게 걸려있다. 주기율의 의미는 원소들의 성질이 원자량의 크기순으로 배열시, 주기적으로 변화한다는 법칙이다.

1863년, 영국의 존 뉴랜드(John Newlands)는 "옥타브 법칙"을 발표했는데, 원자량의 순서에 따라 번호를 매겨가면 성질이 닮은 원소가 8번째마다 나타나는 법칙이다.

코넬대학 교수였던 호프만은 "주기율표하나가 지구상의 모든 실험기기를 합한 것보다 더 가치가 있다"고 했다. "주기율이 많은 사람들에게, 받아들여지면서 원소 세계의 질서에 대한 희망이 되살아났다." -멘델레프 -

주기율표의 중요성을 감안하면, 당연히 멘델레프에게 노벨 화학상이 주어져야 할 것이지만, 그가 죽기 몇 달 전에 실시된 투표에서 멘델레프의 주기율표는 1표차이로 낙선되어 애석하게도 멘델레프는 1907년에 노벨화학상을 수상하지 못하고 73세로 세상을 떠났다. 인간들이 하는 일이란, 얼토당치도 않은 일이 과학사에 비일비재한 것을!

멘델레프는 주기율표를 작성하고, 8가지의 결론을 정리했다.

① 원소들을 원자량에 따라 배열하면 원소성질의 주기성이 확실히 나타난다.

② 화학적 성질이 유사한 원소들은, 원자량이 유사하거나 규칙적으로 증가한다(백금, 이리듐, 오스뮴, 칼륨, 루비듐, 세슘).

③ 원자량이 증가하는데 따라 원자가도 증가한다.

④ 자연계에 넓게, 많이 분포되어 있는 원소들은 원자량이 작고 성질이 뚜렷한 대표적인 원소들이다(H, He, O).

⑤ 원자량의 값이 원소의 성질을 결정한다.

⑥ 여러 개의 새로운 원소의 발견이 예견된다(실리콘과 알루미늄과 유사한 원자량이 65와 75인 원소가 존재할 것이다). 1886년에 에카-실리콘에 게르마늄 발견, 1879년에 에카-보론에 스칸듐 발견, 1879년에 에카-알루미늄에, 갈륨(프랑스의 옛날 이름에서 따옴) 발견(Gallium), "에카"는 "아래"라는 뜻.

⑦ 몇 가지 원소량의 값은 수정될 것이다(텔루륨의 원자량은 128일 수 없고, 123과 126사이의 값을 가져야 한다).

⑧ 주기율표는 원소들 사이에 과거에 생각지 못했던, 새로운 유사성을 보여준다.

결국 1907년의 노벨화학상은 불소를 분리한 프랑스의 무와상(Moissan)이 결정되고 멘델레프는 1표차로 떨어지는데, 멘델레프가 예술을 전공하는 학생과 재혼하므로 부인이 둘로 알려졌기 때문이다. 그러나 러시아 황제 알렉산더 2세는 "멘델레프가 처가 둘인지는 몰라도, 나에게 멘델레프는 하나밖에 없노라"고 그를 지지해 주었다고 한다.

※ 1816년에 영국의 의사였던 프라우트(Prout)는 당시에 알려진 원자량의 값들이 수소의 원자량의 정수배가 되는 사실을(기체들의 밀도는 수소의 밀도의 정수배가 되는 것을 발견하고, 모든 다른 원소들의 원자는 수소 원자가 여러 개 모여서 이루어졌을 것이라고 생각하며 모든 물질은, 궁극적으로 수소로 이루어졌다는 가설을) 제시했다. 사실은 양성자의 정수배인 것이다.

◎ 영국의 레일리 경(Lord Rayleigh, 영국)

케임브리지 대학의 케번디시 연구소의 2대 소장 레일리 경(1대 ; 맥스웰. 2대 ; 레일리. 3대 ; J.J톰슨 전자발견. 4대 ; 어니스트 러더포드)은 프라우트의 가설을 확인하기위해 실험에 몰두하다 비활성 기체인 아르곤을 공기 중에서 발견한다(argon : 게으른 놈, 일하지 않는 놈이란 뜻).

공기 중에 질소의 밀도와 암모니아(화합물)에서 질소를 분해해서 두 개의 질소의 밀도를 비교하는 실험을 통하여 아르곤을 발견한다. 그 후, 화학자 렘지(Ramsay)와 공동연구를 하여 비활성기체들인, He(헬륨), Ne(네온), Ar(아르곤), Xe(크세논), Ra(라돈)을 모두 분리해내고, 그 공로로 1904년에 그들은 노벨물리학상과 노벨화학상을 수상한다.

비활성기체의 발견은 이들 기체는 화학결합을 하지 않는다고, 알려지는데 그들의 전자궤도의 전자배열이 안정되었기 때문이다. 그렇다면 화학결합을 하는 것은 그들이 전자궤도의 전자수를 비활성기체의 전자 수처럼 만들기 위함이다. 즉, 최외각 전자수가 2나, 8이 되는 것이다. 어떻든 비활성 기체의 발견은 화학반응을 설명할 수 있는 근거를 제공한 셈이다.

※ 멘델레프는 원자량이 커지는 순으로 원소들을 배열시켰다. 그러나 현대의 원소주기율표는 원자번호가 커지는 순으로 배열되어 있으며, 원자번호는 그 원소의 양성자의 숫자에 해당한다. 그러므로 수소는 1개의 양성자와 전자로 된 원소이다(전자의 질량을 무시할 정도로 작다 양성자 질량의 1/1800).

모든 원소는 수소로 되어 있다고 말한 프라우트의 가설은 틀렸지만(즉, 양성자의 정수배열로 모든 원소는 된 셈이지만), 그의 지적은 놀라운 선견지명이다.

★1913년에 닐스 보어(Niels Handrik David Bohr, 덴마크, 1885~1962)는, 원자모형 모델을 발표했다. 뒤에서 자세히 설명하기로 하고 여기서는 간단히 지나간다. 원자는 원자핵이 있고, 그 주위를 전자가 여러 궤도에서 돌고 있다. 전자궤도는 여러 개 있으며, 핵 주위의 궤도에서부터, K각, L각, M각, N각으로 명명한다(k-shell-K각). 바로 핵에 가장 가까이 있는 전자궤도의 전자가 높은 E를 받아서 빠져나가면(더 높은 E준위의 전자궤도로 튀어 올랐다가 다시 제 위치로 오게 된다) 이때, 올라간 E준위 만큼의 E를 빛으로 방출한다(핵 가까이 있는 전자궤도는 에너지 레벨이 낮고, 핵으로부터 멀리 떨어진 전자궤도는 E-Level이 높다).

원자의 전자가 E를 받든지 혹, 내든지 하면, 가시광선이나 자외선을 방출하는데(뒤에 Laser광을 설명할 때, 자세히 설명하겠다. 여기서는 가볍게 일반적인 원자에 E를 가하면, 전자가 높은 궤도로 올라갔다가 다시 제 궤도(기저상태)로 돌아올 때, 올라간 E준위만큼의 E를 빛으로 낸다는 사실만 기억하자) 핵 가까이에 있는 안쪽 궤도의 경우에는 E차이가 커서 X-선이 방출된다. 이때 X-선을 K-Characteristic X-ray-Fluorescence라 한다.

(X-선에는 K-X-ray-F가 있고 갑자기 고열의 고속 전자가 양극과 충돌

하면서 갑자기 속도가 감속되면서 내는 일반 X-선이 있다. 이것을 Breaking Radiation (X-ray)라 한다. 모든 원소는 그 고유의 X-선을 방출한다. 그래서 방출된 X선의 파장을 구하면 그 물질의 고유원소를 알 수 있다(X선은 각 원소의 지문이요 화석인 셈이다).

닐스 보어는 이때 나오는 X선의 파장과 그 원자핵의 양전하량(양성자수)과의 관계식을 유도해냈다. 그래서 어떤 물질의 X선 파장을 정확히 측정하면, 원자 번호를 알 수 있게 되어 그 원소를 알아낼 수 있다.

⑻ 1913년에 러더포드가 있었던, 영국의 맨체스터 대학에서 젊은 헨리 모즐리(Henry Moseley, 영국 1887~1915)가 "결정에 의한 회절현상"을 이용하여 X선의 파장을 정확히 측정하여, 보어의 관계식을 이용해 여러 개의 원소에 대해서 원자핵 측의 양 전하 값(양성자수)을 알아내게 된다(물질의 지문으로 고유의 X선 진동수나 파장을 측정하여 고유원소를 알 수 있다).

닐스 보어가 각 원자에서 방출되는 X선의 파장에서 그 원소의 양 이온을 구하는 공식을 만들었고, 모즐리가 각 원소의 고유의 X파장을 구하여 이 공식에 대입하므로, 그 원소의 양성자수를 계산하였다. 이것은 결국, 수소의 양 전하 값(거의 1이며 거의 2이다)에서부터, 시작하여 1씩 증가하게 되어 수소~우라늄까지, 이 지구상에 있는 원소들을 1부터 92까지 순으로 일렬로 늘어세운 셈이 된다.

1920년에 러더포드가 핵 속의 양전하량을 띠는 입자를 발견하여, 양성자라고 했다. 결국 현대의 모든 원소는 원자 번호 1~92번까지 순으로 배열하였고, 원자번호는 그 원소의 양성자 숫자이며 원자는 전기적으로 중성이므로(양성자의 양전하량과 전자의 음전하량이 서로 상쇄되므로), 전자의 숫자이기도 한다. 그리고 원자번호위에 적는 숫자를 질량번호라 하는데, 이것은 그 원자의 양성자수에 중성자수를 더한 숫자이다.

현대판 주기율표가 이런 과정을 거쳐서 완성되었고, 가로줄은 주기를 나타내고 세로줄은 족(族)이다. 그 원소의 전자수를 알게 되면 "최외각" 전자 수를 알게 되어 "원자가"를 알게 되므로 원소들끼리의 화학 반응을 식으로 기록할 수가 있는 것이다.

자연에는 뉴턴의 중력법칙, 생물에는 멘델의 유전법칙이(우성인자가 75%, 열성인자가 25%) 있듯이, 자연의 모든 원소는 양성자의 숫자가 원자번호이며, 수소 1~92번 우라늄까지를 일렬로 세울 수 있는 원소주기율표의 법칙이 있다. 왜 그런지는 모르나(대답할 수 없음), 이미 그 같은 현상이 자연에 있고, 그 같은 현상을 연구하는 사람이 과학자이며, 그 같은 현상의 법칙을 알아내는 방법이 과학인 것이다.

★ 동위원소

원자번호(양성자수)는 같으나 질량번호(중성자수)가 다른 동일한 원소로, 동일한 수의 전자 배치(전자 수는 동일함)를 갖기 때문에 화학적 성질은 같으나 중성자의 수가 달라 질량이 다르므로 물리적 성질은 크게 다른, 같은 종류의 원소를 말한다. 총소리와 폭탄 소리가 다르듯이 $E=mc^2$에 의해, 질량 차는 E차이가 크다. 그래서 물리학은 "E"를 다루는 학문이라고 한마디로 말할 수 있다. 화학은 구조를 다루는 학문.

원자가 : 최외각 전자궤도에서, 쌍을 이루지 못한 전자들의 수를 말한다.

공유 결합 : 전자들을 공유함으로써, 최외각 전자들이 쌍을 이루어 결합하는 것을 공유결합이라 한다.

화학 결합 : 원자들이 모여 분자를 이루는 것으로 최외각 전자궤도(가장 바깥쪽 전자껍질)에 쌍을 이루지 못하는 전자가 존재할 때만 일어난다. 그래서 결합해서 비활성 기체의 전자 배치를 갖는다.

자연 과학사의 7번째 기둥은 지구상의 물질의 원소를 알아내고, 원소들의 주기율표를 만들어(멘델레프, 그래서 소립자의 도표를 만든 머리-겔만을 소립자의 멘델레프라고 한다), 그 원소의 종류와 성질 그리고 다른 원소와의 화학반응시의 화학반응식을 알 수 있도록 해준 업적이다.

지구상의 모든 물질의 원소 92가지 종류를 알아내고, 이 원소들을 1~92번까지 일렬로 세운 과학자들의 업적이며, 이 여러 과학자들 중에서 멘델레프와 헨리 모즐리를 택했다. 엄청난 노벨상감이지만 멘델레프는 1907년에 인간들의 투표로(1표차)떨어졌고, 헨리 모즐리는 제 1차 세계대전에서 28세의 젊은 나이로 전사하므로(1915년) 역사 속에 묻혀버렸다.

어디든지 화학교실에 가면 주기율표가 걸려 있고 모든 실험기구보다 더 가치 있고, 희망적이다. 1~92번 까지가 지구에서 발견된 원소이고 115번까지(실험실이나, 입자 가속기나 우주에서 발견된다), 110DS(다름 슈타둠; 1994년 발견. 113Uut, 115Uup). 러시아 두보나 핵 연구소와 미국 로렌스 리버모어 연구팀은 최근 새 인공원소 2개를 발견했다고 발표함.

정말 지루하다!

7번째 기둥을 한마디로 요약해 보자. 100여 개의 원소(원자)들을 알아가는 과정이며 그 무수한 세월 속에 여러 명의 과학자가 동원된 셈이다.

⑴ 고대희랍은 말은 안 되지만 4원소(물, 불, 공기, 흙), 5원소(−, 에테르)라고 하여 방향을 잡아주었다.

⑵ 파라셀수스는 원소와 화합물을 병의 치료에 사용하므로, 의화학의 원조 근대 약학의 아버지가 되었다. 바젤대학의 교수요, 의사였던 그는 수은, 황, 철, 황산구리, 납, 안티몬, 비소 등을 약으로 사용하여 중세의 마지막 연금술자에서 화학자로 변신하게 되었다.

⑶ 로버트 보일은 기체는 미립자(원소)로 되었으며, 고대 희랍의 원소관을 과학적으로 지적했다.

⑷ 앙투앙 라부아지에−프랑스의 변호사이며 아마추어 화학자이며, 과학자로서 원소의 정의, 산소용어 사용, 물은 수소와 산소의 화합물, 24종의 원소들을 정리하여 원소주기율표에 첫 초석을 놓았다.

⑸ 죤 달톤−영국의 맨체스터 대학의 수학과 자연과학 교수로 화학적인 원자론 개념(원자 −Atom용어 사용), 원자들의 화학 결합 설명, 상대적인

원자량표 작성 시도로 주기율표의 두 번째 초석을 놓았다.

⑹ 베르셀리우스-스웨덴의 의사이며, 화학자로, 49종의 원소표 작성.

⑺ 1869년에 러시아의 상트페테부르크 대학의 화학 교수인 멘델레프는 63
종의 원소를 원자량의 순서에 따라 대망의 "원소주기율표"를 만들었으
나 불소를 분리한 프랑스의 무아상에게 1표의 차이로 노벨상을 받지 못
했다.

⑻ 1913년에, 닐스 보어의 그 원소의 고유 X-선의 파장과 그 원자핵의 양
전하량(양성자수)과의 관계식을 이용하여, 1913년에 영국의 모즐리는
각 원소의 X-선 파장을 측정하여, 이 관계식에 적용하므로 양성자 수를
알아내 지구상의 원소를 1번~92번까지 일렬로 세우는 현대의 원소주
기율표의 밑바탕을 작성한 셈이지만, 28세의 젊은 나이로 제1차 세계대
전에서 전사하므로 그의 공적은 역사 속에 묻혀버렸다.

이제, 우주에 중력법칙, 생물에 멘델의 유전법칙이 있듯이 원소에 주기
율표법칙이 있어서 화학반응식을 쉽게 설명하게 되었다.

H. 여덟 번째 기둥

아인슈타인의 상대성 원리(Albert Einstein. 1879~1955).

A.〈 기본 용어와 기본 개념 〉

⑴ 시간이란?
시간의 경과, 개인의 경험, 1차원이다. 경과되어진 것에 의해 사건들의
앞과 뒤가 구별된다. 과거(어제), 현재(지금), 미래(내일)의 시간 안에서
동생은 형님이 될 수 없다. 시간의 비가역성.

⑵ 공간이란?

공간이란, 그냥 앞뒤로 뻗어 있는 시간과는 달리, 상하 좌우 전후로 뻗는 3차원이다(x, y, z, 가로, 세로, 높이).

(3) 시공(우주 공간)

시간과 공간이 통합된 것. 이것은 4차원이다(머리로 상상할 수 없는 차원이다).–민코프스키 수학자가 주장함.

(4) 상대성이론

절대 불변의 물리법칙이란 뜻이다. 모든 운동에 있어서 물리법칙이 A라는 관성계나 B라는 관성계에서 동일하게 성립된다는 이론.

과학의 법칙이 관찰하는 사람에 따라, 달라지는 일이 결코 있어서는 안 된다는 것이다. 갈릴레오의 상대성이론이 가장 먼저 사용된 상대성이론이다. 움직이는 배나 정지한 배의 돛대에서 떨어뜨린 돌은 돛대 직하 방으로 낙하한다.

(5) 아인슈타인의 상대성이론

1905년에 발표한 "특수상대성이론"과 1915년에 정립한(1916년 발표) "일반상대성이론"을 통틀어 말하는 말로, 4차원의 시공을 무대로 하고 그 시공 자체를 연구의 대상으로 삼는 물리학 분야의 이론이다.

(6) 고전 역학

갈릴레오의 관성법칙과 케플러의 행성법칙을 가지고, 만유인력법칙(중력법칙)과 뉴턴의 운동법칙으로 뉴턴이 통합하고 정립한 학문.

뉴턴은 여기서 "절대 공간"과 "절대 시간"을 가정했다.

(7) 전자기 역학

제임스 맥스웰이 4개의 방정식으로, 전기와 자기에 관한 모든 것을 통합하여 정립한 학문.

전자기파의 속도가 진공 중에서 전파 시, 수학적으로 계산하면 항상 빛의 속도와 같았다. 그래서 그는 "빛도 일종의 전자기파다." "빛의 속도는 항상 일정하다." 빛의 속도가 빠른 이유는(30만km/s), 전자기 E로 진행하기 때문이다.

(8) 광속 불변의 원칙

"빛의 속도"는 시공에서 일정하게 진행한다(30만km/s). 물체의 모든 속
도는 "빛의 속도"로 제한되어 있으며, 빛보다 빠를 수 없는 우주의 상한
속도이다.

(9) 마이컬슨 – 몰리실험(M–M실험)

지구의 공전방향으로 향하는 빛과 수직으로 진행하는 빛을 통해 간섭무
늬를 보려는 실험과 에테르 바람을 확인하려는 실험으로 결론은, 광속
불변이었으며 빛의 매개체로 상상되었던 에테르는 없었다.

(10) 아인슈타인이 1905년에 스위스 베른 특허 국에서 근무할 때 독일 물
리학 연감에 발표한 4개의 논문과 이론.

① 브라운 운동(정지 액체 속에 떠있는 작은 입자들의 운동에 대하여)
; 물질은 원자와 분자로 되어 있다.

② 양자론(빛의 발생과 변화에 관련된 발견에 도움이 되는 견해에 대하
여) ; (a)광양자 가설로 (b)광전 효과를 성공적으로 설명하여 빛의 이중
성 확립(파동이며, 입자).

③ 특수상대성이론(운동하는 물체의 전기역학에 대하여) ; 관성계에서
광속이 불변이라면 시간, 공간, 질량은 변할 수 있다.

④ $E=mc^2$ (물체의 관성은, 에너지 함량에 의존하는가?) ; 질량과 에너지
등가 원리, 광속도가 물체의 상한 값으로 모든 물체의 속도는 빛보다
빠를 수 없으며 빛 속도로 제한됨.

(11) 아인슈타인이 1915년에 정립하고 1916년에 발표한 "일반상대성이론" :
특수상대성이론을 가속계까지 확장하고, 중력까지 포함한 불변의 물리
법칙 이론으로 상대론적 중력 이론이다.

(12) 자연의 기본 물리량 7가지

①시간(초) ②공간(미터) ③질량(Kg) ④온도(절대온도, K) ⑤분자 수(mole

수)—물질의 양 ⑥빛의 밝기 ; 광도(Cd) ⑦전류(Amp).

(13) 1초 ; Cs-133(원자 번호 55번), 세슘 동위원소-133-Cs-133원자가 특
정 마이크로파를 92억 번 진동하는데, 걸리는 시간(300만 년 동안 1초
정도 오류).

1m ; 빛이 1/3억 초 동안 진행한 거리.

10^3;k;lo, 10^6;mega, 10^9;giga, 10^{12};tera, 10^{15};peta, 10^{-3};mili, 10^{-6};micro,
10^{-9};nano, 10^{-12};pico, 10^{-15};femto.

(14) 고전역학의 속도 합산법칙
속도=A+B(기차가 시속 100km로 달릴때 기차가 가는 방향으로 기차
안에서 시속 20km로 달릴 때 나는 지구에 대해서, 100km+20km=시
속 120km로 달리고 있다).

(15) 아인슈타인의 속도합성공식 :
〈광속도 불변의 법칙〉
① 속도가 느릴 때 : V1+V2 (A+B속도의 합산법칙이 나오고
1+1/900억).
② 속도가 광속에 가까울 때 ; $C+C /1+(C^2 /C^2)=2C/2=C$
※ 빛의 속도로 달리면서 빛을 비추면, 2C가 되는 것이 아니라 C가 된
다(광속 불변).

(16) 워핑 효과(Warping Effect) : (시공이 휘어진 효과) ; 시공이 큰 질량이나,
E에 의해 휘어지는 현상.
트위스팅 효과 (Twisting Effect) : 시공이 뒤틀리는 현상.

(17) 무게 ; 지구의 중력이 잡아당겨 누르는 힘(질량에 비례함)
질량 : ①어떤 물체에 들어 있는 물질의 양을 말한다 ②원자들 속에 들
어 있는 양성자 중성자의 총 갯수 ③무게와는 달리, 질량은 지구나 천
체의 중력에 따라 변하지 않는다. 그래서 물리학에서 보편적 척도로
사용 ④물체의 움직이기 어려운 정도 ⑤물체의 관성을 양적으로 표현

한 것.

⒅ 관성 ; 운동의 변화에 저항하는 물질의 성질. 물체의 속도가 커질수록 관성이 커진다(질량이 커진다).

중력 질량 – 저울대에서 측정되는 질량

관성 질량 – 비로소 움직이게 하는데, 필요한 힘을 측정한 양

⒆ 상대성 원리의 실습장은 기차 안이다! 기차를 타고 가면서 생각해 보자.

① 5~6세 어린 시절에 기차를 타기 전에 했어야 할 질문을 우리는 하지 못한 채 살아왔다. 엄마! 기차 안에서, 어떻게 우유를 마셔, 엎질러질 텐데? 아니야! 너와 기차가 동일한 속도로 달리므로 물리학에서는 서로 속도가 같으면, 서로에 대해서, 정지한 것처럼 보여서 방안에서 우유 마시는 것과 똑같단다.

② 기차 안 식당 칸에서 다른 시간에 식사도 하고, 커피도 마셨다고 말하지만, 기차 밖에서 본 사람은(이것을 물리학에서는 서로 다른 계(System)라고 말한다) A장소에서 밥을 먹은 후, B장소에서 커피를 마시던데! 한다. 동일한 장소에서 다른 시간에 일어난 사건은, 다른 계에서는 다른 장소에서 다른 시간에 일어난 사건으로 보인다.

③ 옆의 기차가 움직이고 있는데 자기가 탄 기차가 움직이는 것처럼, 보이는 현상(우주를 갔다 온 형님과 지구에 남은 동생의 시간 지연은 피장파장이다)은 기준이 없을 때 그렇게 보이나 반대편 창문을 보게 되면 옆의 기차가 가고 있음을 알 수 있다.

④ 기차 안에서 공을 들고 떨어뜨리면, 곧장 직하 방으로 떨어진다(100번이면 100번 모두 그렇다). 그러나 기차 밖에서 정지한 사람이 보면 그 공은 기차가 가는 방향으로 포물선을 그리면서 떨어진다.

이 실험의 공을 빛으로 바꾸어보면, 기차 밖의 사람이 기차안의 시간을 보면, 시간의 지

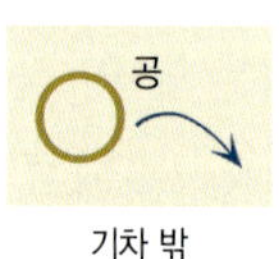

연 현상을 관찰할 수 있다.

※ 빛의 속도(불변)를 1이라면, 1=10÷10(거리÷시간). 10m거리를 10분 걸렸다(기차 밖은 10분을 가리킴). 1=5÷5;기차 안에 공이 떨어진 거리는 5m이고, 5분 걸렸다(기차 안은 5분을 가리킴).

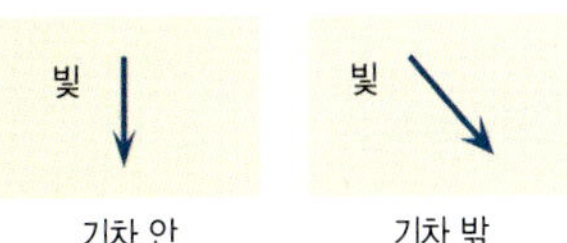

∴ 기차 밖의 사람이 자기 시계를 보면 10분을 가리키는데, 기차 안을 보면 5분을 가리키고 있다(시간의 지연 관찰).

(20) 시간이 변한다는 말은 "시간의 흐름이 변한다"는 말로 시간이 변할 수 있는 것은 흐름이다 (예);동일한 시계를 지구에 놓으면, 똑 딱, 똑 딱, 똑 딱, 달에 놓으면, 똑딱, 똑딱, 똑딱, 똑딱, 태양에 놓으면, 똑~딱, 똑~딱(중력의 차이로 시계의 흐름이 달라진다).

(21) 뮤온 ; π−중간자가 붕괴할 때 생기는 불안정한 입자로, 전자의 200배 질량이며, 반감기(수명)는 2/100만초 (1/50만초)로 불안정한 입자로 잡초처럼 쓸모없는 입자, 1개의 전자와 2개의 중성자로 붕괴된다. 1937년 우주선에서 발견되어 시간지연, 길이수축을 입증한 입자(신이 아인슈타인에게 준 선물).

(22) 빛의 속도

① 갈릴레오가 1.2km 떨어진 언덕에서 렌턴 실험을 통해(친구를 시켜서) 처음시도.

② 올레 뢰머; 22만 4천km/s(목성의 위성, 이오의 출몰을 지구에서 관찰하여 이오에서 지구까지의 이동거리를 통해 빛의 속도를 구함).

③ 아만드피죠: 반사경과 톱니바퀴를 이용, 비천문학적 방법으로 최초로 광속도를 측정함(31만Km/s).

④ 맥스웰 : 전자기파의 이동속도를 계산하여 빛의 속도와 일치함을 발견함.

⑤ 마이컬슨 (30만Km/s).

⑥ 레이저 광선으로 정확히 측정(29만 9천km/s. 약 30만 km/s).

(23) 관성력

기차나 버스가 급정거 시, 뒤로 밀리는 힘을 느끼는데 이것이 관성력이다. 물체를 비로소 움직이게 하는데 들어가는 힘의 양 또는 운동에 저항하는 힘의 수학적 양. 물체를 가속시킬 때에 작용하는 겉보기 힘이다(가속도 운동에 의해 느끼는 힘). 물체의 속력이 커질수록 관성력이 커진다(질량이 커진다).

B. 〈상대성 이론과 아인슈타인〉

「상대성 이론은 시간과 공간에 대한 사고방식을 근본적으로 바꾼 이론」
시간과 공간에 대한 연구를 통해,

① 속도에는 한계가 있다(광속도는 우주의 최고 한계 값). 절대적 시간, 절대적 공간이 부정되고, 시간과 공간은 관측자에 따라서 변해 관측자는 우주의 어디에서든 자신만이 갖는 시간과 공간을 경험한다.

② E와 질량은 같은 것의 또 다른 면, 즉 E와 질량은 등가다.

③ 중력에 의해 빛이 휘어진다.

④ 중력은 공간의 휘어짐으로부터 생긴다.

⑤ 중력에 의해, 시간의 흐름이 느려진다(중력은 중력장에서부터 생긴다).

※상대성 이론이 사실로 입증되는 경우

① 지표면애서 발견된 수명이 늘어나는 뮤온.

② 태양 근처(일식때)의 별빛 휘어짐.

③ GPS 때문 : 시간, 위치를 교정한다.

④ 입자 가속기 속의 입자 – 질량 증가.

⑤ 핵분열에 의한 원자로 – $E=mc^2$.

〈기본 용어와 개념〉을 염두에 두고 이제 서서히 상대성 원리의 세계로 들어가 보자.

상대성 이론하면 아인슈타인이고 아인슈타인하면, 상대성 이론이 뒤를 따른다. 현대 최고의 과학 지식하면 DNA 이중 나선구조 “우주 팽창” “양자 역학”, “불확정성 원리”, “쿼크 이론”, “초끈 이론”, “체세포 복제”, “장기 이 식술” 등을 말할 수 있지만, 가장 현대인들이 많이 들어오고 알고 싶어 하 는 지식이 바로 “상대성 이론”이며, 인류 최고의 과학자, 자연과학의 단연 올림픽 금메달리스트가 아인슈타인이다.

이제까지 보았듯이 웬만한 이론은 여러 과학자와 시간이, 오랫동안 어우 러져서 쌓여진 지식이다. 그러나 상대성 이론은 거의 한사람에 의해서 창의 적 사고로 이루어진 이론이다.

상대성 이론 즉, E=mc²공식은 세계를 바꾼 공식으로 알려져 있다. 어떻 든 2차 대전을 종식시킬만한 파워 있는 공식임에 틀림없었으니까, 말은 많 이 하고 들어왔지만 막상 ‘상대성 이론’이 무엇이냐?고 질문하면 쉽게 설 명이 잘 되지 않는 이론! 1~2년 투자하여 책 5권 정도를 읽어도 알듯 말듯 아리송한 이론! 그러나 하나씩 하나씩 그 개념이 서갈 때, 전율하는 즐거움 이 있는 이론! 아인슈타인처럼 한마디로 말할 수 있다면, 참 행복해지는 이 론이다. 우리도 그처럼 한마디로 상대성 이론을 알아버리자.

기자에게 아인슈타인은 “상대성 이론”이란 한마디로, “시간과 공간과 중 력은, 물질과 별개의 존재가 아닙니다”였다. 하여튼 웬만한 각오와 관심이 아니고서는 쉽게 이해되는 이론이 아니다. 물론 고차원의 수학 지식이나, 물리학 지식이 없는 것도 이유겠지만, 반드시 고차원의 수학과 물리학 지식 을 요구하지는 않는다. 그도 그랬듯이 끊임없는 사고 실험! 자유토론! 이것 이 방법이다.

이 교수님(전, 전남의대 생화학 주임 교수님)과 10년 이상을 토론해 왔지 만, 아직도 할 얘기가 있는 이론이다. 지금 나도 상대성 이론을 잘 깨우쳐서 이 책을 쓰는 것은 아니다. 솔직히 말하면 시중의 책들이 너무 어렵기 때문이며, 개념세운 지식을 잃어버릴까? 하는 조바심이 나를 몰아가고 있을 뿐이다.

어떻든, 이 이론이 다루는 빛, 시간, 공간, 중력, 우주는 소립자의 미시세계에서부터, 거시세계의 종착역인 우주까지를 다루고 있는 넓은 학문의 세계이다. 상대성 이론에 젖어 인생을 조금 살아보는 것도 황홀한 순간을 만끽할 수 있으리라. 그 이유는 시간, 공간속에 운명론적으로 살아가며, 우주를 매일 대하고 살아야 할 우리들의 관념에 이 이론은 대혁신적인 발상의 전환을 요구하기 때문이다.

절대적으로 간주되었던 시간과 공간이 상대적이 되고, 우주도 생성되고 소멸되는 존재로까지 이해된다. 그를 모르거나 상대성 이론을 모른다면 우리는 물리적 실체적 시간을 모른 채, 관념적인 시간 속에서 시간도 모르고 서글프게 이 세상을 떠나가게 될 것이다. 동시성의 불일치로 서로의 시간이 느려진다는 것! 광속은 우주의 최고속도(자연계 최고속도)로 모든 물체의 속도는 광속이하로 제한된다는 것! 그래서 E=질량이며, 질량=E로 등가원리가 성립된다는 것!

아인슈타인! 그는 독일에서 태어났으나 스위스를 거쳐 한평생을 망명한 미국에서 살았으며, 유태인으로 시온주의자였으나, 아랍인들과 평화를 맺으려 노력했다. 그는 유신론자였으나 성경의 인격적인 신이 아니라, 자연현상을 지배하는 오래된 신을 믿었으며 양자역학에 기여하고 몰두했으나, 확률로서 표현되는 양자역학에는 못마땅하여, 닐스 보어와 수년간 논쟁하였다. 그는 인류 최고의 과학자였으나 "우주 방정식"에 "우주 상수항"을 넣어서 마땅히 발견해야 할 "우주 팽창"을 놓쳤으며, "일반 상대성 이론" 방정식을 푸는 중에 "거울 속 입자상"을 발견하고도 입자, 반입자 개념을 놓친 아쉬운 골게터 과학자!

핵무기 개발의 기본원리($E=mc^2$. Celerity, 속도, 속력)를 확립하고, 맨해탄 프로젝트를 미 대통령에게 건의했지만, 평화주의자로 러셀과 함께 "핵폐기 운동"에 앞장섰던 아인슈타인! 세계적인 명사로 지식인들의 대변인 역할과 수백 번의 특강으로 세계를 놀라게 했으나, 정작 자신은 고독한 사람이었다(이혼과 재혼, 두 아내의 사별 경험, 막내아들의 한평생 병원생활 등).

13세 때 아인슈타인은 유클리드의 기하학을 홀로 독파했으며, 어머니의 권유로 바이올린도 배웠다. 수학과 물리학을 이해하는데, 어머니, 두 삼촌(야곱, 케저르), 그리고 가정교사 막스탈메이(뮌헨 의대생)가 동원되었다.

16세 때부터 "빛의 등을 타고 여행하는 꿈"을 꾸기 시작해서 밤하늘의 유성처럼, "빛의 속도"로 우주를 여행한다면 무슨 일이 일어날까? 하고 반복된 사고실험을 했던 아인슈타인! 고전 역학과 전자기 역학의 오랜 딜레마를 (고전 역학의 속도 합산법칙과 전자기 역학의 빛(전자기파)의 속도는 항상 일정하다. 이중 어느 것이 옳은가?), 1905년에 특수 상대성 이론을 통하여, 광속도는 불변함이 올바르며 광속이 불변함으로 시간, 공간(길이), 질량은 절대적이 아니라, 상대적이 되어야 한다고 천명한 아인슈타인!

광전효과를 광양자 가설로 설명하여, 빛의 이중성(입자이며, 파동이고, 파동이며 입자다)을 확립했던 아인슈타인!(상대성이 아니라, 이 공로로 1921년 노벨 물리학상을 받는다).

1915년에 일반 상대성 이론을 정립하여, "일식이 일어날 때 태양부근을 지나가는 별빛이 1.74초 정도 휠 것이다"를 예견하고, 1919년 영국의 저명한 물리학자인 아서 에딩턴에 의해 이 사실이 입증되어 세계적으로 비로소 유명해진 아인슈타인! 1917년에 "유도 방출이론"(Stimulated emission theory)을 정립하였는데, 이 이론은 레이저 광의 출현을 가능케 한 기본원리이다.

1924년에 S. N. Bose(인도, 물리학자)와 슈퍼아톰이론(Super atom theory.=Bose-Einstein condensation theory)을 발표했는데, 극초진공 하, 극저온에서 원자가 가장 낮은 E상태가 되면, 여기에 입사된 빛은 광속도가 아주 느려져 야구공처럼 빛의 속도가 느려진다는, 괴상한 물리현상이다. 그저 빛, 빛, 빛하고, 아인슈타인은 빛에 관한 이론과 논문을 써 내려 갔다. 그는 그렇게 "빛"에 관해서 가장 깊은 과학적 사실을 인류에게 알게 한 "빛 전도사"이자 빛 박사였던 것이다.

이제까지의 글을 요약하면,

1) 상대성 이론 하면 아인슈타인. 아인슈타인 하면, 상대성 이론.

2) 인류 최고의 지식은, 아인슈타인의 상대성 이론인데 웬만한 열정이 없으면 이 이론의 세계로 접하기가 쉽지 않다(정독, 사고실험, 자유토론이 3대 요소이다).

3) 이 이론은 빛, 원자들의 미시세계에 적용되는 이론인 동시에 빅뱅, 블랙홀, 우주의 거시세계에도 적용된다.

4) 시간, 공간, 질량, 우주가 절대적인 줄 알았는데, 상대적으로 변하는 존재라는 것을 보게 될 때는, 머리카락이 곤두서도록 전율을 느꼈다.

5) 아인슈타인은 빛 박사이다.

C. 특수상대성이론(Special theory of Relativity)

갈릴레오의 상대성이론 + 광속 불변의 원칙

1) 정의

※무엇을 정의한다는 것은 코끼리를 정의하는 것과 같지 않을까?

광속도가 불변이고 절대 불변의 물리학 법칙이 성립한다면, 관성계(일정한 속도로 움직이는 계)에서 시간, 공간, 질량은 상대적으로 변할 수 있다는 아인슈타인의 절대 불변의 물리법칙을 말한다.

1905년에 다른 세편의 논문과 함께 독일 학술지인 물리학 연감에 발표함. 그때의 제목은 "운동하는 물체의 전기 역학에 대하여"로, 9천 단어로 된 물리학에서 역사상 최고의 논문 중 하나로 평가된다. "특수 상대성 이론"이란 이름은 다른 과학자들이 붙여준 이름인 셈이다. 「등속 운동을 하는

(관성계), 두 계가 서로 지나칠 때, 각 계에서 관찰되는 물리현상의 상호관계를 묘사하는 이론」.

「이 이론은 광속을 낼 수 있는 소립자 세계(미시적 세계)에 적용되는 이론으로(일반 상대성 이론은, 태양, 별, 지구처럼, 거시세계에 적용되는 이론), 관성계의 운동에서, 시간, 길이, 질량은 아인슈타인의 상대론적 인수(γ;감마인자)로, 조정되고 보정되어야 한다. 이 이론은 두 물체가 서로에 대해 아주 빠른 속도로 움직이는 물체에만 적용되는 이론으로, 절대적으로 생각되었던 시간의 흐름이 절대적이지 않으며, 보편적인 시간의 개념은, 개인적으로 경험하는 시간으로, 바꾸어져야 함을 의미한다. 즉 속도에 따라 개인이 경험하는 시간의 흐름이 달라질 수 있다」.

2) 이 이론으로 예견되는 일들과 핵심 내용 4가지

(1)동시성의 불일치 (2)시간의 흐름이 늦어진다(한 계에서 다른 계를 봤을 때) (3)공간이 줄어 든다 (4)질량이 커진다

a. 절대적 "동시성" 개념이 사라지고, 동시성은 운동 상태에 따라 상대적이다. 동시란, 동일한 시간에 동일한 장소에서, 일어난 사건만을 의미하며, 그 외는 '시간의 불일치' 때문에 "동시성"에 금이 가버렸다(동시성의 불일치=시간의 불일치). 어떤 좌표계의 동일한 공간에서 서로 다른 시간에 일어난 두 사건이, 다른 좌표계에서는 명백히 서로 다른 공간에서, 일어난 사건으로 보일 수 있다(기차 식당 칸에서, 식사와 커피마시는 실험을 상기하기 바람).

b. 고전 역학에서의 속도 합산 공식, A+B는, 아인슈타인의 속도 합성공식으로, v1+v2/1+(v1*v2/c^2)로 바꾸어져야 한다. 광속과 같이 빠른 속도를 구할 때 (인공위성에서 탐사선을 쐈을 때, 빛의 속도로 달리면서 빛을 비출 때) 등. 갈릴레오나 뉴턴은, 우리들의 일반적인 세계의 법칙을 만든 것이고, 아인슈타인은 빛처럼 빠른 미시세계의 법칙을 만든 것이다.

c. 운동하는 물체의 경과시간

운동하는 물체의 길이, 운동하는 물체의 질량은, 아인슈타인의 변형된 공식에 의해서 구해야 한다. 빛 속도처럼 빨라지면, 시간은 지연되고, 길이는 줄어들고, 질량은 증가함(생물학적 시간이 지연됨).

① 시간 $\triangle t = \dfrac{\triangle t_o}{\sqrt{1-\dfrac{V^2}{C^2}}}$

② 길이 $L = L_o \sqrt{1-\dfrac{V^2}{C^2}}$

③ 질량 $= \dfrac{m_o}{\sqrt{1-\dfrac{V^2}{C^2}}}$

인공위성이 지구에서, 속력 0.8c로 우주여행을 떠나, 인공위성의 시계로 20년을 여행 갔다 지구로 돌아오면, 지구의 시간은 33년이 흘러간다.

$$\triangle t = \dfrac{20년}{\sqrt{1-(0.80)^2}} = 33년$$

쌍둥이 형이 우주를 다녀왔다면, 지구의 동생은, 13년을 훨씬 더, 늙어 있다. 그래서 "쌍둥이 역설"(Twin Paradox)이 아니고, "특수상대성이론"에서는, 기준이 없는 서로의 운동인 셈이다. 즉 0.8c로 인공위성이 지구를 떠나 우주를 다녀왔지만 인공위성이 정지해 있고, 지구의 동생이 지구를 타고 0.8c로 20년을 여행 갔다 온 것이라고 역설적으로 주장할 수가 있다.

(예1) 지구의 사람이, 인공위성의 시계를 보면 20년이 걸려 시간 지연이 나타나지만 인공위성의 형이 지구의 시계를 보면, 지구의 시계가 20년으로 보인다.

수학적이고 기준이 없는 우주에서의 일이다. 즉, 옆의 기차가 움직이는데 자기가 탄 기차가 움직이는 것처럼 보였잖는가? 그래서 누가 더 나이 먹었는지를 말할 수 없이 서로 우기고 있으므로 "쌍둥이 역설"이라고 했다 한다. 결국 일반상대성이론이 나와서 더 빨리 가속되는 계의 시간이 지연되므로, 임의로 지구의 동생이 더 늙어있다고 결론을 내린다.

(예2) 100m길이의 인공위성이 0.6c로 하늘로 오를 때, 지구의 관측자에

게는 100m의 위성이 80m로 보인다. 이것은 100m가 80m로 수축
되었다는 말이 아니라 100m가 계측할 때, 80m로 측정된다는 의미
이다. L=100m $\sqrt{1-(0.60)^2}$ =80m

(예3) 특수상대성이론의 효과를 가장 손쉽게 볼 수 있는 것이 광속에 가
깝게 질주하는 소립자들에서의 질량변화이다. 입자가속기 속에서
말이다.(포항 입자가속기)CERN(유럽 핵 연구소 및 입자연구소), 페
르미 입자연구소(미국) 광속도의 99.99%로 가속되면, 양성자–480
배 질량증가(정지 질량의), 우주선(우주광선)의 전자는 1000배 질량
증가가 일어난다.

(예4) 우주선이 대기권을 통과 시, 만들어지는 "뮤온"소립자에서는 반감
기가 1/50만 초에서 뮤온은 0.6km밖에 갈 수 없지만 대기권
30~40km를 날아서 지구에서 발견된다. 이 뮤온은 신이 아인슈타
인에게 내린 선물이라고까지 말하는 사람도 있다. 왜냐하면, 뮤온
의 사건을 "특수상대성이론"만이 설명할 수 있는 까닭이다.

(D) $E=mc^2$, 에너지는 질량에다 광속도 제곱(환산인자)을 곱한 값이다. 광
속은 상수이며 일정하므로 E=질량이며, 질량=E인 것이다. 서로 다른 두면
의 한 면인 것이다. 아인슈타인 때까지는 "질량보존의 법칙"과 "에너지 보
존의 법칙"은 있었다. 그러나 E=질량, 질량=E라는 아인슈타인의 발상은
놀라운 것이며, 과학적인 사실이라면 이제 놀라운 일이 일어날 수 있다! 특
수상대성이론을 발표하고, 아인슈타인은 질량에 대해서도 말을 해야 함을
느껴서, 가장 늦게 그해 말에 발표한 이론인데 오늘날까지 세상을 바꾸고
있다. 미국의 페르미 입자 가속기 연구소나 CERN의 발표에 귀를 기울여야
하는 이유도 여기에 있다. 2008년 말에 CERN의 "Levatron"의 시험가동
에 세계가 떠들썩했다.

$E = mc^2$는 ①에너지와 질량이 등가라는 의미와

②광속이 물체의 상한 값으로 "빛"보다 빠를 수 없음을 천명한

등식이며,

③원폭, 수폭, 원자로, 고출력 레이저에 의한 핵융합 시 엄청난 E는 정확히 이 공식에 의한 질량변화에서 온다.

막대한 E는 소질량 변화에서 초래되며, 어떤 반응식에서 질량변화가 있다면, 이 공식에 따라 엄청난 E가 방출될 수 있음을 말한다. 결국 이 공식도 광속도 불변이라는 대전제하에서, 도출된 이론으로 왜 어떤 물체가 광속 이상을 낼 수 없나? 광속이 최고의 상한 값이며, 우주의 최고 한계속도로 말해지고 있다.

광속이 불변이라면, 여기서 E=m이라는 등가식이 성립함을 아인슈타인의 사고실험을 통해 요약하면, 인공위성이 속도를 내어 빛을 쫓아가도 빛을 잡을 수 없다. 왜냐하면, 광속이란? 물체의 상한 값이며 그 무엇도 빛보다 빠를 수 없기 때문이다.

그러면 가속하기 위해 인공위성에서 가속기를 밟아 가한 E는,

①어디로 갔는가?

②물체가 속도를 내지 못한 것은 질량이 커지기 때문이며, 질량이 커지면 공기의 저항도 커져서 속도에 영향을 미친다.

아인슈타인은 ①②를 엮어서 가속하기위해 가한 E가, 인공위성에 질량을 키워서 공기저항으로 "빛속도"를 따라가지 못했다고 생각했다. 그러므로 E=mc²이며, 이 우주에서 가장 빠른 속도는 광속이고 광속에 도달하려면, 무한대의 E가 요구되는데, 그런 무한대의 E는 존재하지 않으므로, 물체는 결국 광속도에 도달할 수 없다. 그래서 빛보다 빠를 수 없는 것이다(c^2=E/m 이므로). E=mc²가 되는 것이다. 광속도를 이용해서 에너지와 질량을 연결시킨 아인슈타인의 통찰력과, 천재성에 감탄하지 않을 수 없다.

★ 여기서 아인슈타인의 이론을 쉽게 이해할 수 있는 방법을 생각해보자! 아인슈타인이 사고실험을 할 때 3가지의 독특한 방법을 사용했다.

1. 첫째

상대성 원리–"불변의 법칙"이 성립해야 되고, 성립하려면 어떤 일이 일어나 어떤 결론이 성립되어야 하는가?

2. 둘째

등가원리를 생각했다(광전효과 설명시는 입사된 광자의 E와 튀어나온 전자의 운동E가 등가가 아닐까?). 등가라면? E=m, 질량은 언젠가 폭발하여 E로 화하고, E는 입자화 되어 질량이 되지 않을까? 질량과 E는 등가가 아닐까? 일반상대성이론에서는 중력과 가속도(즉, 중력과 관성력)가 등가가 아닐까?

3. 셋째

쉽고 단순한 상황을 설정하여 생각함(광전효과 설명이, 아무리 바닥에 공을 여러 번 튕겨도 2층 이상으로 튕길 때만 2층으로 올라간다). 인공위성으로 빛을 쫓아가는 상황설정으로 여기서 $E=mc^2$를 요약해냈다. 낙하하는 엘리베이터와 낙하하는 엘리베이터 안의 사람과, 그 사람이 손에 쥐고 있다 놓친 사과는 바닥에 닿는가 안 닿는가(낙하 중에). 여기서 일반상대성이론을 추론해 냈다. 이렇듯이 아인슈타인은 이 세 가지 패턴을 주로 사용했다.

★★ 더욱 놀라운 것은(내가 발견한), 아인슈타인은 엄청난 E가 어디에 있나? 라는 질문에 휘발유에, 태양에, 석유에, 땅속의 석탄에, 블랙홀에, 중성미자의 암흑물질에가 아니라 물질의 질량 속에 보이지 않는 물질의 원자 속에 즉, 원자번호 1번인 수소의 융합에 의한 융합E, 원자번호 92번인 우라늄(중핵)의 분열에 의한 분열E는 보이지 않는 미세한 원소들의 질량에 있다고 외쳤던 것이다(물론 그는 어디에서 어떻게 그런 E가 나올지는 몰랐다. 단지 그가 알아낸 것은, 어떤 E가 있다면 그 E의 크기는 질량에다 광속도 제곱을 곱한 정도의 E일 것이다!).

3) 아인슈타인은 어떤 사고실험을 통해 이 이론을 정립했나?

물론 아인슈타인의 특수상대성이론은, 맥스웰이 말한 전자기파가 항상 빛의 속도와 동일했으며, "빛의 속도"가 불변하여 일정하다면, 고전역학에서 갈릴레오가 말한 속도의 합산법칙과는 어떻게 되는 것인가? 이제까지 갈릴레오의 합산법칙은 아무 문제없이 2~3백 년 동안, 잘 써오지 않았던가? 모두 딜레마에 빠져 있었다.

그런데 결정적인 순간에 M-M실험은(거울 및 간섭계를 사용하여 실험), 아인슈타인의 뒤통수를 때리는 것 같았다. 에테르는 없고 광속은 불변하다. 그런데 이것은 무엇을 뜻하는 것일까? 모두가 딜레마에 빠져 있을 때, 무명의 스위스 베른의 공무원일 뿐인 그는 정말로 에테르 망령은 없고, 빛은 발생원이나 관찰자의 운동에 상관없이 일정하다. 빛의 속도가 불변이라면, 이제 우리가 지금까지 절대적 시간, 절대적 공간이라고, 말한 시간, 공간의 개념과 질량이라는 것도 달라져야 하지 않는가. 전자기학의 광속도의 반란과, 마이컬슨 몰리의 실험결과가 그를 이끌었던 것이다. 맥스웰의 전자기 논문을 호주머니에 갖고 다니며 읽었던 것으로 알려졌다.

(1)이 우주에는 지금(Now)이 각각 다르다. 시간은 결코 절대적인 것이 될 수 없다. 지금 비추고 있는 태양빛은 태양을 8분전에 출발한 빛이며, 밤하늘의 직녀성은 26.5광년 전에 직녀성을 떠난 빛을 지금 우리가 보고 있다. "나는 손목시계 하나 없지만, 우주에 수천수만 개의 시계를 놓을 수 있다." 시간의 흐름은 절대적인 것이 될 수 없고 그저 사건의 연속적인 순서로서, 각 계에서 개개인이 경험하는 시간만이 존재할 뿐이다. 의식 속에 인지되는 시간은 환상일 뿐이다. 즉, 시간의 흐름이 절대적이 아니라, 상대적(변화될 수 있는)이어야 하며, 절대적인 광속(빛의 속도)을 유지하기 위해서는, 속도 = 거리/시간 이므로, 시간, 공간이 늘어나거나 줄어들어야 하지 않겠나?

(2)모든 운동은 상대적이며 이 우주에는 절대운동이 없다. 기차, 버스, 비행기를 서로에 비해서 빠르니 느리니 하고, 비교해서 우리는 말할 뿐이다. 그런데 뉴턴, 맥스웰, 로렌츠 등은 빛이 에테르(절대 공간)에 대한 절대운동이나 상대속도로 얘기했다.

아인슈타인은 절대운동을 부정했으므로, 에테르 또한 없다고 부정했다 (아리스토텔레스의 에테르 망령이 드디어 아인슈타인에 의해, 근 2천 년간 의 꼬리를 감춘 것이다). 우주에 절대적인 것은, 오직 "빛의 속도일 것이 다." 진공에서 항상 일정하고 광원의 속도와 관측자의 운동속도, 방향에 관 계없이 항상 일정하다. 자연 현상을 지배하는 신이 있다면, "빛의 속도"만 을 그렇게 하지 않았을까? 그래서 빛의 속도가 우주의 상수일 것이다.

「빛의 속도가 절대적으로 일정하므로, 밤하늘의 우주도 아름답고 신비하 게 보이며, 도시의 야경도 황홀하게 보인다. 빛의 속도가 제각각 빠르거나 느리다면, 밤하늘이나 야경이 얼마나 흐릿하고, 혼란스럽게 보일까?

(3)유한한 빛이 광속 불변의 원칙이라면 (전자기 역학의 방정식의 결론으 로 판명됨, 광속은 어떤 경우에도, 모든 사람에게 불변한다), 속도=거리(공 간)/시간이므로, 속도가 불변이라면, 수학적으로 속도의 함수인, 시간과 거 리(공간)가 달라져야 한다.

즉 시간이 변할 수 있는 것은, 시간의 간격(시간의 흐름)이 변하고, 공간 (길이)은 길이가 줄어들어 변한다. 길이가 줄어들면, 질량은 압축되어, 증가 하고, 질량이 증가하면, 운동량이 커지므로 E도 커진다.

★ 시간과 공간이 통합된 우주는, 그 시공을 어떻게 해서라도 광속 불변 의 원칙(우주의 한계속도)을 유지해야 하며, 시간^2−거리^2=1을 유지하기위해 서, 시공은 그렇게 휘어지고, 뒤틀려야 되는 것인가? 우주의 (시공) 기하학 적 발현인가?−중력의 발생원(참고, 아인슈타인과 뉴턴의 대화. 하랄트 프 리취(1988년)(p186참고)).

빛의 속도와 같이 빠른 속도로 상대적으로 운동하면, 빠른 운동을 하는 계에서 시간의 흐름이 느려지고 (Time Dilation;시간 지연, 시간 팽창이라 고도 말한다), 상대적인 계에서는 5분이 흘렀다면, 이 5분이 다른 계의 10분 처럼 흘렀으므로, 이것을 시간의 팽창이라고 한다. 5분이 10분과 맞먹을 정 도로 팽창했다. 빠른 운동을 하는 계의 공간(길이)이 운동방향으로 길이가 줄어든다(Length Contraction:길이의 수축). 입자 가속기(Cyclotron)속에서 광속에 가깝게 속도를 내면, 입자의 질량이 「상대론적인 수」로 보정된 만큼 증가한다(양성자:480배, 우주선의 전자:1000배).

(4) 광속도로 우주를 여행한다면 무슨 일이 일어날까?

이태리의 토스카나 시골 길을 자전거로 여행하던 고등학생 정도의 아인슈타인의 사고실험이며, 16살 때부터 빛을 타고 여행하는 꿈을 꾸었던 아인슈타인! 특수 상대성 이론은, 아인슈타인의 마음속에서 하나의 개념으로 시작해서 수학적 증명을 통해서, 완성되었다.

①Star Bow Phenomena:광속으로 우주를 달리면 별들이 절을 하는 현상처럼 보인다.

②Twin Paradox(쌍둥이 역설) 현상 등이 일어날 뿐 아니라, 그 외 그 무엇인가?

(5) 이 특수상대성이론은 2가지 가정 위에 세워졌다.

①빛도 상대성 이론을 따라야 한다. 즉, 빛도 모든 관성 틀에서 물리법칙이 같아야 한다. 빛도 불변의 물리법칙이 성립되어야 한다.

②광속도 불변의 원칙.

(6) 뉴턴의 고전 역학과 맥스웰의 전자기 역학이 서로 부합되지 않았다. 그것은 "빛의 속도"였다. 이 딜레마를 어떻게 해결할 수 있을까? 아인슈타인은 고심에 고심을 하며, 사고 실험과 수학적인 방정식을 만들어 반복해서 풀었을 것이다. 그리고 그는, 특수상대성이론을 정립했다. 즉 빛의 속도는 일정하며, 관찰자의 속도에 영향 받지 않는다. 광속은 상대적인 양이 아니라, 절대적인 양이다.

그리고 맥스웰의 방정식이 옳으며, 뉴턴의 고전 역학 이론은(속도의 합산법칙 A+B), 물체와 관찰자가 광속에 가까운 속도로 움직일 때는 시간과 거리를(공간) 설명하는 데는 적절치 않다. 그래서 속도의 합산공식은 나의 속도의 합성공식으로 수정되어야 한다. 뉴턴의 이론이 틀린 것이 아니라 미시세계나 거시세계에서는 적용에 한계가 있으므로, 이때는 수정되고 확장되어야 한다.

★ 잘 기억해야 할 것이다. 책에 여러 번 나오는 과학자들의 결론이다.

뉴턴은 틀리고, 아인슈타인이 맞았다는 식의 개념이 아니라, 뉴턴도 맞고 아인슈타인도 맞는데 적용하는 한계에 따라 아인슈타인이 수정안을 내놓았고, 뉴턴의 이론을 더욱 확장시켰다.

4) 아인슈타인의 특수상대성이론에 영향을 미친 이론은?

   (1) 갈릴레오의 상대성 원리

   (2) 뉴턴의 고전역학 : "절대 공간" "절대 시간"

   (3) 맥스웰의 전자기 역학

   (4) 핸드릭 안톤 로렌츠의 변환식(1853~1928)(네덜란드 물리학자, 1902년에 노벨 물리학상 수상자)

로렌츠-피츠제럴드의 수축이론(Joseph F.피츠제럴드. 1851~1901) ; 모든 물체는 속도 V로 달릴 때, 그 운동방향으로의 길이가 정지하고 있을 때의 길이에 비해 $(1-V^2/C^2)^{\frac{1}{2}}$ 배로 짧아진다.

5) 아인슈타인의 이론이 나올 때, 당시의 학문적 배경

(1)갈릴레오나 뉴턴은, 그들의 운동역학을 정립할 때, 상대성 원리(불변의 물리법칙이란 뜻)를, 그들 이론의 기본원리의 하나로 채택했다. 그런데 "빛의 속도"를 설명하기 위해서는, 갈릴레오의 상대성원리A+B는 빛에서는 적용되지 않으므로 적당한 변환과 수정을 받을 필요가 있었다(그래서 A+B, 합산공식은 합성공식으로 수정됨). 갈릴레오의 상대성 원리 ; 정지한 배의 돛대 위에서 떨어뜨린 돌은 수직 낙하한다. 움직이는 배의 돛대 위에서 떨어뜨린 돌도 수직 낙하한다.

∴ 수직 낙하현상만 보아서는 배가 정지한 것인지, 움직이는지를 알 수

없다. 낙하법칙에는 배가 움직이든 정지해 있든 아무런 영향도 없다는 것이다(모든 관성계에서는 역학법칙이 동일하다).

아인슈타인의 특수상대성이론은 갈릴레오의 상대성 원리를 빛의 운동을 포함하는 이론으로 확장시킨 것이다.

(2)뉴턴은 그의 저서인 "프린키피아"에서 운동의 위치나 시간에 따른 운동의 변화를 설명할 때 "절대공간"이나, "절대시간"을 도입하고 그것들을 다음과 같이 서술하였다. 「절대 공간은 본질상 외부의 어떠한 것과도 항상 부동의 유사성을 유지한다」. 「절대적이고 참된 수학적 시간은, 고유의 본질상 외부의 어떠한 것과도 관계없이 항상 균일하게 흐른다」. 요약하면 "절대공간" "절대시간"은 변화될 수 없는 절대적인 것이다.

아인슈타인 전의 인류는 모두 시간과 공간에 대해서 뉴턴처럼 생각했으며, 오늘날도 아인슈타인의 이 이론을 깨우치지 못하면 관념적인 시간과 공간을 되뇌다 이 세상을 떠나갈 것이다. 이제 누군가가 시간과 공간의 물리학적인 실재와 의미를 밝혀야만 했다.

(3)파동인 빛의 매개체로 일찍이 아리스토텔레스가 말한, 천상계의 제5원소인 "에테르"를 많은 과학자들은 생각하고 있었다. 호이겐스와 뉴턴 그리고 맥스웰까지도 그렇게 생각했으며, 피츠제럴드와 로렌츠까지도 그렇게 생각했다. 그러나 1887년에 M—M실험에서 에테르는 없으며 광속도가 광원이나 관측자의 운동이나 방향에 관계없이 일정하였다(광속도 불변의 원칙). 그러나 이 실험결과를 정확하게 설명하는 과학자가 아직 나오지 않았다. 비록 피츠제럴드와 로렌츠와 같은, 그 시대의 거장들이 설명하려 했으나, 불충분하였다.

(4)맥스웰의 전자기파 방정식에서 전자기파는 고전역학의 속도합산법칙을 따르지 않고, 전자기파가 공간을 전파해 나가는 속도를 계산하니까 빛의 속도인 초속 30만 Km로 완전히 동일하였다. 그래서 빛도 일종의 전자기파가 되었다. 그런데 왜 광속도는 속도의 합산법칙을 따르지 않는 걸까?

　도대체 두 이론 중에서 무엇이 옳고 그른지, 왜 광속도는 속도의 합산법칙을 따르지 않는지를 명쾌하게 설명할 수 있는 과학자를 요구하던 시대였다. 누군가 시간과 공간의 개념을 바꾸어서 고전역학에서도 전자기 역학에서도 별 탈이 없는 상대성 원리를 정립해야만 했다(갈릴레오나 뉴턴의 상대성 원리가 수정되거나, 변환되어져서).

　(5)앙투안 라부아지에의 질량보존의 법칙과 전기가 자기가 되고, 자기가 전기가 될 수 있어도, 에너지의 총합은 변하지 않는다는 페러데이의 "E" 보존의 법칙이 알려져 있었다. 결국, 이러한 학문적인 배경의 때인 20C 초에 대학 교수도 아닌 아인이 혜성처럼 나타나 이 특수상대성이론으로 시간과 공간과 질량의 참다운 물리적 실체를 밝혔다. 그리하여 갈릴레오나 뉴턴의 상대성 이론에 변환과 수정을 가하여 이 이론이 거시세계뿐 아니라, 원자세계나 극거대 우주세계에서도 성립되게 하였다.

　이제 시간과 공간은 별개의 독립적이며, 그 무엇에도 영향 받지 않는 절대적인 존재에서 상대적인 운동에 따라 시간과 공간은 변하는 상대적인 존재가 되었다. 시간의 흐름은 지연되고 공간의 길이는 수축되었다(광속에 가까운 속도에서는). M-M실험결과는 결과 그대로 단순하게 받아들이면 되었다. 원래 광속도는 불변이며, 빛은 파동의 매개체 없이 진공 속을 그렇게 빠르면서 일정하게 진행한다. 에테르는 원래부터 없었다(에테르는 망령일 따름이었다). 맥스웰의 전자기 방정식은 상대성 이론으로 그 방정식이 내포하고 있는 내용이 옳으며 뉴턴의 고전역학은, 적용한계가 있는 이론이라고 지적하여 개탕을 쳐주었다. 이렇게 아인슈타인은 이 이론을 정립하여 각각의 모순이나 딜레마에 종지부를 찍었던 것이다.

　(6)이 이론이 나오기까지의 아인슈타인 자신의 학문적 배경은?

①어린시절에 두 삼촌인 야콥과 케사르(외삼촌)에 의해서 수학과 전기학, 물리학에 흥미를 갖게 되었다.

② 맥스 탈메이(뮌헨 의대생으로 아인슈타인의 중학교 가정교사)가 새로운

수학과 물리학을 가르쳐주고 책도 소개해 주었다. 그는 스스로 진도가 빨랐다.

③12살에 유클리드의 기하학(평면 기하학)책을 보게 되고 중, 고교시절에 미적분을 독학으로 깨우친다.

※ 피타고라스, 아리스토텔레스, 케플러, 갈릴레오, 뉴턴, 아인슈타인. 이들은, 기하학에 정통하였음이 공통적이다.

④대학시절에 열복사의 스펙트럼 분포곡선을 나타내는 보편함수에 대해서 독학을 했다(키르히호프, 슈테판, 볼츠만, 맥스플랑크 등의 업적을 공부함). 취리히 연립 공과대학에서, 수학과 물리를 배움.

⑤맥스웰의 전자기 방정식 논문을 가지고 다니면서 독파하다.

⑥16세 때 빛의 등을 타고 가는 꿈을 꾸곤 했다. 그 정도로 빛에 대해서 그의 머릿속의 사고실험장은 충만했다.

⑦밤하늘의 유성을 보고 빛의 속도로 우주를 여행한다면, 무슨 일이 일어날까? 어떻게 보일까?

⑧아인슈타인은 이러한 의문들을 사고 실험하여 습득한 과학적 지식들을 올림픽 아카데미의 두 제자와(솔로비네. 하비히트), 친구 베소 등과 자유토론하며 이들을 공명판으로 이용하여 이론을 정립해 갔다.

⑨동창 마르셀그로스만에게서 리이만 기하학(비대칭기하학)과 텐서수학을 배워서 일반상대성이론을 정립함.

(7)특수상대성이론의 중요성

①자연의 기본물리량인 시간, 공간(길이), 질량에 대해서 관념적이고 즉흥적인 잘못된 개념을 본질적이고 물리학적인 참 모습으로 밝혀놓았다. 시간이 흐르는 속도는 절대적인 것이 아니라, 그것은 우주에서 일어나는 물리적 변화의 속도이다. 물질이 공간속에서 움직이는 속도에 의해 결정된다.

②입자 가속기 속에서 입자들이 광속도로 육박해갈 때, 입자들의 정지 질량

이 크게 증가되는데, 이들의 질량변화를 예측하고 설명할 수 있다. 시간, 공간, 질량 중에서 이 이론에 따른 변화를 가장 잘 볼 수 있는 것이 질량 변화이다. 그리고 입자 가속기 설계시에도 특수 상대성 이론이 사용된다.

③뮤온의 축지법을 특수상대성이론의 시간의 팽창과 길이의 수축으로 명쾌하게 설명하였다. 뮤온은 1960년 초에 그의 붕괴가 알려졌고 1976년 CERN에서 붕괴실험으로 아인슈타인의 이 이론을 입증했다.

④이 이론에서 도출된 $E=mc^2$의 에너지-질량 등가식은 세계역사와 세상을 변화시켰으며 핵분열과 핵융합을 통해, 인류의 꿈의 E를 성취시킬 것이다.

⑤GPS : 위성 항법장치로 현재는 위성을 통한 지구의 위치 확인 사업이 활발하다. 한 인간에 의해 큰 항해 위성이 빠르게 움직이므로, 항해 위성 안에 걸린 시계는 특수상대성이론의 시간 공식으로 계산되어져야 시차 오류를 교정할 수 있고 위성의 위치는 일반상대성이론으로 교정되어야 한다. GPS라는 지구의 거대 산업의 핵심이 아인슈타인의 상대성 원리위에 토대를 세운 셈이다. 인공위성의 속도 때문에 $7\mu sec$ 씩 늘어지고, 중력의 변화 때문에 $45\mu sec$ 씩 빨라져, 하루에 $38\mu sec$ 씩 보정해 주어야 한다. 하루에 11km의 오차가 지상에서 생긴다(GPS: Global Positioning System).

D. 일반상대성이론 (Einstein's General Theory of Relativity)

특수상대성이론 + 변형된 뉴턴의 중력 이론

1) 정의

「가속 운동을 하는 두 물체가 서로 지나칠 때 각계에서 관찰되는 물리현상의 상호관계를 묘사하는 아인슈타인의 1915년에 정립한 이론으로, 특수상대성 이론을 중력에까지 확장하여 관성계뿐 아니라, 가속계에서도 어떤 운동법칙이 성립해야 한다는 상대성의 일반적 원리를 말한다」.

「중력질량과(중력) 관성질량(관성력＝가속도)이 동등하다는 등가원리와 공변성원리로부터 유도된 일정한 가속도(관성력)를 가진 어떤 좌표계에 대해서도 물리법칙이 동일하게 성립되도록 정식화한 아인슈타인의 상대론적 중력이론을 말한다」.

「어떤 운동법칙이 관성계나 가속계든지 간에 성립하는 것을 상대성의 일반 상대성 원리라고 하는데, 아인슈타인의 일반상대성이론이란, 상대성의 일반적 원리로서 중력의 원인을 시공(우주공간)의 휘어짐(이곳을 물리학 용어로 중력장이라고 한다)으로 설명하는 현대적 중력 론의 기초를 이루는 이론이다」(호킹의 "시간의 역사" 책 p19그림참조).

아인슈타인은 중력을 뉴턴의 잡아당기는 힘이 아니라, 질량이 있는 바로 그 공간(지구가 있는 그 주위 시공)의 기하학의 발현이라고 말한 셈이다. 광속도 불변의 원칙을 지키기 위해서, 우주 최고 한계속도를 유지하기 위해서 (시공은, 시간^2-거리^2=1을 유지하기 위해서), 시간과 공간의 통합체는 휘어지고 찌그러들 수밖에 없다.

그의 이론은 아서 에딩턴의 실험결과(일식때 별빛의 사진을 찍음)로 입증되어 세계를 놀라게 했다. 지구에 앉아서 별빛이 휘는 정도를 계산해내는 과학자가 바로 아인슈타인이다.

※ 당신의 상대성원리를 가장 간단하게 설명한다면, 어떻게 답할 수 있는지에 대한 기자의 질문에 아인슈타인은 「시간과 공간과 중력은 물질과 별개의 존재가 아니다」 이렇게 답했다.

전주 김문중 내과원장님은 "아인슈타인의 일반상대성이론에 대해서 「존재하는 것은, 주위에 영향을 미친다는 원리를 말한 것이다. 행위가 없어도 존재함만으로 이미 영향을 주고 영향을 받는다」라고 했으며 어떤 과학자는 우주는 중력이 지배한다고 말해도 지나치지 않고, 일반상대성이론은 우주를 다루는 법칙이다"고 했다.

2) 핵심 내용

⑴ 등가 원리

가속도 운동하는 장소에서 보았을 때, 나타나는 관성력은 본질적으로 중력과 구별되지 않는다. 그래서 관성력과 중력은 등가다. 가속도 운동에 의해 중력이 사라진 것 같은 현상이 일어남. 중력의 영향 없는 관성계로 간주.

⑵ 중력에 의해 빛이 휘어진다(휘어진 공간을 빛이 지나가면, 빛이 휘어진다).

⑶ 중력에 의해 공간이 휘어진다.

⑷ 중력에 의해 시간의 흐름이 느려진다(책에서 많이 인용되므로 요약하겠다).

　a) 우주에서 거대한 질량은, 그 주위 시공을 변형시킨다.

　즉, 시공을 휘게도하고(wapping effect, warped-휘어진), 뒤틀리게도 한다(twisting effect). 호킹의 "시간의 역사"(p41그림참조) 그 변형된 시공이 중력장을 형성하여 우주에 있는 물체에(질량에) 영향을 미친다. 그래서 무거운 물체와 가벼운 물체가 지구에서 낙하시 동일하게 떨어지는 것은, 동일한 중력장에서는 동일한 운동과 동일한 가속도를 갖기 때문이다.

　뉴턴은 중력이란 "이 우주에서 두 물체 사이에 잡아 당기는 힘"이라 했으며 그 힘의 근원은 두 물체의 질량에서 발생하며, 그 힘의 수학적인 량을 결정할 수 있는 방법을 말했다. 그러나 뉴턴은 왜 중력이 발생하는지는 상상에 맡긴다고, 애매하게 말했다. 그리고 "빛"도 중력에 잡아당겨져서 휠 것이라고는 아직 생각하지 못했다. 또 중력이 전달되는데 시간이 전혀 소요되지 않는다. 중력 신호 전달 속도가 무한대라는 뜻이다.

　아인슈타인 전까지는 뉴턴을 포함하여, 아무도 왜 중력이 생기는지를 설명하지 못했다. 아인슈타인은 중력은 시공의 휘어짐 때문에 발생한다고 말했다. 최근 일본계 미국의 물리학자 미치오카쿠에는 "중력은 힘이 아니라 휘어진 시공간의 부산물이다"고 했다. 혜성과 별들을 움직이게 만드는 것은 공간과 시간의 뒤틀림일 뿐이다. 빛이 휘어진 시공을 지름길로 (측지선) 진행하게 되면, 빛이 휘어진 것처럼 보인다.

이것이 중력에 대한 뉴턴과 아인슈타인의 차이점이다. 한마디로 일반상대성 이론은 중력이 왜 생기는가에 대해서, 그 해답을 주고 있으며, 중력장이 우주 전체에 미치는 영향을 새로운 시각으로 바라보게 했다. 즉 이제 시간과 공간은 분리된 객체가 아니라, 민코프스키(아인슈타인의 수학선생으로 시간과 공간의 통합, 연속체를 주장함)의 4차원의 시공연속체로서, 우주도(시공도) 물리적으로 변화를 받을 수 있음을 내포하며 우주의 시작과 끝이 있음까지도 천명한 이론이다.

b) 자유낙하 하는 "엘리베이터 사고실험"에서 유추한대로

① 떨어지는 엘리베이터와(중력 가속도로 $9.8m/s^2$),

② 엘리베이터 속의 광경(둥둥 떠 있는 사람과 그 사람의 손에서 떨어진 사과가 엘리베이터 바닥에 닿지 않는다).

③ 엘리베이터에 줄을 달아 다시 공중으로 $9.8m/s^2$(중력가속도)로 달아 올릴 때 어떤 일이 일어날까? 이곳(엘리베이터 안) 의미는 무엇일까?

중력장과 가속도를 가지는 좌표계는 물리적으로 등가이며, 중력질량과 관성질량의 등가원리와 일반 공변성 원리(the principle of general covariance:일반 좌표변환에 대하여 물리학 법칙은 그 구조적 형태가 보존되어야 한다는 원리. 공식을 변환시켜도 원래의 방정식이 보존되어 있어야 함)의 2개의 기둥에 기초하여 일정한 가속도를 가진 어떤 좌표계에 대해서도 물리법칙이 동일하게 표현되도록 정식화한 이론이다.

이 낙하하는 엘리베이터에 줄을 달아서 위로 $9.8m/s^2$(중력 가속도;인류가 자연에서 측정하여 얻은 최초의 물리량이다. 갈릴레오가 크게 기여함)속도로 끌어올려서 인위적인 중력장을 만들고 엘리베이터에 구멍을 뚫어 빛이 들어오게 하므로, 빛이 아래로 휘었다(1.74초 정도). 그런데 이 인위적인 중력장이라고 생각한 중력장이 바로 실재의 중력장이었던 것이라고 아인

슈타인은 깨달았다.

　이 실험에서 무중량계(무중력계)의 의미를 빨리 알자. 아파트 옥상에서 체중계에 올라가면 60kg의 몸무게가 나간다. 그런데 이 체중계를 달고 아파트에서 뛰어내리면 체중계의 눈금은 낙하순간 0을 가리키고 있다. 무중량계가 된 것이다. 무중력이란 틀린 말같이 보인다. 중력이 변화되어서 공중에 둥둥 뜨는 것이지 이 우주에는 중력이 미치지 않는 곳이 없다. 엘리베이터와 그 안의 사람은 중력 때문에 떨어지고 있으며, 단지 엘리베이터 안의 사람과 사과가 둥둥 뜨는 것이다. 무중량계가 된 것이다(중력의 변화로, 무중력상태처럼 보인 것이다). 이때 엘리베이터나 그 속의 사람은 $9.8m/s^2$ (중력 가속도)의 의미나 본질은 무엇인가? 하고 사고 실험을 했다.

　결론은 가속도는 관성력이며 중력과 가속도(관성력)는 등가였다(엘레베

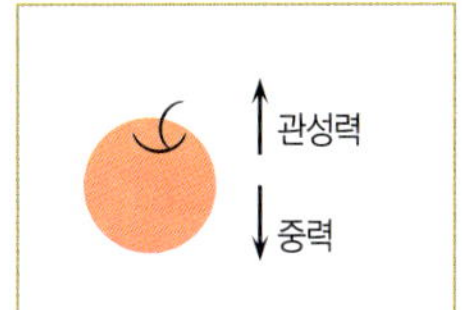

이터안의 사과 그림 ; 사람의 손에서 떨어진 사과는 엘리베이터 바닥에 닿지 않고 공중에 둥둥 떠 있는다(서로 상쇄되어 무중량 상태가 된 것이다).

　　　중력과 가속도를 구별해 낼 수가 없었다. 서로 상쇄되어 사과가 엘리베이터 공중에 떠서 바닥에 닿지 않는다(그림 참조 : 아인슈타인 과학 혁명 100년의 특별 전시회. 2005년 서울에서 열림. 이 특별전의 부록 24p참조).

　①멈춰있는 우주선과 그 안의 사람이 둥둥 뜬다.
　②속력을 내어 달리자 사람이 바닥에 섰다.
　③멈춰선 우주선 뒤로 천체가 다가서자 사람이 바닥에 섰다.
　②③의 그림에서 가속력과 중력을 구분할 수 없다.

　중력질량과(중력), 관성질량(관성력=가속도)이 등가 이었다. 모든 물체에 작용하는 힘은(중력은), 결국 아무 물체에도 힘이 작용하지 않는(무중량계) 것처럼, 상쇄될 수도 있다(가속도). 가속계에 있어서의 역학(운동은)과 중력이 작용하는 계에서의 물리학 법칙을 동일한 이론으로 기술할 수 있지 않을

까? 하고 사고실험해서 일반 상대성 원리의 법칙을 만든 셈이다.

요약하면,

1)중력과 가속도(관성력) 중력 질량과 관성질량을 구별해낼 수 없다. 그래서 등가이다.

2)모든 물체에 작용하는 힘은(중력은) 결국 아무 물체에도 힘이 작용하지 않는 무 중량계 엘리베이터 안의 사람과 사과가 둥둥 뜰 때처럼 상쇄될 수 있다. 즉 가속계의 역학과 중력이 작용하는 계에서의 물리법칙을 동일한 이론으로 기술할 수 있을 것이다.

3)이 낙하하고 있는 엘리베이터에 고리를 걸어서 위로 $9.8m/s^2$의 가속도로 당겨보자. 왜냐하면 떨어지고 있는 엘리베이터는 자연적인 중력장이다 (중력장:중력의 보이지 않는 힘. 중력을 생기게 하는 시공이 휘어진 곳).

그런데 위로 끌어올리면서 생각되는 엘리베이터가 인위적인 중력장이 아니라, 실재의 자연적인 중력장이었다. 그래서 이곳에 일들은 우주에서도 일어날 수 있음을 유추할 수 있다. 머리카락이 곤두서는 "전율"을 아인슈타인도 느꼈을 것이다(참고:배리파커의 $E=mc^2$책, p107, p117 참조).

무지하게 지루하다. 지루하면, "뒤의 요약"을 먼저 읽어보라 !

c)아인슈타인이 작성한 일반상대성이론의 논문 내용을 살펴보자 !

처음에 텐서 수학에 대해서 길게 설명하고, 리만의 기하학(음으로 휘어진 곡률의 기하학)을 응용하여 중력에 대한 자신의 새로운 중력장 방정식을 제안했다(Ruv-1/2guvr=-kTuv). 그리고 이 방정식이 적정한계에서는 뉴턴의 중력 방정식으로 변환될 수 있음을 밝혔다. 또 E보존과 같은 보존법칙을 만족시킴을 보였으며, 중력장에서 별빛(광선)이 휘는 현상을 어떻게 예측하는지를 보여주었으며 마지막으로 수성궤도의 변칙성(100년(1C)마다 근일점이 수성의 제1차 운동 때문에 43초 정도(각도의미) 이동하는 것)을 설명했다. 한사람에 의해서 우주라는 광대한 영역에서 일어나는 이론을 그처럼 우아하고 간결하게 정리하였다. 엄청난 내용을 담고 있는 장방정식과 일반상대성이론이 정립된 것이다.

　우주의 시작과 끝이 있음을 알리는 빅뱅이 있음을 알리는 우주 초기의 특이점과 블랙홀의 특이점 그리고 우주 종말의 특이점을 예견하는 즉, 우주에 대해서 설명하고 말할 수 있는 상상적이고, 전설적이고 회의적인 우주가 아니라 과학적이고, 수학적으로 들어맞는 우주의 세계가 빛박사, 우주론의 아버지인 아인슈타인에 의해서 열리고 있는 순간이다.

※ 요약 : 엄청난 질량을 가진 천체는(지구, 태양, 별), 시공을 휘게 하는데 이곳이 중력의 발생원이며 중력이란 뉴턴의 당기는 힘이 아니라, 시공의 기하학의 발현이며 동일한 중력장에서는 동일한 운동과 동일한 가속도를 갖는다. 이 중력장은 빛 E인(E=질량(m)이므로) 별빛도 잡아당길 수 있다(너무 세게 잡아 당기는 곳이 블랙홀이어서, 빛도 빠져 나가지 못하는 곳이다. 평소에는 볼 수 없고 일식때 태양주위를 지나는 별빛에서 1.74초 정도 휘어지는 것을 볼 수 있을 것이다).

일반상대성이론은 낙하하는 엘리베이터의 사고실험에서 유추되었는데, 낙하하는 엘리베이터에서와 엘리베이터안의 사람과 그 손에 들린 사과가 둥둥 뜨는 것을 유추해 중력과 가속도(관성력)가 상쇄되어서, 사람과 사과가 바닥에 닿지 않는다. 그래서 중력과 가속도를 구별해낼 수 없으므로 서로 등가라는 등가원리와 일반 공변성 원리(변환시키면 뉴턴의 중력방정식이 나오는)를 기초로 하였다.

　모든 힘이 작용하는 중력의 힘은 아무런 힘이 미치지 않는(무중량계. 사람과 사과가 둥둥 떠있는) 것처럼 상쇄될 수 있다. 따라서 가속계의 역학과 중력이 작용하는 계에서의 물리법칙을 동일한 이론으로 기술할 수 있을것이다. 그리고 $9.8m/s^2$로 달아 올린 엘리베이터는 인위적인 중력장이 아니라 실재의 중력장으로 이곳에서 일어난 일로 우주에서 일어난 일을 유추할 수 있을 것이다.

　이렇게 만든 일반상대성이론의 논문을 살펴보면, 텐서, 수학자 리만의 음곡율의 기하학을 응용하여 중력장 방정식을 만들었는데, 이 방정식은 뉴턴의 중력장 방정식을 포함하고 있으며 그 외 E보존의 법칙도 지키는 방정식으로 빛의 휘는 것과 수성의 근일점을 설명함으로 끝을 맺는다.

3) 이 이론으로 예측할 수 있고, 입증된 사실들

  (1) 별빛도 중력장에서 휜다(1.74초 정도, 일식때, 1919년에 검증됨).

  ★ 여기서 빛이 중력에 의해 휠 수 있음을 설명할 수 있는 기전을 생각해
    보자

① 빛도 입자이므로 중력에 의해 영향 받을 수 있다.

② 별빛은 E를 나르는 빛으로 E=m(질량)이므로, 별빛의 질량도 중력장에
  서 휜다($E=mc^2$에서).

③ 어떤 질량을 가진 천체에 의해 시공이 휘어진 곳을 빛이 진행시 측지선
  (Geodesic Line;가장 최단거리)을 따라 진행할 때, 빛의 통로가 휘어진
  것처럼 보인다.

④ 강력한 중력장이 형성된 곳에서는 빛도 빠져나가지 못할 정도로 잡아당
  겨진다(블랙홀).

  (2) 질량이 매우 큰 물체의 표면에 있는 시계는 자유 공간에 있는 시계보
다 천천히 흐른다(미세하여 우리가 인식하지 못할 뿐이다).

  63층의 시계보다 1층의 시계가 더 천천히 흐른다(63층의 시계가 5분을
가리키고 있다면 1층의 시계는 4.999999분을 가리키고 있는 셈이다).

  (3) 수성의 세차운동에 의해 태양 가까이 접근하는 궤도가(근일점) 100년
마다 43초(각도로)씩 이동함을 예측했다.

  (4) 가속을 일으킨 거대한 질량으로부터 빛의 속도로 발산되는 중력파가
존재할 것이다. 그래서 초신성폭발 때 또는 쌍둥이별들의 연합시 이것을 검
측하기 위한 관측소가 있다(LIGO(Laser Interferometer Gravitational
wave Observatory)-레이저 간섭 장치로 중력파 관측소. 워싱턴 근교나

VIRGO: 이탈리아 피사 근교).

(5) 블랙홀, 빅뱅, 빅크런치 등이 일반상대성이론에 근거한 우주 방정식의 해를 구하는 과정에서 예견됨.

(6) 아인슈타인의 효과가 예견됨.

중력장에 의해 별빛의 스펙트럼선이 적색편이(Red Shift)한다. 중력에 의한 적색편이시는 흡수 스펙트럼선들의 폭이 매우 넓으나 우주팽창에 의한 적색편이시는 흡수 스펙트럼선들의 폭이 매우 얇다.

(7) 중력 렌즈 현상(효과)

강한 중력장이 렌즈의 구실을 하여 빛을 심하게 휘게 한다. 그 결과 먼 곳의 천체모습이 전혀 다르게 보인다. 이런 현상을 중력 렌즈 현상이라고 한다(아인슈타인의 십자가와 고리가 있다. 먼 천체의 상이 십자가와 고리처럼 보이는것).

4) 일반상대성이론의 사고실험

1905년의 특수상대성이론은 관성계에서만 적용되는 이론인데 현실세계는 완전한 관성계란 존재하지 않으며 가속계도 존재하고 있다(관성계 가속계). 그래서 아인슈타인은 관성계뿐 아니라, 가속계까지 아우를 수 있는 이론을 10여 년의 고심 끝에 찾아냈으며 이 일반상대성이론은 특수상대성 이론을 가속계까지 확대한 것이다. 그러려면 무엇이 문제인가? 도대체 중력(뉴턴의)을 어떻게 취급할 것인가? 이것이 제일 큰 문제였다.

이것의 열쇠는 자유낙하운동에 있는것 같았다. 그래서 그는 낙하하고 있는 엘리베이터와 그 안에서 사람과 그 사람의 손에 사과가 들려있는 상황을 생각하기 시작했다. 왜 사람과 사과가 공중에 둥둥 뜨는가, 낙하 도중 그들은 엘리베이터 바닥에 닿지 않는가? 갑자기 줄이 끊어진 엘리베이터는 중력 가속도 9.8m/s^2로 낙하하고 있다. 중력에 의해 계속 잡아당겨지므로 가속된다.

그렇다면, 중력과 가속도는 어떤 관계일까?

(1) 낙하하는 엘리베이터의 사고실험

①중력은 모든 물체에 작용하는 힘이므로 아무 물체에도 작용하지 않는 것처럼 상쇄될 수 있을 것이다. 엘리베이터 내의 사람과 사과는 둥둥 뜬다. 결국 중력계와 무중량계를 동일한 법칙으로 설명할 수 있을 것이다.

낙하하고 있는 엘리베이터

②중력과 무중량계에서 작용하는 관성력이(가속도의 본질이다) 서로 상쇄될 수 있을까? (관성력－물체를 가속시킬 때, 작용하는 겉보기 힘이다. 물체를 비로소 움직이게 하는데, 들어가는 힘의 양), 엘리베이터 내에서 사과를 위로 당기는 힘이다. 중력과 관성력(가속도)을 구별

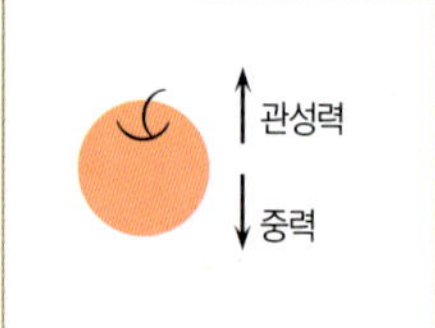

할 수 없다. 결국 가속계에 의해, 중력을 없애는 힘이 발생하였다.

가속도와 중력을 구분해낼 수 없다(엘리베이터 내의 사람과 사과－무중량계). 가속도와 중력은 무슨 관계인가? 가속도와 중력을 구분해낼 수 없다. 중력과 관성력이 등가이다(중력 질량과 관성질량이 등가이다).

그렇다면 이 등가원리로 가속계의 역학(운동)과 중력이 작용하는 계에서의 물리법칙을 동일한 이론으로 기술할 수 있을 것이다. 엘리베이터 안에 떠 있는 사과에 대해서 중력인지 관성력인지 구분할 수가 없다. 그런데 가속된 좌표계(가속계)에서는 일상적인 중력장에서 관찰되지 않는 여러 현상이 관찰되지 않는가?

a. 빛의 휘어짐 b. 시간의 느려짐 c. 별빛의 적색편이 현상 등이다. 이런 현상이 실지로 물체의 질량때문에 생긴 중력장에서도 일어날 수 있을까? 인위적인 중력장을 만들기 위한 그의 사고실험은 $9.8m/s^2$의 속도로 엘리베이터에 줄을 달아서 위로 잡아당기는 것이다. 가속효과와 중력효과가 똑같은 성질이지 않을까하고 추론해 가다가 결국 일상적인 중력장에서도 이런 현

상이 일어난다는 것을 입증하였다. 이런 현상은 너무도 미세하여 세밀한 관측이 아니면 발견하기가 어렵다. 인위적으로 만든 무중량상태의 엘리베이터 안은 실제의 중력장이지 않던가? 그 순간이 아인슈타인은 자기의 인생에서 가장 행복한 순간이었다고 했다.

요약하면 엘리베이터 낙하실험에서,

①먼저 엘리베이터 속의 사람과 사과가 무중량계(무중력 계처럼)처럼 둥둥 떴다. 이것은 가속도에 의해 중력이 사라진 것과 같다. 그래서 가속도와 중력을 구분할 수 없다. 여기서 가속도는 관성력이므로 중력과 관성력은 등가다.

②9.8m/s^{2}으로 끌어올린 엘리베이터 안은 인위적인 중력장이 아니라 실재적인 중력장이다.

③엘리베이터 안의 사과운동을 엘리베이터 밖에서 보면 어떻게 될까?

중력만 작용하는 곳에서는 동일한 가속도와 운동을 한다. 그래서 사과나 엘리베이터가 동시에 낙하하고 있다. 그 결과 사과는 엘리베이터에 대하여 정지한 것처럼 보인다. 지구라는 중력장에서 엘리베이터나 사람이나 사과가 동일한 운동을 한다.

∴ 서로에 대해 정지한 것처럼 보이므로(관성력↑ ↓중력 상쇄되어).

5) 일반상대성이론의 의의(중요성)

(1)우주를 비로소 수학적, 물리학적인 시각으로 보게 되었다. 이 이론에서 도출된 우주 방정식(1917년)에서 현대 우주론이 시작되었다.

(2)셀 수도 없는 별들(700해개 은하:1050억 개. 각 은하 당 1000억 개의 별을 갖고 있다)에게 별자리 이름이나(몇 백 개–몇 천 개정도) 좀 붙이고 행성들의 공전주기 정도나 계산하면서 일식, 월식, 혜성의 출현등을 예견하는 정도의 별 볼일 없는 별장난하던 인류에게 빅뱅, 빅크런치, 블랙홀, 우주팽창, 우주의 시작과 끝 등등, 우주 천문학의 엄청난 진보를 가져왔다. 우주도

물리적 변화를 겪을 수 있음을 천명했으며 우주가 시작과 끝이 있음을 입증한 이론이다.

(3) GPS 사업을 가능케 했다 – 현대의 방대한 한 산업을 가능케 했다.

특수상대성이론으로 위성의 시간을 일반상대성이론으로 위성위치가 조정되어야 지구위의 올바른 물체의 위치와 시간이 정확해진다. 인공위성의 빠른 속도 때문에(1만4천km/시간), 위성의 시계는 하루에 $7\mu\,sec$(마이크로 초):1/백만 초)씩 늦어지고 중력은 지상의 1/4 정도에서 위성의 시계는 $45\mu\,sec$씩 빨라진다(45-7)=$38\mu\,sec$. 하루에 $38\mu\,sec$씩 보정해 주어야 한다. 즉 하루에 11km의 오차가 생긴다. 아인슈타인의 상대성이론이 없었다면, GPS 사업도 없었다.

(4) 한 인간에 의해(물론 마르셀 그로스만의 수학적 도움이 컸다), 일식때 태양주변의 별빛이 1.74초 정도 휠 것을 예견한다든지 수성의 근일점이100년에 43초 각도씩 이동함을 계산해낸 정말 간결하면서 우아한 인류 역사상 전무후무한 이론으로 알려져 있다.

(5) 지금까지 발견되지 않았지만, 곧 발견될 천체인 블랙홀 등을 예견했다. 블랙홀은 별들의 시체로서 질량이 태양보다 20~30배 이상 가는 별들이 자체 중력붕괴하여 생긴다라고 하며 중력장이 강해 별빛조차도 빠져나갈 수 없어서 검은 구멍(Black Hole)으로 불리고 있다. 수많은 논문이 발표되었다. 최근에 이 방면의 권위자인 휠체어에 있는 아인슈타인으로 불리는, 영국 케임브리지의 스티븐 호킹이 X선, 자외선 등의 복사로 인해, 그리 검지만은 않을것이다고 했고, 이 블랙홀에서 E나 우주 쓰레기 처리장 같은 것도 추론하고 있다.

6) 일반상대성이론이 정립되기까지
(1) 12세 때 읽었던 기하학(유클리드의 대칭성 기하학)이 기초가 되었다.
(2) 1905년 특수상대성이론 발표 후, 가속계와 중력까지 포함할 이론에 고

심하게 됨(10년간).

(3) 1907년 아인슈타인은 빛이 중력에 의해 휜다는 충격적인 논문을 발표함. $E=mc^2$ 등가식에서 질량을 가진 빛E도 예외 없이 중력에 영향을 받는다.

(4) 1911년에 빛이 휘는 정도를 일식때 태양 옆을 지나는 별빛을 관찰함으로 빛이 휘는 정도를 잴 수 있다고 논문을 발표함.

(5) 1912년 취리히 연립공과대학 모교로 돌아와 동창생이며 공과대학 학장인 수학자 마르셀 그로스만에게 결정적으로 텐서대수와(Tensor Calculus)와 비유크리드 기하학인 리만의 기하학(Riemann)을 배우게 되고, 상대성 일반이론의 방정식을 위해 함께 몰두한다. 결국 등가원리와 일반 공변성의 원리를 갖춘 방정식의 추적에 몰입한다. 이때 두 사람은 후일의 일반상대성이론의 방정식을 찾아냈으나 간과해버렸다. 3년 후에 아인슈타인은 베를린 빌헬름 연구소에서 그 방정식을 다시 찾아내어 혼자 완성했다.

(6) 1914년 봄, 아인슈타인은 베를린대학 막스플랑크의 초청으로 베를린대학 교수와 카이저 빌헬름 연구소(후에 막스 플랑크 연구소로 바뀜)의 연구부장이 된다.

(7) 1915년 베르린대학의 빌헬름연구소에서 1년 동안 그 자신과의 싸움으로 10여 년간 고심해온 일반상대성이론의 방정식에 매달린다. 3년 전, 그로스만과 함께 생각했던 수식으로 되돌아가서 검토하는 순간 그 방정식이 공변적이어서 뉴턴의 중력방정식으로도 변환되며 별이 휘는 현상과 수성궤도의 변칙성도 잘 설명했다.

그 순간을 아인슈타인의 말을 빌리면 "심장이 터질 것 같은 희열과 인생에서 최대의 만족감을 느꼈던 순간이었다"고 했으며 1916년 초에 이 연구 결과를 독일 물리학 연보에 "일반상대성에 관한 공식"(The Formulation of the General Relativity) 이라는 제목으로 발표했다.

1-4-4 아인슈타인의 특수상대성이론과 일반상대성이론의 비교

특수상대성이론	일반상대성이론
1. 1905년에 발표함	1915년에 정립되어, 1916년에 발표함
2. 관성계에 적용되는 이론, 중력의 영향이 없는 곳, 즉, 관측자가 가속도운동을 하고 있지 않다는 조건을 충족시키는 경우에 적용	관성계나 가속계에 적용되는 이론으로, 더욱 일반적인 상황에 적용되도록 발전시킨 이론
3. 빛의 속도와 견줄만한 운동을 하는 원자세계와 같은 미시적 세계에 적용되는 이론	태양의 질량처럼, 큰 물체의 거대 우주 세계에 적용되는 이론
4. 빛의 속도로 우주를 여행한다면 무슨 일이 일어날까?의 사고 실험의 결과로 정립됨	낙하하는 엘리베이터의 사고 실험으로 정립됨
5. 핵심내용:시간, 공간(길이), 질량은 속도에 따라 변할 수 있다(상대론적 인수로 조정되어)	시간과 공간은 4차원의 시공연속체로 통합되며, 시공도(우주도) 물리학적인 변화를 겪으며, 시작과 끝이 있는 동역학적인 우주로, 빛도 중력에 의해 휠 수 있다. 중력은 그 물체가 있는 시공의 휘어진 곳으로, 중력장이라하며, 동일한 중력장에서는 동일한 운동과 동일한 가속도를 갖는다
6. 갈릴레오 상대성이론과 맥스웰의 전자기 역학 중, 광속도 불변의 법칙이 합쳐져서 정립됨	특수상대성이론과 뉴턴의 변형된 중력이론이 합쳐져서 정립됨

1-4-5 뉴턴과 아인슈타인의 비교

뉴턴	아인슈타인
1. 1642. 12. 24~1727. 3. 20 영국 링컨셔주의 울즈소프에서 출생하여, 런던에서 사망. 과학올림픽 : 은메달감 2. 가정환경과 일생 : 유복자(출생 3달전에 부 사망)로 태어나 3세 이후에는 할머니 손에서 크다가, 10세 때부터 어머니와 함께 어려운 환경에서 성장. 평생 독신으로 살았으며, 런던의 케임브리지 트리니티 칼리지의 교수, 하원의원, 조폐공사국장, 과학자로 최초로 영국기사학위를 받았음. 사망시까지 영국 왕립학회 회장	1. 1879. 3. 14~1955. 4. 18 독일남부도시 울름(Ulum)에서 출생하여 미국 프린스턴 대학병원에서 사망 과학올림픽 : 금메달감 2. 유대인 가정에서 2살 아래의 여동생(마야)이 있었으며, 아버지의 전기사업 실패로 어려운 환경에서 자람. 결혼, 이혼, 재혼을 경험하고 두 아들을 두었으며, 둘째 아들은 평생 병원에 입원함. 스위스 베른의 특허국 공무원, 취리히 연방 대학교 교수, 베를린 대학교수, 빌헤름 연구소 소장, 미국 프린스턴 대학 고등 연구소의 연구원 원자력위원회 회장으로 핵무기 철폐에 앞장섬. 이스라엘의 수상직을 제의받았으나, 거절함
3. 스승과 중요한 연도 : 이삭 배로우(Isaac Barrow) 교수에게서 신앙(기독교)과 수학, 광학 그리고 대학의 석좌교수까지 물려받음. 1666년에 페스트로 대학이 휴교하자 고향에 내려와 1년반 동안 쉬면서 중력법칙, 광학, 미적분을 정립한다. 에드먼드헬리의 도움으로 1687년에 프린키피아를 출간하고 1704년에 광학을 출간한다	물리학교수인 하인리히베버는 아인을 조교로도 채용하지 않고, 타 대학의 조교자리에 추천하지 않음. 수학교수-민코프스키 교수들에게 미움을 받은 아인:1905년에 스위스 베른 특허국의 공무원 재직시, 4개의 이론물리학을 발표하고, 1915년에 일반상대성이론을 정립함. 1919년에 일식때 그의 이론이 영국의 아서에딩턴이란 물리학자에 의해 입증되어 세계적으로 유명해짐(일식때 태양 주변의 별빛이 1.74초 정도 휠 것이다) 1917년, 우주 방정식과 유도방출이론. 1921년 노벨물리학상, 1933년 미국으로 망명

뉴턴	아인슈타인
4. 빛에 대하여 : (1) 빛의 입자설 주장(그림자를 가지고 설명) (2) 프리즘과 이중프리즘 통과실험으로 태양빛은 여러 파장을 가진 혼합광이다. 자연광의 7가지색 관찰 (3) 『광학』 책 출간 (4) 빛의 속도는 상대적이며, 광속은 빛의 확산속도일 뿐이며, 관찰자의 속도가 변하면, 빛의 속도도 달라진다 (5) 갈릴레오의 속도합산법칙이(A+B), 빛에서도 적용된다	1) 광전효과를 광양자가설로 성공적으로 설명하여 빛의 입자성을 입증함 (2) ①빛의 이중성 확립(파동이면서, 입자) ② 빛은 여러파장의 광양자들의 집합체 ③광속도 불변의 원칙확립 (3) 레이저 광의 발생 원리인 유도방출 이론 정립 (4) 광속은 공간과 시간 구조에 있어, 중요한 역할을 하는 불변의 상수로 우주의 기본 속도이며, 모든물체의 속도는 광속도 이하로 제한된다($E=mc^2$)중력장에서는 빛의 진로는 휘어진다 (5) $\dfrac{u+v}{uv}$ 아인의 속도합성 공식 $V=1+C^2$
5. 중력에 대하여 : (1) 잡아당기는 힘이라고 했고, 그 힘은 그 물체의 질량에서 나온다고 했다 (2) 중력의 수학적 크기를 제시하고, 방정식으로 나타냄 $F=G\dfrac{m1.\,m2}{r^2}$ (3) 중력은 무한대의 속력을 갖는다(애매하게 말함) (4) 중력은 원격 작용한다 (5) 중력과 관성력이 서로 상쇄되므로, 낙하운동시 질량의 차이에도 동시에 떨어진다	(1) 중력의 발생원은 그물체가 있는 바로 그 공간(시공)의 기하학의 발현이다 (2) 지구의 질량에 의해 시공이 휘어져 있어서 경사가 져 있으므로 낙하운동이 일어난다 (3) 시공이 휘어진 곳을 중력장이라고 하며, 동일한 중력장에서는 동일한 운동과 동일한 가속도를 갖는다(왜 질량이 중력을 만들어 내는지를 설명함) (4) 광속도로 진행하는 중력파가 있다 (5) 낙하운동은 시공이 휘어져 경사가 져 있으므로 일어나며 두 물체의 질량의 차이가 있더라도 동일한 가속도를 가지므로 동시에 떨어진다
6. 시간, 공간, 질량에 대하여 : (1) 뉴턴은 "고전역학"의 토대를 시간, 공간, 질량의 안정성과 불변성, 그리고 절대성 위에 세웠다	아인은 특수상대성이론에서, 광속이 불변이라면 관찰자의 운동상태에 따라 시간, 공간, 질량은 변할 수 있다(상대적이 된다). $E=mc^2$에서 E는 질량으로, 질량은 E로 전환될 수도 있다

뉴턴과 아인슈타인의 비교

뉴턴	아인슈타인
(2) 시간은 시간이고 공간은 공간이며 절대시간 "절대공간"의 개념을 이야기했다 (3) 시간이 모든계에서 보편적으로 흐른다 (4) 속도가 광속보다 훨씬 작은 일반 가시세계에서는 뉴턴의 시간, 공간, 개념이 적용된다	(2) 일반상대성이론에서는 시간과 공간이 4차원의 시공연속체로 통합되며, 시간과 공간은 절대적일 수 없으며, 절대적인 것은 광속이며, 시간과 공간은 상대적이다(변할 수 있다) (3) 아인은 보편적인 것은, 빛의 속도이며, 시간의 흐름은 계마다 다르다 (4) 광속에 가까이 이르면 아인의 특수상대성이론을 적용해야 하며, 시간의 흐름은 지연되고, 공간(길이)은 수축하고 질량은 커진다
7. 에너지에 대하여 : (1) E는 E이고, 질량은 질량이다 (2) 물체의 운동E는 속도가 0일때(정지시) 0이다 $$E=\frac{1}{2}mv^2$$	E=질량이 될 수 있고, 질량=E가 될 수 있다. 정지한 물체에서도 mc^2의 E가 있다 $$E=myc^2 \approx mc^2 \left(1+\frac{v^2}{2c^2}\right)= mc^2+\frac{1}{2}mv^2$$ 『아인슈타인과 뉴턴의 대화』책, P 209 참조 (하랄트 프리츠)
8. 우주관에 대하여 : 잘맞춰진 시계의 태엽처럼 예견할 수 있고, 합리적으로 돌아가는 기계 장치와 같은 우주를 생각함(후에 피에르라플라스의 과학적 결정론을 낳는다)	자연의 법칙을 다스리는 오래된 神(신)이 우주를 안정적으로 운영한다고 생각함(우주 안정론–우주팽창의 발견을 놓치는 발상으로, 그의 실수를 인정함)
9. 저서 : (1) 프린키피아(1687년) 『자연철학의 수학적원리』 (2) 광학(1704년) (3) 다니엘서와 요한계시록에 대한 고찰	(1) 특수상대성이론과 일반상대성이론에 관하여(대중 해설집) : 1916년 (2) 내가보는 세상(에세이) : 1934년 (3) 물리학의 진화 : 1938년

☆☆ 아인슈타인의 일생 (크게 3단계로 분류)

1. 출생 후, 학문을 배우는 단계 (출생–대학 졸업까지 21세~1900년).

2. 학문을 발표하는 단계 (1901년~1933년 미국 망명까지).

3. 학문을 연구하고, 세계적인 강연과 핵무기 폐기 운동에 주력~사망함
   (1934~1955년).

1. 학문을 배우는 단계

(1) 1879년 3월 14일 독일의 남부도시 울름(Ulum)에서 유대인 가정의 장남으로 태어나 1살 때 뮌헨으로 이사한 후, 초등학교를 가톨릭 학교(루이폴트 김나 지움)에서 배운다.

(2) 아버지와 삼촌 야곱은, 전기사업에 종사했으며, 삼촌은 어린 아인슈타인에게 수학과 물리학에 대하여 가르쳐 주곤 했다.

(3) 어머니의 권유로 바이올린을 배운 아인슈타인은 후에 바로크 3대 거장들의 곡을 연주할 정도로 음악적 재능도 있었다.

(4) 중, 고교를 다니는 동안, 수학과 물리는 뛰어나게 잘했으나 다른 과목은 그렇지 못하여 헬라어 선생으로부터 "너는 커서 아무것도 될 수 없다"는 핀잔까지 들었다.

(5) 12살에 우주의 신비를 풀겠다는 결심을 하며 13살에는 유클리드의 기하학 책을 보고, 독학을 했다.

(6) 가정교사인 맥스탈메이(뮌헨 의과대학생)로부터 고등수학, 고등물리, 철학 등을 배우고 토론하며 미적분학을 스스로 깨우친다.

칸트, 에른스트마흐, 흄 등의 철학서적도 읽는다(노후에 프로이드 정신의학자나 인도의 시인 타고르 등과 서신교제와 토론을 즐김).

(7) 부친의 사업실패로 가족이 이탈리아의 밀라노로 이사하고 학교 공부를 위해 아인슈타인은 독일에 남는다. 홀로남은 그는 고독하고 침울해져서 결국 뮌헨의 고교과정을 중퇴하고 가족과 합친후 스위스 아라우에 있는 칸

톤 슐레 고교를 졸업했다.

(8) 16세때부터 빛의 등을 타고 여행하는 꿈을 곧잘 꾸고 빛에 대해서 생각하게 된다.

①빛의 속도로 우주를 여행하면, 어떤 일이 일어날까?

②빛의 속도로 달리면, 다른 빛들이 멈춘 것처럼 보일까?

③왜 빛의 속도를 따라가지 못할까? 등등의 문제를 자문자답하면서 그의 머리는 빛에 대한 사고 실험장이었다.

(9) 대학 입학시험장에서 수학과 물리는 뛰어났으나, 다른 과목은 보통이었다. 취리히 연립 공과대학에서 수학을 전공한 친구 마르셀 그로스만(Marcel Grossman)을 만나고 시험공부시 노트를 자주 빌린다.

대학시절도 그랬듯이 후에 일반상대성원리를 정립할 때 이 학교 학장이 된 그로스만에게 텐서 수학과 리만의 기하학을 배운다. 장차 부인이 될 밀레바 마리치(유고의 세르비아계)와 함께 아인슈타인은 물리학을 전공한다. 그는 대학시절에는 그때까지의 물리학 지식을 주로 그들의 논문이나, 서적을 통해서 스스로 공부했다. 주로 맥스웰의 전자기파 이론과 흑체복사로부터 스펙트럼복사 공식의 연구에 열중했던 독일과학자, 키르히호프, 루드비히볼쯔만, 헬름홀츠, 막스플랑크 등에 대해서 스스로 공부했다.

(10) 1900년(21세)에 취리히 연립 공과대학을 졸업하고 직장을 찾으나 쉽게 구하지 못한다. 교수님들께 인정받지 못한 평범한 학생이었다. 그는 불행히도 뉴턴처럼 좋은 은사가 없었다(뉴턴은, 이삭 베로우교수가 있었다). 물리선생 하인리히 베버나 수학선생 헤르만 민코프스키(후에, 4차원의 연속체를 발표함–독일, 게팅겐 대학에서) 등에게 주의를 끄는 학생이 되지 못했다.

그의 일생에서 큰 의미를 부여할 수 있는 일은 대학 졸업 후 직장을 얻지 못하고 생계를 위해서 아르바이트를 했다는 점이다. 마우리케 솔로비네(Maurice Solovine)와 콘라드 하비히트(Conrad Habicht)라는 두 학생에게 수학과 물리학을 가르쳤는데, 방식은 주로 산책을 하면서 자유 토론하는 것이었다.

그들은 그 모임을 "올림픽 아카데미"라고 칭했다. 그 토론들의 주제는 전자기학, 역학, 열역학, 철학 등이었으며 뉴턴, 맥스웰, 푸엥카레, 마흐 피어슨, 밀 등의 저서를 공부했다. 비록 3명의 자유토론 모임이었지만, 후에 아인슈타인의 이론을 낳게 되는 산실이 된다. 그 자신도 말년에 그때의 모임이 일생을 통해서 가장 훌륭한 자유토론의 시간들이었다고 회고했다.

베리파커 교수의 표현을 인용하면(E=mc^2 상대적으로 쉬운 상대성이론의 저자 미국 아이다호의 주립 대학에서 30년간 재직한 물리학 교수),

"그 당시 아인슈타인의 머리는 아이디어들로 소용돌이 쳤고, 올림픽 아카데미는 아이디어가 무르익는 곳이었다. 아인슈타인은 "나에게 특별한 재능은 없지만 열정적인 호기심이 있었다"고 말한 적이 있다. 오직 열정적인 자율학습, 열정적인 사고실험, 열정적인 자유토론이 아인슈타인의 학창시절의 3박자였다. 오직 아카데미의 두 제자와 친구인 베소, 그들과의 자유토론은 한없는 그의 과학에 대한 잠재력을 온 우주에 미치도록 자라게 했으며, 이제 그의 잠재력이 폭발직전이었다."

2. 학문을 발표하는 단계 (1901~1933년, 미국 망명 때까지)

(1) 1901년, 친구 그로스만의 아버지(할러국장)의 추천으로 스위스 베른의 특허국에 공무원으로 근무하면서 틈틈이 종이와 연필로 끊임없이 쓰고 지우는 사고실험을 계속했다. 1905년 독일의 유명한 월간 학술지인 "물리학 연보"에 4편의 논문을 발표한다(3, 5, 6, 9월에). 그래서 1905년은 인류의 과학 발달사에서 가장 중요한 해중의 한 해로 기억되게 된다.

1) 첫 번째 논문(1905년 3월)

『빛의 발생과 변화에 관련된 발견에 도움이 되는 견해에 대하여』 "양자론"과 "광양자 가설"이라는 이론으로 그때까지 관찰은 하였으나, 아직 설명을 못하는 "광전효과 현상"(Photoelectric Effect. 실험실에서 학생들과 1887년에 하인리히 헤르츠가 처음 관찰했다. 아인은 1921년 이 공로로 노벨 물리학상 수상함)을 설명하고 빛의 입자 론을 입증하여 "빛의 이중성"(Duality-파동과 입자)이 비로소 확립되었다.

2)두 번째 논문(1905년 5월)

『정지 액체 속에 떠 있는 작은 입자들의 운동에 대하여』

19C에(1827년) 스코틀랜드의 식물학자 로버트 부라운이처음 관찰한 현상(현미경으로 보니 꽃가루가 움직이는 현상) 즉 브라운 운동(Brownian-Motion)이라 하는데 아직까지 누가 설명하지 못하고 있었다.

정지한 물위에 떠있는 먼지입자들이 움직이는 것은 물의 구성 원자나 분자에 먼지들이 충돌하여 움직인다. 이 논문의 의의는 물은 원자나 분자로되어 있으며, 그 분자의 크기를 계산할 수 있음을 제안했다.

3)세 번째 논문(1905년 6월 30일) "물리학 연보"에 실림.

『운동하는 물체의 전기역학에 대하여』-특수 상대성 이론으로 후에 불린다. "빛의 속도가 일정하여 불변이라면 시간, 공간, 질량은 시간의 흐름이 지연되고 길이가 수축하고 질량이 커질 수 있다. 시간과 공간이 기묘한 신축성을 지니고 있음을 증명해 보임으로 물리학적인 시간과 물리학적인 공간을 알게 한 이론.

4)네 번째 논문(1905년 9월)

『물체의 관성은 E의 함량에 의존하는가?』

물체의 관성이 그 E에도 영향을 받는가? 즉 물체의 관성은, 에너지와 어떤 관계에 있는가?

결론으로 아인슈타인은 $E=mc^2$ 이란, 그 유명한 세상을 바꾼 공식을 발표했다. 어떤 물체의 양이 갖는 E(에너지)는 그 물체의 질량에다 빛의 속도(C)를 제곱한 값을 곱한 값으로 구할 수 있음을 의미하며 적은 질량에서도 큰 E가 방출될 수 있음을 시사했다. (원자로)에너지=질량은 등가로 똑같은 것의 서로 다른 형태라는 사실. 물체의 에너지의 어떤 변화도 필연적으로 물체의 질량변화를 수반한다는 것을 의미하며 반대로 물체의 질량변화는 E의 흡수와 방출이 동반된다는 것을 의미한다(이것의 가장 궁극적인 예가, 핵분열과 핵융합에서의 E방출이다).

(2) 1907년 베른 특허국에 근무함. 이때 일반상대성이론의 출발점으로 중력의 발생원을 제안하고, 빛도 중력에 의해, 휜다는 놀라운 논문을 발표한다. 중력은 시공 연속체속의 질량의 존재에 의해 생긴 굽어진 장(Field)이라는, 일반상대성이론의 기초를 발표한다.

(3) 1911년 체코 프라하의 페르디난트 대학의 정교수가 되다. 이때 일식이 일어나면 태양 옆을 지나는 별빛을 관찰함으로 별빛이 휘는 정도를 잴 수 있다고 발표함(즉 일식때 별빛의 굴절을 예견했다. 1.74초 정도).

1912년, 취리히 공과대학으로 돌아와(모교) 학장이며 친구인 마르셀 그로스만(수학교수)과 함께 일반상대성이론의 방정식을 함께 연구하며 텐서수학과 리만의 비대칭성 기하학을 그로부터 배운다.

1914년 베를린 대학 교수와 빌헬름 연구소의 연구원이 됨.

(4) 1915년 혼자서 일반상대성이론의 방정식을 정립하고 1916년에 '독일 물리학 연보"에『일반상대성에 관한 공식』을 발표한다.

(5) 1917년 우주 방정식(일반상대성이론＋뉴턴의 중력이론)을 발표하고 카이저 빌헬름 연구소의 소장이 된다.

"유도 방출이론"(Stimulated Emission)을 발표하여 후에(1960년 마이만이 레이저 발명) 레이저 광(光)이 출현한다. 위상이 같고 방향이 같고 파장이 같은 광자가(빛), 물질에서 발생할 수 있음을 뜻하는 이론이다.

(6) 1919년 아내 밀레 바와 이혼하고 사촌인 엘 자와 베를린에서 재혼한다. "아서 에딩턴"의 입증으로(일식때 별빛이 휘는 정도), 아인슈타인은 드디어 세계적 명사가 되어 학계와 언론계는 물론 여러 나라를 순방하며 강연과 특강을 하게 된다.

⑺ 1921년 노벨물리학상 수상(수상은 1922년에). 상대성이론 때문이 아니라(왜냐면 그 당시 그 이론을 제대로 아는 자가 드물었다), 광전효과를 성공적으로 입자론(에너지 광양자 가설)에 입각해서 설명한 공로로 노벨상을 받는다(그동안 노벨상 대상자로 8번이나 지명되었다가 거절당했다). 그는 이때 받은 노벨 상금을 모두 밀레바에게 송금한다.

⑻ 1925년 12월 네덜란드 레이던에서 "물리학 회의"가 열렸을 때, 아인슈타인과 닐스 보어는 "양자 역학"의 해석을 놓고 긴 논쟁을 하므로 이후 둘 사이의 논쟁이 시작되었으며 세계적 관심을 끌었다. 인도의 물리학자 보스와 "보스-아인슈타인 응축 이론"을 발표한다.

1927년 제5회 솔베이 물리학, 화학 국제회의(주제:전자와 광자)에서도 아인슈타인과 닐스 보어는 양자역학의 본질을 놓고 격렬한 논쟁을 하므로, 과학자들을 긴장시키고, 큰 관심거리로 만들었다.

그 내용을 요약하면 이렇다, 닐스 보어는 "양자역학"에서 전자의 위치를 확정할 수 없으므로, 확률로만 표시할 수 있다(코펜하겐 해석으로 알려짐). 아인슈타인은 우리가 모르기 때문이며, 전자의 위치도 확정할 수 있다(한 전자의 E를 알면, 반전자의 E는 자명해지지 않는가?(EPR패러독스).

골목안에 가축의 우리가 있는데(위치), 그곳의 50%가 소이고 50%가 양이라고 가정하면, 닐스 보어는 소나 양이 골목길로 나올 때, 확률적으로만 표시할 수 있어, 각각 소나 양이 발견될 확률은 50%라고 했고, 아인슈타인은 골목에서 발견될 때, "양" "소" "소" "양"하고, 확정된 개체로 발견되므로, 그 무엇이 해결되면(과학이 발전하면),해결될 것이다. 충분한 내용이 되지 못할지 모르겠다.

내가 대충 깨달은 정도는 이 정도일 뿐이다. 그 후로도 회의 때마다 둘과의 학문적인 격렬한 논쟁은 지속되어 결국 "코펜하겐 해석"으로 알려진 닐스 보어의 확률적인 해석을 많은 과학자들이 보편타당한 해석으로 받아들였다. 우리의 주인공 아인슈타인은 이때 명언을 남기게 되는데 "신은 우주

만물을 대상으로 주사위놀이를 하지 않는다"며 그는 확률적으로만 표현되
는, "양자역학"을 못마땅하게 생각했다.

※ 솔베이 회의

독일의 물리 화학자인 헤르만 네른스트(Hermann Nernst. 1864~1941)
와 솔베이(Ernest Solvey. 1838~1922. 공업화학자로 부호였다)가 제안한
물리학 및 화학에 관한 국제회의로 1911년 벨기에의 수도 브뤼셀에서 열렸
다. 1924년부터는 정기적으로 3년마다 열렸다.

3. 학문을 연구하고, 세계적 강연과 핵무기 폐지운동에 앞장서다

(1) 1933년 독일의 나치정부가 들어서고 유태인을 학살하고 핍박함으로
아인슈타인은 독일 시민권을 포기하고 미국으로 망명하여 독일로 돌아가
지 않는다.

그 후에 미국 프린스턴 대학 고등연구소의(아인슈타인-유태인, 닐스 보
어 유태인, 엔리코 페르미-그의 부인 유태인, 막스 보른-유태인, 라우에-
유태인, 리즈 마이트-유태인) 교수로 임명되어, 약 20여 년 이상을 이곳에
서, 1922년부터 연구에 몰두한 "우주안의 모든 것의 작용을 지배하는 법칙"
(일명 통일장 이론)의 연구에 몰두한다(GUT : Grand Unified Theory).

① 전자기력 + 약한 핵력 → Electro - Weak force (전기약력)

② 전자기력 + 약한 핵력 + 강한 핵력 - GUTs (대통일장 이론)

③ GUTs + 중력 → TOE (Theory of Everything (만물의 법칙)

(2) 1935년, 프린스턴 고등연구소의 공동 연구자인 포돌 스키, 로젠 등과
함께, EPR 패러독스로 알려진(Einstein-Podolsky-Rosen Paradox), 「양
자 역학에 의한 물리적 현실의 기술은 완전하다고 할 수 있는가?」라는 논문
을 〔피지컬 리뷰 〕잡지에 발표했다. 동 잡지에 "슈뢰딩거의 고양이 패러독
스 논문"도 실리게 되어 양자역학의 물리적 기술이 불완전함을 주장했으
나, 그 해에 닐스 보어는 반박문을 발표하여 "양자역학의 기술"은 완전하다

고 주장했다.

(3) 1939년 페르미, 실라르드, 위그너, 텔러 등 당시 유럽에서 미국으로 망명한 세계적인 물리학자들이 미국의 루즈벨트 대통령에게 원자폭탄 개발계획(맨해탄 프로젝트로 알려진)을 건의하는 편지에 독일의 개발을 우려하여 아인은 유명인사로서 함께 서명을 한다.

이어서 1942년부터 이 맨해탄 계획은 미 육군 준장인 레슬리 그로브스장군의 책임아래 물리학자로는 시카고 대학의 아서 콤프턴 교수와 실무적 책임자인 로버트 오펜하이머와 그 외 많은 과학자들에 의해 한편의 영화처럼 긴장되고 좌절하고, 놀라고 기뻐하는 역사적인 계획이 펼쳐진다. 그 결과로 1945년 8월 6일 오전 8시 15분 일본 히로시마의 570m 상공에 "Little Boy"로 불리는 우라늄 핵분열 폭탄이 B-29 에놀라게이호 폭격기에 의해서 투하되고 1945년 8월 9일 오전 11시 2분에 일본 나가사키 상공에 "Fat Man"으로 불리는 플루토늄 핵분열 폭탄이 B-29 복스카호 폭격기에서 투하되므로 20여만 명의 사망과 30여만 명의 부상, 50여만 명의 인명살상을 초래하여 일본의 항복으로 1945년 8월 15일 제2차 세계대전은 종지부를 찍는다 (1939년 독일의 폴란드 침공으로 시작되어).

(4) 1946년 아인슈타인은 핵과학자들로 구성된 "원자 과학자 비상회의"에서 "원자력 위원회 의장"으로 선출되어 핵무기 개발중지와 핵무기 사용폐지를 위해 국제적 운동에 앞장선다.

(5) 1952년 이스라엘 수상직을 제안 받지만 사양하고 "정치는 일시적이나 수학 방정식(과학)은 영원하다"는 명언을 남겼다.

(6) 1955년 캐나다 퍼그워시에서 "퍼그워시 선언"을 발표한다.(아인슈타인-러셀 선언으로 알려짐): 핵무기 폐지운동에 관한 선언이다. 이것이 그가 죽기 직전까지 행한 일이다.

(7) 1955년 4월 18일: 프린스턴 대학 병원에 가슴통증으로 입원하여 동맥류 파열로 사망한다. 그는 병석에서도 4월 17일 오랜 동료인 오토나단(Otto

Nathan)에게 "통일장 이론"에 대해 얘기했다고 한다. 우리에게 시사 하는 바가 크다고 하겠다. 그가 사망 후 그의 유언에 따라 그를 화장하고 델라웨어 강에 뿌려지고 그의 뇌 일부가 연구용으로 채취되어 한 때 신문의 지면을 채웠다. 그의 평생의 여비서는 헬렌 두카스였다.

그의 일생의 논문은 350여 편이었고 연설은 200여 회였으며 그의 저서로는 ①특수성-일반상대성이론에 관하여-대중 해설집(1916년). ②내가 보는 세상-에세이집(1934년). ③물리학의 진화-1938년.

♣ 아인슈타인의 2가지 허(虛)

(1) 1915년에 정립한 일반상대성이론의 우주론 방정식(1917년)에서 그 해들이 우주를 역동적인 상으로 보이게 했다. 그는 "우주가 정적이다"라고 생각해왔으므로, 그 방정식에 「우주 상수항」을 집어넣어 우주가 안정되고 평안한 상태가 되게 했다.

그가(1917년) 「우주 상수항」을 집어넣지 않고 연구했더라면, "우주팽창"을 아인슈타인이 제일 먼저 예견했을 것이다(허블이 1927년발견). 그는 이것이 자신의 일생에서 큰 실수라고 시인했다. 그러나 오늘날 이 「우주 상수항」은 여전히 사용되고 있다. 천재의 실수는 실수도 아닌가?

(2) 1925년에 아인슈타인은 자신의 일반상대성이론을 일반화할 수 있는 방법에 대해 검토하다가 대칭적인 부분과 비대칭적인 부분이 있음을 알았고 비대칭적인 이론의 방정식에 매달렸으나 이 방정식에서 입자들이 나오지 않아 크게 실망했다.

그러나 대칭적인 이론의 방정식에서는 그 이론이 거울상 입자들을 예측했으나 그때 당시로는 생각할 수도 없어서 간과해버렸다.

후에 폴 디락이 "양자파동 방정식"에서 전자와 양전자를 예측해서 모든 물질은 입자와 반입자로 되어있음을 예측하고 1932년에 칼 엔더슨이 양전자를 발견하므로 모든 물질은 그에 따른 거울상 입자가 있는 것으로 알려져 입자-반입자 이론이 정립되었다. 아인슈타인은 이 거울상입자 이론을 예견할 수 있는 근처까지 갔으나 놓친 셈이다.

☆ 아인슈타인의 어록

1. 나는 천재가 아니라 남이 갖지 않는 열정이 있었을 뿐이다.

2. 물리학 지식을 어린아이에게도 설명할 수 없다면 아직 확실히 안 것은 아니다.

3. 우리가 경험할 수 있는 가장 아름다운 것은 신비함이다.

4. 신은 만물을 상대로 주사위놀이를 하지 않는다.

5. 우리가 그곳을 쳐다보고 있지 않을때에도 과연 달은 그곳에 떠 있을까?

6. 모든 진실한 예술과 과학의 원천은 신의 계획을 찾는 것이다.

7. 정치는 순간이고 방정식은 영원하다(이스라엘 수상직 제의를 거절하면서).

8. 왜 하늘은 파랄까?

9. 과학은 인류의 평화를 위해 쓰여져야 한다.

10. 내 팔뚝에는 손목시계가 하나도 없지만, 나는 이 우주에 관측자의 수만큼 수만 개의 시계를 놓을 수 있다.

11. 죽음을 면할 수 없는 우리 인간의 운명은 얼마나 기이한가?
    우리는 여기 잠간 머물다 갈뿐이고, 무슨 목적을 위해 살다가는 지도 모른다. 줄곧 나의 길을 밝혀주고 인생을 즐겁게 바라보도록 새로운 용기를 주었던 이상들은 친절과 아름다움 그리고 진리였다.

12. 내생애에서 저지른 가장 큰 실수는 루즈벨트 대통령에게 원자폭탄을 만들도록 촉구하는 편지에 서명한 것이었다―라이너스 폴링(생화학자―Hb구조를 밝힌 사람)에게.

13. 자연과학이 없는 종교는 눈먼 것이고 종교가 없는 과학은 무력하다.

14. 시공이 질량에 의해 휘어져 있다는 자신의 이론을 설명하면서 쉽게 이렇게 표현했다「눈먼 개똥벌레가 오렌지 표면을 걸으면서, 그 표면을 평면이라고 생각한다」.

15. "상대성이론을 가장 쉽고, 짧게 설명한다면 어떻게 말할 수 있는가?"라
는 어느 기자의 질문에 「시간과 공간과 중력은, 물질과 별개의 존재가
아니다」고 했다.

(1) 고대희랍의 데모크리토스, 원자론(B.C : 400여 년)

(2) 앙투앙 로랑 라부아지에(A.D 1743~1794), 프랑스
   "1772년 경에 원소정의" 근대화학의 아버지

(3) 죤 달톤의 원자론 복귀
   "1803년, 기체는 원자로 됨"

(4) 아보가드로 의 분자

(5) 1867년, 멘델례프의 원소주기율표

(6) 1885년, 요한 발머의 수소 기체의 스펙트럼선들의 파장공식

(7) 1895년, X-선 발견 – 빌헬름 뢴트겐

(8) 1897년, 조셉 톰슨의 전자 발견

(9) 1904년, 나가오카 한타로의 전자가 궤도에서 회전

(10) 1911년, 러더포드의 원자핵 발견

(11) 1913년, 닐스 보어의 "원자 모형 모델 확립"

(12) 1920년, 양성자 명명(러더포드)

(13) 1932년, 제임스 체드윅의 중성자 발견

I. 아홉 번째 기둥

원자 모형

어니스트 러더포드(Ernest Rutherford. 뉴질랜드. 1871~1937)
닐스 보어(Niels Handrick David Bohr. 덴마크. 1885~1962)

현대 과학시대를 대변하는 한 단어가 있다면 그것이 무엇일까? 미국 칼텍의 물리학 교수인(물리학을 가지고 놀 정도로 강의가 뛰어난 교수), 리챠드 파인만은 "원자"라고 말했다. 고대희랍에서부터(학문의 발생초기에) 인류의 자연과학사 이래로 "빛"(광자)과 함께 각 시대마다 빠지지 않고 연구 대상이된 원자의 기본구조가 밝혀진 것이 자연과학사의 아홉 번째 기둥이다.

그 기둥을 세우기 위해서 여러 과학자가 헌신했으며 그 중 2명의 중심인물을 보게 되는데 러더포드와 보어이다. 박테리아나 세포는 500개가 대략 1cm(20㎛)이며 가시광선 파장은 2만 배가 1cm정도이다. 원자는 1억 개가 1cm쯤 된다고 하니 그 미시세계를 항상 염두에 두고 원자구조를 생각해보자.

현미경을 통해 박테리아나 세포는 육안으로 직접 볼 수 있지만 원자는 직접 볼 수 없으며 특수현미경인 장이온 현미경 주사, 터널링 현미경 등을 통해 그 형체를 어렴풋이 이해하는 정도이므로, 원자의 구조에 대해서 우리가 그 이미지나 개념을 갖기 어렵고 집중된 끊임없는 사고실험을 요한다.

그런데 결국 이 원자의 구조가 빛의 연구 결과로부터 밝혀지게 된다. 즉 빛이 원자구조를 알게 해준 것이다. 이것을 3가지로 요약하면 다음과 같다.

①각 원소에서는 고유 X선의 파장을 방출한다. 그러므로 X선의 파장을 구하면 그 원소를 알수 있다(X선 파장을 구해 닐스 보어의 관계식에 대입

하여 원소의 양전하량(양성자수)을 구해 헨리 모즐리는 1번~92번 우라늄까지 배열시킨 셈이다).

②에너지 양자화(맥스 플랑크)와 광양자의 양자화(아인슈타인)를 통해서 원자 내의 전자궤도의 E양자화를 유추하여, 원자내 전자궤도의 구조를 설명함으로, 원자모형 확립.

③X선 회절을 이용해 라우에, 헨리브레그, 로렌스브레그 등은 결정체의 원자적 구조를 이해했다. 이제 인류는 원자구조를 잘 이해할수록 반도체, 자성체, 초전도체 등 새로운 종류의 고체물질들을 개발해낼 수 있었다.

"원자모형확립"까지의 역사를 한번 함께 살펴보자.

데모크리토스와 고대 희랍 과학자들은 물질을 더 쪼갤 수 없는 상태가 있는데 그것을 Atom이라 했으며 물, 불, 공기, 흙, 에테르 등을 원소라 불렀다(B.C 4,000년경). 1772년에 프랑스의 변호사이며 근대 화학의 아버지로 불리는 앙투앙로랑 라부아지에는 20여 종의 원소를 정리하고 화학적인 처리를 통해 더 간단한 물질로 분해되지 않을 때만 원소로 간주했다.

이제 물은 원소가 될 수 없었다. 물은 수소와 산소의 화합물로 밝혀졌기 때문이다. 1803년에 영국 맨체스터 대학 뉴칼리지의 수학과 자연과학 교수인 존 달톤은 상대적인 원자량표를 만들고 화학적인 원소의 개념을 피력했으며 원소들은 원자로 되었고 2가지 이상의 원소(원자)들이 단단히 결합할 때 화학결합이 일어난다고 했다.

1811년 이태리의 아보가드로는 원자들의 결합인 분자의 개념을 발표했다. 1869년 러시아의 상트페테르부르크 대학의 화학교수였던 멘델레프는 그때까지 밝혀진 63종의 원소들을 원자량의 순서로 배열해 원소주기율표를 작성했다.

1879년의 윌리엄 크룩스가 진공관(크룩스관)에서 빛의 발생을 목격하고 1895년 독일의 교수인 뢴트겐은 크룩스관의 실험중 X선을 발견하고 의학의 진단에 혁명을 가져왔으며, X선은 원자구조를 결정하고 소립자의 발견을 가져온다.

1897년 영국 케임브리지 케번디시의 죠셉 톰슨(Joseph J Thompson : 영국 1856~1940)은 크룩스관(음극선관)에 자석을 들이대므로 음극선의 흐름이 휘어지는 것을 관찰하고 전자(이름은, 페리칸이 명명)를 발견했다.

원자보다 작은(원자질량의 1/1800 정도) 아원자 입자인 전자 발견으로 원자속에 음전하를 띤 물질의 존재는 원자의 구조에 모든 과학자들의 시선을 집중시켰다. 원자 내에 음전하입자가 있다면 양전하입자는 무엇일까? 이어서 톰슨은 케익에 건포도가 점점이 밝혀 있듯, 원자내에 전자가 점점이 밝혀 있는 "건포도 푸딩모양"의 무핵원자 모형을 제안했다. 비록 참모습은 아니었지만 원자모형을 밝히는 그 서막을 열었다.

1904년 일본 물리학자 나가오카 한타로는 원자내의 전자들이 토성의 고리처럼 궤도를 돌고 있다고 주장했다. 이제 역사는 무르익어 2명의 주인공을 해외에서(뉴질랜드와 덴마크) 케번디시 연구소는 부르고 있었다.

≪어니스트 러더포드. Ernest Rutherford≫ 1871~1937

영국계 뉴질랜드 이민 농촌 가정 출생.

1895년, 24세로 케번디시 연구소의 물리학 연구원으로 J.J 톰슨 밑으로 왔다(케임브리지의 케번디시연구소가 해외에서 받아들인 1호 연구원).

1897년, J.J톰슨의 전자 발견을 목격함.

1898년, 27세로 캐나다 맥길대학의 물리학부 학장으로 임명됨. 젊은 화학자 프레데릭 소디와 함께 방사선을 연구한다.

1907년, 영국 맨체스터 대학, 물리학 교수로 임명됨.

1909년, 방사선의 α 붕괴와 β 붕괴를 발견했으며(α선:헬륨의 핵, β선:전자) 노벨화학상을 수상했다("방사선 방출에 의한, 원소 변환에 대해서"의 업적으로).

1911년, 조수 E 마스덴(E Marsden)과 한스 가이거와(Hans Geiger. 가이거 계수기 발명) 함께, 원자핵 발견.

1920년, 양성자 발견(Proton 명명).

원자 모형의 첫번째 주인공인 어니스트 러더포드는 1895년에 뉴질랜드의 정부 장학금으로 영국 케임브리지의 케번디시 연구소의 첫 해외 연구원으로 오게된 물리학도였다. 그는 그곳에서 J.J톰슨의 지도를 받는다.

그곳에서 1897년에 J.J톰슨의 전자발견과 "건포도 푸딩 원자 모형"의 지식을 가까이서 목격하게 된다. 빛은 자석에 반응하지 않는데, 음극선의 광선중에는 질량을 가진 아원자입자인 소립자가 포함되어 있고, 그것이 전자로 알려진 것이다. 전류란(전기란), 바로 이 전자의 흐름이다.

1898년, 러더포드는 27세의 젊은 나이로 캐나다 맥길대학의 물리학부 학장으로 부임하여, 젊은 화학도 프레데릭 소디(Frederick Soddy. 영국. 1877~1956)와 함께 방사선을 연구한다. 프레데릭 소디는 후에 "동위원소" 개념을 밝힌 화학자이다. 그들의 연구결과로 3가지 결론을 얻는다.

①작은양의 물질에 막대한 에너지가 들어 있다.

②방사선 원소가 붕괴되면 다른 원소가 된다(연소와 핵분열, 핵융합과 근본적인 차이).

③방사선 원소는 일정한 시간이 지나면 질량이 반으로 줄어드는 반감기가 있다(방사성 원소의 반감기로, 연대를 측정하는 것이 가능하게 되었다).

(예) C-14의 동위원소의 반감기:5천 7백만 년 U-238의 반감기:46억년

1907년 러더포드는 영국으로 돌아와 영국 맨체스터대학의 물리학 교수가 된다. 1908년 방사성 원소의 α—붕괴와 β—붕괴를 관찰하고 α선과 β선도 발견한다. 그리고 "방사선 방출에 의한 원소변환에 대해서"의 공적으로 노벨화학상을 수상한다.

1911년 조수 마스덴, 한스가이거와 함께 역사적인 원자핵을 발견하게 되

는데 러더포드는 그 당시의 일을 "그것은 내일생에 일어난 일중에서 가장 믿기어려운 일이었다. 그것은 마치 당신이 15인치 대포알을 얇은 종이에 대고 쏘았는데 대포알이 튀어나와서 당신을 친 격이었다"고 기록했다.

그들은 α-입자로 금박종이를 때릴 때 8천 번에 1번 꼴로 α-입자가 다시 튕겨져 나왔다. 원자속에 단단한 그 무엇이 있었다. 그것이 바로 원자핵이다. α-입자(헬륨의 핵)를 튕겨져 나오게 할 수 있는 단단한 부분이 원자내에 있다. 원자에 핵부분이 있음을 발견한 것이다.

1912년에 러더포드는 맨체스터 문학 철학협회에 원자핵을 발표했다.

1913년에 닐스 보어가 "전자궤도"를 안정성 있게 설명하여 「러더포드-보어의 원자모형」을 확립한다.

1920년에 러더포드는 음전하를 띤 전자와 균형을 이루기위해서 양전하를 띤 입자가 원자핵에 있는데 그 입자를 양성자(Proton)라고 명명한다.

1932년에 제임스 체드윅이 원자핵내의 중성자를 발견함으로 전자발견 후 35년 만에 원자의 구조가 알려지게 되었다. 그러나 러더포드의 원자핵 이론의 문제가 알려지게 되었다. 이제 원자핵의 양전하와 균형을 이루고 있는 음전하의 전자가 나가오카 한타로가 말한대로 원자내의 궤도에서 돌고 있다면(원운동) 결국에는 돌고 있는 전자가 E를 잃어 핵과 충돌하게 될 것이므로, 물질의 원자는 존재할 수 없게 된다. 그렇다면 어떻게 원자내에 전자가 위치해 있으며 그 안정성은 어떻게 유지되는가? 이 문제를 해결할 사람을 시대는 요구하고 있었고 그는 덴마크로부터 왔다.

≪닐스 보어. Niels Handrick David Bohr. 덴마크. 1885~1962≫

· 1885년 10월 7일 코펜하겐 대학의 생리학 교수와 유태인 어머니사이에서 코펜하겐에서 출생함.

· 1911년 코펜하겐 대학에서 물리학 박사학위를 받고(금속의 전자이론 논
  문으로) 영국 케임브리지 대학의 케번디시 연구소의 연구원으로 J.J톰슨
  밑으로 들어간다.

  ↓

· 1912년 3월 톰슨의 "무핵 건포도 푸딩 원자모델"에 문제점이 많고 톰슨
  과 코드가 맞지않아 맨체스터 대학교로 가서 러더포드와 함께 연구함 (러
  더포드의 원자핵 강의를 듣고 감동됨).

  ↓

· 1913년 3월 1년만에 "러더포드−보어"의 원자모형을 확립하여 〈철학 잡
  지〉 7, 8, 11월호에 발표함.

  ↓

· 1917년 대응원리로→양자역학의 상보성원리 확립→행렬역학 확립.

  ↓

· 1921년 코펜하겐 대학은 보어를 위해서 대학내에 「보어 물리학 연구소 」
  를 설립한다.

  ↓

· 1922년 노벨 물리학상 수상.

  ↓

· 1925~1927, 1925년 네델란드 라이덴의 국제물리학협의회와 1927년 제5
  회 솔베이 국제 물리학 화학회의에서〈양자역학의 본질에 대해서〉 아인
  슈타인과 논쟁하며 이후로 논쟁은 계속됨(거의 17여년간). "코펜하겐 해
  석"정립.

  ↓

· 1939년 1월 "워싱턴 물리학회 총회"에서 연구원 로버트 프리쉬로부터 리
  즈 마이트너의 「우라늄 핵분열」에 대해서 전해듣고 「원자핵 분열」을 발

표함으로 핵분열이 세계 과학자들의 이슈가 됨.

↓

· 1943년 미국으로 망명하여 늦게나마 맨해탄 프로젝트에 참여함.

덴마크 출신중 세계적으로 널리 알려진 이름은 어린이 동화작가인 "안데르센"과 실존주의 철학자 "키에르 케고르"(신 앞에 단독자의 모습으로 홀로 서라!) 그리고 이론 물리학자인 닐스 보어이다. 닐스 보어는 1885년 10월 7일 부유한 환경과 지적인 집안에서(코펜하겐시) 태어났다. 그는 코펜하겐대학에서 "금속의 전자이론" 논문으로 박사학위를 취득한 후 1911년(26세) 전자를 발견한 J.J톰슨이 있는 영국 케임브리지의 케번디시(연구소)연구원으로 유학을 왔다.

그러나 지도교수인 죠셉 톰슨과 성격도 맞지 않고 톰슨이 주장한 "무핵원자 건포도 푸딩모형"도, 학문적으로 호감이 가지 않는 터에 러더포드의 원자핵 강의를 듣고 감명을 받아 그가 있는 맨체스터 대학으로 공동연구를 위해서 1912년에 옮기게 된다.

1911년에 "원자핵"을 발견한 러더포드는 원자의 구조에 대해서 모든 전하나 질량이 원자핵에 집중되어 있고 음전하를 띤 전자가 원자핵주변에 구형으로 균일하게 분포되어 있다고 발표했다. 그러나 그의 주장에는 불안정한 요소가 있고 2가지 정도의 의문을 아직 설명할 수 없었다.

그것은 원자핵주위에 전자가 정지해 있다면 양성자인 질량에 1/1800 정도밖에 않되는 전자는 원자핵으로 빨려갈 것이고, 전자가 원자핵주위를 회전한다면 핵중심을 향해 일정한 가속도를 갖게 되고 맥스웰의 전자기방정식에 의하면 가속운동을 하는 전하는 E를 방출하고 나선형의 운동을 하면서 핵으로 끌려가 붕괴될 것이다.

그런데 원자가 붕괴되지 않고 유지되는 이유는 무엇인가? 바로 핵심은 이것 이었다. 1912년 러더포드는 케번디시연구소에서 만났던, 닐스 보어에게 강한 인상을 받고 맨체스터로 오도록하여, α-입자를 원자에(금박지의 금원자에) 쏘아 산란된 α-입자를 통해 원자핵에 대한 연구실험을 함께 하도록 했다. 원자구조를 밝히는 일은 가장 간단한 원소인 수소에서 나오는 불연속적인 스펙트럼선들을 연구하고 분석하는 데에 그 핵심이 있었다.

고전 전자기이론과 전자가 원자핵 주위를 마치 행성처럼 공전한다는 모델에 따르면 전자는 핵주변을 공전하면서 E를 잃어 핵속으로 파묻혀야 했다. 그런데 그 같은 일이 일어나지 않았다. 2년도 채 안된 시간에(러더포드를 만난시간) 원자내의 전자궤도가 양자화된 궤도로 허용된 궤도에서만 전자가 돌고 있다는 보어의 원자모형이론은 새로운 신비를 밝히는 좋은 출발점으로 작용했지만, 고전적인 이론물리학자들을 설득하는데는 오래 걸렸다(1913년에 발표하여 1922년에 노벨 물리학상 수상).

닐스 보어는 다음과 같은 사고실험을 했다.

1) 러더포드의 원자핵이론에서 원자핵과 전자의 불안정성을 어떻게 해결할 것인가?

2) 플랑크의 에너지 양자화와 아인슈타인의 빛의(光子) 양자화(합해서 플랑크, 아인슈타인의 양자론)를 원자에 적용할 수 없는가?

3) 에너지와 光子가 "양자"라고 부르는 불연속적인 에너지 양들로 이루어져 있다면 이러한 양자화는 모든 에너지들의 근본적인 성질이 아닐까?

4) 물질에서 빛이(光子) 들랑(흡수). 달랑(방출)할 때 "양자적" 충격적인 형태로만 이루어지는 것과 뜨거운 물체속에서 진동자(원자적단위에서의 진동을 할 때)가 E를 주고받을 때 양자라는 뜨거운 형태로만 이루어지(맥스플랑크)는 것은 원자핵주변의 전자궤도의 에너지구조가 그렇게(양자적 형태) 생겼으므로 일어나는 것은 아닐까?

5) 원자핵 주위를 도는 고정된 전자궤도는 고정된 E량을 가지고 있을까?

이런 질문에 답할 수만 있다면 원자내부의 불안정성을 안정성으로 설명할 수 있을텐데! 보어는 1912년 여름에 결혼했으나, 신혼여행도 취소하고 이 문제에 매달렸다. 1913년 2월까지도 보어는 이 이론을 수학적으로 어떻게 기술할가?와 개념적인 이해에 몰두하던 중 한 친구가 스위스 고교 교사인 "요한 발머"가 정립한 공식을 한번 검토해 보라고 충고했다. 그 공식은 원자에서 방출되는 빛의 진동수를 나타내는 식이었다.

※ 닐스 보어 : 각원소에서 나오는 X-선의 진동수와 양의 핵자수와의 관계방정식을 제시함(헨리 모즐리가 이방정식을 이용, 핵의 양전하량을 구함).

보어는, "양자를 이 공식과 결합하면, 원자핵주위의 궤도를 도는 전자들의 성질을 기술"할 수 있음을 즉각 깨달았다. 발머공식이 나타내는 스펙트럼선들은 수소 원자속에 들어 있는, 단 하나의 전자가 점프하여 이동할 수 있는 모든 경우의 파장(진동수)의 빛을 반영한 것이었다. 가령 수소의 스펙트럼선은 9개인데 가시광선 영역에 4개(핑크색, 녹색, 파랑색, 보라색), 이것을 발머계열이라하고 자외선 영역에 5개가 있다.

※ 발머공식 : 수소원자의 스펙트럼선들의 파장 λ에 대한 발머공식은 다음과 같다. $\lambda=364.56\text{nm } n^2/(n^2-2^2)$ (여기서 n은 정수이며, n=3, 4, 5, 6의 값을 갖는다).

이 수학적 결과가 일치함을 통해서 보어는 다음과 같은 결론을 내린다.

1) 원자핵주변의 전자궤도를 도는 전자는 허용된 궤도(Allowed Orbit)에서만 회전하고 있으므로 안정되어 있고, 안정된 궤도(허용된 궤도)에서는 빛을 방출하지 않는다.

2) 한궤도에서 다른 궤도 즉, 안정된 궤도에서 다른 궤도로 전자가 점프할 때는 E의 흡수가 따르고, 이동된 전자궤도에서 안정된 궤도로의 전자이동시는 E의 방출(빛방출)이 일어난다.

3) 원자는 빛(복사)을 연속적으로 흡수하거나 방출하지 않고 불연속적으로 즉, 양자도약적(Quantum Leap)으로 흡수하거나 방출한다.

4) 전자가 원자내에서 E준위 E2에서 더 낮은 E준위 상태로 갑작스럽게 이동할 때 방출되는 빛의 광자는 다음의 E를 가진다(h,f=E2-E(보어의 진

동수조건 수식). 물질에서 빛이 방출되거나 흡수되려면 원자내의 전자의 Energy Level의 차이가 빛의 진동수와 일치해야 한다.

결론적으로 닐스 보어는 박사학위 취득 후 케번디시연구소의 죠셉 톰슨과, 맨체스터 대학의 러더포드를 만나서 2년 내에 노벨물리학상을 수상한 업적뿐 아니라, 자연과학사에서 중요하고 의미 있는(2,400년 동안의 의문) 원자 구조의 기본모델을 정립했다.

이것은 양자론과 양자역학의 가교를 놓는 업적을 이루고 모든 화학결합(최외각전자, 원자가 공유결합)의 기본틀을 제시한 셈이며 원자끼리 결합하여 분자를 이룰 때 원자내의 전자를 공유하면서 결합한다. 양성자, 중성자는 강한 핵력으로 결합되어서 화학결합에는 관여하지 않는다. E는 mc^2 공식과 함께, 원자핵분열과 원자핵융합의 엄청난 E시대를 도래케 하는 놀라운 사건이었다.

원자 구조의 이해는 지금까지 반도체, 자성체, 초전도체등의 물질개발에도 기여하고 있다. 그는 플랑크와 아인슈타인의 양자론의 "양자개념과 양자화 개념"에다 요한 발머의 파장을 구하는 공식(진동수)을 적용하여 수소의 가시광선 영역의 "스펙트럼선"인 "발머계열"의 파장을 확인하므로 수소원자내의 단하나의 전자가 궤도이동으로 방출할 수 있는 가시광선의 스펙트럼선을 반영함을 입증하여 "수소원자모델"을 성공적으로 설명하였다.

그래서 원자핵 주변의 전자가 아무렇게나 위치할 수 없고 안정적인 허용된 궤도에 위치하고 있으면서 회전하며 이때는 E를 방출하지 않고 오직 전자궤도를 이동할 때에만 빛을 방출한다.

원자가 빛 흡수도 방출도 연속적으로 하지 않고 양자도약적(Quantum Leap)으로 이루어짐을 천명함으로 러더포드의 불안한 원자핵 모형을 안정성을 갖는 원자모형으로 만든셈이다.

이것을 "러더포드-보어"의 원자모형이며, 수소에서는 성공적으로 설명했으나 그 외의 원소 구조는 완벽하게 설명할 수 없었다. 그의 사고실험의

Key Point는 진동자가 양자화되고 광자의 E가 양자화 되었다면 "양자"형태로만 물질에 흡수되고 방출되는 이유는 바로 원자핵주변의 전자궤도가 양자화된 까닭이 아닐가? 즉, 전자궤도 자체가 그런 "양자량"의 E와 동일한 E량을 갖기 때문이다(전자궤도의 E(각운동량은)$-n\,h/2\pi$단위로 양자화 되었다).

결국 빛의 연구에서 물질의 최소단위인 원자의 구조가 밝혀진 셈이다(이외에 2가지가 더 첨가될 수 있다).

① 물질의 고유한 X-선 파장은 그 물질의 원소를 알 수 있는 지문역할을 한다.

② 라우에 브레그 父子등이 X-선 회절을 이용해 결정체 원자구조를 이해함.

뒤에가서 DNA의 X-선의 회절사진에 의해서 세포의 DNA구조가 밝혀졌으므로 나는 인류가 빛을 통해서 물질과 생물체의 최소단위인 원자와 세포핵의 DNA구조를 알게 되었음을 알았을 때 전율적인 섬광이 내 머릿속에서 번득이는 것을 느꼈다. 빛이다. 빛이 만물을 꿰뚫어 보게 했다(우주팽창까지도 먼 우주에서 온 빛의 스펙트럼 분석을 통해 알게됨).

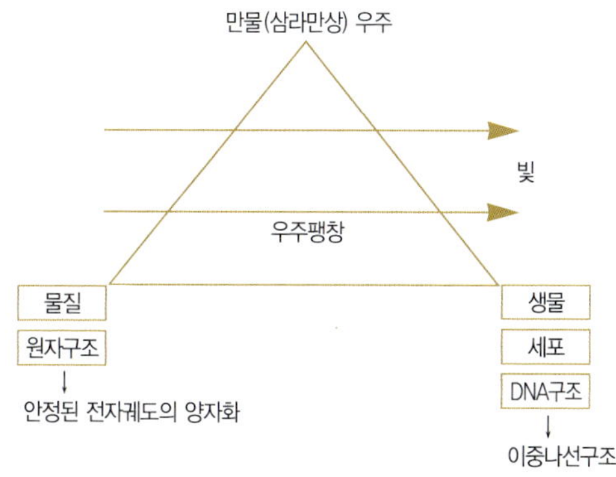

※ 전자의 E준위는 4가지 양자수로 표현된다.

(1) 주양자수(Principle Quantum Number)

(2) 궤도양자수(Orbital Quantum Number=Azimutal Quantum Number)

(3) 자기 양자수(Magnetic Quantum Number).

(4) 회전양자수(Spin Quantum Number)

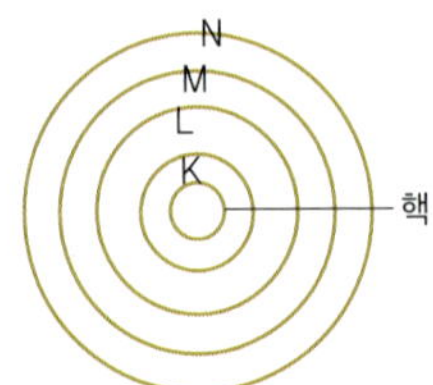

k각, L각(K-shell0-전자궤도(껍질의 표기)

부껍질 ; s,p,d,f,g,h

★★ 이제 데모크리토스의 물질의 더 쪼갤 수 없는 상태인 원자! 그리고 죤달톤의 원소는 더 이상 나누어지지 않는 작은 입자인 원자는 죠셉톰슨의 원자내 입자인 전자발견 러더포드의 원자핵 발견과 핵의 +전기를 띤 입자의 양성자(Proton) 명명, 그리고 닐스 보어의 허용된 전자궤도의 원자모형, 1932년 체드윅의 핵의 전기적 중성인 입자 중성자 발견으로 원자의 구조는 다음과 같이 말하고 있다.

원자는 중심에 양성자와 중성자로된 원자핵이 있고 그 원자핵 주변을 전기적으로 -인 전자가, 허용된(안정된) 궤도안에서 돌고 있다. 원자는 전기적으로 중성이며(양성자의 전기와 전자의 전기가 서로 상쇄되므로), 원자의 전자가 안정된 궤도에 있을 때는, 빛을 방출하지 않으나, 안정된 궤도에서 다른 궤도로의 전자의 이동에는 빛의 흡수나 방출이 반드시 따른다.

J. 열 번째 기둥 : 에드윈 포웰 허블(Edwin Powell Hubble)

미국(1889~1953)의 "우주 팽창" 발견.

자연과학사에서 열 번째 기둥은 아인슈타인의 "일반상대성이론"에서 부터 예견되었던 우주의 역동적인 현상(팽창과 수축)이 천체관측과 연구를 통해서(먼 은하에서 온 별빛의 스펙트럼 관찰과 분석을 통한), 1927년에 입증되었던 에드윈 허블의 "우주팽창"발견이다(우주의 허블 망원경은 그의 이름을 딴것이다).

우주가 명백하게 팽창하고 있다는 사실로부터 우주초기, 우주생성, 빅뱅, 빅뱅모형, 적색편이, 우주배경복사, 블랙홀, 빅크런치… 등등의 이론으로, 현대천문학이 바빠지기 시작했다.

1915년에 아인슈타인이 일반상대성이론을 정립했다. 이 이론에 근거한 "우주방정식"의 해(解)는 우주가 수축할 수 있고 팽창할 수 있는 역동적인 우주상을 보여주었다. 이것은 자신의 평소의 생각과 다른 우주상이었다.

그래서 아인슈타인은 자신이 자신의 과실이라고 인정한 일을 했다. 이 우주방정식에 우주상수항을 도입해서 우주가 평소 자신이 생각한대로 정적(靜的)우주로써 역동적이지 않고 안정적이고 평온한 우주상을 만들었다.

1960년에 프레드 호일, 헤르만 본디, 토마스 골드 등은, 시작도 끝도 없는 우주, 우주안정론(Steady State Cosmology)을 주장했으나 1965년의 "우주배경복사"의 발견으로 빅뱅이론이 입증되어 우주안정론은 침묵을 지켜야했다. 1922년에 러시아의 수학자이며 물리학자인 알렉산드로 프리드만은 아인슈타인의 방정식에서 우주상수항을 빼고 해(답)를 구했을 때 우주는 역동적이었다.

프리드만은 우주가 역동적이어야 한다고 생각했으며 앞으로 있을 허블의 우주팽창을 예견했던 것이다. 물리학은 특히(다른 학문도 같지만) "예견과 입증을 반복하는 학문"이다.

아주 멀리에서 온 별빛(더 빠른 속도로 멀어져가는)이 이 지구로 오는 도중에 여러개의 은하계를 거치면서 수소의 흡수선들이 적색쪽으로 치우쳐 있게 되는 것이다. 중력장에 의해서도 적색편이가 나타나는데, 강력한 중력에 의해 빛이 잡아당겨지고 E를 잃게 되어 파장이 길어져 적색편이를 나타낸다. 이때는 흡수선들의 스펙트럼선이 넓게 나타나나 멀어지면서 나타나는 적색편이는 흡수선이 매우 얇게 나타난다.

※ 허블상수 : 우주의 팽창속도와 은하계까지의 거리의 비례상수를 말하며, 이 허블상수의 역수를 취하면 우주팽창의 시작점, 즉 우주의 나이를 알게된다(150억 년, 130억 년, 110억 년, 90억 년).

1927년 에드윈 허블은 캘리포니아의 윌슨산천문대에서 휴메이슨과 함께 지구로부터 멀리 떨어진 은하단들의 거리가 멀어져 가고 있음을 발견하여 1929년에 학회에 "우주팽창"을 발표했으며, 더구나 그것도 은하단의 거리가 멀수록 거리에 비례하여 은하단의 멀어져가는 속도가 빨라진다는(우주팽창속도가 거리에 비례함), 사실을 발견하여 허블의 법칙과 허블상수를 보고하였다. 은하들의 멀어져가는 것을 망원경으로 관찰해서 알아냈다고 착각하기 쉽다.

그러나 지구에서 멀리 떨어진 은하단들은 망원경 하에서는 한 점으로 관찰된다는 것을 기억하라! 바로 그 한 점에서 오는 별빛을 분광기가 달린 망원경으로(Spectroscope), 그 빛의 스펙트럼을 구하여 그 선스펙트럼의 색깔이 파장이 긴(빛의 세기가 약한) 적색쪽으로 치우친 현상, 즉 적색편이(Red Shift)를 보고 그 빛들이 멀어져가고 있음을 알게 된다는 것이다.

여기서 도플러 효과와 적색편이를 다시금 반복 설명해 보겠다. 싸이렌 소리를 내고 달리는 앰브란스의 소리만 듣고 우리는 그 앰브란스가 우리에게 닥아오는지 멀어져 가는지를 알 수 있다.

이것을 "도플러 효과"(현상)(Doppler Effect) 라고 한다. 소리의 파동이,

우리에게 가까이 올 때는 그 파동이 압축되어 진동수가 증가하여 우리귀에 큰소리로 들리고 멀어질 때는, 그 음파가 길어져 진동수가 감소하여 소리가 약해져간다. 마찬가지로 소리와 같이 파동인 빛이 파장이 긴 적색쪽으로 (700nm)선 스펙트럼이 치우치는 것을 적색편이(Red Shift)라 하고 이런 현상은, 그 빛이 우리로부터 멀어져감을 의미한다.

아주 멀리에서 온 별빛(더빠른 속도로 멀어져가는)이 지구로 오는 도중에 여러개의 은하계를 거치면, 수소의 흡수선들이 적색쪽으로 치우쳐 있게 되는 것이다. 중력장에 의해서도 적색편이가 나타나는데 강력한 중력에 의해 빛이 잡아당겨지고 E를 잃게 되어 파장이 길어져 적색편이를 나타낸다. 이때는 흡수선들의 스펙트럼선이 넓게 나타나나 멀어지면서 나타나는 적색편이는 흡수선이 매우 얇게 나타난다.

만일 그 빛이 우리쪽으로 다가온다면 그 빛의 선 스펙트럼은 청색쪽으로 치우치게 되는데, 이것을 청색편이(Blue Shift)라고 한다. 이와같이 별빛의 선 스펙트럼을 보고 거리를 알 수 있으며 원소의 불꽃색이 각기 다르며 불꽃색갈이 원소를 알 수 있는 지문이 되듯이, 그 별빛의 스펙트럼을 보고 대기중이나 그 은하의 대기중의 화학적인 조성을 알 수 있게 된다.

에드윈 허블의 이 관측적 우주팽창발견이나, 크릭과 왓슨의 DNA의 이중나선구조(Double Helix)발견. 1996년 이안 월머트의 체세포복제에 의한 복제양 돌리 출생, 그리고 2000년 6월 26일 미 백악관에서 당시 대통령인 빌 클린턴에 의해 발표된, 인간유전체 완성(Genom Project) 등이 인류 최고의 지성의 금자탑으로 여겨진다.

어떻든 허블의 "우주팽창발견"은 우주팽창을 역으로 생각하여 우주의 출발점(시작)을 낳았으며, 결국 우주생성의 표준모델(Standard Model)인 빅뱅이론을 정립했다. 허블은 우주의 나이를 20억 년으로 계산했고, 그 이후 계산의 오류가 반복되어 수정된 후, 중간치인 150억 년이 우주의 나이로 일반화되었다(그 나이는 제시된 논문에 따라 120억 년, 110억 년, 90억 년이 됨).

이 빅뱅이론은 두 죠지에 의해서 제안되어져 알려져 오다가(1927년 조오지 르메트리가 제안, 1948년 죠지 가모브가 빅뱅 용어를 만듬) 1965년 펜지아스와 윌슨의 "우주배경복사" 발견과 1970년의 옥스포드의 펜로즈와 케임브리지의 스티븐 호킹의 "특이점 정리"논문으로 수학적 물리학적으로 입증되어 널리 세상으로 알려지게 되었다.

1992년 미국NASA는 "우주배경복사 탐사위성"인 코비(COBE)를 이용하여 극초단파인 "우주배경복사"(대폭발시 방출된 복사(빛)가 우주팽창으로 식어서, 그 파장이 현재는 마이크로파 수준으로 남아서 우주 어디서나 그 잡음이 전파 망원경에 잡힌다)의 요동을 측정했다.

그래서 빅뱅의 화석으로 과학자들은 믿고 있다. 빅뱅론이 우주생성의 표준모델로 자리를 잡은 것이다. 이제 아인슈타인의 일반상대성이론은 우주의 시작과 끝이 있음을 천명했으며 허블의 발견이 더욱더 돋보일 뿐이다.

≪에드윈 허블의 일생≫

· 1889년 11월20일 미국 미주리주, 미시필드의 부유한 가정에서 출생.
　　↓
· 1910년 시카고 대학에서 수학과 천문학사로 졸업. 영국 옥스퍼드
　대학의 법학과로 유학감.
　　↓
· 1913년 켄터키주에서 변호사로 일함.
　　↓
· 1914년 일리노이주 에벤스턴에서 열린 미국 천문학회에서 베스토 슬라이퍼의 발표를 듣는다.
　　↓
· 1917년 다시 시카고 대학과 동 대학원에 진학하여 천문학 박사학위를

취득함.

↓

·1919년 은사인 헤일 교수의 추천으로 캘리포니아의 LA부근의 월슨산 천문대로 들어가 밀턴 휴메이슨과 짝을 이루어 천체관측에 몰입함.

↓

·1923년 안드로메다 은하를 관측하고 최초로 은하의 지름과 거리를 발표함.

↓

·1927년 관측적 근거로 우주팽창 발견(허블법칙, 허블상수).

↓

·1929년 "우주팽창"발표.

↓

·1936년 「성운들의 세계」 출간함.

↓

·1953년 사망함.

　우주 팽창을 발견한 허블은 1889년 11월 20일 미국 미주리주 미시필드에서 부유한 가정에서 태어나 휘튼에서 자랐다. 그는 만능 스포츠맨으로 (권투, 야구, 마라톤) 매우 준수한 남자였다. 1910년 그는 미국의 시카고 대학에서 천문학 교수인 헤일 교수의 강의에 감명을 받고 수학과 천문학을 공부하여 학사 자격증을 얻는다. 대학 졸업과 동시에 그는 영국의 로즈 장학생으로 뽑혀 영국 옥스퍼드 대학으로 유학하여 법학을 전공한다.

　1913년 이래로 허블은 미국 켄터키주에서 변호사와 교사와 야구 코치 등을 거친다. 그러나 1914년에 그의 일생에 큰 영향을 미칠 일리노이주 에벤스턴에서 열리는, 미국 천문학회에 참석하여 애리조나주 플래그스테프에 있는, 로웰 천문대의 연구원인 베스토 슬라이퍼(Vesto Slipher)의 발표를 듣는다. 슬라이퍼가 성운 14개의 스펙트럼선을 얻어 분석하여 대부분 스펙트럼선들이 적색이동(적색편이;Red Shift)을 보여준다는 것을 발표하여 기립박수를 받았다. 그러나 그는 이 적색이동이 우리 은하의 운동때문이라고 해석해 버렸다.

이제, 이 슬라이퍼가 얻은 여러 성운(아직 은하라는 개념이 정립안됨)들의 선 스펙트럼이 적색이동을 보이는 것을 올바르게 설명할 사람을 시대가 요청하고 있을 때, 1917년 허블은 변호사를 사임하고 다시 시카고 대학에서 천문학 박사학위 과정을 밟는다.

1919년 캘리포니아의 LA부근의 윌슨산 책임자로 있는 헤일교수의 추천으로, 이 천문대로 입문하여 아마츄어 천문가인 밀턴 휴메이슨(Milton Humason)과 팀을 이루어 천체관측에 매진한다. 그의 망원경은 2.5m 직경의 후커반사 망원경이었다.

1923~1924년 성운 M31(Messier목록 31번 성운)에서 안드로메다를 관측하고 처음으로 은하까지의 거리를 측정해서 은하의 지름이 10만 광년이며 거리는 230만 광년(약 200만광년)으로 나선 은하이고 우리 태양계에서 가장 가까운 은하로 밝혀졌다. 그리고 우리의 태양계외에도 다른 많은 은하가 있음을 알게했다.

※ 안드로메다 은하 처음 발견자－1612년, 독일 천문학자인 시몬 마리우스이다

천문학적으로 허블의 가장 큰 업적 2가지는 우주팽창 발견과 은하계의 거리를 계산한 일이다. 시기적으로 그는 슬라이퍼의 적색이동(적색편이)과 헨리에타 리비트의 변광성을 이용하여 우주팽창과 은하계의 거리를 알아냈다(짐작거리).

은하계의 거리를 계산하는 데는 3가지 요소가 도움이 되었다.

①세페이드 변광성

②별빛의 겉보기 밝기
③스펙트럼 선 분석

※ 세페이드 변광성

하버드 천문대의 여성 연구원인(미국의 여성 천문학자) 리비트가 1912년에 세페이드 변광성을 발견했다. 별빛이 밝았다 어두웠다를 주기적으로 반복하는 별이다. 별빛의 상대적인 크기를 비교함으로 거리를 짐작할 수 있다. 은하계의 별들의 거리를 측정할 수 있는 최초의 방법이었다. 밝기가 밝을수록 밝기 변화의 주기는 길어졌다. 북극성도 세페이드 변광성이다. 세페이드 변광성과 별빛의 겉보기 밝기(그 별의 실재 발광량(조도)과 거리에 의해 결정됨), 그리고 스펙트럼선을 분석하여 거리를 측정했다.

1927~1929년 슬라이퍼의 선스펙트럼 데이터와 그가 관측한 은하계의 선스펙트럼과 거리를 분석하여 적색이동의 원인은 대부분의 은하들이 우리로부터 멀어지고 있으며, 그 멀어지는 속도도 우리와 그 은하계 사이의 거리에 비례함을 알게 된다. 그는 허블의 법칙과 허블 상수를 발표하고 "우주가 팽창"하고 있다는 사실을 1929년에 발표한다.

우리로부터 멀리 떨어진 은하들이 더빠른 속도로 멀어져가므로 아주멀리 있는 은하계에서 나오는 별빛이 지구로 오는 도중에 여러개의 은하계를 거치면서 수소의 흡수선들이 적색의 파장쪽으로 치우친다.

그는 1936년에 「성운들의 세계」를 출간하고 1953년에 사망했다. 여기서 우주의 구조를 간단히 살펴보자. 밤에 우주의 창문인 하늘을 통해 보이는 별들이 있다. 밤하늘에 육안으로 볼 수 있는 별은 약 5천여 개 정도 된다. 그 별들이 모여 있는 섬을 은하수(Milky Way) 또는 은하(Gelaxy)라고 한다 (통상 우리 태양계의 은하를 은하수라하고 다른 은하계의 은하는 Gelaxy라고한다).

이 우주에는 대략 1050억 개 정도의 은하가 있고, 1개의 은하에는 대략 1

천억 개 정도의 별들을 거느리고 있어, 최근 우주의 총별 수를 700해 개라고 보고한 호주의 천문학자도 있다.

은하는 다시 여러개의 은하로된 은하단(Cluster)이 있고 거대한 은하단을 초은하단(Super Cluster)이라고 한다. 그리고 은하가 없는 지역인 은하단사이를 보이드(void) 그리고, 우주의 커다란 구조 이것을 하늘장성(Great Wall)이라한다(은하는 타원은하, 나선은하, 막대나선 은하, 허블은 분류했다). 별들은 항성, 행성, 위성, 소행성, 혜성, 블랙홀, 퀘이사, 펄사… 등으로, 나중에 천체물리학에서, 더 자세히 설명하기로 하겠다.

타원은하

나선은하

막대나선은하

시간의 역사(p151참조)

★아인슈타인 이후 우주에 대한 모형에는 4가지 정도가 알려져 있다.

첫째, 아인슈타인 모형:

우주는 안정감이 있으며 정적이고 공의 표면처럼 둥근 모양으로 경계가 없다. 이런 우주를 위해 그의 최대의 과오인 일반상대성이론의 우주방정식에 우주상수항을 추가시키므로 해결했다.

둘째, 드시터 우주모형(Willem De Sitter ; 네델란드의 천문학자)

아인슈타인의 우주방정식의 하나의 "해(解)"에서 근거한 물질이 없는 텅 빈 우주모형.

셋째, 르메트르의 모형(George Lemaitre. 벨기에 신부이며 천문학자. 1894~1966).

아인슈타인 모형과 드시터의 모형을 혼합해놓은 모형으로 빅뱅특이점으로부터 시작해서 아인슈타인 우주를 거쳐 마침내 드시터 우주에서 끝나는 빅뱅이론이 근간이 되었다.

넷째, 프리드만의 모형(Alexander Friedmann. 러시아의 물리학자. 1880

~1925 45세에 폐렴으로 사망. 한때 죠지 가모브의 스승).

아인슈타인의 우주방정식에서 우주 상수항을 빼버리고 그 "해"를 구하자 불안정한 역동적인 우주를 얻었다. 프리드만은 그 자신의 이론을 세밀하게 검토한 결과 3가지 모형의 우주가 유추되었다. 이 3가지 모형은 우주에 있는 물질의 평균밀도라는 특정한 값에 따라 달라지는데, 이 값을 임계밀도(Critical Density)라고 부른다.

(참고 : 시간의 역사 p57~59)

(1)의 모형 :

만일 우주에 있는 물질의 밀도가 임계밀도보다 크다면 팽창하던 우주는 팽창을 멈추고 수축하게 되어 붕괴될 것이다. 이런 우주를 닫힌 우주(Closed Universe)라고 하며 우주의 시공간은 양으로 휘어져 있다(양의 곡률을 갖는 공의 표면같다).

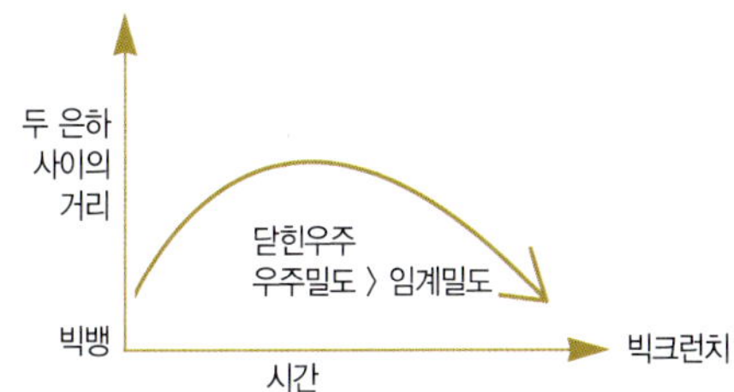

(2)의 모형 :

우주에 있는 물질의 밀도가 임계밀도보다(극한 밀도) 작다면 우주는 영원히 팽창할 것이며 이 경우의 시공간은 음으로 휘어져 있다(말안장의 표면같다). 이런 우주는 열린 우주(Opened Universe)이다.

(3)의 모형 ;

우주물질의 밀도가 임계밀도와 같다면 이런 우주는 평탄한 우주(Flat Universe)로 이 우주 역시, 거의 영원하게 팽창한다.

프리드만은 (1)의 모형만을 발견했지만, 1935년에 로버트슨과 워커가 (2) (3)의 모형을 발견하여 현재는 3가지 모형을 〈프리드만-로버트슨-워커의 우주팽창 모형 〉이라고 부른다.

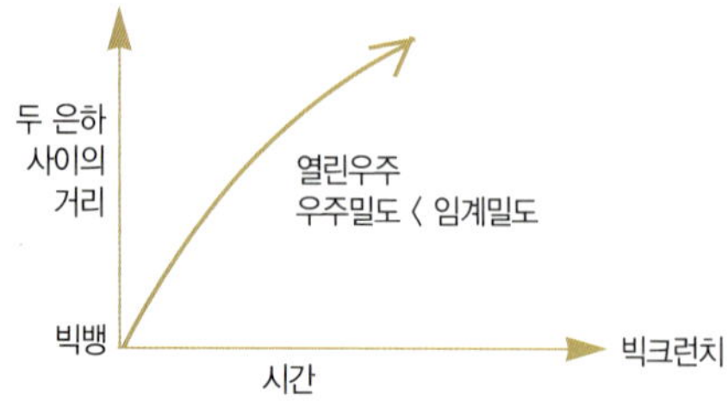

※ 하워드 로버트슨(Howard Robertson. 미국의 물리학자)

　아서 워커(Arthur Walker. 영국의 수학자)

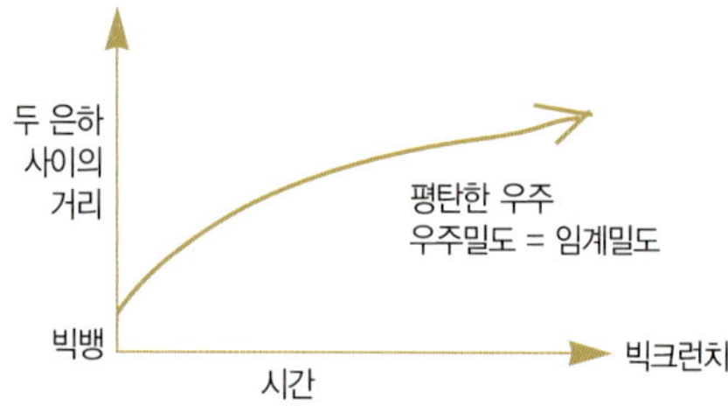

프리드만의 모형에 따라 우주가 팽창하다가 우주에 있는 물질의 중력에 따라 잡아당겨져서, 팽창의 속도가 줄어들고 멈추고 다시 수축하여 모든 별들이 충돌하므로, 우주의 붕괴가 초래되는데 이것을 빅크런치(대격돌)라고 한다. 태양의 붕괴가 앞으로 50억 년이라고 하며 빅크런치는 미래의 100억 년 내에 일어난다고 주장되며, 여기서 우주의 물질로 제시되는 것에는 암흑물질(우주의 90%가 차가운 암흑물질로 제시됨), 중성미자(질량이 아주 적지만 있다고 주장됨) 블랙홀 등이 제시되고 있다.

1-4-7 분광학의 역사

1. 로저 베이컨(Roser Bacon (1214(?)~1292년), 영국 "무지개의 7가지 색깔은 빛의 반사와 굴절 때문에 생긴다"

2. 아이작 뉴턴(Isaac Newton (1642~1727), 영국 1675년에 햇빛을 프리즘에 통과시 7가지의 빛 띠가 분포됨을 관찰하여, 현상이란 라틴어에서 빛 띠(Spectrum)라는 용어를 만듦. 1704년에 "광학"이란 책을 출판함

3. 토마스 멜빌(Thomas Melville), 스코틀랜드. 1750년에 멜빌은 물체의 불꽃으로 부터 나오는 스펙트럼을 연구하여 빛의 색깔의 분포가 물질에 따라 서로 다름을 관찰 (구리-초록색, 칼륨-보라색, 소금-노란색)

4. 죠셉 프라운호퍼(Joseph Fraunhofer(1787~1826) 독일 "1814년에 태양의 여러 스펙트럼선을 관찰함" 햇빛에 500개 이상의 어두운 선이 들어 있음을 관찰

5. 분젠과 키르히호프(Gustav Robert Kirchhoff (1824~1887) 독일. 1860년 "선스펙트럼을 통해 별의 조성 원소를 알 수 있다(선스펙트럼은 원소의 지문이다)"

6. 요한 발머(Johann J Balmer 스위스) : 수소 스펙트럼의 파장을 구하는 공식을 제안

7. 세실리아 페인(영국)
1923년 태양빛의 스펙트럼 분석의 연구를 통해 태양이 90%의 수소와 10%의 헬륨으로 되어 있음을 밝힘. 태양이 핵분열이 아니라 핵융합에 의해서 E를 끊임없이 방출하게 되는 사실을 밝히는데 단초를 제공함

☆ 스펙트럼(Spectrum:뉴턴이 자연광(햇빛)을 프리즘에 통과시킨 후, 7가지의 빛띠를 발견하고 라틴어의 "현상"이란 단어에서 Spectrum이란 단어를 만듦).

빛띠(분포).

어떤 원소는 각자 특징적인 가시광선을 방출한다. 별빛을 스펙트로스코피(빛을 분리하는 장치(분광계)가 달린 망원경)로 분리함으로 그 별의 특징적인 원소를 알아내기까지!

(1)로저 베이컨(Roser Bacon. 영국 1214(?)~1292년)

영국, 프란체스코회의 회원이며 철학자 및 실험과학자. 무지개의 7가지 색깔은 빛의 반사와 굴절 때문에 생긴다.

(2)아이작 뉴턴(Isaac Newton. 영국 1642~1727)

1675년에 햇빛(자연광)을 프리즘에 통과시 7가지의 빛띠(Spectrum)가 분포됨을 관찰하여 "현상"이란 라틴어에서 Spectrum 용어를 만들고, 1704년에 "광학"이란 책을 출판했다. 색깔을 인간의 눈으로 구별하는 것은 빛의 흡수와 반사 때문이며, 햇빛은 여러파장을 가진 빛이 혼합되어 있다고 인식하였다.

(3)토마스 멜빌(Thomas Melville . 스코틀랜드)

1750년에 멜빌은 물체의 불꽃으로부터 나오는 스펙트럼을 연구하여 빛의 색깔의 분포가 물질에 따라 서로 다름을 관찰(구리-초록색, 칼륨-보라색, 소금-노란색).

(4)죠셉 프라운 호퍼(Joseph Fraunhofer. 독일 1787~1826)

1814년 독일의 렌즈 가공업자이며 물리학자인 프라운 호퍼는 회절격자(Diffraction Grating. 투명한 얇은 프라스틱 필름)를 사용하여 태양의 여러 어두운 스펙트럼선을 관찰함. 그는 프리즘앞에 볼록 렌즈를 놓고 프리즘에 분사된 빛을 망원경으로 확대해서 햇빛에 500개 이상의 어두운 선이 들어있음을 관찰함(이것을 프라운 호퍼선이라고 한다). 이 프라운 호퍼선들은 태양의 여러 화학적 원소들의 토대를 알게 해주었다.

(5)분젠과 키르히호프(Gustav Rovert Kirchhoff. 독일 1824~1887)
  하이델 베르그 대학-베르린 대학).

1860년 하이델베르그 대학교수인 분젠은 자신이 만든 분젠버너를 이용해서 실험을 하다가 금속염마다 특이한 불꽃색을 내는 것을 알게 되고, 같은 대학 물리학 교수인 키르히호프 제안으로 불꽃색을 프리즘으로 분리해서 망원경으로 관찰하자(일종의 Spectroscopy(분광기) 원소마다 특이한 파장에서 가는 선으로 빛이 나타나는 것을 발견했다. 즉 특이한 원소에서는 그 원소 고유의 파장을 가진 선스펙트럼을 나타낸다. 그래서 선스펙트럼은 원소의 지문이 되어서 별이나 은하의 선스펙트럼을 통해 별이나 은하 대기의 화학적 조성을 알게 된다.

키르히호프는 실험실에서 관찰한 선의 위치로부터 프라운 호퍼선(Fraunhofer Line)들을 설명하게 되어 태양대기의 화학적 조성을 알게 된다(어두운 태양의 스펙트럼선들이 실험실에서 관찰한 원소들의 선스펙트럼의 위치와 일치함으로, 태양의 대기에 무슨 원소가 있는지를 알게 되었다). (화학자와 물리학자의 공동노력으로 큰 성과를 거둔 좋은 예이다(A, A 마이컬슨과, 에드워드 몰리(화학자)의 실험처럼).

(6)요한 발머(John J Balmer. 스위스)

1885년 스위스의 고교교사인 요한 발머는 수소기체의 스펙트럼을 연구하여, 9개의 스펙트럼선(가시광선-4개, 자외선-5개)을 관찰하고, 가시광선의 주요선들과 자외선에 가까운 파장영역에서 나타나는 선명한 선들 사이의 관계를 주는 간단한 수학공식을 제안했다($\lambda=364.56$ nm $n^2/(n^2-2^2)$. n은 정수 3, 4, 5, 6). 이 공식으로, 두 수소원자의 스펙트럼에서, 놀랄정도로 정확하게 파장을 계산할 수 있었다(발머계열:수소 스펙트럼들의 가시광선 영역에서 측정되는 선들을 말한다-빨강, 녹색, 파랑, 보라색 4개).

(7)세실리아 페인(영국. 하버드 대학에 유학온 물리학 연구생, 40년간 하버

드 대학 교수).

　1923년 태양빛의 스펙트럼 분석의 연구에서 태양이 90%의 수소와 10%의 헬륨으로 되어 있음을 밝혀 태양이 핵분열이 아니라(우라늄등), 핵융합(수소 4개가 융합하여 헬륨이 된다)에 의해서, E를 끊임없이 방출하게 되는 사실을 밝히는데 단초를 제공함(4개의 수소 핵의 질량이 융합하여 헬륨이 되는데 질량은 융합시 0.7%가 차이난다. 이 잃어버린 0.7%질량이, $E=mc^2$에 의해서 E로 방출된다). 그녀는 러더포드, 아서 에딩턴, 할로 세프리 등에 영향 받았다.

　※ 물리학의 발전에 기여한 여성물리학자들!

(1) 에밀리 뒤 샤를레(Emilie Du Chatelet 1709~1749프랑스) $E=mv^2$, mv^2을 효과적인 E의 정의로 1740년대에 판단하여 에너지의 양적 개념의 mv^2을 확립함.

(2) 마리 큐리(Marie Curie: 1867~1934 폴란드) 1898년에 방사선(우라늄과 토륨 화합물에서 방출되는)을 발표하고 방사능(Radioactivity)용어를 만들고 폴로늄과 라듐원소를 발견함. 1903년 방사능을 발견한 공로로 노벨물리학상수상 제1호 여성물리학박사.

(3) 리즈 마이트너(Lise Meitner 1878~1968 오스트리아) 1939년 "우라늄의 핵분열에 대한 최초논문"을 네이쳐지에 발표함. 우라늄의 핵분열시 나오는 2억전자볼트(200MeV) E의 근거를 밝혀, $E=mc^2$의 실제 위력인 원자폭탄과 원자로의 물리학적이론을 정립함(2억전자볼트는 우라늄 양성자의 질량감소에서 유래되었다).

(4) 헨리에 타리비트 세페이드 변광성을 발견하여 별의 거리측량에 기여하였다.

(5) 세실리아 페인 1923년 태양은 90%의 수소와 10%의 헬륨으로 되어 있음을 밝혀, 태양의 핵융합의 단초를 제공함.

(6) 리사 랜달(Lisa Randall 1962~)

1999년 라만선드럼과 함께 발표한 논문으로 유명해졌다. 2005년 「숨겨
진우주」를 출간하였으며 "우주의 여분차원" 연구물리학자.

☆☆ 우주배경복사(Cosmic Background Radiation).

죠지 가모브가 1948년, "화학 원소들의 기원"이라는 논문에서 빅뱅용어
를 만들고, 빅뱅 때 우주 전체로 균일하게 퍼져갔던, 열복사가 식고 식어서
절대온도 5k정도의 복사가 우주에 남아 있을 것이라고 예측했다(거의 20여
년간 까마득히 잊었다).

1965년 독일 태생의 미국 천체물리학자, 아르노 펜지아스(Arno Penzias,
독일 1933~)와 미국의 전파 천문학자 로버트 윌슨(Robert Wilson, 미국
1936~)은 뉴저지주의 홈 텔에 있는 벨 전화회사 연구소에서 통신위성
(Telsar) 교신중 전파안테나에서 등방적으로 들리는 잡음을 발견하여 이것
이 무엇인지를 알기위해 고심한다(고장 때문인지 아니면 외계에서 보낸 신
호인지?).

MIT의 천문학자, 버나드 버크(Benard Burke, 미국, 1928~)는 펜지아스
와 윌슨으로부터, 안테나의 잡음에 대해서 듣고 우주배경 복사라고 생각되
어, 이것에 대하여 연구중인, 프린스턴 대학의 로버트 디키와 피블스를 펜
지아스와 윌슨에게 소개하여 두 팀이 만나도록 하였다.

펜지아스와 윌슨은, 프린스턴 대학의 피블스 팀과 공동 연구하여 그들이
발견한 7cm정도 파장을 가진 마이크로파를 우주배경복사라고 1965년
(Astro Physical Journal 천체물리학 잡지)에 논문을 발표했으며 그 공로
로 1978년에 노벨물리학상을 받았다.

미 우주항공국(NASA)은 1989년 11월 18일 우주배경복사 탐사위성인 코
비(COBE)를 발사하여 1992년에 극초단파 우주배경복사의 요동을 측정했
다. 그래서 과학자들은 이 우주배경 복사를 간주하며 빅뱅론을 더욱더 신뢰
하고 있는 셈이다.

빅뱅 직후 우주는 100조 도의 엄청난 온도하에서 물질의 모든 것은 달라붙지못하고 녹아져버렸다. 빅뱅 후 3분이 끝날 무렵 우주온도는 1조 도로 내려가고 양성자와 중성자가 결합하여 원자핵을 이루었고 수십만 년 뒤 우주의 온도가 충분히 내려가 비로소 전자들이 원자핵들과 결합하여 수소와 헬륨의 원소가 만들어졌다.

빅뱅 후 30만 년에 우주의 온도는 섭씨 3천 도까지 떨어지고 우주의 열복사는 3천 도의 흑체복사의 스펙트럼에 해당되어 가시광선과 자외선에 집중하게 되었다. 우주의 팽창으로 우주가 절대온도 3k정도로 식어 스펙트럼이 마이크로웨이브 파장(수cm의 파장을 가진 전자기파를 말함)으로 옮겨왔다.

펜지아스와 윌슨이 발견한 등방적으로 모든 방향에서 균일하게 잡히던 잡음이 우주의 배경복사로 빅뱅시 엄청난 온도에서 3천 도의 스펙트럼이 '적색편이' 하여 전자기파 스펙트럼상에서 서서히 위치를 옮겨 마이크로파로 남아 있는 것이다. 우리는 그 마이크로파를 전파망원경으로 잡았고 코비 위성을 통해서 확인했다. 이제 빅뱅론이 "우주배경복사"의 발견으로 힘을 받게된 것이다.

☆☆☆ 나는 여기서, 잠시 이렇게 생각한다.

만일 에드윈 허블이 변호사로서 일생을 마쳤다면 과연 내가 그의 이름을 알 수 있었을까? 왜 역사상의 유명인물들은 자기의 전공분야 보다는 부전공분야에서 더 유명해졌을까?

연립공과대학을 졸업한 아인슈타인은 이론 물리학자로 옥스퍼드에서 법학을 전공한(그것도 유학까지 가서) 허블은 천체 물리학자로 물리학을 전공한 영국의 프랜시스크릭은 2차대전 후 생물학을 전공하여 DNA구조를 밝힌 사람으로 찰스 다윈은 의과대학에서 신학과로 전과하여 졸업 후 예비신부로 결국 진화론을 주장한 생물학자로 유명했었다. 역사의 유명인들은 자기 전공분야가 아닌 다른 분야에서 유명했었다.

K. 열한 번째 기둥

양자 역학

에르빈 슈뢰 딩거(Erwin Schrödinger, 오스트리아 1887~1961)

베르너 하이젠 베르크(Werner K Heisenberg, 독일 1901~1976)

폴 디락(Paul Adrien Maurice Dirac, 영국 1902~1984)

아인슈타인의 상대성원리와 함께 현대 물리학의 두 기둥과 초석을 이루고 있는 양자 역학(Quantum Mechanics)이 자연과학사의 11번째 기둥이다.

맥스플랑크의 E양자 가설로부터 양자역학이 출발하여 아인슈타인의 광자의 양자화 그리고 "양자"의 파동과 입자라는 이중성 닐스 보어의 원자 내의 전자궤도에 있는 전자E의 양자화 그리고 슈뢰딩거의 원자 내의 입자(소립자)들의 파동방정식 이어서 하이젠베르그의 "불확정성"원리를 핵심이론으로 폴 디락이 "양자파동방정식"으로 정립한 학문이 양자역학이다.

소립자와 광자가 미시세계에서 연출하는 모든 현상들을 서술하는 도구로 소립자들의 E를 다루는 물리학의 한 분야로, TV나 컴퓨터의 트랜지스터나 IC회로(집적회로) 컴퓨터의 메모리얼 칩, 터너링 현미경 등의 개발은 물질을 양자역학적으로 해석하였기 때문에 가능하였다. 저자도 확실한 개념에 이르지 못했고 한마디로 너무나 어렵고 난해한 면이 많아서 모르면 말이 많은 것처럼 진술할 수밖에 없어서 독자들에게 숙제로 남길 수밖에 없다!

※ 양자화(Quantize) : 분수배가 아닌 정수배로 커지는 것을 양자화되었다고 한다(주로 E관점에서).

「파동과 입자라는 이중성을 갖는 광자나 원자이하 소립자의 상호작용과 운동에 관한 이론이다」. 「엄밀하게 인과 관계를 따르지 않는, 파동과 입자들의 예측 불가능한 형태로, 우주를 이루고 있다는 이론이 지배적인 학설이다」.「슈뢰딩거, 하이젠베르그, 폴디랙 등에 의해 파동입자의 이중성과 불확정성 원리를 바탕으로 기존의 역학을 새로운 이론으로, 재 정식화한 이론을 양자역학이라고 한다」.「양자역학은 뛰어나게 성공적인 이론이고, 파동과 입자라는 이중성과 하이젠베르그의 "불확정성 원리"를 핵심이론으로 하며, 모든 현대 과학문명과, 기술의 기초를 이루어서, TV, Computer, Laser, 터너링현미경, 의학의 PET(Positron Emission Tomography)나, MRI 등의 현대의학의 진단적 도구를 가능케했다」.

「우주를 설명하는 부분적인 두 이론은?

① 일반상대성이론-질량이 큰(태양처럼), 거시세계를 다룬다.

② 양자역학-소립자의 미시세계를 다룬다」.

「일반적으로 양자역학은, 하나의 관찰에 대해서, 단일하고 분명한 결과를 예측하지 않는다. 대신에 여러 가지 가능한 결과들을 예측하고, 각각의 결과들이 나타날 확률에 대해서, 이야기해준다」.「입자들은 이제, 명확한 위치나 속도를 가지지 않고, 대신에 입자들의 위치와 속도의 조합인 양자상태를 가지게 되었다. 즉 입자들은, 분명한 위치를 정하지 않지만, 특정한 확률분포로, 확산되어 있다는 것이다」.「양자역학이란, 물질(소립자)과, 빛(광선)이 주로 미시세계에서, 연출하는, 모든 현상들을 서술하는 도구이다」.

-리챠드 파인만-

「특수상대성이론과 양자론을 바탕으로, 정립된 이론으로, 파동과 입자라는 이중성을 인정하는, 중첩의 개념과, 위치와 운동량이라는 두 정준 공액량쌍의 동시적인 결정이 불가능함을 내포한 불확정성 원리, 그리고, 확률론적인 법칙 등이 기여했다」.「양자역학에서, 우리는 오직 가능성 확률만을 예측할 수 있을 뿐이다. 이것은 곧, 현대물리학은, 어떤 정해진 환경하에서, 앞으로 발생할 사건을 정확하게 예견하는 것을 포기해야 한다는 뜻이다」.

-리챠드 파인만-

「슈뢰딩거의 파동역학과 하이젠베르그의 행렬역학이론을 결합시켜서,

하이젠 베르그가 1926년에 양자역학을 정립했다. 전자가 파동이면서 입자이고 입자이면서 파동이라는 이중성과 불확정성 원리가 그 핵심이었다.

이 원리는 우주가 가진 불변의 특성이었다. 이 원리 때문에 전자가 어느 순간에 어디에 있는가를 절대로 정확히 예측할 수 없고 전자가 어느 곳에 있을 확률만 이야기할 수 있을 뿐이다. 전자는 관찰되기 전까지는 "어느 곳에나 있으면서 어느 곳에도 존재하지 않는 것"으로 여겨야만 한다」.

「원자를 양자역학적으로 설명하면 원자핵주위를 도는 입자(질량이 있다)인 전자를 그 속도에 따라서 파장이 달라지는 파동으로 생각할 수 있음을 밝혀준다. 입자인 동시에 파동인 전자는 원자 내에서 여기에 있을 수도 있고 동시에 저기에 있을 수도 있는 파동처럼 보이지만(이 전자궤도에도 있을 수 있고 저 전자궤도에도 있을 수 있는) 막상 그 위치를 관측하면 입자인 것이 틀림없다. 그러나 원자 내의 전자의 위치나 상태를 확정할 수 없으며 "확률적인 공간 분포로만 예측하며 파동함수로만 기술할 수 있다」.

※psi(프시Ψ: 파동함수: 프시의 제곱은 실수로서 확률 밀도를 나타내는 데 이것은 x의 위치에서 단위체적당 전자를 발견할 수 있는 확률을 의미한다).

「양자역학에서는 원자 내 전자의 상태를 4개의 양자수로 "전자 구름의 존재확률"에 따른 공간적인 분포로 규정지으며 전자의 파동함수는 좌표측에 대해 3개의 양자수로 기술된다. 그리고, 전자의 E상태는 각궤도의 E를 양자화시켜서 4개의 양자수로 표시한다」.

「양자역학이란? 플랑크, 아인슈타인, 닐스 보어의 양자론을 기반으로 1920년대에 물리적 원리들을 보어와, 슈뢰딩거, 하이젠베르그, 폴 디락 등이 개발한 수학적 기술과 결합한 역학으로 소립자에 관한 새로운 물리학적 해석이다」.

「고전 물리학과 양자역학의 중요한 차이점은?

고전물리학은 측정기기의 정확도나 정밀도에는 제한이 있지만 물리량은 정확히 측정할 수 있다. 하지만 양자물리학에서는, 이 사실이 뒤바뀐다. 필요한 물리량을 무한한 정확도를 갖고 동시에 다 측정해내는 것은 아예 원리적으로 불가능하다. 이러한 사실은 불확정성 원리에서 명확히 나타난다. 이는 어떤 물리계의 특성들을 동시에 얼마나 정확히 알아낼 수 있는 가에는 한계가 있음을 알려주며 이 한계는 측정기구에서 오는 한계가 아니라 자연계(물리계)에 본래부터 존재하는 특성이다」.

「그렇다면 원자나 여러 물리계의 성질(광자, 전자, 소립자)은 어떤 방식으로 측정되고 계산되는가? 이에 대해 양자역학은 측정된 물리량에 확률적 의미를 부여함으로써 그 해답을 주고 있다. 확률을 이용한 양자역학적인 결과의 해석을 "코펜하겐 해석"이라한다. 이제 더 이상 "물리법칙"이 물리세계를 완벽하게 설명하는 것으로 볼 수 없다. 관측을 하는 우리의 "측정하는 행위"자체가 측정결과를 바꿔버린다. 양자역학은 과학에 "예측불가능성" 또는 "임의성"이라는 피할 수 없는 요소를 도입시킨 셈이다」.

「전자의 위치를 알기위해 짧은 파장의 빛을 사용하면 위치는 알 수 있지만 그 빛이 전자의 운동에 영향을 주어(짧은 파장의 빛은, E가 크다) 전자의 운동량(속도)을 측정할 수 없다. 위치를 더 정확히 측정할수록 속도(운동량)는 더 불확실해진다」.

「고전 물리학–대부분의 개념들이 경험으로부터 추정된 것이기때문에 명백한 직관적 의미를 갖는다. 양자 물리학(양자 역학)–직관적으로 명확하지 않고 이전의 경험과도 부합되지 않으며 확률을 도입한 것이 고전 물리학에서 벗어나는 결정적 출발점이다. 개별입자들이 뉴턴의 역학법칙을 따르는 것이 아니라 위치, 속도(운동량)에너지 등과 관련된 확률을 갖는다. 위치나 속도 이 두가지는 더 이상 동시에 정확히 측정될 수 없고 위치나 속도의 조합인 양자상태(Quantum State)를 가지게 되었다. 소립자들은 분명한 위치를 정하지 않지만 특정한 확률분포(양자수)로 확산되어 있다」.

1-4-8 양자역학이 정립되기까지

1. 1900년, 맥스 플랑크(Max Carl Ernst Ludwig Planck(1858~1947) 독일)"에너지 양자가설" 논문에서 "양자"(Quantum)란 용어를 만듬. 양자역학의 원조

2. 1905년, 알버트 아인슈타인(Albert Einstein(1879~1955) 독일)"광양자 가설"에서, 광양자 E의 양자화와 빛의 이중성(파동, 입자)확립(광양자가 입자임을 입증함)

3. 1913년, 닐스 보어(Niels Handrik David Bohr(1885~1962) 덴마크) "원자모형모델확립과 원자內의 전자궤도 E의 양자화를 정립"

4. 1923년, 아서 콤프턴(Arthur H Compton(1892~1962) 미국) "X-선 산란실험으로 빛의 파동과 입자, 이중성을 입증함"

5. 1924년 드 브로이(Louis De Broglie, 프랑스)"물질파 개념, 입자도 파동이다"

6. 1925년, 볼프강 파우리(Wolfgang Pauli(1900~1958) 오스트리아)"파우리의 배타원리"

7. 1926년, 에르윈 슈뢰딩거(Erwin Schredinger(1887~1961) 오스트리아)"파동방정식"

8. 1927년, 베르너 하이젠베르그(Werner Heisenberg(1901~1976) 독일)"불확정성 원리"

9. 1928년 폴 디락(Paul Adrien Maurice Dirac(1902~1984) 영국)"양자파동방정식" 정립

【1】 1900년 12월 14일 독일 베를린 대학의 물리학 교수였던 맥스 플랑크는 베를린 물리학회 모임에서 흑체 복사연구로부터 "에너지 양자가설" 논문을 발표하여 "양자"(Quantum : E화할 수 있는 최소단위)라는 단어를 처음 사용하므로 양자론과 양자역학 시대의 문을 열어 젖혔다.

발광채(흑체) : 뜨거운 물체에 온도가 올라가면 원자들의 E가 높아져서 원자단위에서 진동을 일으켜 복사가 일어난다. 즉 흑체복사는 많은 수의 동일한 진동자(Oscillator)들의 운동의 결과이다. 이 진동자들이 E를 주고 받을 때 어떤 E값도 가질 수 없고 "충격적인 형태"인 양자라는 기본단위의 다발로만 불연속적으로 일어나며 그 진동자의 E는 h, f(플랑크 상수×진동수)로 진동수에 비례하고 h, f의 2배, 3배, 4배, 5배, 등으로 정수배로만 양자화되어 있다(Quantize).

맥스플랑크는 실험적 사실과 일치하게 하기위해서 또한 수학적 비례상수(플랑크상수)를 도입했다(h; 플랑크 상수, 6.626×10^{-34} J/sec). 양자 상수의 수치가 이처럼 작기 때문에 양자현상은, 일상생활에서 목격되지 않는다. 결론적으로 맥스플랑크는 2가지 가정으로 흑체복사 스펙트럼을 잘 설명할 수 있었다(숯을 가열하면, 숯에서 열복사가 일어난다).

(1) E가 "양자"라는 다발로 양자화되어 물질에서 불연속적으로 흐른다라고 가정했으며,

(2) E(열복사)가 진동수에 비례한다고 가정했다.

☆ 맥스 플랑크의 "E양자화 가설"의 의의와 그의 공적

(1) 흑체복사는 뜨거운 물체속의 많은 수의 동일한 진동자들의 운동의 결과이다.

(2) 진동자는 E를 주고 받을 때 "양자"라는 "충격적인 형태"로 불연속적으로 흐른다.

(3) 진동자 E는 진동수에 비례하고 비례상수 h를 도입 h, f로 그 E는 양자

화되어 있다.

【2】 1905년 아인슈타인은 "광양자 가설"로 "광전효과"(1887년 헤르츠가 발견)를 성공적으로 설명하고 빛의 입자 설(데카르트, 뉴턴, 라플라스 등이 주장)을 입증한다(빛의 이중성 확립 : 그는 이 공로로 드디어 노벨 물리학상을 수상한다(1921년)). 아인슈타인은 막스플랑크의 E양자 개념을 도입하여 빛의 양자(광양자＝광자(Photon) E화할 수 있는 빛의 최소단위)를 광양자라 하여 "Photoelectric Effect(광전효과)"를 빛의 입자성으로 설명하므로 이미 입증된 빛의 파동성과 함께 빛은 파동이면서 입자이고 입자이면서 파동인 "빛의 이중성"을 확립함으로서 "빛박사"로서의 위상을 들어낸다.

그는 플랑크보다 한 단계 더 나아가 빛(복사)이라는 것이 여러 파장을 가진 빛양자(광양자)들의 꾸러미(Package of Light)로서 빛E는 진동수에 비례하고(빛E＝h, f) 양자화되어 있다고 주장했다. 그리하여 플랑크의 흑체복사 설명과 아인슈타인의 광전효과 설명을 통해 양자론이 확립된다.

【3】 1913년에 닐스 보어는 러더포드의 원자핵 모형에 플랑크와 아인슈타인의 양자론을 접목시키고 요한 발머의 파장공식(진동수 공식)에 대입하여 수소 스펙트럼선의 진동수가 발머가 측정한 진동수와 정확히 일치함을 확인했다. 보어는 수소원자 내 전자궤도의 E는 플랑크의 E=h, f에 의해 주어지고 전자궤도의 E값들의 차이로부터 방출되는 빛의 진동수를 예측할 수 있었다. 결국 보어는 플랑크의 E 양자화는 원자내의 전자궤도의 E가 양자화되었기 때문에 나타나며 에너지의 양자화는 근본원자 내의 전자의 E양자화에서 기인한다고 예측하여 원자의 구조를 알아냈다.

즉 빛(광양자)이 불연속적으로 물질을 들랑(흡수) 달랑(방출)하는 것은 원자내의 전자E(전자의 운동량)가 양자 상태로 양자화 되었기 때문이지 않을까? 하고 가정하였으며 그리고, 수소원자의 구조를 원자나 전자궤도의 E양자화로 잘 설명하였다.

보어는 양자의 개념을 원자의 세계에 도입했다는 중요한 의미와 양자론과 양자역학 사이에 다리역할을 한 셈이다. 그리고 「대응원리」를 내세워 「양자역학의 상보성원리」를 확립했다. 양자론에서 맥스플랑크는 발광체(뜨거운 물체, 흑체)의 진동자 E를 h, f의 정수배로 양자화했으며 아인슈타인은 빛E, 광양자E(광자; 빛의 최소단위)를 h, f의 정수배로 양자화했고 닐스 보어는 원자내의 전자궤도에 있는 전자E를 양자화한 셈이다.

결론적으로 양자론의 E양자화와 광양자의 파동이며 입자인 이중성 그리고 E가 불연속적으로 흐른다는 개념들이 양자역학의 핵심적인 기초가 되었다.

【4】 1923년에, 아서 콤프턴은(Arthur Holly Compton, 미국, 1892~1962) -1927년 노벨 물리학상 수상. X-선 산란 실험에서 X-선의 광자가 운동량과 에너지를 갖고 있어 입자처럼 전자와 충돌하고 X-선광자의 파장이 길어짐으로 운동량(E)보존의 법칙을 따른다고 밝히고 한 실험에서 빛이 파동이면서 입자처럼 행동함을 입증하여 아인슈타인의 빛의 이중성을 실험으로 입증했다.

※ X-선 입사광의 E=산란된 X선 입사광의 E +전자의 운동 E(탄소의 전자(흑연))

【5】 1924년, 프랑스의 왕족 출신으로 파리 대학원에 재학 중인 드브로이는 그의 박사학위 논문으로 모든 움직이는 입자는 파동적인 성질인 파장을 갖는다고 주장하고 "물질파 파동방정식"을 발표했다. 아인슈타인의 파동이 입자가 될 수 있다는〈광전효과 설명〉을 반대로 생각하여 물질입자도 파동성이 있지않을까? 라고 생각한 결과였다. 결국 전기역학과 상대성 이론을 이용하여 드브로이는 속력 v로 이동하는 질량m인 입자는 다음과 같은 파장 λ를 갖는 파동처럼 행동한다고 제안했다. $\lambda=h/mv=h$(플랑크상수)/p(운동량) 이것이 1929년 노벨상을 수상케 한 드브로이의 물질파 파동방정식이다.

이 식을 이용하면 보어의 전자궤도의 양자화 조건을 다른 방법으로 유도할 수 있다(L=). 즉 보어의 허용된 궤도(안정한 궤도)를 갖기 위해 정상파가 생기기위해서는 전자궤도의 둘레가 정확히 전자파장의 정수배가 되어야 한다. 그 당시 파리 대학교수들은, 드브로이의 논문을 평가할 수가 없어서 아인슈타인에게 보냈으며 아인슈타인은 이 논문에 칭찬을 아끼지 않았다고 한다. 결국 드브로이의 입자도 파동성을 가질 수 있다는 주장은(입자인 전자가 파동성이 있다는) 3년 뒤(1927년), 미국의 데이비슨과 거머 그리고 영국의 G-P톰슨(J.J톰슨의 아들, 부자(父子)가 노벨 물리학상을 수상했다. 아버지는 전자발견으로 아들은 전자의 파동성 발견으로) 등에 의해 전자회절현상으로 전자의 파동성이 입증되었다.

아서 콤프턴에 의해 X-선 광자의 파동이 입자처럼 행동하여(x-선 산란실험에서) 빛의 입자성을 입증하고 데이비슨, 거머, G, P톰슨은 전자라는 입자가 파동처럼 행동하는 입자의 파동성을 입증하므로 입자이면서 파동, 파동이면서 입자인 이런 이중성과 중첩성이 고전 물리에서는 꿈도 꿀 수 없는 일이다. 그러나 원자의 미시세계를 설명해보려는 이론인 양자역학에서는 이 이중성이 핵심부분이다.

【6】 1925년 파울리는(Wolfgang Pauli(1900~1958) 오스트리아) 한 원자 내에서 어떠한 두 전자도 동일한 양자수를 가질 수 없다는 배타원리(Exclusion Principle)를 발표했다. 즉 원자속 전자가 동시에 같은 유형의 운동을 할 수 없다. 두 개의 전자가 서로 배척하므로 같은 상태에 있을 수 없으며 "불확정성 원리"에 의해서 주어진 한계 내에서 같은 위치와 속도를 가질 수 없다(↑ ↑→↑ ↓로 바뀌어야 한다).

이 원리가 없다면 쿼크들이 모두 붕괴해서 높은 온도의 수프가 될 것이다. 그는 1945년 노벨 물리학상을 수상했다.

【7】 1926년 슈뢰딩거는 원자세계에서 입자의 운동 상태를 기술할 수 있는 슈뢰딩거 "파동방정식"을 제안했다. 이 이론은 파동역학이라 하며 미시적 입자세계를 기술하는 양자역학의 기본적인 이론이다. 이 방정식을 풀면 물질 입자가 어떤 모양의 파동을 갖고 있으며, 그 파동이 시간의 경과에 따

라, 어떻게 움직이는가 하는 것도 계산이 가능하다. 슈뢰딩거가 드브로이의 물질파 논문을 가지고 알프스 호텔로 가서 2주 만에 "슈뢰딩거 파동방정식"을 갖고 내려왔다. "2주만의 화려한 휴가"로 회자된다.

그는 1933년에 극적으로(독일 탈출후) 노벨 물리학상을 받는다. 이 파동방정식에서 파동함수(프시 : ps ;) Ψ의 절댓값 제곱을 독일 괴팅겐 대학의 막스 보른(Max Born;독일 1882~1970, 많은 유명 제자를 둔 명강의의 괴팅겐 교수)은 전자(혹은 입자)들의 확률밀도로 올바로 해석했다(슈뢰딩거가 처음에 입자의 위치를 설명하지 못해 난감해 있을 때). 반도체 칩의 구조에서 얼마의 전자가 흐르는가? 하는가는 슈뢰딩거 방정식으로 계산할 수 있다. 이 방정식 없이 하나하나 시행착오를 통해 반도체 칩의 에너지 준위를 계산했다면 컴퓨터가 나오지 못했을 것이다.

1944년에는 생명이란 무엇인가? 라는 제목으로 일련의 강의를 하면서 생명체 내 유전적 구조의 분자의 안정성을 양자역학적으로 설명한 것으로도 유명하다. "생명현상의 본질을 질서는 서열로부터(Order From Order)와 무질서로부터 질서(Order From Disorder)"라고 두 마디로 요약했다.

※ 확률밀도란? ; X-라는 위치에서 단위체적당 전자를 발견할 수 있는 확률이라는 뜻.

※ 전자가 파동처럼 행동한다고 알려지자 곧, 원자크기에서 물질의 운동 상태를 기술할 수 있는 파동이론의 필요성이 제기되었다. 이 일을 슈뢰딩거가 했다.

【8】 1927년, 하이젠 베르그(Werner Heisenberg, 독일, 1901~1976, 1932년 노벨 물리학상 수상).

독일 학자로 제2차 세계 대전 중에는 독일 원자폭탄 제조 계획의 책임자였으며, 닐스 보어에 큰 영향을 받는다. 그는 불확정성원리(The Uncertainty Principle)를 발표하여, 이 우주에 근본적이며, 피할 수 없는 특성이 있음을 알게 했다. 이 원리로 뉴턴에서 라플라스로 이어지는 결정론(특정

순간의 우주의 완전한 상태를 알기만 한다면 우주에서 일어날 모든 일을 예측할 수 있게 해주는 일련의 과학법칙이 존재할 것이다)은 종말을 고해야 했다.

우리가 우주의 현 상태를 정확하게 측정할 수 없으며 미래를 정확하게 예측할 수 없다. 이 원리는 양자역학을 유지시키는 일종의 보호 장치 노릇을 한다. 우리들의 미시세계에서 입자(파동)의 위치와 운동량을 동시에 정확하게 결정하는 것은, 불가능하다는 원리이다. 다만 그 입자들은 위치와 속도(운동량)의 조항인 양자 상태(Quantum State)를 가지게 되며, 입자들은 분명한 위치를 점하지 않고, 특정한 확률분포로 확산되어 있다고만 나타낼 수 있게 되었다. 이 원리를 통해 양자역학은 과학에 예측불가능성 또는 임의성이라는 피할 수 없는 요소를 도입시킨 셈이다.

1927년 히이젠베르그가 최초로 얻은 불확정성 원리의 수학적인 표현은 $\Delta \times \Delta P \rangle h/2\pi$이다. 입자위치의 불확정도×입자 운동량의 불확정도×입자의 질량은 (입자가 Δx영역 내의 어딘가에 있다는 것이다) 플랑크 상수보다 크다를 입증함. 이 원리는, 입자 또는 파동의 위치와 선 운동량을 얼마나 동시에 측정할 수 있는지의 한계를 보여준다.

【9】 1928년 폴 디락(Paul Adrian Maurice Dirac, 영국, 1902-1984, 1933년 노벨 물리학상 수상).(케임브리지대학의 석좌교수 뉴턴, 폴 디락, 스티븐 호킹이 맡았던)은 일찍이 양자역학에 몰두한 대표적인 과학자로 상대성 원리를 양자역학에 포함시키려고 노력하여 양자이론에 이미 상대적인 시간과 공간을 함께 다루어 상당한 통찰력과 수학적인 정밀함을 가지고 폴 디락은 전자에 대해 상대적으로 정확한 양자파동방정식을 공식화했다.

이 이론은 특수상대성이론과 양자역학 이론 모두가 모순을 빚지 않는 최초의 이론이다.

◎ 폴 디락의 양자 파동방정식의 의의 !

(1) 전자가 스핀을 갖는다(지구의 자전처럼, 팽이처럼 회전한다).

⑵ 전자가 양의 E와 음의 에너지 상태에서 모두 존재할 수 있다(전자와 양
   전자(Positron).

⑶ 전자와 그 밖의 스핀 1/2입자들에 대한 올바른 설명을 제시했으며 전자
   가 왜 1/2의 스핀을 갖는가? 즉, 전자가 두 바퀴 돌아야 원래의 모습으로
   돌아오는 이유를 수학적으로 설명했다(spin1;360° 돌아야 원래모습.
   spin2:180° 돌아야 원래모습).

⑷ 전자가 반드시 그것의 짝 즉, 반전자(Antielectron)또는, 양전자(Posi-
   tron)를 가질 것이며 어떤 입자든지 입자와 반입자를 갖는데 입자와 반
   입자가 만나면(정지 상태에 함께 있을 때), 그들은 서로 소멸되며 전체
   E가 전체 정지질량 E와 같은 감마선을 생성한다(섬광을 내며 둘 다 사
   라진다).

큰 E하에서는 입자 반입자가 쌍으로 생성된다. 반물질을 만드는 꿈은 실
험적인 경우를 제외하고 아직 실현되지 않았다. 반물질을 만들면 엄청난 E
를 산출할 수도 있다. 1932년에 칼 앤더슨이 우주선에서 전자의 질량을 가
지고 양전하를 띤 입자를 발견하여 폴 디락의 이론을 확인하므로 폴 디락은
1933년에 노벨 물리학상을 수상한다.

L. 열두 번째 기둥

우라늄의 핵분열 〈원자폭탄과 원자로〉

리즈 마이트너 (Lise Meitner, 오스트리아 1878~1968)

엔리코 페르미 (Enrico Fermi, 이태리 1901~1954)

「수소 28g을 연소하면 100w전구 한 개를 40분간 켤 수 있는 E가 나온
다. 연소는 분자구조에, 저장돼 있던 결합 E가나오는 화학반응이며, 연소는
전자들 사이의 화학결합이 재배열되는 과정에 불과하다. 연소는 물질이 산
화되어 그들의 공유결합이 깨어지면서 분자간의 결합이 파괴되는 Free

Radical Process다. 그러나 핵분열이나 핵융합은 원소의 핵이 깨뜨려져 다른 원소로 바뀌거나 핵들이 결합해 다른 원소의 핵이 되는데 원자핵에 내재된 강한 핵력이 방출되는 반응으로, 질량변환에 따라 $E=mc^2$ 공식에 입각한 E가 방출된다. 수소 28g을 E로 전환시킨다면 100w전구를 5만 6천 년간 켤 수 있는 E가 나온다. 빅뱅시 엄청난 온도하에서 양성자와 양성자가 양성자와 중성자가 중성자와 중성자가 결합된 강한 핵력이 E로 방출되는 것이다」.

원자력은 두 얼굴의 사나이다. 한 얼굴은 인류를 전멸시키는 무서운 핵무기로서이고, 한 얼굴은 인류에게 가장 보편적 에너지 즉, 전기를 공급하는 원자로가 그렇다. 중성자를 제어하지 않고 무제한으로 우라늄의 핵을 깨뜨리면 폭탄이 되고 중성자를 제어하여 부분적으로 핵을 깨뜨리면 원자로가 된다. 물론 핵무기 때문에, 현재 지구의 평화가 유지된다고 말하는 사람도 있다. 어떻든 2차 대전을 종식시키고 전쟁의 무기로써 최고의 위력을 갖고 있는 원자폭탄(원자폭탄에는 핵분열 폭탄이 있고 우라늄이나 플루토늄을 이용한 폭탄이 그것이고 핵융합 폭탄도 있는데 그것은 수소폭탄이다)과 수력, 화력보다도 전기를 더 많이 생산해낼 수 있는 원자로의 발명이 자연과학사에서 12번째 기둥을 차지하고 있다.

전술한대로 연소는 화학 E로서 그 원자의 핵은 바뀌지 않고 원자에 있는 전자궤도의 E들의 결과이다. 그러나 핵분열과 핵융합은 강력한 핵의 결합 E로서 결과로 그 원소의 핵은 깨어지거나, 그 원소의 핵이 융합되어 다른 원소(원자)로 변환되는 과정인 것이다.

인류가 원자핵 에너지를 생각해내는 데는, 수억 년간 끊임없이 E를 방출하고 있는 태양에서 그 힌트를 얻었는지도 모른다. 처음에는 태양에 우라늄이나 플루토늄 같은 중핵원소가 많이 분포되어 있는 줄로 알았다. 그래서 핵분열에 의한 E방출로 생각했었다.

그러나 태양의 원소분포의 연구로 앞에서(분광학) 기술한대로 세실리아

페인은 태양의 주원소로 90%의 수소와 10%의 헬륨이라는 사실을 알게 되었다. 그러면 도대체 수소와 헬륨에서 어떻게 그렇게 많은 양의 E가 태양으로부터 끊임없이 방출되는가?

이것에 대한 해답으로, 과학자들은 수소의 "핵융합"에 의한, 질량손실이 $E=mc^2$의 공식대로 E를 방출함을 알게 되었다. 태양은 우주에 걸린 일종의 수소폭탄인 것이다. 태양이 만약 핵분열하여 E를 방출했다면, 지구의 생명체는 "방사능 오염"으로 이미 멸망했을 것이다. 다행히 핵융합 반응이어서 "방사능오염"은 없고 자외선에 의한 가벼운 일들만 일어나고 있다.

1879년에 윌리엄크룩스가 물질에서 빛이 방출되는 것을 알게 했고 1896년 프랑스의 베크렐이 우라늄의 화합물에서 방출되는 자연방사선을 발견하고, 1898년 여성 1호 물리학박사인 마리 큐리는 폴로늄, 라듐이라는 방사성원소를 발견하고 방사능("Radioactivity"-방사선을 방출할 수 있는 능력)이라는 용어를 만들면서 과학자들은 물질에서(원소), E원이 될 수 있는 빛E를 방출시킬 수 있음을 알게 된다.

그리고 상대성이론과 양자역학이 학문적인 기초를 받쳐줌으로써 원자력시대가 도래한 것이며, 그것은 원자번호 92번인 우라늄의 핵분열에서 시작된 것이었다.

그 과정을 이제 나열해 보기로 한다. 원자폭탄을 만드는 방법을 말하려는 것이 아니고 어떻게 어떤 과학자를 통해서 그것이 이루어졌던가. 그 과정을 말하려고 한다. 그리고 원자력시대를 도래케 한, 두 명의 주인공 중에 한 여성과학자의 공을 기억하면서 나는 이 글을 쓰려고 한다. 엔리코 페르미는 노벨상도 받았고 그 공을 누렸으나 비운의 이 여성인 리즈 마이트너는 그렇지 못했기 때문이다.

1-4-9 원자 폭탄(또는 원자로)이 나오기까지

1. 1896년 프랑스의 물리학자 베크렐(Antoine Henri Becquerel 1852~1908)은 "우라늄 황산 칼륨"에서 자연방사선을 관찰

2. 1905년 아이슈타인은 특수상대성이론에서 유추된 $E=mc^2$ 방정식을 발표함

3. 1913년에 닐스 보어는 닐스 보어-러더포드 원자 모형 모델 발표 1919년에 러더포드(Ernest Rutherford(1871~1937), 뉴질랜드)는 알파-입자(헬륨의 핵=알파선)로 원자핵 충돌 실험

4. 1928년 러시아의 핵물리학자 죠지 가모브(George Gamov(1904~1968)는 "액체방울 원자핵 모형" 발표

5. 1932년 죤 코크로프트(John D cockroft(1897~1967), 영국)와 어니스트 월턴(Ernest Walton(1903~1995),영국)은 최초의 원자 충돌장치로 실험(최초 인공핵분열)

6. 1935년 엔리코 페르미(Enrico Fermi(1901~1954),이태리)는 중성자로 우라늄 분열 실험

7. 1938년 12월 24일 리즈 마이트너(Lise Meitner(1878~1968), 오스트리아)와 그의 조카 로버트 프리쉬(Robert Frish)는 스웨덴의 서부해얀 쿤 갈브(Kungalv)지역의 설원에서, 베르린의 카이저 빌헬름 연구소의 동료인 오토한과 프리츠슈트라스만이 실험한 중성자의 우라늄 충돌 실험을 아인의 $E=mc^2$ 이론과 죠지 가모브의 "액체방울 원자핵 모형" 그리고 페르미의 실험 결과 등을 적용하여 성공적으로 해석하고 우라늄 원자핵분열의 E의 출처를 밝혀, 1939년 2월 11일호 "Nature" 지에 "중성자에 의한 우라늄의 분열" 이라는 제목의 논문을 발표함

8. 1942년 12월 2일 미국의 맨해탄 프로젝트의 일환으로 엔리코 페르미가 시카고대학의 스쿼시 경기장에서 우라늄의 핵연쇄 분열 반응을 성공함

9. (1) 1945년 7월 16일 미국 뉴 멕시코주의 로스앨러모스의 엘러모고도 공군기지에서 플로토늄-239의 원자폭탄 폭발 실험이 이루어짐

   (2) 1945년 8월 6일 오전 8시 15분 일본 히로시마 상공에서 우라늄 235의 원자폭탄이 미공군의 B-29폭격기 에놀라게이호의 투하에 의해 폭발하여 14만명이 사망함(지구최초 원자 폭탄폭발). 1945년 8월 9일 오전 11시 2분 일본 나가사키에 미공군 B-29폭격기 복스카호에서 투하된 플로토늄 239 원자폭탄이 폭발하여 7만명이 사망함

1-4-9 원자폭탄(원자로)이 나오기 까지

1) 1896년 프랑스 물리학자 베크렐은 "우라늄 황산칼륨"에서 저절로 방출되는 자연 방사선 (α-입자, α-선이다)을 관찰하고 7편의 논문을 발표함으로 물질(원자핵속의)속에 있는 E를 끄집어 낼 수 있는 가능성을 처음으로 제시 하였다. 1895년의 뢴트겐이 발견한 X-선은 음극선관에서 나왔지만 베크렐은 저절로 있는 화합물 덩어리 자체에서 나왔으므로 도대체 그물질의 어디에서 광선이 방출되었는가? 우라늄의 원자구조까지 파들어가야 답이 나오는 일이었고 원자구조는 1913년에 닐스 보어에 의해 제시 되었으므로 이 당시는 깜깜한 세상이었다.

2) 1905년 아인슈타인은 특수상대성이론에서 유추된 $E=mc^2$라는 방정식을 세상에 내놓는다. 엄청난 E(광속의 제곱으로 곱해지는 에너지 양)가 미세한 질량(원자나 분자)에서도 방출될 수 있음을 천명한 것이다. 이것을 독일 물리학연감에 발표하고 1909년 짤스부르크 학회에서도 발표하는데 이 자리에 우리의 주인공 리즈 마이트너는 참석하고 이 공식을 지성의 창고에 보관한다.

3) 1913년에 닐스 보어의 원자 모델이 완성되고 1919년 러더포드는 α-입자(헬륨의핵)로 원자핵과 충돌시키는 원자핵 충돌실험을 한다.

4) 1928년 러시아의 핵물리학자 죠지 가모브가 "액체 방울 원자핵모형"을 제시하여 강한 핵력으로 결합되어 있는 원자핵을 진동시켜서 물방울처럼 분열 시킬 수 있으며, 이때 핵 속에 감춰진 E를 끄집어 낼 수 있음을 제안하였다.

5) 1932년 영국 케임브리지의 캐번디시 연구소에서 죤코크로프트와 어니스트 월턴이 최초의 원자 충돌 장치인 코크로프트-월턴 발생기를 만들어 리튬 원자핵에 양성자를 충돌 시켜서 두 개의 헬륨 원자로 분열시킴으로 최초의 완전한 "인공 핵분열"로 질량이 E로 전환된다는 아인슈타인의 이론을

입증한 최초의 실험이다.

6)1935년 이태리의 핵물리학자(로마대학교수) 엔리코 페르미가 원자핵 분열 실험을 통해 알게 된 4가지 정도의 기본원리를 발표한다.

⑴ 원자핵을 분열시킬 수 있는 탄환으로 양성자 보다는 중성자가 더 적합하다(양성자가 핵 가까이가면 핵에 있는 양성자가 밀어내나 중성자는 전기적으로 중성이므로 아무저항도 안 받는다).

⑵ 중성자는 방사성 물질에서 얻을 수 있다.

⑶ 중성자의 충돌 속도를 느리게 하면 "핵 방울"이 흔들려서 더 잘 분열된다.

⑷ 물이 중성자 속도를 느리게 할 수 있다(중성자의 감속재-물, 중수).

7)1938년 리즈 마이트너는 베를린 연구소의 책임 연구원이었으나 독일 나치스 정권의 유태인 박해로 스웨덴으로 망명한 상태에서 베를린 연구소의 실험실에서 실험하고 있는 오토한(화학자)과 프리츠 스트라스만 팀원들을 비밀리에 만나거나 편지로 지시하면서 함께 분석한다. 이들은 중성자로 우라늄의 핵분열 실험을 하고 있었으나 내용을 잘 모르면서 리즈 마이트너의 조언에 따라 행동하였다.

현재 알려진 우라늄의 핵분열은 두 가지 경우가 있다.

1) $^{238}_{92}\mathrm{U} + ^{1}_{0}\mathrm{n} \longrightarrow ^{139}_{56}\mathrm{Ba} + ^{97}_{36}\mathrm{Kr} + 3^{1}_{0}\mathrm{n}$
　　우라늄　　중성자　　　　바륨　　　크립톤

2) $^{238}_{92}\mathrm{U} + ^{1}_{0}\mathrm{n} \longrightarrow ^{140}_{57}\mathrm{La} + ^{97}_{35}\mathrm{Br} + 2^{1}_{0}\mathrm{n}$
　　우라늄　　중성자　　　　란타늄　　브롬

* 우라늄의 핵폭탄에는 U-235 동위 원소가 주로 사용된다.

1938년 12월 X-마스 즈음에 리즈 마이트너는 그의 조카 프리 쉬를 X-마스휴가 기간에 스웨덴 서부 해안의 쿤갈브(Kungalv)지역으로 초대해 X-마스날 그 지역의 설원에서 두 사람은 종이에 적어가며 베르린에서 이루어진 오토한과 스트라스만의 실험한 내용을 분석하면서 자유토론 한다. 결론은 이 우라늄이 중성자에 의해 분열되어 두 개의 원자로 분열되었으며 이 분열된 원자에는 56Ba(바륨)과 라듐(Ra88)이 연관되지 않았을까? 핵이 쪼개졌다면 그렇게 강한 E로 결합된 핵에서 양성자들의 결합이나 양성자와 중성자의 결합을 깨뜨린 E는 어디에서 왔을까?

아직까지 핵에서 α-입자 보다 큰 원자나 조각을 떼어낸 과학자나 실험은 없었으니까? 어떻게 중성자 하나가 우라늄의 강하게 결합된 핵을 쪼갤 수 있을까(우라늄은 200개 이상 입자(양성자)로 된 원소인데). 핵 파괴에 필요한 E를 원자 내부에서 얻을 수 있다는 사실을 증명해 내는 일이 관건이었다. 리즈 마이트너의 머리는 바쁘게 돌아갔다.

1909년에 들었던 이인슈타인의 공식에서 잃어버린 여분의 질량이 엄청난 E를 방출할 수 있다고 했는데 이 우라늄의 분열에서 어떻게 적용시킬 것인가? 이것이 문제 중의 문제였다. 중성자 하나만으로도 죠지 가모브의 "물방울 모형의 핵"은 둘로 갈라질 수 있을 것 같은데! 리즈 마이트너는 핵의 질량을 계산하는 방법을 기억해냈다. 그래서 우라늄의 핵분열에 의해 생성되는 두 개의 핵은 원래 우라 늄의 핵보다 양성자 1/5에 해당되는 질량만큼 가벼워진다는 것을 계산해 냈다.

이 양성자 1/5의 잃어버린 질량은 어느 정도의 E인가? 우라늄의 핵분열에는 200MeV(2억전자볼트) 정도가 방출되는 것으로 알려졌다? 이 양성자의 전기는 핵을 분열시키는데 이용될 수 있지 않을까?

리즈 마이트너는 그 누구도 아직까지 가본 적이 없는 영역의 과학의 세계로 사고실험을 진행시켜 우라늄의 핵분열시 감소되는 질량 즉 양성자 1/5의 질량에 해당되는 E가 200MeV와 거의 일치함을 결국 알아 냈다. 마음이 흥분되어 잘 표현이 안 된다! 이 대목은 직접 독자들이 $E=mc^2$ (데이비드, 보더니스 생각의 나무 출판)의 P140-157P 까지를 읽어보도록 권하고 싶다. 공식을 만든 아인슈타인도 그런 E가 어디서 어떻게 나올 거라고 생각도 못했다. 우라늄의 원자핵을 폭파시키기 위해서 전력을 공급할 필요가 없다 (망치로 칠 필요는 더욱 없다). 그저 여분의 중성자만 속도를 줄여 투입시키 면 되었다. 물방울 핵은 갈라질 것이고 우라늄의 양성자 질량 변화가 자발 적으로 E를 방출하고 핵 내부의 전하는 파편들을 빠르게 흩어지게 한다.

우라늄 한 개의 핵이 분열되는데 200MeV의 E가 방출될 수가 있고 이 우라늄 분열시 2~3개의 중성자가 생성되어 또 다른 우라늄 원자의 핵을 쪼개고 또 발생한 중성자들은 계속해서 빛의 속도로 우라늄의 핵을 쪼개 가는 것을 우라늄의 연쇄 핵반응이라고 한다(Nuclear Chain Reaction). 이제 우라늄 핵 한 개가 분열시 나오는 E방출은 우라늄 20kg~30kg이 동 시에 분열한다면 어느 정도의 E가 나오는지는 제2차 대전에서 우리 인류 는 경험한바다.

1939년 2월 11일 호 "Nature"지에 리즈 마이트너와 그 조카 프리쉬는 "중 성자에 의한 우라늄의 분열"(새로운 종류의 핵반응)이라는 제목의 논문을 발표했다. 최초로 분열(Fission)이라는 단어를 사용해서 잃어버린 우라늄 양 성자의 1/5에 해당되는 질량은 200MeV의 E를 방출해 낼 수 있다. 인류의 E원으로 사용하는 원자력의 E시대를 연 리즈 마이트너(오토한 1944년 노벨 화학상 : 핵분열의 실험적 발견의 리즈 마이트너의 공은 은폐되었다)!

(8) 1942년 12월 2일 미국의 맨해탄 프로젝트의 일환으로 엔리코 페르미 가 시카고 대학의 스쿼시 경기장을 실험실로 사용하여 최초로 제어된 핵연 쇄 반응을 일으키는데(임계질량을 알아내) 성공함으로 이것이 바로 원자폭 탄의 제조에 이용되고 오늘날 각국의 전기 E를 만들어내는 원자로로 이용 되는 것이다.

리즈 마이트너(제2호 여성물리학박사)는 그렇게 원자력시대를 도래케 할 기본적 이론을 풀어냈고 페르미는 이제 그것을 만들었다. 고독한 생애를 살 았던 제 2호 여성 물리학 박사 리즈 마이트너는 이제 우리의 기억속에서 새 롭게 기억 되어져야 한다.

※참고 : 질량표

　　　양성자 질량 : 938.3MeV ÷ 1.673 × 10^{-27}kg
　　　중성자 질량 : 939.6MeV ÷ 1.674 × 10^{-27}kg
　　　중양성자 질량 : 1875.7MeV ÷ 3.343 × 10^{-27}kg

　(9) 1945년 7월 16일 뉴멕시코 주의 로스앨러모스의 앨라모고도 공군기지에서 플루토늄 239의 원자폭탄 폭발 실험이 이루어지고 1945년 8월6일 오전 8시15분 일본 히로시마 상공에서 우라늄−235원자폭탄이 폭발하여 14만 명이 사망하고 8월 9일 오전11시 2분 나가사키에 플루토늄−239의 원자폭탄이 투하되어 7만 명이 사망하였다. 드디어 제2차 대전이 종지부를 찍었다.

M. 열세 번째 기둥

〈DNA의 이중 나선구조의 모델 완성〉

프랜시스 크릭(Francis Harry Compton Crick, 영국, 1916～2004)
제임스 왓슨(James D Watson, 미국 1928～).

　물질의 기본구조인 원자를 알아내고, 원자를 이루는 아원자입자들을 물리학과 화학에서 알아내는 동안에 생물학에서는 생명의 기본단위인 세포를 발견하고 세포속의 핵을 발견했으며, 세포핵속의 염색체를 이루는 분자구조에 초점이 모아졌다. 그리고 생물학자들은, 스스로 질문했다.
　세포가 죽고, 새로운 세포가 어떻게 생겨나는가? 후손은 부모의 모습과 형질 또는, 선천적 질병을 유전 받는데, 도대체 인간의 유전기전은 어떻게 일어나며, 유전자 물질은 어디에 있으며, 어떤 구조를 가졌으며, 생명체 속에서 어떤 기능을 갖는가? 이중에서 유전자의 분자구조가 밝혀지는 것을 자연과학사의 13번째 기둥으로 택했다. 우주팽창과 함께, 20C 최고의 지식으로 알려진 것이 바로 생명의 유전자인 DNA의 분자구조인 이중나선구조이다. DNA구조를 알아내기 전에 과학자들은 먼저, 세포를 발견했으며, 이윽고 세포핵을 발견했다. 그리고 그 핵에 염색이 잘되는 물질인, 염색체를 발견했으며, 그 염색체가 바로 DNA라고 하는 핵산으로 구성되어 있음을 알게 되었다. 세포의 핵산에는 DNA와 RNA가 있다. DNA는 통상 유전과 단백질합성의 설계도에 해당되며 RNA는 DNA의 설계도를 복사하여 전달해 리보솜에서 DNA의 지령에 따라 단백질을 합성한다.

1909년 러시아 출신의 미국 화학자 피버스 레벤(Phoebus A T Levene. 1869~1940)은 ribose가 두 종류의 핵산중 하나인, RNA(Ribose Nucleic Acid)의 당성분이라는 것을 알아냈다.

※ 리보스나 데옥시 리보스는 5탄당으로 탄소가 5개로 구성된 단당류이다.

※ RNA의 4가지 염기는 아데닌, 우라실, 구아닌, 시토신인데, DNA는 (Deoxyribose Nuceic Acid)는 "데옥시 리보스"라는 일종의 당(糖)과 인산이(PO₄) 연속적으로 공유결합하여 긴사슬 형태로 2개의 기둥을 이루고 그 기둥 사이에 사다리모양으로 염기들인 아데닌, 티민, 구아닌, 시토신들이 수소결합하여(A-T, G-C pair), 계단을 이루고 나선모양을 하고 있다. 최근 게놈 계획에서 밝혀지듯이 30억 개 정도의 염기서열이 있으며, 유전에 관여하는 유전자는 25,000-30,000개 정도로 알려졌다.

〈두기둥과 사다리모양 A-T, G-C pair을 이룸〉〈이중 나선구조〉

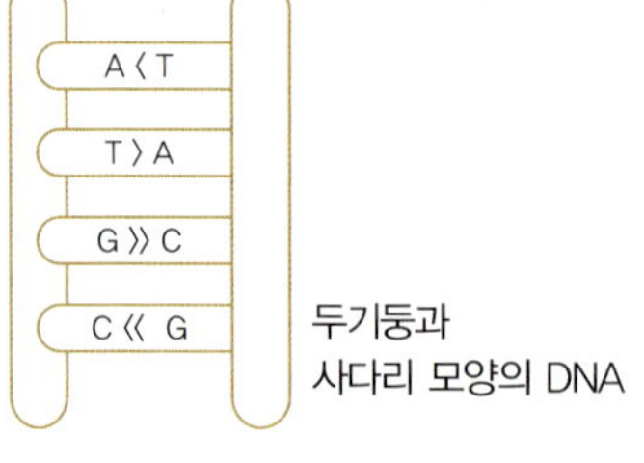

두기둥과
사다리 모양의 DNA

DNA의 이중나선구조

★ 수소 결합

1)물 화합물, 단백질, DNA의 염기 등의 3차 구조를 유지하는 약한 화학결
　합이다.

2)전자들을 공유하는 것이 아니라, 한쪽으로 치우친 원자들의 전기적 인력
　에 의해서, 결합되었다.

　※한 생명체의 중요한 물질들은, 수소결합, 소수결합, 이온결합 등의 형
태를 띠는데, 수소결합하여 사다리모양을 이루는 DNA의 가장 중요한 기능
은 1)단백질 생산을 지시하고 2)복제되어 새로운 세포가 만들어질 때 나누
어진다. 새로운 DNA분자를 만들어야 할 시기가 오면 나선을 이루는 2개의
사슬이 지퍼가 열리듯이 열리게 되고 각각의 염기쌍은 새로운 짝을 형성하
여 2개로 나누어져서 DNA의 복제가 매우 정확하게 이루어지지만 100만
번에 한번 꼴로 오차가 일어나 돌연변이가 일어난다.

1-4-10 DNA의 이중 나선구조 모델이 완성되기까지

1. 1665년 로버트 훅(Robert Hooke 1635~1703, 영국)이 생물의 최소 단위인 세포(Cell)를 현미경으로 관찰함

2. 1673년 레벤후크(Antoni Van Leeuwenhoek, 네덜란드) 275배율의 현미경으로,혈구 정자, 박테리아, 원생동물 등을 관찰함

3. 1831년, 로버트 브라운(Robert Brown 1773~1858, 스코틀랜드)이 세포핵발견

4. 1839년, 테오도르 슈반(Theodor Schwann 1810~1882, 독일) 동식물의 기본단위가 세포다(세포설주장)

5. 1858년 루돌프 피르호(Rudolf Virchow 1821~1902, 독일) 모든 세포는 세포에서만 나온다

6. 1865년 그레고 멘델(Gregor Mendel 1822~1884, 오스트리아) 유전인자가 후손에게 전달되고, 유전 법칙이 있다

7. 1869년 프리드리히 미쉬너(Friedrich Mieschner 1844~1895, 스위스) 고름에서 핵산(DNA)을 처음으로 발견, 뉴클레인이라 칭함

8. 1886년 어거스트 바이스만(August Weismann 1834~1914) 유전 물질은 염색체에 의해 전달되고 염색체는 쌍으로 나타난다

9. 1909년 토마스 헌트 모건(Thomas Hunt Morgun 1866~1945, 미국) 유전자(Gene)라는 용어 사용, 초파리의 염색체 지도완성

10. 1928년 프레데릭 그리피스(Frederick Griffith 1881~1941, 영국) 죽은 폐렴 쌍구균 세포의 어떤 물질(유전자 DNA)이 살아 있는 폐렴 쌍구균에게 유전 특성을 전달함을 발견함

11. 1944년 오스왈드 에어버리(Oswald,T. Avery 1877~1955) 그리피스의 연구를 10년 이상 연구 끝에 유전자는 DNA다

12. 1950년경 에르빈 샤가프(Erwin Chargaff 1905~, 오스트리아) DNA에 4종류의 염기인 아데닌(A), 시토신(C), 구아닌(G), 티민(T)이란 물질이 있는데 이들의 양을 정확한 비율로 밝혀냄

13. 1952년 라이너스 폴링(Linus Pauling 1901~1994, 미국) DNA가 3중 나선 구조로 착각했다(Hb구조 밝힘)

14. 1952년 윌킨스와 프랭클린은 DNA 물질의, X-선 회절 연구에 빠지고 프랭클린은 DNA의 가장 해상도 높은 X-선 사진을 촬영함

*모리스 윌킨스(Maurice H.F.Wilkins 1916~, 뉴질랜드) 로잘린드 프랭클린 (Rosalind Franklin(1920~1958 년), 영국)

15. 1953년 2월 미국의 결정학자. 제리 도나휴(Jerry Donahue)는 왓슨과 크릭에게 2군데 수소 결합을 통해 아데닌은 티민하고만 결합하고 (A-T Pair), 그리고 구아닌은 시토신하고만 3군데 수소 결합을 통해 결합(G-C Pair)하는 특별한 양자역학 이론을 알려준다

16. 1953년 4월 25일 프랜시스 크릭(Francis Harry compton Crick 1916~2004, 영국)과 제임스 왓슨(James D Watson(1928~생존)은 "Nature"지에 DNA의 이중 나선 구조 모형을 발표함

1-4-10 DNA의 이중나선구조 모델이 완성되기까지

(1) 1665년 로버트 훅은 죽은 식물세포를 현미경으로 관찰하고 세포를 "수도사의 방"을 뜻하는 "Cell"이라고 명명함. 그의 저서에서("현미경도감") 엄격히 말하면 죽은 식물 세포벽과 수많은 빈방을 본 것이다.

(2) 1673년 : 레벤후크는 275배율의 현미경으로 혈구, 정자, 박테리아, 원생동물 등을 관찰하여 50년 동안 200여 편의 보고서를 왕립학회에 제출했다.

(3) 1831년 : 로버트 브라운은 현미경으로 식물세포에서 핵을 처음 발견하고 씨앗 또는 작은 밤을 뜻하는 라틴어 "Nucula"로부터 Nucleus(핵)라고 명명함.

(4) 1839년 테오도르 슈반과 마티아스 쉬라이덴은 "살아 있는 생물은 모두 세포를 가지고 있으며 동식물의 기본단위가 세포다." -세포설 주장-

(5) 1858년 루돌프 피르호는 "세포 병리학" 저서에서 -모든 세포는 세포에서만 나온다. 1860년 : 루이 파스퇴르는 "생명은 저절로 나타날 수가 없고 이미 존재하는 세포로부터 시작되어야만 된다. -세포설-

(6) 1865년 그레고 멘델은 쌍으로 있는 유전인자(우성인자, 열성인자)가 후손에게 전달된다.

(7) 1869년 프리드리히 미쉬너는 고름에서 핵산(DNA)을 처음 발견-Nuclein(뉴클레인)이라 부르고 이분자가 유전과 관계가 있다고 생각함.

(8) 1886년 어거스트 바이스만은 그의 저서[생식질]에서 모든 생물은 특이한 물질을 지니고 있고 염색체가 유전 단위를 전달하며 쌍으로 나타난다. 유전물질은 염색체에 의해 전달된다.

(9) 1909년 토마스 헌트 모건은 초파리를 가지고 돌연변이 연구에서 유전자라는 용어를 사용하고 염색체 지도를 완성 각 염색체가 유전자 집단을 운반함.

(10) 1928년 프레데릭 그리퍼스는 죽은 폐렴 쌍구균세포의 어떤물질이 살

아 있는 폐렴쌍구균에게 유전특성을 전달함을 발견했다.

(11) 1944년 오스월드 에이버리는 "그리피스의 연구를 10년 이상 연구한 끝에 유전자는 DNA임을 밝혔다.

(12) 1950년경 에르빈 샤가프가 DNA에 4종류의 염기(산과 반응하면 중성염을 생성하는 물질)인 아데닌(A), 시토신(C), 구아닌(G), 티민(T)이란 물질이 있는데 이들의 상보적 염기쌍인 A-T와 G-C 쌍의 성분양이 동일함을 밝혔다. 이것을 챠가프비(Chargaff Ratio)라 한다.

구아닌과 아데닌을 합친 양은 시토신과 티민을 합친 양과 같았다.

이것을 챠가프비라고 부른다(분자끼리 1:1로 결합함을 의미한다).

이것은 DNA 분자구조를 밝히는데 중요한 사실을 내포하고 있다.

(13) 1952년 라이너스 폴링은 칼텍의 생화학 교수로 DNA를 3중 구조로 착각했다(Hb구조를 밝힌 사람).

(14) 1952년 월킨스와 프랭크린은 DNA 분자구조를 X-선 회절을 통해 연구하고 있었다.

런던 킹스 칼리지의 교수들로 [프랭크린은 윌킨스의 조수였다] 이들은 DNA의 X-선 회절 연구에 빠져 있었으며, 이때 프랭크린은 DNA에 대한 가장 해상도 높은 X-선 사진을 찍었으나 그것을 판독하지는 못했다.

이 사진을 훔쳐본 왓슨이 결정적으로 이중나선 구조임을 알게 되었다. 맨해탄 계획에도 참여했던 모리스 윌킨스는 케임브리지 트리니티 칼리지에서 에르윈 슈뢰딩거의 생명이란 무엇인가?의 강연을 듣고 깊은 감명을 받는다. 그는 런던 킹스칼리지로 돌아와 프랭크린과 함께 X-선의 회절을 이용해 DNA의 사진을 찍고 DNA의 구조를 연구하였다.

1962년에 월킨스, 크릭, 왓슨은 DNA의 구조에 대한 공적으로 노벨상(생리, 의학상)을 공동수상 한다. 프랭크린은 그 당시 DNA에 대한 가장 좋은 X-선 사진을 찍어 왓슨의 DNA구조 발견에 결정적이였지만 X-선 과다 노출로 인해 난소암을 얻어 1958년에 사망하여 노벨상수상에서 빠졌다(38세).

우리는 "DNA"의 "이중나선구조 발견"에서 "프랭크린"을 기억해낼 수 있어
야 할 것이다.

〈15〉1953년 3월 미국의 결정학자 제리도나휴(Jerry Donahue)는 왓슨과
크릭에게 이중수소결합을 통해 아데닌은 티민하고만(A-T pair) 그리고 구
아닌은 시토신하고만 (G-C pair)결합하는 특별한 "양자역학"이론을 알려
준다. 왓슨은 이때, 수소결합으로 연결된 아데닌-티민 염기쌍은 구아닌-
시토신 염기쌍과 모양이 똑같다는 깨달음을 얻는다. 이 결합과 A-T. G-C
염기쌍의 짝짓기는 그들이 고민하던, 마지막 문제를 해결해 주었다. 그것은
두 종류의 염기쌍이 모양이 똑같아서, 일정한 각도와 회전 각도를 가지게
되어, DNA는 "이중나선"구조를 나타내게 되는 것이다. 이 중요한 계시를
얻은, 왓슨과 크릭은 마침내 최종적인 수학적 계산을 하고, 나무와 금속으
로 "DNA의 이중나선모형"을 만드는데 착수했다.

〈16〉1953년 4월 25일, 프랜시스 크릭(Francis Harry Compton Crick,
영국 1916~2004)과 제임스 왓슨(James D Watson, 1928~)은 "Nature"지
에 "DNA의 이중나선구조"모형을 발표하고 DNA가 단백질의 생산을 지시
한다고 설명했다(900단어의 짧은 논문). 2개의 뼈대기둥은, 데옥시리보스
의 당과 인산(PO_4)이 연속적으로 공유 결합하여, 긴 사슬 형태를 이루고, 그
사이에 A-T. G-C pair의 염기가 수소 결합하여, 계단처럼 되어(사다리모
양) 나선구조를 이룬다(약간 회전 각도를 갖는다).

그들의 발견은 25년이 흐른 후 1980년대에 옳은 것으로 인정되었다. 바
로 그들의 발견인"DNA의 이중나선구조" 바로 그것이 분자생물학이었다
(1968년, "사이언스"지에).

★ 프랜시스 크릭(1916~2004, 영국, 물리학, 생물학자).

1937년, 영국런던의 유니버시티 칼리지에서, 물리학과를 졸업하고, 제2
차 세계 대전 중에는, 영국 해군 연구소에서, 폭발형 기뢰(자기기뢰, 음향기

뢰)와 수중초음파를 연구했다. 전쟁 후 30세 된 크릭은, 자기의 일생을 생물학분야에서 보내기로 결정하고, "생명이 없는, 원자, 분자들이 어떻게 생명을 만들어내고, 생물들은 자신의 특성을 어떻게 후손에게 전달하는지 아직 완전히 설명하지 못한데 대하여 큰 관심을 가졌다. "1949년(33세), 크릭은 다시 대학원에 들어가서, 케임브리지 대학의 캐번디시 연구소에서, "X-선 회절을 이용한 단백질의 구조" 연구팀에 합류했다.

★ 제임스 왓슨 (1928~, 미국, 생화학자).

그는 22세의 약관에 인디애나 대학에서 박사학위를 받은 후, 미국 정부의 장학금으로 영국의 케임브리지 대학으로 유학을 했다. 결국 캐번디시 연구소로 가서, 대학 4학년 때 싹튼 유전자(DNA)에 대한 연구를 하게 된다.

★★ 1951년, 가을, 케임브리지의 캐번디시에서, 프랜시스 크릭은 12살 아래인 제임스 왓슨을 만나자마자, "DNA가 생명의 비밀"이라고, 큰 관심을 가진 것을, 피차에 확인한 후, 함께 DNA의 비밀을 풀어 나가자고 의기투합했다. 그들은 18개월의 사고실험결과 자유토론을 통해서 DNA의 구조를 밝혀냈다. 물론 주위의 여러 과학자들의 도움을 받았다(로렌스 브래그, 모리스 윌킨스, 로잘린드 프랭클린, 챠가프, 제리도나휴 등등).

저자가 독자들에게 전하고 싶은 것은, DNA구조나 기능, 단백질 합성의 기전 등이 아니라 인류는 어떻게 해서 세포, 세포핵, 염색체, DNA, 그중 세포복제 분열과 유전을 담당하고 있는 그 DNA의 구조를 어떻게 어떤 과정을 거쳐서 알게 되었는가? 이며 그것을 알기 위해서 우리는 먼저 무엇을 알아야만 하는가? 이다. 생명체의 기본단위인 세포를 언제, 누가, 어떻게 해서 알았으며, 왜 세포(Cell)라고 명명했는가? 그것은 불과 300여 년 전의 일이며, 로버트 후크가 죽은 식물세포를 현미경으로 관찰해서 콜크의 벌집모양의 구멍 즉, 콜크의 셀룰로오스의 벽들이 마치 수도원의 수도사들의 방을 연상시켜서(수도사의 방을 "Cell"이라 함), 생물의 최소단위를 "세포"(Cell)라고 명명했다(그의 저서, "현미경 도감"에서).

세포 발견 후 인류는 세포핵을 발견했으며, 세포는 바로 살아 있는 세포에서 세포가 나온다는 사실도 알아냈다(세포분열을 통해서 세포가 복제된다). 이어서 생물의 형질을 지배하는 유전자가 있으며(그레고 멘델), 그 유전자가 세포핵의 염색체에 위치해 있으며 그 염색체는 바로 DNA이었다.

그 DNA가 작동해서 (어거스트, 바이스만), 세포가 2개로 분열되어 새로운 세포를 만들어내며, 그 DNA가 바로 유전자들의 본체다(오스왈드, 에이브리). 그 DNA가 바로 무엇인가? 우리가 고름(pus)에서 보는 말랑말랑하며, 끈기가 있는 바로 그 물질이 핵산인 DNA인 것이다(프리드리히 미쉬너). 그리고 그 DNA의 분자적 구조를 알기위해 슈뢰딩거의 유전자구조의 양자물리학적 해석, 샤가프의 샤가프비, 도나휴의 A–T G–C pair, 그리고 프랭크린의 DNA의 X–선회절 사진, 그리고 왓슨과 크릭이 드디어 최고의 지식 중 하나인 "DNA의 분자적 구조"를 밝혀 뒤에 게놈 프로젝트를 가능케 했다.

N. 열네 번째 기둥

미국 아폴로 11호 인공위성의 달 착륙이 열네 번째 기둥이다.

우주인 닐 암스트롱과, 버즈 올드린의 최초 달 착륙.

· 1969년 7월 16일에 발사하여, 7월 20일 오전 11시 달 표면에 인간 착륙.

· 1950년대(1957년);인공위성 발사. 구소련–루나 계획, 소유즈 계획.

· 1960년대;달 착륙. 미국 아폴로 계획.

· 1970년대;우주로 인공위성을 발사함(외계인을 찾아, 성간여행하고 있음).

· 1980년대;통신, 방송용 인공위성 개발로, 상업적인 우주 개발 시작, 우주정거장(Mir) 건설.

· 1990년대;인공위성의 상업적인 가치부각으로 개발이 가속화되고 태양계 행성들에 탐사선을 착륙시켜 탐사가 활발해짐.

· 1997년까지;약 4,800기 이상의 인공위성이 발사되었으며(군사용 위성 제외).

우주로 띄운 인공위성:1972년 3월 2일 ; 파이오니아 10호가 목성을 향하여 발사되며 이 위성에는 외계생명체가 있다면, 그들에게 알리기 위해 인류의 메시지가 실려 있다. 1973년, 4월 5일 파이오니아 11호가 목성을 향해 발사됨. 1977년, 8월과 9월에 보이저 Ⅰ, Ⅱ호가 목성과 토성을 향해 발사됨(각각의 보이저 탐사선에는 금박의 레코드판이 한 장씩 실림, 55개국 언어로 된 인사말, 바하, 베토벤, 모차르트의 음악, 아기 울음소리, 키스 소리 등이 수록됨). 보이저 Ⅰ호 2005년 9월(28년 만에) 최초로 태양계 끝에 도착하여, 성간 여행 계속함. 헬리오쉬즈 진입(Heliosheath), 지구에서 140억 km 떨어진 곳에서 시속 7만 3천 6백 km로 항해중.

인류는 1950년대(1957년)에 최초로 우주 인공위성을 발사했다. 그리고 1960년대에(1969, 7, 20)는, 인류 최초로 달에 첫발을 내딛었다(닐 암스트롱과 버즈 올드린). 1970년대에(1972, 1973, 1977), 인류의 메시지와 음반을 싣고, 우주로 성간 여행을 떠나보냈다(파이오니아 10호, 11호, 보이저 Ⅰ, Ⅱ호). 그리고, 1980년대에 상업적인 인공위성 개발에 힘쓴다(통신용, 방송용). 그리고 1990년대에 우주 정거장도 건설(Iss, Mir), 인공위성의 상업적인 가치가 부각됨으로, 개발이 가속화됨.

1997년까지 약 4,800기 이상의 인공위성이 발사됨(군사용 제외). 수성탐사 위성, 메리나호. 인류는 처음에 무인 로켓을 발사했다. 그리고 동물(개, 라이카)을 실어 보냈다. 이윽고 인간이 탄 인공위성을 발사해서 지구궤도와 태양궤도를 돌고 귀환했다. 그 후에 그들은 우주 유영을 했으며 달에 도착하여 달의 암석도 가져왔다. 그 후 화성에도 로봇과 탐사선을 착륙시켰다.

동시에 우주 정거장(Iss, Mir)을 만들어 이곳에 거의 1년 가까이 체류하다가 지구로 귀환했다. 비행기처럼 우주 왕복선도 만들어 우주를 항해하고 귀환했다. 인공위성의 폭발로 우주인이 희생되기도 했으며, 화성과 목성에 충돌실험도 했다. 파이오니아 10, 11호와 보이저 I, Ⅱ호도 성간 비행을 시켜오고 있다. 혹시 외계의 생명체와의 접촉을 위해서 메시지와 음반도 실려 보냈다. 이제 화성에서 물을 찾는 것은 눈앞의 일로 다가왔다. 어떻든 인류가 고대로부터 현대에 이르기까지 모든 과학 문명의 발명품과 지식을 총동원해서 인류를 지구가 아닌 다른 행성(달에)에 인류를 올려놓은 사건을 자연과학사의 14번째 기둥으로 삼았다.

달에 관한 모든 전설과, 설화가 사라지고, 달의 실체가 인간의 눈앞에 적나라하게 들어났다. 그렇게 삭막할 수가 없는 실체로! 이 일은 1969년 7월 16일에, 아폴로 11호를 발사하여, 1969년 7월 20일, 달 표면에 닐 암스트롱이 첫 발을 내딛으므로 이루어졌다. 미국의 아폴로 우주계획의 결실이었다.

「이것은 인간의 작은 발자국이지만 인류에게는 거대한 도약이다」는 명언을 남겼다. 이제 미국은, 2018년까지 달에도 기지를 세운다고 하며 달나라 "콘도 세일"광고도 곧 보게 될 것이다. 천문학적 비용이 들어가는 우주개발 비용을 차라리 지구에 쏟는다면 하고 넋두리하는 자도 있으나 하여튼 인류는 아직도 우주비행과 탐사 그리고 개발을 멈추지 않고 있다.

※우주탐사중에서 인류는 화성에 매우높은 관심을 보였는데 그것은 화성이 지구와 매우 비슷하게 생계 화성의 하루도 지구처럼 25시간이며 화성은 지구에서 그 표면을 관찰할 수 있는 가장 가까운 행성인 까닭이다.

계절에 따라 변하는 붉은 지표면, 얼음으로 뒤덮인 극관 그리고 화성의 하늘에도 흰구름이 떠다닌다. 포보스와 데이모스 두 개의 위성을 거느림 21C에 들어와 2003년 12월 26일 유럽 우주국(ESA)의 화성탐사선 "Mars Express"호의 화성 착륙선 비글호가 화성에 착륙하여 화성 대기에 메탄이 있음을 탐지한다(생명체와 매우 연관있는 기체).

2004년 3월 24일 미항공우주국 (NASA)의 화성탐사선 마스 오딧세이호 (Mars Odysse)의 화성 탐지로봇인 오퍼튜니티가 염분덩어리발견으로 화성에 바다가 있었을 가능성이 높다고 미항공우주국은 발표했다. 2005년 7

월 28일 유럽우주국(ESA)은 화성탐사선 마스익스프레스가 고선명스테레오카메라로 촬영한 화성 표면의 얼음 분화구를 공개했다. 2006년 3월 10일 미항공우주국의 화성 정찰선이 5억 Km를 여행한 후 화성궤도 진입에 성공하여 화성 물분포와 유인우주선의 착륙지점 등의 정보를 수집한다고 나사는 발표했다. 역대 최저고도 화성 접근 탐사.

인류가 화성에서 생명체를 찾는 노력의 일환으로 물을 찾고 화성토양의 무기화학실험 및 유기분자물을 찾으며 미생물(박테리아)을 찾는 실험을 계속하고 있으나 아직까지 그 연구는 묘연하다. 화성 탐사에 관심을 가졌던 천문학자들! 육안으로 천체를 가장 많이 관찰했던 티코브라헤(1546~1601 덴마크)는 그의 제자 요한네스케플러(1571~1630 독일)에게 화성을 잘 관측해보라고 권면했다. 1877년 이탈리아의 천문학자 조반니 스키아파렐리(Giovanni Schiaparelli)는 "화성의 운하"에 관한 연구를 발표했다.

여기에 감동을 받은 아마추어 천문학자(하버드대학졸업)인 미국의 퍼시벌 로웰(Percival Lowell)이 1894년에 애리조나주 플랙스태프에 화성관측 천문대를 세우고 화성의 생명체의 존재를 찾던 중 밝혀진(메리너협곡, 카세이 계곡) 자연의 지형을 화성인들이 물을 다스리기위한 운하로 주장해 한때의 진실이 밝혀지기전의 해프닝으로 들어났다. 명왕성의 "Pluto" 이름의 첫 두글자 P.L은 퍼시벌 로웰의 이름에서 유래되었다(1930년 로웰 천문대의 연구원인 톰보가 명왕성을 발견하여 로웰을 기념하였다. 명왕성표시문자도 그를 기념하는 P.L로 이루어졌다).

로웰은 우리 대한민국과도 연관이 있는 인물로서 미국의 준외교관신분으로 "조선"에서 근무하여 1886년에 〈조선〉이란 제목의 기행문책과 1888년에는 〈극동의 정신〉이란 책을 저술했다.

1-4-11 인공위성의 역사

1. 1957년 10월 4일 인류 최초로 구소련에서 무인 인공위성인 스프트니크호 (Sputnik)발사. *1957년 11월 3일-스프트니크 II호에 개(이름:라이카)가 승선하여 7일 간 지구궤도에 남음

2. 1958년 11월 31일 미국에서 첫 위성 Explorer 1호, 무인 인공위성 발사

3. 1959년, 구소련의 루나 3호가 최초로 달의 뒷면을 촬영하여 인류에게 보여줌

4. 1961년 4월 12일 구 소련의 보스토크 1호(Vostok I)로 최초로 인류 우주비행, 소련 우주인 유리 가가린(Yuri A Gargarin)

5. 1962년 2월 20일 미국인 죤 글렌은 인공위성 "프렌드 쉽 7"호를 타고 미국인 최초로 우주 궤도 비행(5시간 정도, 우주를 3바퀴 돌았음)

   *1998년 죤 글렌은 우주 왕복선, 디스커버리호에 탑승하여 77세의 최고령 우주 비행사라는 또 하나의 기록을 남김
   *1962년 12월 14일 : 매리너 2호, 첫 행성 탐사-금성 탐사

6. 1969년 7월 16일 미국의 아폴로 11호 발사. 7월20일, 인간 첫 달착륙

7. 1970년 12월 15일 구 소련의 베네라(Venera) 7호가 처음 금성을 착륙하여 23분 동안 데이터를 전송함

8. 1971년 5월 30일 매리너 9호 발사 되어 화성궤도를 돌면서 첫 화성탐사

9. 1972년 3월 2일 : 파이어니호 10호가 목성을 향해 발사됨. 1973년에 목성 도착, 목성 사진 전송함

10. 1973년 4월 5일 미국의 파이어니어 11호가 목성을 행해 발사(1979년 토성 도착), 외계 생명체에 인류를 알리기 위해 메시지가 실려 있음

11. 1974.6.24일 첫 군사 우주 정거장인 살류트(SalYut 3)3호가 발사됨

12. 1975년 7월, 미국의 아폴로 18호와 구소련의 소유즈 19호가 첫 우주 도킹을 함(우주선 랑데뷰)

13. 1975년 10월, 구소련의 베네라 9호 10호가 처음으로 금성 표면 사진을 전송함

14. 1976년 9월 3일 미국의 바이킹 2호가 화성의 유토피아 평원에 착륙한다. 그리고 얼음을 발견함

15.1977년 8월 22일:미국의 보이저Ⅱ;1977년 9월 5일 보이저 1호가 목성과 토성을 향해 발사되어 성간 우주 여행을 시작함

  *금박의 레코드판이 1장씩 실렸는데, 이곳에 인간의 유전자, 사람의 두뇌정보, 고래 울음소리, 아기 울음소리, 55개국 언어로 된 인사말, 바하, 베토벤, 모차르트의 곡이 수록됨
  *보이저 1호-2005년 9월, 28년만에 태양계 끝에 도착됨 (Heliosheath) 지구에서 140억km 떨어진 곳. 시속 7만 3천 600km로 향해중

16. 1981년 4월 12일 미국 첫 우주 왕복 시스템의 첫 유인 콜롬비아 호가 발사됨
  *1981년 12월 20일:ESA(유럽 우주 기구)가 네 번째 아리안 로켓을 발사함

17. 1983년 4월 4일 미국의 우주 왕복선 첼린저호가 발사됨

18. 1984년 8월 30일 미국의 3번째 우주 왕복선 디스커버리호 발사

19. 1985년 10월 3일 미국의 4번째 우주 왕복선, 아틀란티스가 발사됨

20. 1986년 2월 20일 소련 우주 정거장, 미르(MIR, ISS)의 중심 유니트가 발사됨
  *1987년 12월-우주 비행사 유라로 마텐코가 미르에서 326일간 우주에 머문후 지구로 귀환

21. 1989년 11월 18일, 우주 배경복사 탐사선 COBE가 발사됨

22. 1990년 4월 24일 우주 왕복선 디스커버리호가 발사되어 "허블 우주망원경"을 우주에 띄움

23. 1995년 9월 파이어니어 11호가 전력이 떨어져 과학관측을 중지함
   *1992년 8월 11일-우리별 1호-대한민국 최초의 과학 실험 위성 1995년 8월
   5일-무궁화 1호-대한민국 최초의 방송. 통신위성

24. WMAP(Wilkinson Microwave Anisotropy Probe) 2001년 발사하여 2003
   년 2월 위성으로부터 전송된 관측데이터를 분석함-우주 배경 복사 관측선

25. 2002년 7월 미국의 화성 탐사선 오딧세이가 화성지표면 90cm 아래에 엄청
   난 규모의 얼음 호수가 있다는 사실을 밝혀냄

26. 2002년 7월 무인 탐사선 Contour를 발사 NASA는 지구와 충돌해 대 재앙을
   가져올 수 있는 가능성이 있는 소행성 "Enke"를 근접 조사한다

27. 2004년 3월 마스 오딧세이호의 화성 탐사 로봇인 오퍼튜니티(opportunity)가
   염분 덩어리 발견. 화성에 바다가 있었을 가능성 높다

28. 2004년 8월 2일 미, 수성 탐사선 메신저호가 7년여의 대장정을 시작함

29. 2004년 12월 1일 7년의 우주 항해후 미국과 유럽의 토성 공동 탐사선인 카시
   니호가 토성 궤도에 진입. 착륙선인 호이겐스호를 12월 24일 토성의 가장 큰
   위성인 타이탄에 착륙

30. 2005년 7월 4일 우주 탐사선 딥프임팩트호가 발사한 충돌체(구리:372kg)가
   혜성 템펠I과 충돌함

31. ESA의 최초 금성 탐사선인 비너스 익스프레스호가 2005년 11월 9일 발사됨

32. 2008월 4월 8일-러시아의 소유즈 우주선을 타고, 한국인 최초 우주인 이소
   연 여성이 ISS(우주 정거장)을 가다

○. 열다섯 번째 기둥

　　이안 윌머트 팀에 의한, "체세포 복제에 의한 복제 양 돌리의 출생"(1997년) (Ian Wilmert. 영국).

　　생물의(생명체) 3대 요소는, 기원(발생), 생식(자손번식), 진화(변이)라고 하는데, 생물은 태어나서(발생되어져서) 자손을 번식하고, 더욱 환경에 적응한 형태로 변이되고, 다른 고등한 종으로 진화한다(과학학문은 이렇게 말한다).

　　생물학의 관점에서 생물과 무생물을 구분하는 몇 가지 기준이 있다. 생물에게는 다음 몇 가지 원리를 갖는다.

(1)유전의 원리를 갖는다–자신을 만든 "설계도"(개체의 형질과 특징)를 자손세대에 전달해 주는 체계를 갖고 있다.

(2)생식의 원리를 갖는다.

(3)물질대사(Metabolism)의 원리를 갖는다.

(4)생물의 구조가 목적에 맞게 조직되어 있다.

(5)자기조절(Self Control)능력을 갖고 있다.

(6)성장의 원리를 갖고 있다. 이러한 생명은 다음과 같은 특징적인 생명현상을 갖는다. ①증식 ②성장 ③운동 ④생식.

　　인간은, 통상적으로 60조–100조 개의 세포와 200(210종)종류의 세포로 되어 있다고 한다. 세포핵속의 DNA는 보통 30억 개 염기(29억) 서열이 있고 (A–T, G–C pair조), 이중 유전자는 35,000개 정도라고 한다(30억 개 중 35,000개).

　　수정란은(난자와 정자가 결합된것), 모든 세포를 발육할 수 있는, 능력 있는 세포이며, 우리 몸의 모든 세포는, 한 개체로 발달할 수 있는, 능력이 있다. 그래서 수정란 같은 세포를 Toti–Potent Cell(전능세포)이라고 한다.

이와 유사하게 각 조직에는 분화능력이 있는 줄기세포(Stem Cell)가 존재함이 밝혀졌는데 줄기세포란 개체를 구성하는 세포나 조직의 근간이 되는 세포로써, 그 특징은 반복 분열하여 자가 재생산(Self-Renewal)할 수 있고 환경에 따라 특정한 기능을 지닌 세포로 분화할 수 있는 다분화 능력을 갖는 세포를 말한다.

1997년 "복제양 돌리"의 출생으로 포유류의 체세포도 조작을 가하면 자신의 본분을 잊고 수정란처럼 분열하고 분화하여 개체로 발육할 수 있다는 것이 밝혀졌다.(Pluripotent Stem Cell(다능성 줄기세포)=Multipotent Stem Cell). 이와같이 아버지(숫컷)와 어머니(암컷)의 양성에 의한 성 접촉(Sexual Contact)후 유전적 결합을 통해 이루어지는 출산의 통념을 깨드렸으며, 수정란만이 전능세포(Toti-potent cell)로 개체를 출산케했는데 체세포에 어떤 조작을 가하여 분열하고 분화하여 한 개체로 발육할 수 있는 또 하나의 Pluripotent Stem Cell(다능성 줄기세포)이 될 수 있음을 입증한 사건이 "복제양 돌리"의 출생이었다. 이것이 자연과학사의 15번째 기둥이 되었다.

성교(Sexual Intercourse)후 난자에 정자가 들어가 수정란이 되고 다시 수정란이 자궁에 착상하여 영양공급을 받고 발육성장하여 임신 10개월 후에 분만을 통해서 인간의 출산은 지금까지 예외없이 이루어져 왔다.

그러나 이제 성 접촉없이 아버지의 귀에서 피부 체세포를 떼고 어머니의 난자에서 핵을 빼낸 후 아버지의 피부 체세포의 핵을 난자에 넣어서 이식시킨후(세포융합), 이 세포융합된 체세포의 난자 세포에 전기적 충격을 가하면서 세포성장을 유도한 후 어머니의 자궁이나 대리모의 자궁에 착상시키면 아버지의 유전자와 똑같은 자손을 얻을 수 있게 된것이다(이것이 체세포 복제이고, 수정란 복제도 있다).

이것은 사회적, 종교적, 문화적으로 너무나 큰 충격에 빠져서 대 혼란이 올 수 있는 사건이다. 태어난 아이가 아버지와 똑같은 유전자를 갖고 태어났으므로 또 하나의 아버지인지, 아니면 아버지의 동생인지 아버지의 자식인지? 그래서 각국은 이것을 불법으로 하여 인간 복제는 금하고 있으나 인간의 불치의 난치병을 치료하기 위한 수단의 동물체세포 복제는 거의 허용된 상태이다.

인간이 낭만과 꿈의 대상인 달나라에 인류가 발을 내딛고 그 황량함과 삭막함에 우리는 처연했으며 이제는 아버지, 어머니 그리고 그들의 일부분을 닮아 유전적 형질을 공유하고 있는 아들, 딸 이것이 이제까지 우리 인류의 대전제인 가정이라는데 의심할 사람이 없었건만, 자칫하면 남편을 꼭닮은 아들을 키우는 어머니, 어머니를 꼭 닮은 딸을 키우는 아버지 !

남성과 남성이 살면서(여성과 여성이 살면서) 대리모를 통해 낳은 어린 아이를 키우는 가정 등, 생각할수록 대혼란에 가득찬 과학학문 세계의 이상할 정도의 결론을 지금 우리는 보고 있는 것이다. 성접촉 없는 생식이 가능하고 부모 중 한쪽의 유전자만을 갖는 자식을 갖게 되는 일을 가능케 한 것이 바로 생물의 체세포 복제이며 우리는 그것을 우리시대에 보고 있는 것이다.

1. 1983년 : 생쥐 생식세포 복제

2. 1986년 : 면양 생식세포 복제

3. 인간 체세포 복제 : 1988년

4. 1993년 10월 : 죠지 워싱턴 의과대학의 인공 수정 전문가 로버트 스틸먼의
   인간의 배아 복제

5. 1997년 : 체세포 복제에 의한 "복제양 돌리 출생"(2003년 폐질환으로 사망)
   : 포유류 최초 체세포 복제-이안 윌머트 (Ian Wilmert 영국)

6. 1999년 : 한국 복제소"영롱이" 출생, 황우석 박사팀

7. 2000년 : 복제 돼지, 원숭이 출생

8. 2002년 유전자 조작한 복제 돼지, 복제 고양이를 출생

9. 2002년 12월 26일 :"클로네이드사"의 라엘리언의 주교 "부아셀리에" 박사.
   인간 복제 아기 1호 출생 발표-확인안됨
   *라엘리언-인류가 외계인들의 복제에 의해 만들어진 후손이라고 믿는 유사
   종교 단체

≪복제 인간 출생 시험 과정≫

1. 복제 대상자의 귀에서 "체세포 체득"(귀의 피부세포).

2. 성숙된 난자의 핵 제거 후 체세포 핵 이식(그림 참조).

3. 체세포 복제된 미수정란에 전기 충격을 가해 세포 성장 유도(수정 후 5~6일 후 상태)(세포융합) (그림 참조).

4. 세포 성장한 난자를 대리모 자궁 내 이식.

   8포기 배아, 16포기 배아의 단계에서 병을 앓고 있는 인간의 장기만을 생산해낼 수 없을까?

5. 복제 인간 출생.

   난자에서 핵만을 빼내는 일이나 체세포의 핵만을 융합시키는 어려운 일들이 수만 번의 시행착오로 이루어진 일들이다.

〈복제 동물을 만드는 방법 2가지〉

1. 수정란 복제

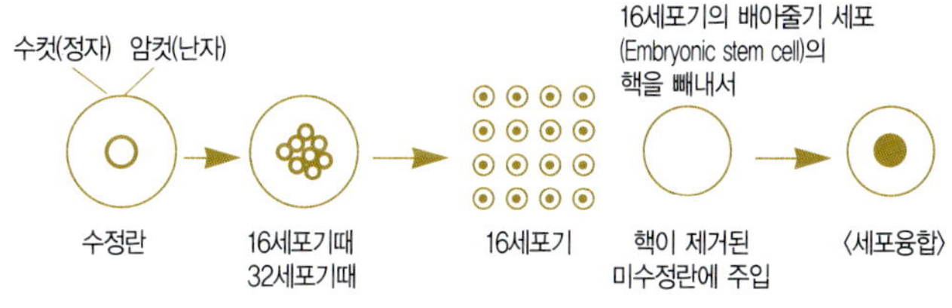

→ 세포융합 된 세포를 대리모의 자궁벽에 착상 → 출산

2. 체세포 복제

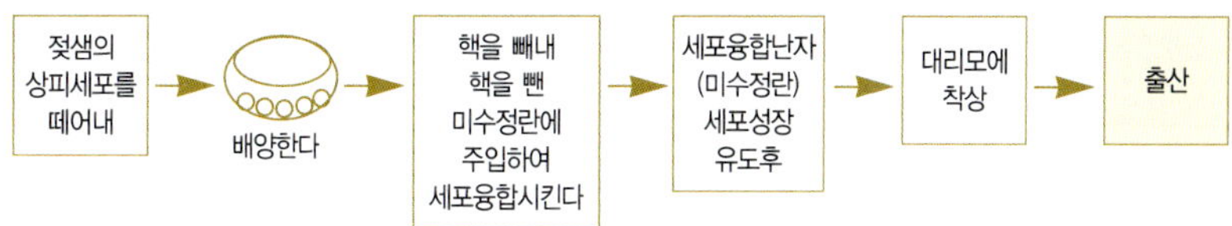

P. 열여섯 번째 기둥

Genom Project 완성.

2000년 6월 26일 백악관에서 클린턴(미 대통령)이 발표 2003년 4월 완성, 제1 단계-전체 30억 염기의 개요 분석 완료됨.

※ 지구상 인간 – DNA 염기서열로 보면, 99.95%가 똑같다. 0.05%의 DNA 염기서열차이가, 인종, 외모, 질병 등의 차이를 나타냄.

"지놈"은 문자적의미로 "유전자(Gene)"와 "염색체(Chromosome)"의 두 단어의 합성어이다. 생물학적 개념으로는 생물체에 담긴 유전 정보 전체를 의미한다. 사람의 세포핵에는 23쌍(46개)의 염색체가 있으며, 유전 정보는 바로 이 염색체에 담겨 있다. 이중 나선형의 DNA로 이루어진 23쌍의 염색체 쌍에 담긴 유전 정보를 총칭해서 지놈(게놈)이라 부른다.

Gene + Chromosome = Genom .

(유전자)　　(염색체)

인간 지놈란, 사람의 종합적인 유전정보를 일컫는 말이며, 왓슨과 크릭의 DNA연구로, 어떤 인간의 유전적인 설계도를 읽고, 해석이 가능해졌다. 이제 한 인간의 생, 노, 병, 사를 관장하는 주요 정보가, 인간 지놈에 담겨 있는 것을 알게 된 것이다. 그것은, DNA에 있는 3~4만개의 유전자(2만5천개)와 이를 구성하는 30억 개의 염기서열을, 판독해내는 것을 의미한다. 인간의 세포에는 23쌍의 염색체가 있는데, 1쌍의 염색체를 Genom이라 한다. 그래서 인간에게는, 23개의 지놈을 갖고 있는데, 이 23개의 Genom의 염기서열(30억개)을 알아내는것이 G–P이다.

1) 영국의 생화학자, 프레데릭 생어(Frederick Sanger, 1918~)의 연구로 1960년대에, RNA의 배열이 밝혀지기 시작하자, DNA분자의 암호 해독에 관심이 집중되었다.

2) 1975년, 하버드 대학의 생화학자 월터 길버트(Walter Gilbert, 1932~)는, DNA를 쪼개어 효소를 통해 화학적 치료를 적용하고, 쪼개진 마디의 암호구절을 판독하는데 이 방법이 유용하다는 것을 알았다.

3) 1976년 길버트의 방법을 적용하여, 생어와 캐번디시 연구소의 동료들은, DNA배열을 알아내는 "사슬 종결법"(Chain Termination Method)을 개발하여 어떤 Virus의 DNA의 완전한 배열을 발표했는데(파이-x-174) 이것이 DNA의 최초 지놈이었다.

즉 어떤 생물의 전체 유전텍스트를 최초로 알아낸 것이다. 이 일을 통해, 어떤 생물이라도, 그 유전을 지배하는 모든 텍스트를 알아내는 것이 가능함을 보여주었다. 그러나 인간의 유전 텍스트는 30억 개로 매우 복잡하여 더 많은 연구와 노력을 필요로 했다.

1981년 생어, 길버트, 그리고 클로닝의 개척자인 풀버그는 각자 독자적으로 DNA배열을 알아내는 연구로 노벨화학상을 공동 수상했다. 1989년 미국 워싱턴에서 지놈 I 이라 명명된 과학자 회의가 시작되어 맨해탄 프로젝트나 우주개발 프로젝트에 버금가는 국가적 지원이 시작되었다. 그 회의 연설자는 다름아닌 제임스 왓슨이었다. 분자 유전학자와 그 밖의 과학자들은 이제 인간 지놈의 완전한 텍스트를 해독해내는데 포괄적인 노력을 경주할 때가 되었다는 공감대를 형성했다.

지놈 I 차 회의가 열린 후 미정부 의회는 지놈 프로젝트를 위해 30억 달러(연간 2억 달러씩 15년간) 예산을 지원하기로 했다. 그리고 새로 설립된 국립 인간 지놈 연구센터의 운영책임자로 왓슨을 지명했다. 이 프로젝트는 1990년 10월 1일에 시작했다.

인간 지놈프로젝트의 현실적 적용으로 가장 유용한것은, 유전자 이상으로 인한 "질병치료"이다. 1956년 영국의 생화학자 버논 잉그램(Vernon Ingram. 1924~)은 겸형 적혈구 빈혈증(Sickle Cell Anemia)이 한 아미노산인 글루타민산의 합성을 지시하는 뉴클레오티드 배열에 생긴 돌연변이

때문에, 발생한다는 사실을 발견했다(글루탐산이→Valin으로 바뀜). (GAG
→GTG 로 돌연변이를 일으켜서 적혈구에 있는, 헤모글로빈 분자의 표면모
양을 변화시켜(낫모양) 산소를 나르는 능력이 저하됨으로 빈혈을 일으킴).

　　※ Codon ; DNA를 전사하는 mRNA의 3염기조합으로된, 유전자 암호단
　　　위(DNA의 3문자(codon)인 AAA→RNA의 3문자 UUU는→페닐알라
　　　닌 아미노산합성을 지시한다(CGA→ GCU→ 알라닌 합성지시).

헌팅턴 무도병은 염색체 4번(1~22번까지 쌍으로 된 체세포 염색체 44개
와 성 염색체 X,Y가 있어 총 46개의 염색체가 인간의 염색체 수다)에 결함
유전자가 위치해 발생하며 파킨슨 병을 일으키는 유전자의 위치도 44번이
다. 아테롬성 동맥 경화증은 염색체 19번에 있는 유전자 때문에 발생하며,
루게릭병(근위축성 측삭경화증)은 21번 염색체에 있는 한 유전자에 의해 합
성된 단백질에 생긴 결함으로 발병한다.

인간 지놈 프로젝트는 이렇듯이 그같은 질병을 치료하거나 감소시키려
는 희망에서 구상되었고 지금도 추진하는 이유중 하나다. 또, 신약을 개발
하는데도 도움이 되며(뉴포겐이나 에포겐처럼) 나아가서 DNA의 알파벳에
는 오직 A-T, G-C로 배열되는 네가지 문자 밖에는 없지만 우리 인간 개체
는 사실상 거의 유일무이한 이들의 배열을 갖고 있어서 혈액이나, 정액, 머
리카락, 피부에서 얻는 DNA의 배열은 범죄자나 실종자 또는 친자확인 소
송같은 데서 개개인을 확인할 수 있는 다양한 Test들을 개발했다(DNA
Finger Printing Method ; DNA 지문검사). 이 방법의 오차는 50억 대 1이
나 30억 대 1밖에 안됨. 미국 NIH(국립 보건원)나 셀로믹스 등의 연구로 인
간 지놈의 지도가 완성되어서 2000년 6월 26일 미 백악관에서 클린턴 대
통령은 "인간 지놈의 전체 30억 염기의 개요분석"이 완료되었음을 발표하
게 되었다(2003년 완성).

효소를 통해서 DNA를 조각내어서 슈퍼 컴퓨터를 통해 DNA 30억 개의
염기쌍 서열이 판독되어진 것이다.

※DNA 지문검사 – 머리카락, 혈흔, 정액, 피부조직 등에서 DNA 쏘스를 얻어, 효소를 가지고 DNA를 조각내어, PCR(Polymerase Chain Reaction: 중합효소연쇄반응)을 통해 시험관에서 필요한 DNA 조각을 증폭하여, 그 조각들을 전기영동시키면, 바코드처럼 특징적인 형태를 얻어 비교함으로써 특정한 개인을 확인할 수 있다.

1-5 자연과학사에서 주요한 연도

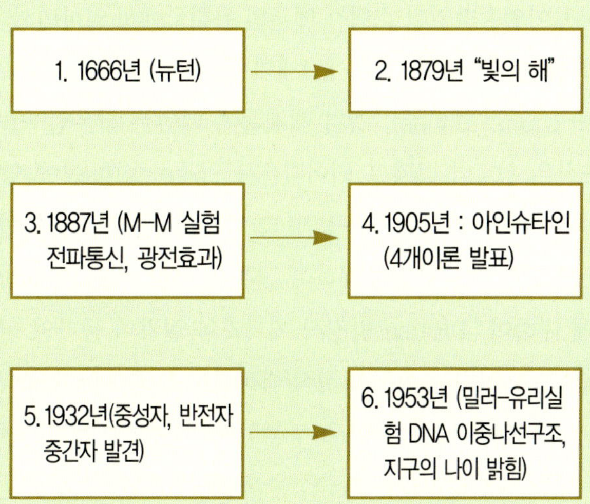

1. 1666년 ; 뉴턴이 페스트(흑사병) 때문에 다니던 대학(케임브리지 트리니티칼리지)이 휴교하자 고향인 울스소프에서 18개월을 휴식하며 (1665~1666), 엄청난 이론 물리학과 미적분을 정립한 해. (1)만유인력의 법칙(중력법칙) (2)뉴우턴의 운동법칙 (3)미적분학 (4)광학⇒1687년 "프린키아" 책 출간으로 빛을 보게됨.

2. 1879년(빛의 해) ; (1)빛박사 아인슈타인의 출생 (2)윌리엄 크룩스가 크룩스관(음극 진공관)에서, 방전에 의한 초록색 빛을 방출시킴(실험으로 인류가 최초로 빛을 만듦) (3)발명왕인 미국의 토마스 에디슨이 전구에 탄소 필라멘트를 사용하여 지구의 한 모퉁이인 뉴욕을 밝힌 해.

3. 1887년 ; (1)마이컬슨–몰리의 실험으로 에테르 망령이 사라지고, 광속 불변의 원칙이 확립된 해 (2)독일 물리학자겸 교수인 하인리히 헤르츠가 맥스웰이 예견한 전파를 실험실에서 만들어서 송출하고 수신함으로 통신 문명 혁명의 해 (3)헤르츠가 그의 제자들과 함께 광전효과를 관찰한 해.

4. 1905년 ; 아인슈타인이 스위스 베른의 특허국에서 일하면서, 독일 물리학 월간 학술지인 "물리학 연보"에 4개의 물리학 이론을 발표한 해 (1)브라운 운동(Brownian Motion), 정지 액체속에 떠있는 작은입자들의 운동에 대하여 ; 물질은 원자나 분자로 되어있음을 입증한 실험(물에 있는 먼지가 물의 원자나 분자에 충돌하여 움직임) (2)양자론 ; 빛의 발생과 변화에 관련된 발견에 도움이 되는 견해에 대하여 (3)특수상대성이론 ; 운동하는 물체의 전기역학에 대하여 (4)$E=mc^2$ 방정식 에너지와 질량이 등가인 원리 방정식으로 세상을 크게 바꾸어 버린 방정식(핵시대를 초래케 한 방정식).

※(5)광전효과를 광양자 가설로 성공적으로 설명함(빛의 입자론 입증), 결국 빛이 파동이며, 입자라는 이중성을 확립.

5. 1932년 ; (1)영국의 제임스 채드윅이 중성자를 발견함으로 원자의 표준 모델 구조가 비로소 확립 (2)칼 앤더슨이 우주선에서 양전자를 발견함으로 물질–반물질(입자–반입자, 전자–반전자)의 폴디락 이론이 입증됨 (3)일본

의 유가와 히데끼가 중간자의 존재를 처음으로 제창함 (4)영국 캐번디시 연구소에서 죤코크로프트와 어니스트 월턴이 원자 충돌장치로 리튬 원자핵에 양성자를 충돌시켜서 두 개의 헬륨원자로 분열시킴으로 최초의 안전한 인공 핵분열로 질량이 E로 전환된다는 아인슈타인의 이론을 입증한 최초의 실험이 시행된 해 (5)어니스트 로렌스(Ernest O Laurence)가 입자가속 장치인 사이클로트론을 고안해낸 해.

6. 1953년;(1)Miller(Stanly Miller)-Urey(Herold Urey) 실험의 해 (1)시카고 대학 생물학 실험실에서 지구 초기의 상태를 만들어놓은 상태에서 유기물인 아미노산을 합성함. 메탄, 암모니아, 수소, 수증기를 플라스크에 넣고 6만 V의 전류를 가하자 시험관의 무기물에서 유기물인 아미노산이 합성됨. 이 아미노산이 결국 단백질을 합성함 (2)왓슨과 크릭이 DNA의 이중나선 구조를 밝힘 (3)클레어 페터슨이 암석에 들어 있는 납과 우라늄의 양을 정확히 측정해서 지구의 나이를 위스콘신 지질학 학술대회에서 45억 5천년이라고 발표함(±7천만 년)(200년간의 노력 끝에 지구의 나이 밝힘).

※1953년 5월 29일 뉴질랜드의 에드먼드 힐러리가 지구 최고봉인 에베레스트를 초등함).

물리학이란?

나는 물리학 자체를 쓰려고 이 장을(Chapter) 쓰는 것은 아니다. 단지 물리학이 무엇을 말하며 무슨 내용을 담고 있는지, 간략하게 전체를 한번 독자에게 보여주고 싶어서 Pen을 들었을 뿐이다. 자세히 조목조목 설명해야 하나 나는 그 같은 능력도 없고 또 그렇게 한다면 독자들께서는 지루하여 책을 덮을 것이다. 우리는 물리학자체를 배우려는 것보다는 물리학은 무엇을 말하는 학문인가에 대하여 개념적으로 알고 싶을 뿐이다. 그래서 물리학의 간단한 개념과 그 물리학의 흐름및 내용을 간략하게 스케치하여 물리학 전체의 몸통을 한번 보여주고 싶고 물리학이란? 질문에 어느 정도 쉽게 답을 얻기를 바랄 뿐이다.

세계 물리학의 3보물 창고는 ①영국 케임브리지의 케번디시 연구소(맥스웰, 레일리, 톰슨, 러더포드 소장들). ②코펜하겐 대학의 닐스–보어 연구소. ③미국 시카고 대학의 페르미 연구소. 물리학의 언어학적 의미는? "자연의 이해"라는 뜻이며 그리스어에서 왔고 이 단어를 처음 만든자는 고대희랍의 학자요, 만학의 아버지인 아리스토텔레스이다(Physis 자연)⇒Physics. 자연의 이해는 자연의 기본적인 법칙, 현상을 이해하고, 그리고 자연 만물이 어떻게 운동하는가를 단순한 법칙(수학공식)으로 설명하는 것을 말한다.

이런 내용은, 물리학 교과서에서 볼 수 있는 내용이고, 물리학을 한마디로 말하면, "에너지를 다루는 학문"이라고한 나의 은사이신 이민화 교수님(전 전남 의대 생화학 주임 교수)의 정의를 나는 더 즐겨 사용한다. 이 정의를 처음 들었을 때, 그 간략함과 진실로 물리학을 설명하는 것 같아서 나는 놀라고 기뻤다. 그것도 물리학 교수가 아닌 생화학 교수님으로부터 들었으니 말이다. 이 말을 듣고 나는 물리학 전체를 한번 이 개념으로 살펴보았다.

고전 역학은 중력 에너지, 운동 에너지, 위치 에너지를 다루고 전자기 역학은 전기E, 자기E, 전자기E를 다루며 아인슈타인의 상대성 원리는 빛 에너지, 정지 질량E, 중력장E, 양자역학은 소립자E, 원자E, 빛E, 핵물리는 핵E, 원자E, 소립자 물리는 소립자 에너지, 쿼크E, 강력E, 약력E, 우주 물리는 우주E, 암흑물질E, 블랙홀E, "아니 자네는, 물리학 전체를 한 눈으로 바라보네! 어허, 의과대학 내 제자중 물리학을 가지고 이렇게 토론하게 되다니" 나도 놀라고, 교수님도 놀랬다.

그 후로 은퇴한 생화학 교수님과, 일반외과 의사인 나는 한 달에 한두 차례 식당에서 만나 자유토론하게 되는데 대부분의 주제는 물리학이었다. 그래서 나는 지금도 물리학을 어디서 배웠느냐는 질문을 받으면, 책을 통한 독학과 이 교수님과의 자유토론 그리고 성경이라고 말한다. 나의 최고의 실험은 "사고실험"이었다. "동위원소"의 정의를 보면 "화학적인 성질이 같으

1-6 간략한 물리학의 흐름

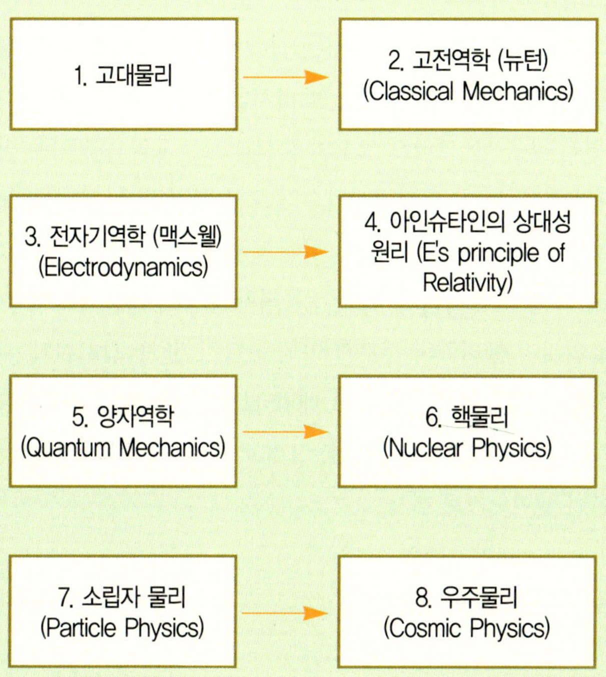

※ 1970년대 – 빅뱅이론
　 1980년대 – 인플레이션우주이론(급격한 우주 팽창이론)
　 최근 – 초끈이론 (Super String Theory, M–이론)

나 물리적인 성질이 다른 원소"라고 한다.

여기서 물리적인 성질이란, 원소의 질량이 다른 것이(중성자 숫자가 다르므로 양성자와 전자의 숫자는 같으나) 큰 특징이다. 질량차이는 공식에 의해서 엄청난 E의 차이를 갖고 온다. 권총 소리와 미사일 폭발소리의 차이를 한번 생각해보라! 물리학적인 차이는 질량차이 즉, E의 차이인 것이다(E=질량이므로). 그래서 물리학이란? "에너지를 다루는 학문"이라고 한마디로 말할 수 있지 않을까? 그리고 그 E의 중심과 모든 E의 종착역은 빛이다. 그 물리학의 흐름을 보면, 크게 8개의 기둥으로 부각된다. 고대물리→고전역학→전자기 역학→아인슈타인의 상대성원리→양자역학→핵물리→소립자물리→우주물리(천체물리) 이것이 물리학 흐름의 내용이며 몸통이다.

그러나 이것이 물리학의 전부가 아님을 다시 한 번 강조한다. 대체로 부분적인 학문이 정립된 연대순으로 대략 보았을 때, 이런 정도의 기둥으로 개념적으로 말할 수 있다는 것이다. 그리고 이제, 그 각각을 수박 겉핥기식이나마 한번 살펴보기로 하자.

1. 고대물리(Ancient physics)

시작이요 출발점이며 자연과학의 첫 시간 종소리가 울려 퍼지던 탈레스와 아리스토텔레스가 살던 시대의 물리라고 할 수 있다. 그들은 점성술, 미신, 신화, 종교를 벗어나 합리적이고, 이성적으로 자연현상과 만물에 대해서 생각하고 말하기 시작했다.

그들은 그들이 살고 있는 환경 즉, 하늘(천체, 별, 달, 해)과 지구에 대해서와, 만물의 구성요소(원소) 그리고 우주에 가득한 신비에 대해서 사색을 시작했다. 수학과 과학 그리고 질병의 원인과 진단과 치료에도 관심을 가졌다. 또 그들은 우리가 지향할 방향에 대하여 나침반을 주었으며 길고 긴 시간 풀어야 할 숙제를 던져주었다. 중심인물인 아리스토텔레스의 입과 글을 통해서이다.

1) 만물은 무엇으로 되어 있는가?

2) 생명체는 어디서 왔으며 그 생명체들 간에 연관성이 있는가?

3) 빛은 과연 파동하는가? 혹은 직진하는가?

4) 인간과 동물의 차이점은 무엇인가?

5) 낙하운동은 무엇이며 힘과 운동과의 관계는 어떤 관계가 있는가?

〈고대 물리를 살펴보면〉 천동설(아리스토텔레스가 주장한 우주의 중심인 지구는 고정되어 있고 태양, 달, 별들이 지구 주위를 돈다)이 주장되고 지구가 둥글다고 밝혀졌다(달에 비친 지구의 그림자가 둥글고, 지구의 북쪽에서 북극성을 보면 머리 위로 보이나 남쪽(적도)으로 가면서 북극성을 보면 지평선 위로 비스듬히 기울어져 있다).

그리고 5원소설과(아리스토텔레스), 4원소설(엠페도클레스), 물질의 마지막 단위인 원자(Atom ; 더 쪼갤 수 없는)가 있다. 그리고 물질은 영원히 쪼갤 수 있다고 주장 했다(아낙사고라스). 피타고라스의 피타고라스 정리 $(a^2+b^2=c^2$; 직각삼각형에서), 히포크라테스의 질병의 원인과 진단 그리고 치료! 대부분의 질병은 자연(Physis)이 낫게 한다.

에라토스테네스(Eratosthenes)가 처음으로 지구의 둘레를 측량했다(이집트 알렉산드리아에서 시에네까지(현재의 아스완) 사람을 걷게 하여 그 도보의 수를 통해 거리를 구해서 지표의 각도(알렉산드리아와 시에네)를 구해서 지구의 둘레가 약 4만 km인 것을 계산해냈다). 우주의 행성의 크기를 측정한 가장 최초의 사람이다. 아리스타르코스는 지동설을 주장했지만 다른 사람들의 글을 통해서 회자되었다.

2. **고전역학(Classical Mechanics) ; 고전 물리학** : 원자나 우주가 아니라, 보통의 거시세계의 운동과 보통의 속도로 운동하는 물체를 다루는 학문.

고대물리가 출발점이요 나침반이며 숙제를 제시한 것이라면 고전역학은 그 숙제중 운동과 힘의 관계에 대한 법칙을 발견하고 더욱 나아가 이 우주의 4가지 힘중 첫째 힘인 중력의 법칙(만유인력의 법칙)을 정립한 학문이다. 용어를 먼저 살펴보면 역학이란? 비교적 큰 물체의 운동을 다루는 물리학의 한 분야다. 두 부분으로 나눌 수 있는데 운동학(Kinematics=시간에 따른 물체의 위치를 다루는 분야)과 동력학(Dynamics=운동의 원인과 결과에 대하여 연구하는 분야)이 그것이며 나누어서 생각하면 역학을 더 잘 이해하게 된다.

운동을 설명하는 데는 힘(미는 힘과 잡아당기는 힘이 있는데 뉴턴은 중력을 잡아당기는 힘으로 보았다), 기준틀(Reference Frame;운동을 기준으로 삼는 물리적 실체)과 좌표계(Coodinate System;공간이 3차원이므로 3개의 숫자로 표시한다) 변위(Displacement;물체의 위치의 변화)의 개념을 먼저 이해하면 도움이 될 것이다. 고전 역학의 분야에서 3명의 과학자가 있는데갈릴레오, 케플러, 뉴턴이다(뉴턴이 만유인력법칙과, 운동법칙으로 총정리를 했다).

1) 갈릴레오

(1)갈릴레오는 속도의 합산법칙(A+B)과 관성(운동의 변화에 저항하려는 물질의 성질), 그리고 포물선 낙하운동(등속 수평운동+등가속 연직운동), 자유낙하운동, 중력 가속도, 갈릴레오의 상대성원리, 지동설, 목성의 위성 등을 알려준 과학자다.

자유낙하운동에서 낙하거리가 경과된 시간의 제곱과 비례한다는 것을 실험측정으로 알게 되어 인류가 자연에서 알게 된 즉, 자연의 성질을 반영하는(계산으로 안 것이 아니라 측정해서 알게 됨), 최초의 물리량인 중력가속도($9.8m/s^2$)의 초석을 놓았다. 그는 실험 물리학의 원조답게 "표〈1〉"의 측정실험으로, 무거운 물체와 가벼운 물체가 같은 위치에서 낙하시 동시에 떨

표 1 : 경사진 판에서 구르는 공에 대한 갈릴레오의 실험결과

시간 t	t^2	거리 x	x/t^2
1	1	33	33.0
2	4	130	32.5
3	9	298	33.1
4	16	526	32.9
5	25	824	33.0
6	36	1192	33.1
7	49	1620	33.1
8	64	2104	32.9

여기서 거리는 점(points)으로 측정 되는데 한 점에 해당하는 거리는 29/30mm와 같다.

어짐을 알게 해주었고, 낙하거리가 경과된 시간의 제곱에 비례함을 측정해서 알게 되었다. 아리스토텔레스의 무거운 물건이 먼저 떨어진다는 통념을 1800여 년만에 실험으로 깨뜨려 버렸다.

(2)망원경으로 천체를 관측하여 목성의 4개의 위성을 발견했고 달 모양 변하는 금성의 위상변화를 설명했다(태양주위를 금성이나 지구가 돌고(공전) 있으면서 서로의 위치에 따라 금성이 달처럼 여러 형태가 변하는 것을 알 수 있다). 갈릴레오가 망원경을 통해 관측한 우주의 사실. 목성의 4개 위성(이오, 유로파, 가니메데, 칼리스토, 2006년 7월 11일 현재 목성의 위성은 63개로 알려짐). 이 위성들은 지구를 도는 것이 아니라, 위성들보다 큰 목성을 돌고 있으며 금성이 저런 위상변화를 보이려면 지구와 금성이 태양주위를 돌아야만 일어날 수 있다. "태양보다 매우 작은 지구가 태양을 돌고 있다." 1800여 년간 인류의 잘못된 지식인 아리스토텔레스의 "천동설"이 결정적으로 박살나버렸다.

(3)정지한 배와 움직이는 배의 돛대에서, 떨어뜨린 돌멩이는 돛대의 직하 방으로 낙하한다. 그러므로 낙하운동만 볼 때는 이 배가 가는지 정지한지를 구별할 수 없다. 갈릴레오의 상대성 원리가 출현했다. 이 대목에서 이 실험을 피사의 사탑에서 했다는 것은 루머일 가능성이 높다. 지구가 돈다면 피사의 사탑에서 떨어뜨린 돌은 사탑의 서쪽으로 떨어져(지구가 서에서 동으로 자전과 공전을 하므로)야 하나 탑의 직하 방으로 떨어졌다. 그들은 갈릴레오

를 공격했다. 그래서 움직이는 배의 실험이 나왔다는 말도 있다.

　움직이는 배나 정지한 배에서 낙하실험을 배 밖의 정지된 항구에서 사람이 본다면 근본적인 다른 현상을 보게 되는데, 갈릴레오도 이것을 본 사람으로 생각된다. 움직이는 배에서 떨어뜨린 돌멩이는 배의 가는 방향으로 포물선을 그리며 투사체운동을 한다(갈릴레오는 그의 저서"두 가지 새로운 과학"에서 "투사체 운동"의 개념을 발표했다).

　※ 투사체 운동=일정한 속도의 수평운동과 일정한 가속도를 받는 연직운동이다. 이것은 등속 수평운동과 등가속 연직운동이다.

　밖에서 보면 달리는 기차나 움직이는 배에서의 낙하운동은 다르게 보이나 안에서 보면 직하방 운동으로 차이가 없는 이유를 갈릴레오는 설명해버렸다. 같은 기차나 배 안에 있는 사람은 기차와 배의 속도가 같으므로 피차 정지한 것처럼 보이는데 그래서 안에서는 직하방 낙하운동만 일어난다(포물선 운동은 밖에서 볼 때이고 안에서 볼 때는 모두 직하방 수직 낙하운동인 것이다). 그 이유로 갈릴레오는 안에서는 떨어지는 시간에 기차나 배가 수평으로 이동해 항상 정지한 것처럼 동일한 위치에서 낙하운동을 보기 때문이다.

　(4) 빛의 속도를 재려고 1.2km 떨어진 두 언덕사이에서 밤에 랜턴으로 신호를 보내고 받고하며 동료를 시켜서 신호 보낸 시간과 신호 받은 시간을 기록하게 했다(갈릴레오 자신이 직접 한 것은 아니다). 갈릴레오는 그때까지 빛이 무한대의 속도일 것이라는 통념에 빛도 유한한 속도를 가질 것이며 언젠가 그 누가(올레 뤼머, 아만드피죠, 마이컬슨) 빛의 속도를 정확히 잴 수 있음을 예견했다. 그러나 1초에 30만km를 달리는 빛의 속도를 1.2km에서 재려고 했다니….

　올레 뤼머는 목성의 위성인 이오에서 지구까지 오는 빛의 속도를 구했는데 대략 23만km/s로 근사치의 수준은 된 셈이며, 아만드피죠는 회전하는 톱니바퀴와 거울을 이용해 짧은 시간 간격을 측정한 사람으로 빛의 속도를

31만Km/s로 측정해 지구상에서 빛의 속도를 가장 처음 측정한 사람으로 알려지고 있다. 현재는 레이저의 파장과 세슘 방사선 원자시계의 진동수를 이용해 측정된 빛의 속도는 299,792km/s(약 30만km/s).

(5) 갈릴레오는 은하수를 관찰하고 별들의 집단임을 알게 된다. 그리고 그는 오랫동안 철학자들을 괴롭혔던 모든 문제들이 해결되었다고 했다. 그는 단지 오리온 머리라는 성운이 21개의 별들로된 집단임을 안 것 뿐이다. 우주에 대한 문제는 여전히 수수께끼가 많다.

★ 갈릴레오 갈릴레이(Galileo Galilei, 이태리 1564~1642 78세)

(1) 1564년 2월 15일-이탈리아 피사에서 부유한 옷감장수의 가정에서, 7형제중 장남으로 태어났다. 1576년 12세에 예수회 수도원 학교에서 배우고 17세의 나이로(1581년) 피사 대학의 의과대학에 진학했으나, 수학과 역학을 하려고 의학을 포기했다. 피사 대학 스승인 오스틸리오리치에게서 수학적 원리의 실용적 응용을 배운다.

(2) 1589년(25세)-피사대학 수학 교수. 1592년(28세)-베네치아 공화국의 파도바 대학에서 18년간 수학과 천문학을 가르친다(1592~1610).

(3) 1610년(46세)-토스카나 대공의 특별 철학자겸 수학자. 1613년(49세)-지동설을 강력하게 주장하기 시작함(코페르니쿠스의 지동설 주장에 동의하여). 1614년(50세)-갈릴레오에 대한 반대가 싹트기 시작함. 1614년 12월 21일 토마스 카치니 수도원장으로부터 구약성경 여호수아 10:12~13을 인용하여 "여호수아가 하나님께 기도하여 태양이 거의 하룻동안 멈췄다면 멈추기전 태양은 지구위를 돌고 있지 않았단 말인가?"하고 신랄하게 공격을 받는다.

「갈릴레오는 성경에서는 그 도덕적 가르침만 믿어야 하며, 자연과학의 수수께끼에 대한 답은, 성경에 담겨 있지 않다」라고 생각했다. 「신의 진실은 성경과 자연, 두 곳에 나타난다. 어떤 물리적 효과도 다른 의미를 지닌 듯이 보이는 성경구절 때문에 의심받아서는 안된다. 두 진실은 서로 모순될 수 없다」.「니는 대양이 천구의 회전중심에 고정되어 있고, 지구는 자전축을 중심으로 자전하면서 태양주위를 돈다고 믿는다」.「우리에게 감각과 이성 즉, 지성을 주신 바로 그 하나님이 우리가 그것을 통해 얻을 수 있는 지식을 그것이 아닌 다른 지식을 통해 주시려한다고는 믿지 않습니다. 성경의 뜻은 우리가 천국에 이르는 길을 가르치는 데 있지 하늘이 어떻게 움직이는지 가르치는 데 있지 않습니다」 -어떤 귀족 부인에게 쓴 편지중에서-

1632년(68세) 2월 21일 "두가지 주요 우주체계에 대한 대화"(천문대화) 책을 유럽에 출판해 그당시 종교적으로 파멸의 길로 접어드나, 학자들로부터는, 문학적, 철학적 대작이라는 찬사를 듣게됨. 1633년 6월 22일, 로마가톨릭 교회의 억압과 감금 때문에 그의 과학적 입장을 모두 철회하는 발언을 하고 가택연금 상태에 들어갔다. 1642년 1월 9일 가택연금 상태에서 사망(78세)함.

(4) 그는 실험 물리학자답게 많은 글과 저서를 남긴 것으로도 유명하다.

① 1585~1587-물체의 운동과 무게중심에 관한 소논문.

② 1588-"운동에 관하여"라는 획기적인 논문을 쓰다.

③ 1591-지구가 자전축을 중심으로 자전한다는 개념을 생각해 내다.

④ 1593-역학에 관한 요약을 쓰다.

⑤ 1603~1604-운동과 낙하에 관한 법칙을 발전시키다.

⑥ 1610-천체 보고서인 「별의 사자」라는 보고서를 작성하는데 이 내용은 과학적으로 중요하다.

⑦ 1632-「두가지 주요 우주체계에 대한대화」(천문 대화)를 출간.

⑧ 1638-「두가지 새로운 과학」을 출판하다(프랑스에서).

말이 길었지만, 갈릴레오는 관성의 법칙(직선 운동 시, 힘을 가하지 않으면, 일정한 속도로 직선운동한다), 낙하운동, 지구의 자전운동, 속도의 합산원칙, 망원경에 의한 천체 관측, 지동설 입증 등을 통해 고전 역학의 일부분에 기여한다.

2) 케플러

그는 티코브라헤의 천체관측 자료와 "나의 삶을 헛되이 말라"는 유언을 물려받아 3년간의 연구로 행성들의 궤도가 원이 아니고 타원임을 밝혀내고 (코페르니쿠스는 원운동을 한다고 생각했다), 알렉산드리아의 도서관의 학자였던 아폴로니우스(Appolonius)의 타원공식을 적용하여 3가지 행성법칙을 정립한다. 지구에서 적용되는 측정가능한 물리법칙이 천체들(주로 행성)에서도 똑같이 적용된다는 것을 최초로 간파한 과학자다.

※ 3가지 행성 법칙

(1) 행성은 타원궤도를 따라 타원운동을 하며 타원의 초점에 태양이 있다.

(2) 행성들의 공전 속도가 일정하지 않다.

(3) 행성의 주기의 제곱은 행성과 태양사이의 거리의 세제곱에 비례한다.

이중에 제2법칙에서 뉴턴은 중력법칙을 생각해냈다고 한다. 케플러의 일생의 목표는 행성의 움직임을 이해하고 천상세계의 조화(Harmony)를 밝히는 것이었다고 한다. 그는 "우주의 조화"란 책도 저술했다(1618년). 그가 스스로 지은 비문은 "어제는 하늘을 재더니 오늘 나는 어둠을 재고 있다. 나는 뜻은 하늘로 뻗쳤지만 육신은 땅에 남는구나"라고 써 있다.

3) 뉴턴

사과가 떨어지는 것을 보고 사고실험을 했다. 그리고 갈릴레오의 관성의 법칙과 낙하운동, 갈릴레오의 상대성원리 등과 케플러의 제2법칙 등을 통합하여 힘을 가하지 않으면 일정한 직선운동(뉴턴의 운동제1법칙, 관성의 법칙), 힘을 가하면 가속운동(제2법칙), 힘을 받아 어떤 작용이 일어날 때, 반대방향으로 반작용이 있다(제3법칙). 힘과 운동에 관한 뉴턴의 운동법칙과 만유인력(중력법칙)으로 정립한 물리학의 서두 부분의 학문을 고전 역학이라 하며 뉴턴을 근내 물리학의 아버지라 부른다. 자연과학사의 두 번째 기둥에서 뉴턴과 중력법칙을 전술하였으므로 여기서는 짧게 요약한다.

고전역학은 주로 운동에너지를 다루며 중력가속에너지, 위치E, 마찰E 등이다. 고전역학에서는 물체의 속도나 가속도를 알고 물체에 가해진 힘을 알면 물체의 운동을 예측할 수 있으며 이제, 고전역학은(뉴턴) 우주물리 현상들을 합리적이고 예측 가능하여 잘 도는 톱니바퀴와 같은 것으로 바라보게 되었다. 속도는 합산법칙을 따른다. 물체의 속도는 힘에 비례하여 가속되며 질량에는 반비례하여 가속된다(운동 제2법칙).

※ 질량–물체의 관성을 양적으로 표현한 것임.

관성–운동의 변화에 저항하는 물체의 성질.

뉴턴에서는 이제 중력은 우주에서 두 물체사이에 잡아당기는 힘이며 그 힘은 질량에 비례하여 커지고 거리의 제곱에는 반비례하여 작아지는데 질량에서 왜 그런 힘이 나오는지는 즉, 중력의 원인을 설명하지는 못했다. 사과를 땅의 방향으로 잡아당기는 힘이 있듯이 태양주변을 도는 행성들이(케플러의 제2법칙), 태양가까이 가면 공전 속도가 빨라지고 멀어지면 느려 지는 것은 태양 쪽에서 잡아당기는 힘이 있다. 태양의 무엇이냐? 뉴턴은 "질량"이라고 했다. 이제 중력의 힘은 두 질량에 비례한다. 그 힘은 거리에는 어떻게 될까?

타원운동에서 원심력(돌멩이가 밖으로 나가려는 힘)은 거리의 제곱에 반비례한다. 줄이 길어질수록 원심력은 약해진다. 그런데 원심력과 구심력은 서로 등가이므로 돌멩이는 돌아간다. 이 구심력은 중력과 동일하다. 그래서 중력은 거리의 제곱에 반비례하여 감소된다. 이제, 미적분을 정립한 수학자이며, 자연과학사에 은메달감인 물리학자 뉴턴은 자연 현상에서 얻은 최초의 수학방정식인 $F=G\dfrac{m_1 m_2}{r^2}$.

그는 사과를 잡아당겨 떨어뜨린 중력이 달도 잡아당겨 달도 1초마다 지구 쪽으로 떨어지는(타원운동)것을 수학적으로 입증했다. 또한 뉴턴은 자신의 역학의 토대를 질량의 안정성과 불변성 그리고 확실히 불변하는 시간과 불변하는 공간위에 구축하였다.

즉, 절대질량, 절대시간, 절대공간을 피력한 셈이었다. 바로 고전역학의 속도의 합산법칙이 빛의 속도에서 깨어지고 빛의 속도가 절대 불변이 되자 뉴턴의 절대시간, 절대공간, 절대질량은, 아인슈타인의 상대성이론에 의해, 상대적이 돼버린 것이다. 또한 이 고전역학은 불확정성 원리와 플랑크의 E 가 불연속적으로 흐른다는 양자역학의 개념에 와서 뿌리째 흔들린다. 그러나 일반적인 거시세계에서는 고전역학으로 거의 모든 것은 해결되었으며 19C 말에까지 뉴턴의 고전역학이 중심이 되어 활용되었다. 어떻든 고전역학은 물체의 운동E, 중력가속도E, 위치E를 다루는 분야이다.

그러나 빛의 속도로 움직이는 물체나 원자크기의 운동을 설명하는데는 부적절하다.

3. 전자기역학(Electrodynamics): 전기E, 자기E, 전자기파E를 다루며, 빛과 같은 속도의 전파를 다루는 학문.

전기장E, 자기장E, 전자기파E를 다루는 학문으로 19C 중엽에(1864년) 제임스맥스웰이 전기, 자기, 전자기파에 관한 모든 것을 4개의 방정식으로 전자기를 통합하였는데 이것을 전자기역학이라 한다.

탈레스(B.C 600년)에 의해 전기, 자기 현상이 관찰되고 윌리엄 길버트가 호박(Electron ; 나무의 송진이 돌처럼 굳은 것)에서 나온 힘이라하여 전기(Electricity)라고 명명했고 지구도 큰 자석처럼 자력을 띤다고 처음으로 보고하고 전기와 자기의 유사점과 차이점을 기록했다(16C에). 한스 외르스테드는 1820년에 전기가 자기가 될 수 있음을 보았고 페러데이는 1831년에 에너지 보존법칙에 따라 자기가 전기를 만들어내는 "발동기"의 원리를 깨우쳐 우리에게 전기를 가져다주었다.

맥스웰은 그의 방정식 제3법칙과 제4법칙에서 자기장이 전기장을 만들어내고 전기장은 자기장을 발생시키므로 서로를 분리할 수 없다고 깨달았다. 그리고 전류가 흐르는 전기선에서 모든 방향으로 파동이 퍼져나가는 것을 발견하고 이 파동을 전자기파(Electromagnetic Wave)라 했는데 진공에서 진행하는 전자기파의 속력을 수하학적으로 계산하면 항상 광속도(30만 km/s)와 동일하므로 빛도 일종의 파장이 미세한 전자기파라 했다. 그래서 모든 전자기파는 빛의 속도로 진행하는 속도, 파장, 진동수의 3가지 특징을 갖는다.

그리고 그 전자기파의 스펙트럼 중에서 눈에 보이는 빛이 있고(가시광선) 눈에 보이지 않으면서 적색(빨강색) 밖의 파장을 가진 전자기파를 적외선 그리고 마이크로파, 단파, 중파, 장파, 자색(보라색) 밖의 전자기파를 자외선 그리고 X-선, γ-선, 우주선(가장 파장이 미세한 전자기파)의 스펙트럼이 있다.

죠셉톰슨은 (1897년), 음극선관의 −극에서 +극으로 흐르는 입자에 자석을 들이밀어, 이 입자들의 흐름이 휘는 것을 보고, 입자가 있음을 알았고, (빛은 자석에 휘지 않음), 이 입자가 이미 전자로 명명된 전자였다(Stoney에 의해 전자로 명명).

결국 전기는 "전자의 흐름"으로 결론지어졌고 1879년에 음극선관(크룩스관)에서 방전에 의한 빛이 발생하므로 원자나 분자에서 빛도 발생시킬 수 있으며 빛의 속도는 30만km/s로 모든 진공속에서 광속도는 불변이었다. 그리고 맥스웰은 빛과 속도가 동일한 전자기파(전파)를 예견했는데, 그의 사후 8년만인 1887년에 독일의 물리학 교수인 하인리히 헤르츠가 실험실에서 전자기파(전파)를 발생시키고 송·수신하므로 통신에 혁명을 가져왔다. 그런데 고전역학에서의 속도는 A+B로 합산되는 게 보통이었는데, 이제 전자기역학에 이르러서는 광속은 항상 일정하다이다. 광속으로 달리던 인공위성에서 진행방향으로 광속으로 탐사선을 쏘면 C+C=2C가 고전역학에서는 통용되었는데 전자기역학에 와서 C+C=C 광속은 일정했다.

그러므로 학자들은 고전역학이 틀린지 전자기역학이 틀린지를 감별하지 못할 때 이제 아인슈타인이 태어났고 그가 이제 "상대성 이론"으로 이 딜레마를 합리적으로 해결했다.

4. 아인슈타인의 상대성 원리 : 빛과 같은 속도로 움직이는 물체를 설명하고, 더욱 나아가 태양과 같은 질량을 가진 우주천체를 설명하는 이론.

자연과학사의 9번째 기둥에서 자세히 설명했으므로 여기서는 특수상대성이론중의 $E=mc^2$ 방정식만 설명하겠다.

광속도가 불변하므로 시간, 공간, 질량은 상대적이 되어야 한다는 특수상대성이론(1905)과 가속계와 중력까지 포함할 수 있는 특수상대성이론의 일반상대성이론에서 가속도(관성력)와 중력을 구분할 수 없어서 등가로 보고(등가원리), 공변성원리와 합해서 이 두 원리로 엘리베이터와 그 속의 사람과 사람의 손에서 떨어진 사과의 낙하운동을 사고 실험하여 일반상대성이론을 1915년에 정립한 아인슈타인! 이제 광속도에 근접한 빠르기로 달리는 경우 정지한 땅위의 관찰자가 보면 인공위성의 시계는 시간의 흐름이 지연되어서 땅의 시계보다 느리게 되고 광속도로 달리면 공간(길이)은 수축하여 길이가 줄어들고 광속도 가까이에서는 입자의 질량이 몇 배나 몇 백배로 커진다.

일반상대성이론에서는 우주의 시작과 끝이 있으며 중력의 원인을 천체의 질량에 의해 구부러진 시공의 기하학의 발현으로 중력장이 같은 곳에서는 동일한 운동과 가속도를 갖는다. 그리고 중력장에 의해 빛도 휘어져서 블랙홀 같은 천체도 유추되었다(구부러진 시공=중력장).

☆☆ $E=mc^2$

아인슈타인의 특수상대성이론에서 산출된 가장 유명하고 세상을 바꾼 공식이다. 공식의 누 가지 큰 의미는 "에너지는 물질의 질량에다 광속도의 제곱을 곱한 값과 등가이다"(즉, E는 물질의 질량과 동등한 물리량이라는 원칙).

(1)질량-에너지 등가의 원리

질량은 농축되고 응축된 에너지의 한 형태이며 E는 어떤 적당한 환경에서 질량이 다른 형태로 부풀어 오른 것이다. 물체의 에너지의 어떤 변화도 필연적으로 물체의 질량변화를 수반한다는 것을 의미하며 반대로 물체의 질량변화는 E의 흡수와 방출이 동반된다는 것을 의미한다(이것의 가장 궁극적인 예가 핵분열과 핵융합에서의 E방출이다).

(2)광속도가 물체의 상한속도 값이며 어떤 물체도 빛보다 빨리 달릴 수 없음을 의미하는 원리다. 빛의 속도로 물체의 속도가 가까워지면 물체가 운동에 의해서 얻는 E는 그 질량에 더해져 운동량(질량)이 무한대에 가까워지는데 무한대의 질량을 광속도로 가까워지게 하는데는 무한대의 E가 필요하다.

그런데 이 우주에는, 무한대의 E가 없다. 이런 이유로 모든 물체는 상대성 이론에 의하여 영원히 빛의 속도보다 느린 속도로 제한된다(단 고유한 질량을 갖지 않는 빛과 그 밖의 파동만이 빛의 속도로 움직일 수 있다).

☆"프리미어"라는 영국잡지에서 미녀3총사에서 출연한 영국 여배우 '카메론 디아즈'에게 기자가 "마지막으로 궁금한 것이 있으면 물으세요?"하자 그녀는 "$E=mc^2$이 도대체 무슨 뜻이죠?"하고 묻고는 둘이서 웃음을 터뜨렸다. 디아즈는 "농담이 아닌데" 하며 말끝을 흐렸다.

앞에서 전술한대로 아인슈타인의 특수상대성이론에서 유도되어진 에너지와 질량의 등가식인 $E=mc^2$의 방정식은 아인슈타인하면 곧 $E=mc^2$을 연상케 할 만큼, 그에게 가장 유명한 이론수식이다. 이 방정식을 궁극적으로 보면 인류의 오래된 연료인 석탄과 석유가 바닥났을 때의 대체 E원을 만들 수 있는 지적 도구이며 인류의 꿈의 E인 핵융합발전소의 막대한 E를 가능

케 하는 과학지식의 출발점이다. 부정적으로 보면 수십만의 인간 생명을 순
식간에 앗아가고 도시를 폐허로 만드는 핵폭탄 제조 이론의 대명사도 되는
셈이다.

　1905년에 먼저 3개의 논문을 발표한 후 그는 특수상대성이론에서 빛보
다 빠를 수 없으며 광속도에 근접하면 질량과 E가 증대되며 변화된다는 결
론에서 또 무엇인가가 그의 머리에서 번뜩였다. 질량보존의 법칙과 에너지
보존의 법칙뿐만 아니라 "가해진 E가 압축되어 질량으로 늘어나 공기의 저
항이 커지므로 광속도에 이를 수 없다면 가해진 E가 질량으로 변한다면 바
로 E량이 질량의 양이고 질량의 양이 E의 양일 것이다." 그렇다면 E가 질
량이고 질량은 E인 것이다. 그 질량은 광속도의 제곱이란 환산인자로 곱해
져서 팽창하므로 온전히 E화 되는 것이다. 광속도에 도달하려고 했을 때 E
와 질량의 관계가 무엇인가 명백해지고 그 순간 광속도의 제곱이란 환산인
자를 취하여 $E=mc^2$이란 방정식이 빛박사 아인슈타인의 천재적인 통찰력
에 의해 완료되어 1905년 그 해에 4개의 논문 속에 포함된다.

　$E=mc^2$이란 단순하고 간략한 함축된 언어가 데이비드 보더니스($E=mc^2$
의 저자 옥스퍼드대학 교수)교수에 의해서 한권의 책으로 풀어헤쳐졌다. 그
책을 요약하면 $E=mc^2$이 되고 $E=mc^2$을 풀면 한권의 책이 된다. 함축된 이
방정식의 깊고 넓음이여 !

《1》 E(에너지)란 : "일을 할 수 있는 능력"이 물리학의 E의 정의다.

　고전역학에서는 운동의 힘(Force)이 중심이었고 19C 중반에 근대적 의미
의 E란 개념이 알려졌다(페러데이가 전기와 자기의 힘을 표현할 때 E란 포
괄적 개념이 도입되었다). 전자기역학에 와서는 전기E, 자기E 등 맥스웰,
페러데이, 홀름홀츠 등에 의해 E란 개념이 E보존의 법칙과 더불어 통용되
기 시작했다. 그 E의 범주에는

　1.운동 E(Kinetic E) 2.위치 E(Potential E) 3.중력위치 E(Gravitational potential E) 4.역학적 E(Mechanial E) 5.마찰 E(Friction E) 6.전기 E(Electrical E) 7.열E(Thermal E) 8.화학적 E(Chemical E) 9.자기 E(Magnetic E) 10.핵E(Nucleic E) 11.장E(Field E) 12.입자E(Particle E) 13.진공E(Space E) 생체E(Bio E)

물리적 변화란 대체로 질량 변화에 따른 E의 변화를 뜻한다. 물리학은 그래서 한마디로 E를 다루는 학문이다. E는 새로 만들어지지도 않고 파괴되지도 않고 그 E의 형태는 변환될 수 있으나 E의 총합은 결코 변하지 않는다. 이것이 E보존의 법칙이다. 여기서 E와 대비되면 혼동될 수 있는 용어를 배우고 가자.

　※ 열이란? 물질 내에서 원자나 분자들의 운동이 불규칙적으로 활발한 상태로 물체들 사이에 온도의 차이가 있을 때 발생하는 E변환의 한 형태.

　※ 온도란? 물질 내에 있는 원자 또는 분자의 평균 운동E를 뜻하며 물체의 차고 뜨거운 정도를 수량으로 표시한 것이다.

페러데이의 E보존의 법칙과 라부아지에의 질량보존의 법칙을 토대로 아인슈타인은 "빛의 속도"의 연구로부터 질량은 E가 농축되고 응집된 형태이며 에너지는 질량이 팽창하여 부풀어 오른 형태로 2개가 다른 형태를 갖고 있으나 본질은 같으며 질량에 환산인자로 "광속도의 제곱"을 취해서 E량을 계산해 낼 수 있음을 밝혔다.

★환산인자로 C^2이 되는 데는, 뉴턴은 운동하는 물체의 힘을 질량과 속도에 비례하는 것으로 말했다. F=mv, 그러나 독일의 수학자 라이프니츠는 $F=mv^2$이라고 했다. 뉴턴은 라이프니츠를 신랄하게 공격했다(물론 미적분에 대해서 서로 자기가 처음이라고 주장함).

그런데 프랑스의 여류학자 에밀리 뒤 샤틀레가 17C 중엽에 네덜란드의 과학자 스흐라베잔데의 실험을 근거로 제시하며 라이프니츠의 손을 들어주었다. ①스흐라 베잔데의 실험은 진흙 판에 무게 10kg과 20kg의 무게 추를 떨어뜨리면, 진흙의 깊이가 그 제곱으로 일어나고 3배인 경우는 9배의 깊이로 일어난다. ②차의 속도도 2배시의 충돌에서는 4배의 충돌효과가 일어나며 ③빛의 밝기도 거리가 2배이면 그 제곱인 4배로 빛의 밝기가 어두워진다.

자연현상에 제곱으로 일어나는 것이 위의 예이다. 광속의 제곱을 질량에 환산인자로 택해서 E의 량을 구했던 것이다. 여하튼 아인슈타인은 C^2을 환산인자로 택했다. 쉽게 생각하면 아인슈타인은 이 세상의 속도 중에 가장빠른 것은 광속이며 광속의 제곱을 질량에 환산인자로 택해서 E의 량을 구했던 것이다.

《2》 질량이란;특정한 물질 속에 들어있는 물질의 양을 말한다.

1. 즉 질량은 물체를 구성하는 원자 속에 들어있는 양성자와 중성자의 총 양을 말한다. 질량은 무게와는 달리 그 물체의 중력에 따라 변하지 않으므로 물리학에서 질량을 보편적인 측정의 표준으로 사용된다.

2. 어떤 물체를 저울대 위에 올렸을 때 측정되는 양을 무게라 하는데 이것을 중력질량이라고 한다. 이것은 그 물체에 작용하는 지구의 중력 때문에 일어난다.

3. 질량 : 물체의 관성을 수학적인 양으로 표현한 것이다.

 ★ 관성질량? 어떤 물체가 운동하는데 필요한 힘을 측정한 양으로 즉 운동에 대한 저항을 측정한 양이다.

 ★ 중력질량과 관성질량은 1/1000억까지 동일함이 로버트 디키(미국 교수)에 의해서 입증되었다. 이것들의 등가원리가 일반상대성이론의 한 축이 되었다.

에너지는 변환될 수 있으나 총 E량은 불변한다는 것이 페러데이의 E보존의 법칙이다. 우주를 채우고 있는 물질들은 태우거나 압축하거나 자르거나 연마할 수 있지만 결코 사라지지 않는다. 다른 물질과 결합하여 재조합되이 떠돌아다닐 뿐이다. 그러나 질량의 총량은 언제나 그대로이다. 이것이 라부아지에의 질량보존의 법칙이다.

이제 아인슈타인에 의해서 그것들이 그렇게 보존되는 것이 그들의 한 단면인 동시에 그것들은 등가로서 형태는 다르나 본질적으로는 동일한 것이라는 또 다른 단면을 보게 된다. 그리고 질량이 E로 팽창되어 부풀어 오를 때는 광속도 제곱이란 환산인수로 조정해주어야 한다. 보통 $E=mc^2$의 c를 상수(Constant)의 약자로 생각하기 쉬우나 속도, 속력(Celerity)의 영어의 약자이며 광속도를 의미한다. 라틴어 Celeritas : "민첩한" 단어에서 유래되었다.

≪3≫ $E=mc^2$의 의미?

1. 인류의 생활에 필수적인 에너지의 출처에 대해서, 지구에 매장되어 있는 석탄과 석유의 총량×광속도 제곱이라고 수식화되어 있지 않고 $E=mc^2$이라고 수식화 되어 있다. 우리는 먼저 에너지가 어디에 있는가? 라고 묻자 땅속에 있는가? 바다 속에 있는가? 혹은 블랙홀에 있는가? 아인슈타인의 대답은 "우리들 눈앞의 물질들의 질량 속에 있다"라고 답했다. 그것도 어느 물질이란 한계가 없고 제한 없이 막연한 질량이라는 것이다. 발표 당시에 구체적으로 어떤 물질을 들어서 입증함으로 제시된 것이 아니었으므로 아인슈타인 자신도 반신반의 했을 것이다. 어디서 그런 E를 현실화할 수 있을까? 그 자신도 몰랐던 것이다.

아인슈타인도 이 방정식을 만든 후, 그 에너지를 실제로 끌어낼 수 있는, 가능성은 조금도 없다고 생각했다. 이 공식을 응용하여 핵폭탄이나 원자로의 막대한 E를 끌어낼 수 있을 거라고, 그 가능성을 열어놓은 사람은 여성 물리학자인 리즈 마이트너였다(노벨 상감 임에도 수상하지 못함).

그러나 그 당시 이미 베케렐, 마리 큐리, 러더포드 등에 의해서 방사선 원소의 자연붕괴에 의해서 방사선의 E들이 방출되고 있었고 태양의 끊임없는 E방출도 큰 수수께끼였다. 후에 태양의 E방출은 수소들이 헬륨으로 핵융합하면서 나오는 E방출임이 밝혀졌다.

원자번호 1번인 수소의 질량에서도 92번 우라늄의 질량에서도 어떤 환경이 주어지면 연소 E가 아닌 핵E가, 그의 공식에 입각한 수학적인 량으로 쏟아져 나왔다. 그런 막대한 E의 출처가 그 어디도 아닌 눈에 보이지 않는 원소들의 질량 속에 있다니 그 당시는 얼마나 황당한 말이었을까?

2. 광속도는 1초에 30만km/s이다. 그러므로 광속도의 제곱은 900억이다. 아무리 농축되고 응축된 미량의 질량이라도 900억으로 곱해져서 팽창되고 부풀어져서 그 방정식의 좌측변의 E로 바꾸어질 때는 엄청난 양의 E가 될 수 있음을 본다. 소량의 물질에서도 막대한 E가 나올 수 있음을 이 공식은 이미 예고했다(1개의 원자의 질량변화에서도 일어날 수 있는데 한 덩어리의 물질속에는 천문학적으로 셀 수 없는, 원자가 들어 있다).

3. 어떤 물체(질량)에서 E의 발생은 그 물체의 질량변화를 동반하며 반대로 어떤 물체의 질량 감소는 $E=mc^2$만큼의 E의 방출이 동반됨을 이 수식은 나타내고 있다.

4. E=질량이고 질량은 E라면 에너지는 언젠가 다 타버려 바닥이 나면 질량화될 것이고 질량은 언젠가 E로 부풀 것이다. 태양은 현재 끊임없는 E를 내뿜고 있지만 그 핵연료가 바닥이 나면(수소) 식어져 질량화될 것이고 현재 질량을 가진 지구는 언젠가 에너지로 부풀어 올라 탈것이다. 생성되는 것은 언젠가 소멸되며 그 끝이 있음을 우리는 여기서 보게 된다. (공식 속에)태양과 지구의 끝을 암시하는 말이 의미심장하다. 질량을 가진 전자와 반전자는 쌍소멸 되어 섬광(빛E)으로 변하고, 강한 E를 가진 광자(Photon)는, 힉스입자(Higgs입자 : 만물의 입자, 신의 입자)를 먹어서 질량을 가진 W입자(약한 핵력에서 작용하는 교환입자)가 된다.

지금(2009년) CERN의 기가 입자 가속기 속에서 힉스 입자를 찾는 입자 충돌이 이루어지고 있다. 전자는 빛의 속도로 가속되면, 빛을 발하고(광자가 되고), 빛이 힉스입자를 만나 W입자가 된다.

　★ 만해 한용운의 "님의 침묵" 시집중 "알 수 없어요"의 시에서 "타고 남은
　　재가, 다시 기름(E)이 됩니다"라는 표현이 있다(재는 질량이므로 질량
　　이 다시 기름(E)이 됩니다. 약간 재미있는 표현이다).

　★ (전자가 옷을 벗으면) 광자가 되고 광자가 옷을 입으면 전자가 된다.

5. 물체(질량을 가진)가 빛의 속도에 도달하려고 할 때 가속되면 운동량
이 커져서 질량이 커진다. 질량이 커지면 공기저항도 커지고 그 질량을 가
속시키려면 더 많은 E를 요한다. 결국 빛 속도에 도달하려면 무한대의 E가
요할 것이다($E=mc^2$, $C^2=E/m$).

그런데 이 우주에 무한대의 E가 존재하지 않으므로 결국 물체는 빛속도
에 도달할 수 없으며 광속이 물체의 상한 값으로 어떤 물체도 빛보다 빠를
수 없다(Tachyon : 빛보다 빠른 가상적인 입자, 아직 미확인됨).

《4》 $E=mc^2$ ★의 입증

이 공식을 만든 아인슈타인 자신도 어디서 어떻게 하여 인류의 E문제를
해결할 막대한 E가 방출될지는 몰랐다. 이 공식에 따라 엄청난 E가 우라늄
의 핵분열 반응에서 방출될 수 있음을 입증한 사람은 여성 2호 물리학박사
인(여성 1호는 마리 큐리) 오스트리아의 리즈 마이트너였다(수리 물리학자)
(Lise Meitner, 오스트리아 1878~1968). 위대한 그 이름 리즈 마이트너! 그
러나 인류는 그녀에게 노벨 물리학상을 주지 않았다(1907년에 베를린에 처
음 학생으로 와서 1938년 베를린을 탈출함).

1. 1932년 제임스 채드윅이 원자핵에 있는 전기적으로 중성인 중성자
(Neutron)를 발견하므로써 비로소 원자구조가 밝혀졌고 원자핵을 깨트리
는 탄환에는 그동안 사용했던 α-입자나 양성자보다는 전기적으로 중성이
므로 핵에 더 잘 접근할 수 있는 중성자 탄환이 더 용이할 것으로 생각되
었다.

2. 1935년 로마의 로마대학에서 엔리코 페르미는 중성자를 가지고, 중핵인 우라늄 충돌실험을 통하여 원자력을 실현할 수 있는 몇 가지 아이디어를 제안했다.

(1) 중성자는 방사성 물질로부터 얻을 수 있다.

(2) 중성자의 속도를 물이나 중수로 감속시키면 표적 원자핵에 중성자가 붙잡힐 확률이 높아져 핵분열이 더 쉽게 일어난다.

(3) 처음에는 우라늄보다 질량이 더 큰 슈퍼우라늄이 생성될 것이라고 잘못 생각했다.

3. 페르미의 발표에 힌트를 얻어 베를린 대학 카이저 빌헬름 연구소에서 리즈 마이트너는 화학자 오토한과 연구생 슈트라스만과 함께 지구상에서 가장 무거운 원소인 우라늄의 원자핵에 중성자를 충돌시키는 실험과 충돌 후의 방사화학분석을 1935년부터 했었다.

4. 유태인인 리즈 마이트너는 나치 정권의 유태인 탄압으로 독일을 탈출하여 스웨덴으로 망명했으나 베를린의 실험 팀들과 비밀리에 회동하거나 편지로 실험을 감독하던 중 오토한으로부터 우라늄 충돌실험 후 바륨이 검출되었음을 통보받는다. 그녀는 1938년 크리스마스 날에 스웨덴의 쿤 칼프 부근의 설원에서 닐스 보어 연구소의 물리학 연구원으로 있는 조카 로버트 프리쉬와 종이에 연필로 써가면서 자유토론을 한다.

5. 리즈 마이트너의 역사적 사고실험!

(1) 우라늄이 중성자 충돌로 핵분열 되어 바륨과 어떤 원소로 핵분열되었는가?

$$^{238}_{92}\mathrm{U} + \acute{o}n \rightarrow\ ^{139}_{56}\mathrm{Ba} +\ ^{97}_{36}\mathrm{Kr} +\ ^{3}_{0}\mathrm{N}$$

(우라늄)(중성자)　　　(바륨)　　(크립톤)　(3개의 중성자)

(2) 원자핵은, 1913년의 닐스 보어나 1928년의 조지 가모브가 말한 대로 "물방울 원자핵 모형"으로 입자들이 과포화 상태로 곧 터질 것 같은 원자핵이 중성자 1개의 충돌로 진동하기 시작해서 흔들리면 강한 핵력으로 뭉쳐

진 원자핵이 더 이상 버티지 못하고 원자핵 내부의 전하는 원자핵의 입자파편들을 빠른 속도로 흩어지게 한다. 중성자 한 개로 200MeV 이상의 입자로된 우라늄의 핵을 깨뜨리는 E는 어디서 온 것인가?

(3) 그녀는 1909년, 잘츠부르크의 물리학 집회에서 아인슈타인의 $E=mc^2$ 방정식 발표를 들었다. "잃어버린 질량이 $E=mc^2$의 공식에 따라 E로 발생될 수 있다면?" 원자핵의 파편들을 빠르게 흩어지게 할 수 있을 것이다. 그녀는 우라늄의 원자핵 분열에 의해 생성되는 2개의 원자핵은 원래의 우라늄 핵보다 우라늄 양성자 1/5에 해당되는 질량만큼 가벼워진다는 것을 계산해냈다.

그런데 과학자들은 우라늄의 핵분열이 200MeV(2억전자볼트)의 E가 방출된다고 했다(필요하다고 했다). 양성자의 질량 938.272MeV 이것의 1/5이 약 200MeV이다. 그런데 정확히 우라늄의 양성자의 1/5질량이 200MeV의 E와 거의 정확히 들어맞았다. 이제 $E=mc^2$은 입증되었으며 $E=mc^2$의 위력은 우라늄의 핵분열에서 일어날 수 있다.

그녀는 이 결과를 1939년 2월 11일 "네이처"지에 "중성자에 의한 우라늄의 분열"(새로운 종류의 핵반응)이란 제목의 논문을 발표했다. $E=mc^2$ 방정식은 두 얼굴의 사나이가 돼버렸다. 한 얼굴은 핵폭탄의 공포의 얼굴이요 또 한 얼굴은 원자로나 핵융합발전소에 의해 인류의 꿈의 E원이 되는 희망의 얼굴이다.

≪5≫ $E=mc^2$이 적용되는 곳

1. 태양의 핵융합에 의한 수억 년의 E방출을 이 공식에 의한 질량의 변화로 설명할 수 있다.

2. 방사성 동위원소에 의한 핵의학으로 질병의 진단과 치료에 적용된다. 방사성 동위원소의 반감기에 질량변화가 $E=mc^2$의 공식에 의한 E가 방사선으로 방출된다. 99Te(뼈의 암전이 진단에 이용) 131 I(갑상선의 암 치

료에).

3. 핵잠수함(Polaris)의 엔진에 필요한 E가 핵연료로부터 $E=mc^2$에 의해 E를 방출함.

4. PET(Positron Emission Tomography)방사선원소로부터 방출된 양전자가(질량 변환만큼 E화되어 단순한 방사성 원소에 의한 연대측정) 몸에서 방출되면서 상을 얻게 되어 진단에 이용함.

5. c-14, 동위원소에 의한 탄소동위원소 연대측정(반감기 5,700만년).

6. 연기 탐지기 : 아메리슘의 질량변화가 빛으로 방출되어 그 빛이 연기에 민감한 전하를 입자다발로 만들어 연기를 추적한다.

7. 극장가나 상가의 비상구 빨간 등에 Tritium의 질량을 잃으면서 대신 반짝이는 유용한 빛을 방출함.

8. 입자 가속기에서의 입자와 E관계에.

5. 양자 역학 : 원자크기 소립자의 운동을 설명하는 학문이다.

숯덩어리같은 흑체(백열 량을 내는 이상적인 물체로 모든 빛을 완전히 흡수하고 온도가 올라가면 빛을 방출하는 방사체이다) 복사의 스펙트럼(온도에 따라 흑체에서 방출되는 빛의 파장이 다르다) 연구에서 1900년 막스플랑크는 흑체내의 진동자(원자 Level의 E를 띠는 입자)들이 E를 주고받을 때의 최소단위를 양자(Quantum)라 하여 양자역학의 원조로 등극한다. "E 양자 가설"에서 고전 역학의 에너지는 물 흐르듯이 연속적인 흐름에서 불연속적인 흐름이 되고 "양자상태"로만 E는(주로 빛E) 물질에 흡수되고 물질에서 방출될 수가 있다.

그 양자E는 h,f(E=h,f ; 플랑크 상수×진동수)의 단차로, 2×h,f 3×h,f, 4×h,f 정수배로만 커지는 상태, 즉 양자화 되어 있다. 사람들이 플랑크의 이론에 별관심이 없을 때 아인슈타인은 빛에서의 E를 뗄 수 있는 최소단위를 광양자라하여(1905년) 빛은 여러 파장을 가진 광양자들의 집합체(Package of Light)라고 선포했다. 그의 "광양자 가설"에서다. 그리고 그는 "광전효과"를 과학적으로 설명하여 빛의 입자성을 입증하므로, 그에 의해서 빛의 이중성(파동, 입자)이 비로소 확립되고 더불어 막스플랑크의 "양자" 개념이 알려지게 된다.

이 진동자의 양자화와 광양자(광자, 빛의 최소단위)의 양자화를 통해 원자내의 전자궤도의 양자화를 추론해 허용된 궤도(안정된 궤도)를 주장하여 E가 양자화될 수밖에 없는 것은 E를 흡수하고 방출하는 원자의 전자궤도가 구조적으로 그렇게 될 수(전자궤도가 양자 화됨)밖에 없을 것이라고 닐스 보어는 생각했다.

1913년에 닐스 보어는 "원자모형"을 완성해 양자역학적으로 원자의 구조를 설명하고 초기의 양자론과 후기의 양자역학의 가교역할을 한다. 1923년 아서 콤프턴의 X-선 산란 실험으로(X-선을 아연에 조사하므로) X-선의 광자는 물질의 전자를 튀어나오게 하는 E와 운동량을 가져서 전자에 E와 운동량을 전달해 탄성충돌처럼 전자가 튀어나오게 함으로 X-선의 광자는 E를 잃어서 파장이 길어져 X-선은 산란된다(산란된 X-선 광자의 파장은 입사광자보다 커졌다).

이와 같이 한 실험에서 아인슈타인의 빛의 이중성이 입증되었다. 1924년에 파리 대학 대학원생인 드브로이는 "아인슈타인의 파동이 입자성을 띤다면 그 역인 입자도 파동성을 띨 것이다"를 추론하여 전기역학과 상대성이론을 이용해 질량m인 입자가 속도V로 이동시에 다음과 같은 파장λ를 갖는 파동처럼 행동할 것이다. 제안하여 물질파의 파장을 구하는 공식을 발표했다(λ(파장)=h/mv=h/p(mv나 p는 그 입자의 운동량이다), (3년 후인 1927년 데이비슨, 거머, GP톰슨 등에 의해 전자(물질)의 파동성이 입증됨-회절현상에 의해).

1926년 입자도 파동성(물질파)을 갖는다면 원자크기나 그 이하의 입자들의 운동 상태를 기술할 수 있는 "파동이론"이 가능할 것이다라고 생각하여 알프스 산장에 2주간 틀어박혀 드브로이의 물질파 공식으로부터 전자가 파동처럼 행동한다면 시, 공간에서 전자의 운동 상태를 수학적으로 기술할 수 있는 "파동방정식"을 오스트리아의 물리학자인 슈뢰딩거가 제안했고, 막스 보른이 전자의 "확률밀도"로 올바르게 해석했다. 확률밀도(크시)란 공간상에서 작은 부피 안에서의 전자를 발견할 확률이다.

1927년, 독일 물리학자 하이젠베르크가 "불확정성 원리"를 발표하여 입자들의 위치와 운동량(속도)을 동시에 확정할 수 없는 것은 실험자의 오류나 실수 때문이 아니라, 물리계의 특성으로 정확히 알아내는데 한계가 있다. 무한한 정확도를 갖고 동시에 다 측정해내는 것은 이예 원리적으로 불가능하다. 그것은 물리계 즉 자연계의 불가피한 특성으로 원래부터 내재된 것이다. 이제 뉴턴의(고전역학) 어떤 조건을 알기만하면 자연현상을 예측할 수 있고 톱니바퀴처럼 정확히 굴러가는 자연현상이 양자역학에 와서는 즉 소립자세계에서는 전혀 예측할 수 없는 불가사의한 세계가 돼버렸다. 우리는 "확률"로서만 표현할 수 있게 되었다.

1928년 영국의 양자역학의 대가 폴 디락은 "중력 파동방정식"(양자 파동방정식)을 정립하여 입자들이 스핀(회전)을 가지며 입자들이 반입자를 갖는다고 했다(전자-반전자, 양성자-반양성자). 원자도 눈에 볼 수 없는데 그 원자보다도 적은 소립자들에 관한 이론으로 양자역학은 소립자들의 E를 다루는 물리학의 한 분야로 아인슈타인의 상대성이론과 함께 현대물리학의 두 기둥이다. 리챠드 파인만이 짧게 말한 "양자 역학이란 소립자, 광자들이 미시세계에서 연출하는 모든 현상들을 설명하는 도구이다"고 했다.

"양자역학이란 슈뢰딩거, 하이젠베르크, 폴 디락 등에 의해 파동입자의 이중성과 불확정성 원리를 바탕으로 기존의 역학을 새로운 이론으로 재 정식화한 소립자에 관한 이론을 말한다. 양자역학에서는 모든 물리적 존재가 파동함수로 표현된다.

이 양자역학의 세계에서는 고전역학의 "우주의 미래를 예견하기 위해서 모든 측정이 다 가능하다"는 불확정되었다고 개념이 변했으며 "에너지가 물처럼 연속적으로 흐른다라는, 양자형태로만 불연속적으로 흐른다로 변했다. 그리고 원자나 그 외의 물리계의 성질은 어떻게 측정되고 계산되는가?에 대한 해답으로 측정된 물리량에 확률적 의미를 부여해서 그 해답을 주고있다라고 말한다.

이 양자역학의 성공으로 현대문명으로 상징되는 컴퓨터, TV, 레이저, 터널 현미경, 핸드폰, PET, MRI, 생명체의 중요한 분자구조 등등이 양자역학적으로 설명되었다.

(예) 반도체 칩의 구조에서 얼마만큼의 전자가 흐르는가? 하나하나의 시행착오를 통해 반도체 칩의 E준위를 계산했다면 컴퓨터는 나오지 못했다. 슈뢰딩거의 방정식으로, 짧은 시간에 계산해 낼 수 있다.

★빛의 이중성을 확립케한 "광전효과"에 대해서 여기서 설명하기로 한다.

★ 광전 효과(Photoelectric Phenomena (Effect))

1. 정의(Definition)

전자기파를 실험실에서 발생시켜 "전파통신시대"를 가져오게 한 하인리히 헤르츠가 1887년 실험실에서 처음 관찰한 현상으로, 금속에 빛을 비추면 금속표면에서 자유전자(금속원자에 속박되지 않은 전자)가 튀어나와 전류가 발생하는 현상을 말한다. 튀어나온 자유전자가 −극에서 +극으로 흐르면 전기가 통한다. 물질의 원자(입자)와 E전달자인 빛의 입자(광양자)사이의 최초로 관찰된 상호작용이다. 물체에 빛을 비춰 음의 전하가 방출되는 현상(아연판을 음(−)으로 대진시키고 자외선을 쪼이면 그 전하를 잃어버린다).

이때까지는 빛이 파동으로만 알려져 있어 어떻게 빛 E가 금속의 전자에 전달되는지를 파동으로만 설명하려고 했을 때 모든 과학자들은 딜레마에 빠져 있었다. 이때 혜성처럼 아인슈타인이 역사에 등극하여(1905년), 빛이 입자인 광양자 가설로 성공적으로 설명하여 1921년에 노벨 물리학상을 받게 되고 이미 빛이 파동으로 입증되었고 아인슈타인이 빛의 입자성을 입증하므로 빛은 파동이며 입자고 입자이며 파동인 빛의 이중성이 확립되게 된 것이다.

2. 광전효과가 초래되는 기전(Mechanism of P-E ph, 아인슈타인의 설명)

아인슈타인은 페러데이의 에너지보존의 법칙과 막스플랑크의 E양자론을 근본개념으로 하여 설명함. 빛의 입자인 광양자(광자)가 E전달자로 가지고 있는 E를 금속표면의 전자에 충돌하여(탄성충돌) 전달하면 전자가 튀어나온다. 이때 금속에서 전자를 떼어내는데 필요한 $E(o)$와 전자의 운동E(KE_{max}-전자의 최대운동E)를 합하면 가해진 광양자의 $E(h, f)$와 일치하므로 E의 보존법칙이 성립된다($KE_{max} = h, f-o$). 즉, 빛이 파동이면서도 광양자란 입자형태로 금속의 자유전자에 탄성충돌하여 E를 전달하여 전자가 튀어나오는 것이다.

빛이 유일하게 파동뿐이라면 빛의 세기가 강한 빛을 금속에 비추면 금속이 더 크게 흔들려 튀어나오는 전자의 속도가 더 빨라지거나(운동량이 커지므로) 더 큰 E를 가진 전자가 나올법도 하나, 더 센 빛을 비추면 튀어나오는 전자의 속도나 전자 E는 똑같았고 단지 튀어나온 전자(속도와 E가 일정한)의 숫자만 크게 늘어났다. 전자의 속도(운동량)를 빠르게 하고 더 큰 전자를 튀어나오게 하는데는 광선의 파장을 다르게 했을 때 즉, 더 짧은 파장의 빛으로 했을 때만 일어났다.

이 결과를 보고 아인슈타인은 이렇게 설명했다. "빛은 여러 파장을 가진 광양자들의 집합이나 다발로 더 센 빛을 비추었다는 것은 광양자(빛의 입자)의 숫자가 더 많은 빛으로 더 많은 금속의 전자에 충돌하므로 더 많은 전자가 튀어나온 이유가 된다.

그는 빛도 광양자라는 입자(Photon,광자)로 되어 있다는 사실을 확증하므로 이미 증명된 빛의 파동(이것은 간섭현상 회절현상, 굴절현상, 반사현상, 편광현상 등은 빛의 파동을 이미 입증했었다)과 함께 빛은 파동이면서 입자이고 입자이면서 파동이라는 빛의 이중성을 아인슈타인은 1905년에 광양자 가설로 광전효과를 설명하므로 확립했다. 이 파동과 입자의 이중성은 빛만이 아니라 전자를 포함한 소립자들의 특성으로 양자역학의 핵심기본이론이 된다.

3. 이 광전효과를 파동설로 설명하는데 설명이 되지 않는 3가지 문제점

  1)파장의 문제

어떤 파장의 빛이라도 오랫동안 비추면, 빛 E가 축적되었다가 광전효과가 일어났어야 했다. 어떤 파장의 빛은 아무리 오랫동안 비추거나 빛의 세기(그 빛의)를 높여도 이 효과가 일어나지 않았다. 그러나 파장이 짧은(E가 높은) 어떤 종류의 빛은 세기가 약해도 빛을 비출 때 이 현상이 일어났다. 즉 양이 아니라 질이 문제였다. 전자를 튀어나오게 할 만큼의 충분한 E를 가진 파장의 빛이어야 했다.

  ※ 광전효과는 아인슈타인이 땅에다 공을 쳐서 2층으로 공을 보내는 상황의 버전으로 이해했다고 한다. 아무리 공을 여러 번 땅에 때려도 2층 높이만큼 튀어 오르지 않으면 2층으로 보낼 수 없다. 그러나 한번이라도 2층 위로 튀어 오르게 하면 2층으로 공을 보낼 수 있는 것과 같다.

  2)조도의 문제

이 효과를 일으키는 파장의 빛을 더 많은 양을 비출 때 튀어나온 전자의 E는 일정했으며 일정한 E를 갖고 일정한 속도를 가진 전자들의 숫자만 증가했다. 빛이 파동뿐이라면 더 강한 빛이나 더 많은 빛은 금속의 진동을 더 크게 하여 더 큰 E와, 더 빠른 속도를 가진 전자가 튀어나올 법도 하나, 그런 일은 일어나지 않았다.

　3)반응시간의 문제

　어떤 파장의 빛은 오랫동안 비추어도 이 효과가 일어나지 않았으며 어떤 파장의 빛은 작은 빛이라도 비추이는 순간 이 효과가 일어났다(금속에서 전자를 떼어 내어 튀어나오게 할 정도의 E를 가진 파장의 빛이라면, 즉각 일어나지만 E가 부족하다면 오랫동안 비추어도 이 현상은 일어나지 않는다).

　결국 이 3가지 문제점은 빛이 유일한 파동뿐이라면 설명되지 않은 부분들이다. 그러므로 빛은 입자인 것이다(광양자). 한마디로 빛은 진공을 파동하면서 진행하는 E의 입자들로 구성된 것이다. 빛의 이중성은 빛뿐만 아니라 소립자들의 근본성질로서 파동입자인 이중성이 양자역학의 핵심이론으로 TV나 반도체, 레이저 등의 과학문명에 엄청난 진보를 가져왔다.

4. 이 현상의 물리학적 의의

　1)빛의 입자론을 입증케 했다(빛은 광양자들의 집합이다).

　2)빛의 파동성과 입자성, 이 이중성을 확립케 한 현상이다.

　3)이 현상을 광양자 가설로 성공적으로 설명한 공로로 아인슈타인에게 노벨물리학상이 수여되었다. 더 중요한 특수 상대성 이론이나 $E=mc^2$, 일반상대성이론 등은 아직 평가할 과학자가 없었다.

5. 이 현상의 과학적 응용

　1)카메라의 노출계.

　2)자동문에 이용, 물체가 다가오면 포토셀을 이용하여 사람이 다가오는 것을 감지한다. 빛을 조사하여 광전 효과가 일어나 전기가 통하므로 문이 열린다.

　3)인공위성은 날개처럼 보이는 태양전지를 이용해 전력을 생산한다.

　4)감시카메라. 감시카메라는 CCD를 이용하여 동영상을 찍는다.

5) 복사기. 광센서를 이용해, 토너의 농도를 자동으로 조절.

6) 디지털 카메라. 디지털 카메라에는 필름 대신 CCD가 이용된다.

7) 광 증폭기.

6. 빛의 입자인 광양자(광자(光子))와 물질의 입자(전자, 양성자, 중성자 등)와의 차이점

1) 광양자는 질량이 없고 물질의 입자들은 매우 미세하지만 전자들도 질량이 있다.

2) 빛의 입자인 광자의 속도는 일정하게 30만km/s이나 물질입자들의 속도는 크게 다르다.

3) 물질의 입자는 질량이 있으므로 정지해 있을 수 있으나 빛의 입자인 광자는 질량이 없으므로 정지해 있을 수 없다(최근에 빛을 멈추게 하는 일이 발표됨).

4). 광양자는 E전달자이다. 전하를 띠고 있는 입자들만이 광양자와 반응할 수 있다. 금속들은 자유전자가 충만해서, 전기를 잘 통하게 하는 전도체이다(그러므로 전도체는 레이저 매질로는 쓸 수 없다). 왜냐면 레이저광이 방출되는 것이 아니라 전자가 튀어나와 전기가 흐른다. 그러나 금속도 기체 상태의 증기가 되면 레이저 매질로 사용된다. (Cupper vapor Laser. Gold vapor Laser).

6. 핵물리 (Nuclear Physics)

원자핵의 E를 다루는 분야의 물리학으로 아직 원자핵의 구조와 힘에 대한 이해는 아직도 미해결 부분이 있어서 완전하지 않다. 원자핵의 구조와 핵을 이루는 성분(입자) 그리고 핵의 성질들을 실험적으로 밝혀진 것들을 중심으로 기술하겠다.

1) 방사능(Radioactivity)

1896년 베퀘렐이 우라늄 화합물에서 자연방사선을 발견하고, 1898년 마리큐리는 라틴어 "Radius"(광선의 뜻)에서 Radioactivity(방사능)라는 단어를 만들어냈으며 자연 방사선의 방출은 우라늄 원자내부에서 발생하는 현상이라고 제안했다. 1902년 캐나다 몬트리올의 맥길대학에서 러더포드는 프레더릭 소디와 함께 α-선의 연구로부터 방사성원소들이 서서히 다른 원소로 변해간다는 사실을 발표했고 방사성 원소의 반감기로 연대측정 가능성을 열었다.

2) 핵의 구성과 크기

1913년 닐스 보어가 "원자 모형"을 완성해 핵 주변의 전자궤도를 설명하고 1920년 러더포드는 원자핵의 +전기를 띤 입자를 양성자(proton)라 명했으며, 1932년 제임스 채드윅은 원자핵의 전기적 중성입자인 중성자를 발견하므로 원자의 핵자는 양성자와 중성자로 결합되어 있고 전자가 안정된 궤도에서 핵 주변을 돌고 있다.

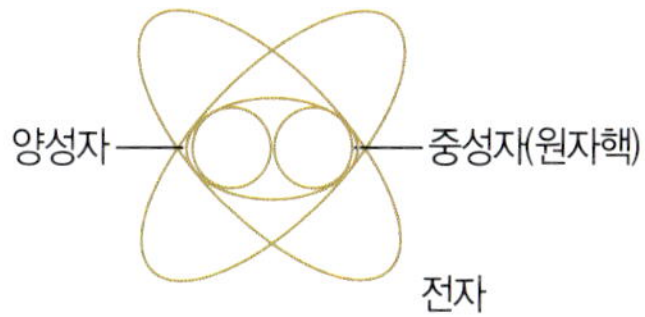

원소의 표기는, $_Z^A$X(X는 원소의 화학적인 부호(예 $_{92}^{238}$U(우라늄), H(수소), O(산소), C(탄소)등, Z는 원자번호이며, 원자핵속의 양성자의 수이다. A는 질량번호이며 원소의 양성자의 수 더하기 중성자의 수이다.

★ 우라늄의 핵분열시 양성자의 1/5 질량(MeV로 표시할 때)은 200MeV로 리즈 마이트너가 입증하여 원자폭탄이나 원자로의 원자력시대를 열었다.

동위원소;양성자의 수는 같으나 중성자의 수가 달라 원자번호는 같지만 질량번호가 다른 원소들로 화학적인 성질은 같으나(동일한 전자배치를 갖기 때문에) 물리적인 성질이 다른 원소를 말한다. 자연에 280종, 실험실에서 만들어진 것까지 하면 800여 종이다. 물리적인 성질이 다르다는 것은, 질량이 다르므로 E=mc²에 의해 같은 동위원소지만, 막대한 E가 방출될 수 있음을 의미한다.

3) 핵력과 결합E

핵력에는 강한 핵력과 약한 핵력이 있어 강한 핵력은 인위적인 방법으로 끄집어내는 것이고, 약한 핵력은 자연방사선을 설명해 준다. 강한 핵력은 양성자와 전자의 쿨롱의 전기적인 반발력보다 더 크므로 핵이 붕괴되지 않고 유지된다. 이 힘은 빅뱅의 엄청난 온도하에서 결합된 E를 반영한다.

화학 핵방정식에서 전하의 보존과 전체핵자수의 보존이 성립되어야 하며 본래의 핵을 부모핵, 붕괴된 산물을 딸핵이라 한다.

$$^{238}_{92}U \rightarrow {}^{234}_{90}Th + {}^{4}_{2}He(\alpha-선)$$

4) 자연 상태의 방사선 원소들은 핵이 불안정하여 방사선을 방출하고 붕괴되는데 α-붕괴, β-붕괴, γ-붕괴라하며 각각 방출되는 방사선을, α-선, β-선, γ-선이라 한다.

① α-선은 헬륨(He)의 핵으로 : 두 개의 양성자와 두 개의 중성자로구성되었다. ${}^{4}_{2}He$ α-선은(알파입자) 짧은 반감기를 갖는 동위원소에서 나온다.

② β-붕괴(베타 핵붕괴) : 핵이 자발적으로 전자 또는 양전자를 방출 또는 흡수하는 모든 붕괴를 β-붕괴라 한다. β-붕괴에서는 전자가 방출되고, 파울리는 새로운 입자가 방출되는데 전기적으로 중성이어야 한다고 했다. 이것을 페르미는 중성미자(Neutrino)라 명명했으며 1953년에 라이네스와 크라운에 의해 검출되었다. β-붕괴는 중성자가 양성자로 변하면서 전자를 내놓는 종류의 핵반응으로 이 과정에서 중성미자가 방출된다는 이론을 수립.

③ γ-붕괴(감마 붕괴) : γ-선이 방출되는데 X-선과 γ-선은 둘 다 높은 E를 갖는 광자인데,

★X-선은 들뜬 상태의 전자가(흥분된 상태 : 원자에 E를 가하면, 안정된

전자궤도에 있는 전자가 핵으로부터 먼 전자궤도에 이동 또는 점프(양자 도약 : (Quantum Leap)이라는 말로, 닐스 보어는 나타냈다)하여 들뜬상태에 있게 된다. 이 들뜬 상태는 열역학적으로 불안정한 상태이므로 전자는 곧 기저상태(원래의 안정된 상태)로 감쇠(decay)하면서 돌아오는데 이때 전자 궤도의 E준위의 차이만큼 빛으로 방출한다. 그중 X-선도 방출하는데 전자의 이동 때문에 발생하고 γ-선은 들뜬상태(흥분상태 여기상태=Exciting State)의 핵에서 방출된다. X—선보다 큰 E를 가지며, 방사선이기 때문에 인간에게 큰 해를 끼친다(방사능).

5) 핵분열 : 중성자에 의한 우라늄의 충돌실험 결과로 1938~39, 리즈 마이트너, 로버트 프리시, 오토한, 프리츠 슈트라스만 등에 의해 처음 밝혀져 분열반응이라 했다. 핵분열은 원소 핵이 2개로 쪼개져 원소가 바뀐다는 것이 연소(Combustion)와 다르며, 엄청난 E가 방출될 수 있는 반응이며 γ-선의 방사선을 방출하므로 "원자로"에 있어서는 이 부분이(관리와 예방) 최고의 관건이다. 화학반응(연소포함)에서는 분자당 1ev보다 작은 E가 방출되나 핵분열 시에는 분열당 200Mev(2억 전자볼트)가 방출된다.

중성자 1개가 "물방울"모양의 입자들로 과 포화된 원자핵을 둘로 나뉘게 하면 각분열당 2.5개의 중성자가 나와서 또 다른 우라늄원소를 분열시켜서, 연쇄적 반응을 일으켜 핵분열이 일어나는데 무제한으로 일으키면 폭탄이 되고 중성자를 제어하여 부분적으로만 터트리면 원자로가 될 수 있다.

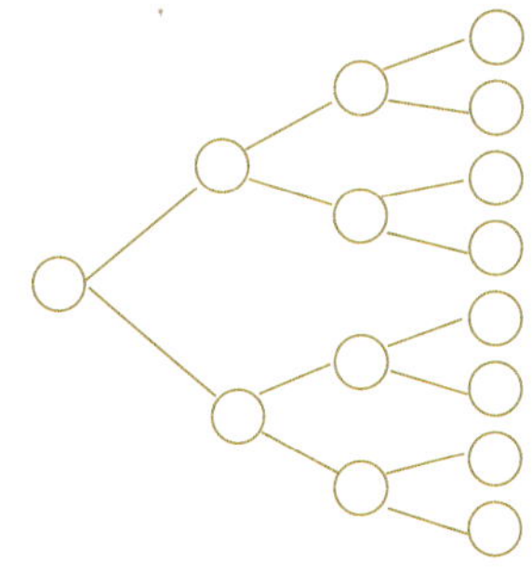

핵 연쇄반응(nuclear chain reaction)

1942년에 엔리코 페르미가 맨해탄 프로젝트에서 처음으로 연쇄 핵분열의 실험에 성공하여 원자폭탄과 원자로가 만들어졌다. 원자로에서는 발생한 E로 물을 데워서 증기로 터빈을 돌려서 코일 뭉치를 돌리므로 막대한 전기를 만들어내는 것이다.

6) 핵융합－①토카막법 ②고출력 레이저에의한 융합 ③자기 거울 법 ④ 저온핵 융합 뮤온법. 지금 고출력 레이저로, 핵연료를 때려서 융합시키는 방법에 온 세계가 집중하고 있으며, 50년 후에는 만들어진다고 하며 인류가 1억 년 이상 사용할 수 있는 E를 생산한다고 한다(태양이 그런 것처럼).

★ 핵융합：4개의 수소의 핵이 고온에서(1억도 이상) 가까워지면서, 다른 원소의 핵으로 융합하면서 질량 변화에 따른 E를 방출한다. 고출력 레이저로 핵시료를 때려 1억 도 이상의 플라스마 상태에서 중수소와 3중 수소를 핵융합시키면 태양과 같은 무한 E가 나오며, 이것은 방사능이 없는 완전 무공해로 무한 E원이다(고출력 레이저 핵융합 발전소).

7. 소립자 물리(Particle Physics)

우리는 이제까지 만물은 생물과 무생물로 나눌 수 있으며 생물의 최소단위는 세포(cell)이며, 무생물의 최소단위를 원자라 했다. 이제 세포는 분자로 되었고 분자는 원자들의 결합이다. 원자는 전자와 원자핵으로 되어 있고 원자핵은 양성자와 중성자인 핵자로 되었고 원자내부의 입자들을 아원자 입자라 하는데 통칭하여 소립자라고 부른다.

양성자와 중성자는 쿼크라는 소립자로 구성되었고, 이제 쿼크는 또 깨어지는 증거를 주고 있다. 쿼크에는 6종류가 있고(업쿼크, 다운쿼크, 스트레인지 쿼크, 참쿼크(Charm Q), 탑쿼크, 바텀쿼크), 전자 같은 입자를 경입자(Lepton)라 하는데 6종이 알려져 있다. 전자, 타우, 뮤온, 전자–중성미자, 타우–중성미자, 뮤온–중성미자이다.

그래서 6종의 경입자와 6종의 쿼크로 되어 있는 것을, 모든 물질의 기본 구조로 "Standard Model"이라고 한다.

그래서 이제 우리는 물질은 무엇으로 되어 있나? 라는 질문에 원자보다는 쿼크나 소립자로 되어 있다고 답하고 있다. 아원자 입자인 소립자도 이제 수백 개가 발견되어져서, 이들 입자들의 구성과 자연 상태에서의 위치 등을 통해 이러한 입자들을 이해하려는 분야가 입자물리학으로 현대물리학 중 아주 흥미로운 분야가 되어 있으며 첨단 과제 중의 하나로 남아 있다.

이 분야의 학문적인 거인이 1969년도 노벨 물리학상 수상자인 전칼텍(캘리포니아 공대교수였던) 머리 겔만(Murry Gell-Mann; 1929~)으로 미국 뉴멕시코 주의 산타페에 생존해 있다. 2008년에는 연세대의 초청으로 한국을 다녀갔다(그의 저서 1994년 "쿼크와 재규어").

그는 20C의 멘델레프라고도 불리며 입자물리학에서 그의 3대 업적은

① 기묘도 : 기묘한 입자들의 예상치 못한 긴 수명을 설명하기위해 제안된 양자수.

② 8중도 : 유발네만과 겔만이 각각 착안하여 함께 연구함. 하드론(강입자)들을 전하와 스핀에 따라 배열하면 8가지 입자와 8가지의 회전이 배열된 구조를 말한다.

③ 쿼크이론 : 1963년 죠지 쯔바익과 겔만이 각각 착안한 하드론(강입자)의 내부구조이론으로 쯔바익은 에이스라 명칭했고, 겔만은 제임스 조이스의 "피네간의 경야"라는 소설에서 쿼크란 단어를 가져와 쿼크라고 칭했다.

결론으로 소립자 물리학(입자 물리학)은 물질을 원자, 원자핵, 아원자입자(기본입자)로 쪼개고 또 쪼개면서(쿼크, 힉스 등) 상황과 성질을 설명하는 학문으로 우주의 생성과 붕괴는 소립자 물리학 없이는 설명이 불가능하다. 우주가 만들어지는 순간과 초기 진화과정에 대한 연구는 입자물리학의 영역이다.

★ 양자장 이론(Quantum Field Theory)

자연계의 힘은 "양자"라 부르는 가상입자에 의하여, 전달된다는 이론으로 특수 상대성 이론과, 양자역학을 결합하여, 나온 이론이다.

① 모든 장은 나름대로 관련입자를 가진다(중력장–중력파, 전자기장–광자).

② 입자들은 광자를 주고 받으면서 피차 영향을 미친다.

③ 입자들 사이에 장(field)이라는 매개체가 있고 이를 통하여 간접으로 영향을 미친다.

④ 입자들보다 장 자체가 오히려 자연의 근본구조로 여긴다(유물론이 사망).

⑤ 양자장 이론의 한 분야로, 전자기 현상을 다루는 양자전기역학(Quantum Electrodynamics ; QED)이 있는데 슈잉거, 파인만, 도모나가 신이치로가 각각 논문을 제출하여 모두 노벨상을 탔다(1965년).

⑥ 진공은 평면공간이 아니라 극히 짧은 시간동안 나타났다가 사라지기를 반복하는 수많은 가상입자로 가득차 있다.

⑦ 전자기장에서 전달하는 고유양자가 광자이다(QED). 강한 핵력을 전달하는(교환입자) 입자가 메손(파이온)이고, 약력의 교환입자가 W입자이다(욱실).

※ QED : 전자기력이 광자라는 양자에 의하여 전달된다고 설명하는 양자적 이론. 1959년에 하버드 대학의 줄리앙 슈잉거, 칼텍의 리챠드 파인만, 일본 센다이 전기공대의 도모나가 신이치로 3인이 각각 논문을 제출하여 제안함.

※ QCD(Quantum Chromodynamics) : 강력이(강한 핵력) 글루온(Gluon)이라는 양자에 의하여 전달된다고 설명하는 양자적 이론.

1-6-1 소립자의 분류

1. 경입자 (Lepton) : 전자, 뮤온, 타우, 전자-중성미자, 뮤온-중성미자, 타우-중성미자

                : 질량이 가벼운 입자로 약한 핵력으로 상호작용함(6개의 경입자)

2. 강입자 (Hadron)

   중간자 (Meson) : 중간정도의 질량을 가진 부류, 파이온(π), 케이온 (κ)

       ※ 유가와 히데끼입자-유가와 히데끼가 중간자를 예측했다.

   중입자 (Baryon) : 무거운 입자로,

       양성자 : 3개의 Quark로 됨 (2개의 up q와 1개의 down q로 됨)

       중성자 : 3개의 Quark로 됨 (한개의 up q와 2개의 down q로 됨)

       람다, 크시, 시그마, 오메가

1-6-2 자연에 존재하는 기본적인 힘(4가지)

이 름	상대적인 크기	관련된 입자
1. 강력	1	중간자 (meson) 글루온 (gluon)
2. 전자기력	10^{-2}	광자 (photon)
3. 약력	10^{-13}	W입자 (W^+, W^-, W°:욱실)
4. 중력	10^{-40}	중력자 (graviton)

〈1〉 소립자의 분류(질량이 있는 입자들을 크게 3부류로 나누어진다).

⑴ 경입자-(lepton);전자, 뮤온, 타우, 전자-중성미자, 뮤온-중성미자, 타우-중성미자(6종이 있고). 질량이 가벼운 입자들로 약한 핵력으로 상호작용함.

⑵ 강입자(Hadron) ①중간자(Meson) : 중간 정도의 질량을 가진 부류. 파이온(유가와히테끼 입자) 케이온 ②중입자(Baryon) : 무거운 입자로 양성자-3개의 q로 됨(2개의 up q, 1개의 down q로 됨). 중성자-3개의 q로 됨(1개의 up q와 2개의 down q로 됨).

〈2〉 자연에 존재하는 기본적인 힘(4가지)

이름	상대적인 크기	관련된 입자
①강력	1	중간자(Meson)
②전자기력	10^{-2}	광자(Photon)
③약력	10^{-13}	W입자(W^+, W^-, W^0 : 욱실)
④중력	10^{-40}	중력자(Graviton)

자연에는 4가지의 힘이 있는데 우주의 물체들 사이의 잡아당기는 힘인 중력은 가장 약하다. 그러나 가장 멀리 영향을 미친다. 전자기력은 전하를 띤 입자사이에 일어나는 힘이며 나침반과 모든 전자제품의 작동을 지배하는 힘이다. 그 매개체를 광자라 한다. 강력은 태양 에너지 생성의 중요한 힘이다.

〈3〉 입자와 반입자(Particle 과 Antiparticle)

1930년, 양자역학의 연구에 몰두한 대표적 한사람인 영국 케임브리지의 석좌교수(루카시안 석좌교수)인 폴 디락(Paul Dirac)이 상대성 원리를 양자역학에 포함시키는 "양자파동방정식"을 공식화한 결과로 전자가 스핀을 가진다(입자가 자전하는 모습으로 상상할 수 있다). 전자가 양(+)의 에너지 상태와 음(−)의 에너지 상태 모두에서 존재할 수 있다는 것이 밝혀졌다. 그래서 폴 디락은 전자와 같은 질량을 가지면서, 양(+)전하를 띤 입자의 존재를 예측했는데, 1932년 칼 엔더슨(Carl Anderson)이 입자들의 궤적을 연구하다(안개상자에서) 우주선에서 전자의 질량을 가지고 양(+)전하를 띤 입자를 발견하여 양전자(Positron, Antielectron)라 명명했다. 그런데 입자−반입자는 전자만이 아니라, 다른 입자들에서도 발견되었다. 반양성자 반중성자 그래서, 모든 물질은 입자−반입자가 있음이 알려졌다(아인슈타인이 거울상 입자들을 수식에서 보았지만 간과해 버렸던). 이 입자−반입자가 서로 만나면, 그들은 서로 쌍소멸 되면서 섬광을 내는데 감마선을 생성한다. 더구나 반입자는 홀로 생성되는 것이 아니라 입자−반입자가 쌍으로 생성된다.

★반물질을 만들어 물질−반물질반응으로 엄청난 E를 얻을 수 있는 것으로 예측되나(핵융합 발전소처럼), 반물질을 만드는 꿈은 연구실에서 실험적인 경우를 제외하고는 실현되지 않고 있다.

〈4〉 쿼크이론 : 모든 물질의 기본 구조의 "Standard Model" 이 6개의 경입자와 6개의 쿼크로 되어 있다는 것이다. 1963년에 겔만과 스위스의 젊은 물리학자 조지 쯔바익은 쿼크이론을 각각 발표했다(쯔바익은 →에이스란 이름으로).

⑴ 현재 쿼크는 6개가 알려져 있다.

업 쿼크 :	+전하	스핀	바리 온수
	2/3	1/2	1/3
다운 쿼크 :	−1/3	1/2	1/3
스트레인지 쿼크	−1/3	1/2	1/3
참 쿼크	−1/3	1/2	1/3

탑 쿼크 (1994년 마지막 쿼크가 발견됨)

바텀 쿼크

(2) 쿼크 구조론

① 하드론 입자(중간자와 중입자를 통털어 말함)의 내부구조가 있다는 아이디어이다(양성자와 중성자가 쿼크로 되어 있다).

② 그 구성 성분인 쿼크들이 특이하게 분수 전하를 갖는다(양자화 되지 않은 것이 참 해괴망측 하다).

③ 3개가 한조를 이루는 3중 구조다.

④ 쿼크는 개별적으로 분리되어 입증할 수 없다. 그 이유는 가벼운 입자지만 무한대의 E장벽으로 보호되었을 것이다.

⑤ SLAC(스텐포드 대학의 입자 가속기)에서 제롬, 프리드만 그의 동료들과 보르켄에 의해 쿼크를 어느 정도 입증함(가속기에서 전자의 E를 200억 전자볼트까지 올려서 양성자와 충돌시키므로 양성자 안에 단단한 어떤 물질이(쿼크?) 들어있음을 입증).

⑥ 겔만은 쿼크는 가상적이며 수학적인 개념일 뿐이다.

이렇게 쿼크들이 분수배의 전하를 가지며 아직까지 개별적으로 발견되어 입증되지 않았다. 그 이유로는 가벼운 입자지만 무한대의 에너지 장벽으로 보호되었을 것으로 추측하고 있다.

(3) 우주를 구성하는 최소입자인 쿼크는 물질을 구성하는 최소입자로 6개의 종류가 있으며, 3개의 쿼크가 결합해 양성자가 되고 중성자가 된다. 강력은 쿼크사이에 일어나는 강한 상호작용의 힘으로 원자핵을 이루는 양성자와 중성자의 결합과 원자핵붕괴 등에 중요한 힘이다. 강력은 그 작용거리가 짧아 직접관측이 매우 어렵다. 물리학자들은 바로 이 4가지의 힘을 하나의 이론으로 설명하려는 만물의 법칙(TOE(Theory of Everything))을 만들어내는 것이 그들의 꿈이다.

① 약력과 전자기력을 통합(Electrio Weak Theory – 전약이론 : 1967년 글래쇼우 살람. 와인버그는 통합이론 제안. 두 힘들이 쿼크와 렙톤에 동등하게 작용함).

② ①＋강력장과 통합(GUTs : 대통일장 이론).

③ GUTs＋중력＝ToE(만물의 법칙).

　일단 전자기력과 약력을 하나로 통일하는 데는 성공했다. 각입자들은(소립자) 전하, 질량, 각운동량, 스핀, 양자수로 표현되는 특별한 성질을 갖고 있다. 상대론적 효과(①시간지연 ②길이의 축소 ③질량의 증가)와 양자론적인 기묘한 현상을 한데 묶어 입자들의 상태를 정확히 예측할 수 있는 방법은 아직 개발되지 못했다. ①확률로만 표시되고 ②입자의 상태가 중첩되며 ③입자의 위치와 운동량을 동시에 정확히 알 수 없다. 양자역학의 범주에 머물러 있다.

　＊1957년 노벨물리학상 수상자로 중국의 리정다오(이정도)와 양전닝(양진영)이 수상했는데 소립자에 기여한 공로였다.

　＊파인만의 다이어그램(Sum Over Histories ; 다중경로합, 역사총합) : 한 소립자가 A에서 B로 이동할 때 모든 가능한 길을 검토하는 방법.

　＊소립자들의 확인 방법(검출방법) :
　입자가속기에서 – ①안개상자(Streaming Chamber 또는 거품상자(Bubble Chamber)에서 입자의 궤적을 추적하여 ②자연의 가속기로부터 방출된 우주선을 관찰하여.

　＊힉스입자(만물의 입자) 신의 입자 : 아직 발견되지 않았으나 곧 발견되리라고 예상함(CERN의 입자가속기에서).

8. 우주 물리(천체 물리 : 우주론)

　천체물리는 우주의 천체와 우주의 E를 다루는 물리학의 한 분야다. 최근에 우주는 75%~90%가 눈에 보이지 않고 그들의 중력효과를 통해서만 짐작 되어지는 암흑물질로 되어 있다고 한다. 그래서 그 암흑물질에 해당되는 것이 무엇인가에 대해서 질량이 거의 없지만, 우주에 가득한 중성미자가 아닐까? 블랙홀이라고 주장하는 과학자도 있다. 반물질이 아닐까? 우리가 이 우주에 대해서 알기는 먼저, 우주로의 통로인 하늘의 천체에 대해서 얘기하면서 시작되었다.

B.C 3000년경에 바빌로니아, 중국, 이집트 등에서 천문도가 그려졌다고 한다. 결국 우주를 보고 인류가 할 수 있었던 것은 육안으로 보이는 하늘의 별자리에 이름을 붙이는 정도였으며 지구둘레가 4만km이니 이 범위에서 올려다 본 하늘의 별자리는 대체로 비슷했을 것이다.

그러나 칼 세이건의 코스모스에서 진술한 것처럼 북두칠성을 놓고 각 지역과 민족에 따라 국자 같다느니, 수레 같다느니, 쟁기 같다느니, 양반의 행차 같다느니 했다. 또한 북두칠성을 컴퓨터 그래픽으로 50만 년 전을 그려보니 형태가 매우 우습게 변해 버렸다. 7개의 별은 옆에 있는 각각의 별인 것이다. 밤하늘에 육안으로 셀 수 있는 별이 5천 개 정도 된다니, 그 중에 몇 백 개의 별자리나 별이름을 안다는 것도 의미가 정말 있는걸까?

그런데 희뿌연 안개나 구름이나 은하 같은 은하수를 망원경으로 관측하고 그것들이 "별들의 집단"이라는 것을 처음 발견한 갈릴레오(17C초)는 모든 학자들의 수수께끼를 다 알게 되었다고 했으나 다 알기는 커녕 은하수가 별들의 집단이라면, 도대체 우주에는 몇 개의 별들이 있는 거야? 더 혼돈과 미궁 속으로 빠져 들어간다…. 현재 우주에는 1,050억 개의 은하가 있고, 각 은하당 1,000억 개의 별을 거느리고 있다고 한다.

최근 호주의 천문학자들에 의해 우주에 700해 개의 별들이 있다고 발표되었다. 이렇게 많은 별들이 있는 우주를 하늘을 통해 본 별자리로 이야기해오던 인류는 케플러, 갈릴레오, 뉴턴을 통해서 지구에 적용되는 수학과 기하학이 우주에서도 적용되는 것을 보고 그들은 상기되고, 흥분도 했었으리라! 행성들의 공전주기 그들의 공전궤도를 예견하면서 우주를 톱니바퀴 기계처럼 정확히 예견할 수 있다고 생각해 왔다.

그러나 우주에 대해 인류는 결국 별 볼일 없는 수준 정도였다. 그러나

1916년의 아인슈타인의 일반상대성이론 발표 후, 이 이론에서 유추된 1917년의 우주방정식에 따라 우주는 시작과 끝이 있으며, 팽창하고 수축할 수 있는 물리학적인 변화를 겪는 존재로 판명되었으며, 우주팽창의 증거로 우주배경 복사가 예견·발견되었다. "COBE" 위성에 의해 1992년에 우주배경 복사가 측정되어 입증되고, 우주가 바쁘게 돌아가는 현대천문학을 낳았다. 그래서 아인슈타인은 "우주물리학의 아버지"라는 칭호를 받았다.

우주생성 기원의 표준모델로 빅뱅이론이 나오고, 우주의 끝에는 대격돌이 있다. 이제 입자물리학이 발전하여 쿼크와 반쿼크, 경입자와 반경입자, 광자가 어울어진 불안정한 상태의 우주상이며, 먼 별에서 온 빛을 통해 초기 우주상태를 유추하게 되었다.

소립자를 알면 우주를 설명할 수 있다는 대전제하에 초끈이론, 막이론, 평형우주, 다중우주, 5차원, 11차원, 23차원, 달과 화성에서 물과 얼음발견 되었으나 생명체는 아직 묘연하다. 우주로 띄운 보이저 I, II 호, 외계인 미확인 CERN의 7TeV의 거대강입자 가속기의 시험가동(2008. 9. 10) 등… 수수께끼의 우주이다.

※초끈이론 : 최초의 입자가 끈처럼 생긴 입자에서 출발했다는 이론.

제2장
빛(Light)

"이세상에서 가장 빠른 속도를 가진 것은 빛이다" 그 빛을 통해 우주의 팽창을 알았고, 원자의 구조가 밝혀졌다. 그리고 DNA의 이중나선구조도 알게 되었다. 빛은 자연과학의 중심(中心)이다.

"나 여호와는 해를 낮의 빛으로 주었고 달과 별들을 밤의 빛으로 규정하였고 바다를 격동시켜 그 파도로 소리치게 하나니 내 이름은 만군의 여호와니라 내가 말하노라"

－구약성서, 예레미야 31:35－

"별빛, 달빛, 일출시의 태양빛, 석양의 노을빛…, 빛만큼 어린시절부터, 우리의 마음속에 신비함 그 자체로 자리를 잡고 있는 것도 드물 것이다"

"그러므로 우리가 여호와를 알자 힘써 여호와를 알자 그의 나오심은 새벽빛 같이 일정하니…"

－구약성서 호세아 6:3－

"우리가 저에게서 듣고 너희에게 전하는 소식이 이것이니 곧 하나님은 빛이시라 그에게는 어두움이 조금도 없으시니라"

－신약성서 요한일서 1:5－

빛이란 무엇일까?

우리는 그 빛을 어떻게 알아 왔으며 얼마나 알고 있는가?

빛의 속도는 왜 그렇게 빠르며 어떻게 빛의 속도를 알게 되었는가?

빛의 속도는 왜 우주의 유일한 상수이며 모든 속도의 최고 상한 값인가?

왜 빛을 전자기파(Electromagnetic Wave)라고 하는가?

별빛을 통해 우리는 무엇을 알 수 있나?

왜 빛이 자연과학과 인류 역사의 中心인가?

눈에 보이는 빛(가시광선)과 눈에 보이지 않은 빛(불가시광선)이란?

광속도가 불변이라면 시간과 길이(공간), 질량은 어떻게 되는가?

※ 잠시 눈을 감고 위의 질문을 자신에게 묻고 대답을 한 번 생각해 보자!

우리는 어린 시절 황홀한 석양의 노을빛이나 이글거리며 떠오르는 찬란한 일출의 태양빛 그리고 쏟아질 듯이 빽빽한 여름밤의 신비한 별빛을 바라보며 얼마나 가슴 저미도록 황홀함과 신비스러움에 흠뻑 빠져 들었었던가! 이렇듯 빛은 우리 어린 시절의 꿈이며 동경이며 신비함이며 황홀함 그 자체였다. 바로 그 빛은 자연과학의 중심이며 인류의 문명사는 바로 그 빛을 알아오는 과정일 뿐이다.

빛에 대한 개념을 세울 때 우리는 자연과학의 지식을 절반 이상을 섭렵한 셈이다. 인류는 빛을 알아왔고 그 빛을 통해서 만물의 구조를 알게 되었다(원자의 구조와 생물세포內의 DNA 구조를 알게 되었다). 그리고 우주 팽창도 알게 되었다.

빛은 파동(Wave)이며 입자(Particle)로 광파라고도 하고 광선이라고도 한다. "빛의 파동성은 간섭현상(Interference Phenomena), 회절현상(Diffraction Phenomena), 편광현상(Polarized Phenomena), 반사(Reflection), 굴절(Refraction)의 작용 등으로 나타나고 빛의 입자성은 광전효과나 콤프턴의 X−선 산란실험에서 나타난다."

빛은 전기장 자기장으로 된 전자기파(Electromagnetic Wave)로 눈에 보이는 광선(가시광선)과 적외선 자외선처럼 눈에 보이지 않은 광선(불가시광선)도 있다. 가시광선은 400~700㎚의 파장을 가진 빛으로 파랑색의 파장은 400㎚쪽이고 700㎚쪽의 파장은 붉은색이다.

전자기파의 스펙트럼은 왼쪽에서부터 우주선(1/100조m), r−선(1/1조m), X−선(1/100억m), 자외선(1/10억m), 파란색 가시광선, 붉은색, 적외선, 마이크로파(수cm), 단파(TV. FM라디오:10~100m), 중파(1km), 장파(10km 이상)순이다.

일반광(백색광, 혼합광, 햇빛)을 프리즘에 통과시키면 7가지색(빨, 주, 노, 초, 파, 남, 보)의 무지개색이 나온다. 물체의 색깔은 그 물체에서 나온 그 빛의 파장이 결정하며 파장은 그 원소의 원자 type이 결정한다. 즉 양자화된 그 원자의 전자궤도의 Energy 준위가 파장을 결정한다. 물체의 불꽃 스펙트럼은 그 물질의 원소를 알게 해 주는 지문역할을 한다. 별빛의 스펙트럼을 보고 그 별의 물질 성분을 알게 된다.

레이저 光은 특수한 빛으로 간섭성(Coherent)이 있어서 파장이 동일한 빛으로 위상이 중첩된다. 파장이 같은 것은 동일한 에너지 준위(Energy Level)에서 나온 빛이기 때문이다. 레이저 光은 "준안정상태"(Metastable State)를 갖는 물질에서만 방출될 수 있다.

맥스웰은 전자기파가 공간을 전파해 나가는 속도를 계산해 본 결과 항상 빛의 속도와 동일하였다. 그래서 맥스웰은 빛도 일종의 전자기파라고 밝혔다. 빛의 속도는 약 30만km/s로 유한하며 우주의 최고 한계 속도로 빛보다 빠를 수 없으며 진공에서는 속도가 일정하다(光속도불변의 원칙).

빛은 매질에 따라서(물, 구리, 유리) 그 속도가 약간 느려진다. 최근에는 루비듐 기체 안에서 빛이 멎었다. 빛은 다른 매질을 만나면, 반사, 굴절, 통과, 산란, 흡수가 일어나는데 흡수될 때에만 자신의 본래의 Energy를 전달한다. 물질(원자, 분자)에서 빛의 발생은 주로 전자궤도의 전자들이 기저상태로의 이동에 따른 결과이다.

광속불변의 결과로 특수상대성이론이 정립되었는데, 시간의 지연, 길이(공간)의 수축, 질량의 증가 등이 초래된다. 빛은 전반사를 통해 광섬유관(Optic Fiber)에서 전달 될 수 있다. 빛의 속도가 빠른 것은 공기를 매체로 해서 전파되는 소리와 다르게 진공에서 전자기파의 Energy로 진행하므로… 빛 Energy의 최소 단위를 양자(Quantum), 광양자, 光子(Photon)라 한다.

빛은 여러 파장을 가진 광양자들의 꾸러미(집합, Package of Light)이다. 빛은 만물을 알게 해주었는데, 은하단의 별빛을 분석하여 우주팽창을 알았고(수소스펙트럼의 적색편이를 통해) 물질의 최소 단위인 원자의 구조를 알게 했으며, 생물의 최소 단위인 세포의 핵의 DNA의 이중나선 구조

(X-선 회절사진 분석)를 알게 해 주었다.

아리스토텔레스의 파동설 추측, 호이겐스와 훅의 파동설 주장, 데카르트, 뉴턴의 입자설 주장, 토마스 영의 파동설 입증, 맥스웰의 전자기파, 아인슈타인의 입자설 입증으로 빛의 이중성 확립, 아만드피죠의 빛의 속도 측정, 마이컬슨-몰리의 실험으로 광속도 불변의 법칙 확립, 아인슈타인의 특수상대성이론 정립과 유도방출이론…. 이것이 대충 빛이 걸어온 길이다.

2-1 빛의 총론

빛. 빛…빛…. 우리가 어렸을 때 보았던 여름밤의 별빛보다 더 신비하고 황홀한 장면으로 우리 뇌리에 뿌리박힌 장면이 있을까? 빛에 대한 총론을 쓰려고 하니 만상과 만감이 밀려와 심장이 터져 버릴 것 같다. 나는 "빛"을 쓰기 위하여 이 책을 썼다.

좀 더 쉽게 빛을 알기 위해 빛의 역사를 먼저 썼던 것인데 매우 장황스럽다. 학문의 길이 이렇듯 긴 시간을 요하나 보다. 먼저 빛은 이 세상(우주, 지구, 인류, 그리고 그 외의 만물을 포함)의 시작과 끝의 中心에 서 있다.

자연과학이 말하는 빅뱅과 빅크런치에서 그렇고, 성서가 말하는 천지창조와 마지막 불심판과 새 예루살렘성에서 그 분만이 빛으로 비춰신다는 말씀에서 그렇다. 그 빛은 우주에서 유일한 상수이며(중력가속도 $9.8^{m}\!/\!s^2$은 지구에 국한된 상수이다) 우주의 잣대로서 비록 최근에 루비듐 기체 속에서 빛을 붙잡아 두었지만 여전히 우주에서 가장 빠른 속도를 가지며 光속도는 불변이다.

그 빛은 과학과 예술의 중심에서 주인공으로 맹활약 하고 있다. 물질의 최소 단위인 원자의 구조와 고체결정구조(X-선 회절을 통하여)를 닐스보어나, 라우에와 브래그 父子가 빛 Energy의 양자화를 이해하고, X-선 회절을 이용해 완성하고 결정하였던 것이다. 그리고 생물의 최소단위인 세포, 그 中 세포핵의 염색체, 본체인 유전자 즉 DNA의 "이중나선구조"를 마지막에 DNA의 X-선 회절 사진을 판독함으로써 해결되었던 것이다.

그러므로 만물의 구조를 밝힌 것은 다름 아닌 빛이다. 자연과학의 역사는 빛에 대해 인류가 알아온 과정이며 노벨물리학상(1901~2008년, 대략 170여명)의 업적은 대부분 빛과 관련된 것이다.

인류는 예술에 있어서도 빛과 어둠을 그림으로 그렸으며(렘브란트, 베르메르, 다빈치, 모네 등) 여러 악기의 하모니로 소리를 통해 표현한다(베토벤의 운명 교향곡, 모차르트의 진혼곡).

여름밤에 쏟아질듯한 밤하늘의 별빛, 밤하늘의 야광 탄의 현란한 불빛, 휘황찬란한 레이저 光 쇼 등의 예술에서 빛은 그렇게 주인공으로 활약한다. 인류 최대의 과학자라 불리우는 아인슈타인과 뉴턴은 바로 빛 박사들로서 우리에게 빛에 대해 깊은 과학지식을 남기고간 "빛의 전도사"들이었다.

아직도 진행형인 그 빛에 대한 과학지식을 자세히 수록하려면 몇 백 권의 책으로도 부족할 것이다. 그러나 요약한다면 몇 쪽의 책으로도 함축될 수 있을 정도로 아직도 우리는 그 빛에 대해서 많이 알고 있지 못한다.

〈1〉 빛은 파동이며, 입자이고, 입자이며, 파동이다.

빛은 어떻게 보면 파동성이 보이고, 또 어떻게 보면 입자성이 보인다. 이 빛의 파동성과 입자성을 빛의 이중성(Duality)이라 하며, 서로 상반되는 특이한 성질이다(파동은 공기나 파도의 진동상태이며, 입자는 당구공처럼 덩어리이다).

파동성은 소리의 파동을 매개하는 공기나, 파도의 파동을 매개하는 물처럼 매개체 없이도 우주의 진공을 진행하며 굴절현상, 반사현상, 회절현상, 편광현상, 간섭현상 등을 통해 입증되었다. 토마스 영의 두 틈새 빛 비춤 실험으로 파장이 서로 겹칠 때는 밝은 무늬를 이루고(보강간섭으로), 파장이 서로 상반 되는 경우는 어두운 무늬(소실간섭으로)를 정해 간섭무늬를 나타냄으로 이 간섭현상(Interference Phenomena, Coherent)으로 역사적으로 파동성이 입증되었다(그 파장을 구하는 공식도 제시함).

입자성은 에너지의 관점에서 볼 때 탄성 충돌하는 당구공처럼 빛의 최소 덩어리인 입자 즉 광양자(광자, 양자)가 물질에 작용 시 입자처럼 작용하여 물질에서 다른 입자를 튀어나오게 함으로써 입증되었는데 이것이 바로 아인슈타인이 "광전효과"를 그렇게 설명하여 성공함으로써 이루어진 1905년의 "광양자가설"이다. 아인슈타인이 비로소 빛의 이중성을 확립했고 아더

콤프턴이 입증했다.

파동설을 주장한 아리스토텔레스(B.C 300년)에서 1905년까지 인류는 빛의 이중성을 알아내는데 2천 2백여 년이 걸린 셈이다. 빛의 파동설을 주장한 사람들로는 아리스토텔레스, 레오나르도 다빈치, 호이겐스, 로버트 훅, 토마스 영, 진 프레넬, 말리, 맥스웰, 헤르츠 등이고 빛의 입자설을 주장한 사람들로는 데카르트, 뉴턴, 라플라스, 아인슈타인, 콤프턴 등이 이에 속한다(빛의 직진을 말한 Euclid 나 광학 7권을 쓴 이슬람의 알하젠도 입자설 쪽이다). 빛의 파동성이 현저하면 입자성은 불확실해지고 빛의 입자성이 확실해지면 빛의 파동성은 없는 듯이 보인다.

빛이 파동이고 입자이므로 우리는 의료용 레이저 기계 앞에 서면 이 레이저의 파장은 얼마이고 파워(Power)는 얼마입니까? 라고 질문 할 수 있으며 이 Nd-YAG 레이저는 파장이 1064nm이고 최고 파워는 200w입니다라는 대답을 들을 수 있다.

〈2〉 빛의 속도는 불변하며 우주 속도의 최고 상한 값으로 모든 물질의 속도는 빛 속도 이하로 제한된다.

밤의 야경이나 별빛이 혼란스럽지 않고 신비하고 아름답게 보이는 것은 그 빛들이 일정한 속도로 우리 눈에 들어오기 때문이다. 빨리 들어오고 늦게 들어오는 빛이 있다면 우리는 얼마나 혼란스러울까? 광속도가 매우 빨라 4만km의 둘레를 가진 지구를 1초에 일곱 바퀴 반을 돌 수 있다고 한다. 그 속도는 30만km/sec 이다.

원자폭탄이나 원자로에서 핵분열이 "연쇄반응"을 일으키는 이유나 레이저에서 레이징(Lasing)이 일어나 빛이 증폭되어 레이저 光이 방출되는 이유도 빛의 속도가 빨라 거의 동시에 모든 것이 일어나 Energy가 합산되기 때문일 것이다. 태양의 빛이 지구에 도착되는 데는 8분이 걸리고(1억 6천만 km, 8광분) 달까지의 왕복(38만km×2=76만km)에는 2.5초 정도 걸린다. 태양의 핵연료(주로 수소)가 다 바닥나 태양의 불이 꺼지더라도 8분정도는 지구에 햇빛이 비춰질 것이다.

　광속도가 우주의 상한 값이며, 광속도불변이 1887년 마이컬슨－몰리의 실험에서 확정되자, 아인슈타인은 光속도가 불변이라면 뉴턴이 말 한대로 절대시간, 절대공간, 절대 질량은 상대적으로 바뀌져 시간의 흐름은 지연되고 길이(공간)는 줄어들고 질량은 증가된다는 특수상대성이론과 $E=mc^2$이라는 시대를 바꾼 공식을 세상에 내놓게 되었다. 고전역학의 속도합산법칙이(A+B) 맥스웰의 전자기 역학에 와서는 성립되지 않고, 전자기파의 속도는 항상 빛의 속도로 일정하였던 것이다. 이 두 학문의 엇박자는 아인슈타인이 특수이론으로 개탕을 쳐준 것이며, 웬만한 거시세계에서는 속도의 합산법칙이 올바르지만 빛과 같이 빠른 속도를 내는 소립자(원자)의 세계에서는 A+B 합산법칙이

　그의 속도의 합성공식 $V = \dfrac{A+B}{1+\dfrac{A B}{C^2}}$ 으로 수정되었다.

　속도=거리(공간) / 시간이기 때문에 항상 속도가 일정하다면, 거리와 시간이 달라져야 한다. 시간이 달라져야 한다면 그것은 시간의 흐름인 것이다. 빛의 속도가 무한대라고 생각한데서부터 유한한 30만km/see가 되기까지 이에 관여한 사람들은 갈릴레오가 첫 주자요, 올레 뤼머, 푸코, 피죠(가장 처음 거의. 정확한 빛의 속도를 구함), 마이컬슨 등이다.

※ (1) 소리의 속도 ⇒ 340㎧(1마하라 한다)

　(2) 지구의 자전속도⇒ 500 ㎧

　(3) 지구의 공전속도 ⇒ 30k㎧

　(4) 태양 이동속도 ⇒ 20k㎧(직녀성별을 향해 움직인다.)

　(5) 우주로켓 15k㎧, 지구궤도를 도는 속도 8k㎧

　(6) 지구 대기권 이탈속도 11.2k㎧

<3> 빛은 색띠(Spectrum)를 가지고 있다.

혼합광인 햇빛이 수증기에 굴절되어 나타나는 무지개는 빨, 주, 노, 초, 파, 남, 보의 7가지 색띠로서 파장이 짧을수록 굴절정도가 크고, 파장이 길수록 굴절 정도가 적어, 빨강색이 가장 밖에 나타난다.

인류가 수천 년을 그들의 생애 가운데 보았던 것이지만 이것을 처음 본 사람은 1666년경의 뉴턴이었다. 햇빛을 프리즘에 통과시키자 황홀한 7가지의 색띠가 나타난다. 각각의 색을 프리즘에 통과시키면, 단색의 그 빛깔만 나타났고, 역으로 7가지 색띠를 이중프리즘 실험으로, 다시 백색광인 햇빛이 되는 것을 관찰했다. 그는 프리즘의 문제가 아니라 햇빛은 백색광(자연광, 혼합광)으로 여러 가지 파장을 가진 빛들의 혼합 광이었던 것이다. 그는 라틴어의 "현상"이란 단어에서 이 색띠를 스펙트럼(Spectrum)으로 명명했다. 그리고 그는 1704년에 「광학」이란 책을 출간하게 된다.

이 7가지의 빛의 색띠를 가시광선이라 하며 400nm~700nm의 파장의 범주에 속한다(n=nano는 10^{-9}를 일컫는 단어이며 400/10억m~700/10억m의 파장을 의미한다. 700nm쪽이 적색이고 400nm쪽이 보라색이다).

그래서 700nm이상의 눈에 보이지 않는 빛을 적외선이라 하고(적색 밖의 광선), 400nm이하의 눈에 보이지 않는 빛을 자외선(자색<보라색>밖의 광선)이라 한다. 빛의 세기는 진동수에 비례하므로 적색은 파장이 길어 진동수가 적으므로 약한 빛이며 보라색이나 파랑은 파장이 짧고 진동수는 많아 Energy가 큰 빛이다.

1750년 스코틀랜드의 토마스멜 빌은 물체가 탈 때 불꽃으로부터 나오는 스펙트럼(빛띠)을 연구하여, 불빛의 색깔 분포가 물질에 따라 달라지는 것을 알았다. 구리-초록색 불꽃, 칼륨-보라색 불꽃, 소금-노란색 불꽃이다. 서로 다른 종류의 원소는 서로 다른 스펙트럼을 띠게 되며, 이 불빛의 스펙트럼은 그 물질의 원소를 알 수 있게 해주는 지문 역할을 할 수 있게 된다. 스펙트럼의 차이는 파장의 차이인데, 이렇게 물질마다 파장이 다른 것은 원자의 type이 파장을 결정하고 더 깊게 얘기 해 보면 양자화된 그 원자의 전자궤도의 에너지 준위가 파장(빛띠)을 결정하는 것이다.

별빛은 분광기(Spectroscopy)가 달린 망원경으로 그 별빛의 스펙트럼을 보고 그 별의 물질 성분을 알 수 있게 되고, 먼 우주의 은하단에서 오는 수소의 스펙트럼선이(별빛의) 먼 은하를 거쳐 오는 동안, 흡수되어 에너지 감소로 적색 쪽의 파장만을 띠울 때 이것을 적색편이(Red Shift)라고 하며 별빛이 멀어지고 있음을 나타내주고 수소의 스펙트럼선이 청색 쪽으로 기울면 이것을 Blue Shift(청색편이)라 하고, 빛의 세기가 센 쪽이므로 은하단의 별빛이 가까이 다가옴을 의미한다.

이렇게 하여 우주 팽창을 허블이 발견한 것이다. 망원경으로 천체를 관측하여 멀어지는 것을 본 것이 아니라 은하단에서 오는 별빛의 스펙트럼을 분석하여 알게 된 것이다.

〈4〉 빛은 파장이 비교적 미세한 일종의 전자기파(Electromagnetic Wave)다.

빛은 파장이 미세한(가시광선 파장의 2만 배 정도가 1cm이다. 세포는 500개가 1cm, 원자는 1억 개가 1cm이다) 전기장 Energy와, 자기장 Energy로 된 파동이다. 1864년 스코틀랜드의 물리학자이며 영국 캐번디시의 초대 소장이었던 맥스웰은 전자기 역학을 4개의 방정식으로 정립했다.

그는 "에너지 보존의 법칙"의 선두 주자이며 전기를 만들어내는 발전기의 원리를 우리 인류에게 깨우쳐 지구에 전기를 공급한 페러데이와의 학문적인 교류를 통해서 전기장 Energy가 자기장 Energy가 되고 자기장 Energy가 전기장 Energy가 되는 것을 보고 서로를 만들어내는 전기장과 자기장은 서로 뗄 수 없는 관계라는 것을 인식했다. 전기장이 자기장을 자기장이 전기장을 이렇게 서로를 껴안고(Mutual Embrace) 달리며 만들어내는 눈에 보이지 않는 전자기파(전파)의 존재를 예측했다.

맥스웰은 전자기파가 진공을 전파해 나가는 속도를 계산하여 전자기파의 속도를 얻게 되었는데, 그 속도가 항상 빛의 속도와 일치했다. (30만k㎧) 그래서 그는 빛도 일종의 전자기파라는 결론에 도달하였던 것이다. 특별한 이유가 있어서가 아니라, 속도가 항상 같으므로 빛은 이제 전자기파라는 과학적 이름을 갖게 된 것이다.

왜 빛의 속도가 그렇게 빠른가?

이 질문에 대해서 맥스웰은 이렇게 대답했다. 전자기파의 Energy를 가지고 진행하므로 빛의 속도는 빠른 것이다. 맥스웰이 예측한 눈에 안 보이는 전자기파(전파)는 결국 26년 후에 독일의 하인리히 헤르츠에 의해서 실험실에서 발생시켜 송출하고 수신하므로 이제 통신의 시대를 알렸던 것이다. 그래서 그를 기념하여 파동의 진동수의 단위를 헤르츠(Hz)라고 한다.

2-1-1 전자기파의 스펙트럼

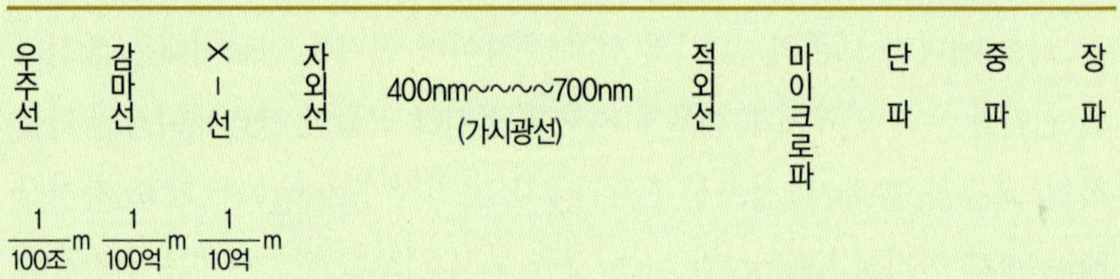

※ 가시광선 中 빨간색은 파장이 길어 빛의 세기가 낮은 빛이다(1.5 ev 정
도). 파란색은 파장이 짧아 진동수가 많으므로 센 빛이다. (3ev)X-선의
광양자(광자 100ev~5십만ev)는 파란색 광자의 1천 배 정도로 Energy가
크며 감마선 광자는 파란색 광자의 1만 배 이상의 Energy가 크다(50만
ev이상). 우주선(Cosmic Ray)은 가장 Energy가 센 빛이다. 광자와 전자
는 神이 택한 에너지를 담는 두 그릇이다.

※ r-선은 X-선이나 원자보다 작은 파장을 가진 빛이다.

세포⇒ 500개 : 1㎝ 가시광선파장의 2만 배 : 1㎝, 원자1억 개 : 1㎝,

감마선 파장의 100억 배 : 1㎝.

광자는 Energy의 보유자와 전달자로서 필수적인 역할을 할 뿐 아니라
가장 흔하게 우주에 존재하는 소립자다(10^{90}개). 광자는 힉스 입자를 먹어서
W입자가 될 수 있다(약한 핵력에서 작용하는 교환입자가 W입자이며, W입
자는 질량을 가진 입자다).

⟨5⟩ 빛은 여러 파장을 가진 광양자(광자)들의 꾸러미(집합 Package of
Light)이다.

만물은 정수배로 늘어난다(분수배가 아닌). 사과는 1개, 2개, 3개이지 2.5
개는 없다. 아파트의 층수도 1층, 2층, 3층이지 2.5층은 없다. 정수 배로 커
지는 것을 양자화되어 있다라고 말한다. 전하나, Energy나, 광자도 양자화
되어 있다. 1900년에 막스 플랑크는 흑체복사의 연구에서 진동자의 E는
E= h.f, 2 h.f, 3 h.f, 4 h f로, h f의 단차로 양자화 됨을 발견했다(h는 플랑
크 상수, f는 진동수).

1905년에 아인슈타인은 막스플랑크의 이론에서 힌트를 얻어 빛은 여러
파장을 가진 광양자(광자)들의 꾸러미(집합체)들로 빛 Energy도 2h.f,
3h.f, 4h.f로 양자화되어 있다고 선언했다. 1913년에 닐스-보어는 아인슈
타인의 선언 이후 8년 만에 흑체 안의 진동자의 Energy나, 빛 입자인 광자

의 Energy가 양자화되어 "양자(Quantum)라는 충격적인 형태로 물질을 들랑(흡수) 달랑(방출)할 때(양자 도약적으로) 연속적이 아니라, 불연속적으로 흐를 수밖에 없는 이유를 원자 內의 전자궤도의 Energy가 안정된 상태로 양자화되어 있기 때문에, 그렇게 흡수되고 그렇게 방출되는 것이 아닌가 하고 추론하여 수소의 스펙트럼을 수학적으로 입증하여(발머공식에서 힌트를 얻어) "원자모델"을 완성하였다.

빛을 통해 물질의 최소 단위인 원자의 구조가 밝혀진 것이다. 1J(줄)은 100g 물체를 1m 올리는데 필요한 Energy이다. 모기 한 마리가 천천히 초속 30cm로 날아다닐 때의 운동 Energy는 대략 10^{-8}J이다. 가시광선은 E=h.f로 3×10^{-19}J이다.

모기의 운동 Energy의 1/1000억 정도의 Energy가 가시광선의 1광양자 Energy이다. 즉 일상생활에서 완전히 무시할 수 있는 0에 가까운 Energy다. 그러니까 빛 Energy가 불연속적으로 변한다 해도 그 불연속적인 단차가10^{-19}J (이것의 2배, 3배, 4배…로 커진다)이라는 엄청나게 작은 양이기 때문에 막스 플랑크 이전까지는, 그 어떤 과학자라도 미쳐 그 단차를 알아차릴 수 없었다. 그래서 누구나 빛 Energy가 연속적으로 흐른다고 믿었던 것이다.

그러나 원자의 미시세계에서는 이 단차(10^{-19}J)의 계단차 수준의 불연속성을 간과할 수 없는 큰 계단차로서 명확히 영향을 미칠 것이 예상된다. 그 결과 종래의 물리학에서는 상상조차 할 수 없던 커다란 변화가 미시세계에서 일어나게 될지도 모른다. 이 세계를 다루는 물리학의 분야가 양자 역학이다.

※ 김정흠 교수의 특별기고문 참조「양자론과 상대성이론」

〈6〉 빛은 진행시 매질을 만나면 (1)통과(Transmission) (2)반사(Reflection) (3)굴절(Refraction) (3)산란(Scattering) (4)흡수(Absorption)의 4가지로 반응하며 빛은 물질에서 흡수될 때에만 자신의 고유한 Energy를 전

달한다.

레이저 의학에서 우리 몸에 있는 특정한 파장의 레이저 빛을 흡수하는 광학적으로 활성적인 물질을 크로모포어(Chromophore : 흡광체)라고 하는데, 지금까지 알려진 것으로는 피부의 물(H_2O), 멜라닌(Melanin), 산화헤모글로빈(Oxy-Hb), 그 외 세포 內의 단백질이 알려졌다. 피부에 문신이나 색소 병변증(혈관종, 오타스모반 등)이 있을 때 그 색깔에 잘 흡수되는 파장의 레이저를 사용하여 치료목적을 달성한다.

예를 들어 노란 풍선 속에 빨간 풍선을 넣고 밖에서 색소레이저(585㎚, 녹색 光)를 쏘면 밖의 노란 풍선은 터지지 않는데 안의 빨간색 풍선은 터진다. 녹색광인 색소 레이저의 빛은 노란색은 통과했고 빨간색에 대해서는 흡수되어 고유 Energy를 전달하므로 터졌던 것이다.

이렇듯 빛은 물질에 흡수될 때에만 그 자신의 Energy를 전달한다. 인류가 빛의 4가지 반응 중 반사를 제일 처음 알게 되었고 유클리드(Euclid)나 아르키메데즈(Archimedes), 프틀레마이오스(톨레미)는 물에 잠긴 막대가 휘어져 보이는 것은 빛의 굴절 때문이라고 간파했다. 석양에 해가 진 이후에도 노을이 붉게 보이는 것도 케플러는 빛의 굴절로 설명했다.

하늘이 파랗게 보이는 것은 우주광선이 대기층의 원자, 분자들과 충돌하여 다른 색깔의 빛은 흡수되는데, 파란색만이 산란되어 우리 눈에 들어오므로 하늘이 파랗게 보인다.

〈7〉 빛의 발생 원리에 대하여

빛의 발생을 처음 본 사람은 1879년의 영국의 화학자이며 물리학자인 윌리엄 크룩스였다(William Crookes 1832~1919).

그는 전기방전 실험을 위해 고진공관(크룩스관)을 만들고 음극과 양극을 만들어 이관에 전류를 통해서 전자가 음극에서 양극으로 흐르면서, 양극과 충돌하여, 스파이킹(Spiking) 발광인 초록색 발광을 관찰했다. 이 진공관

내부에, 형광물질을 발라두고 기체를 채우면(헬륨, 네온 등) 전류를 통할 때마다 기체가 흥분하여 자외선을 방출하면, 형광물질은 들뜬 상태로 갔다가 기저상태로 돌아오면서 가시광선의 빛을 낸다. 어떻든 물질의 원자나 분자에서 빛을 낸다는 사실은 인류가 앞으로 빛을 만들어 낼 수 있음을 예견한 일이었다.

※ 빛이 발생되는 4가지 경우

(1) 열이나 불에서 빛이 나온다. 이것을 열복사(온도복사)라고 한다. 연소는 (Combustion) 분자들의 공유결합이 깨지면서 화학결합 Energy가 튀어 나온 것이다. 열복사에 의해 적외선이 불빛으로 방출된다.

(2) 원자나 분자에 저장된 Energy를 빛으로 끄집어낸다. 물체의 원자나 분자는 열역학적인 에너지 상태의 변화에 따라 빛을 내게 되는데, 빛의 발생은, 어떤 외부의 자극(Energy가 가해짐)으로 원자나 분자가 기저상태 (Ground State)에서, 들뜬상태(흥분상태, 여기상태, Exciting State)로 올라가게 되면, 이것은 열역학적으로 불안정한 상태다. 그래서 곧 다시 기저상태로 돌아오는데 이때 그 에너지 준위의 차이만큼 Energy가 빛으로 발생된다.

여기서 올라갔다 떨어지는 것은 전자궤도를 돌고 있는 전자인 것이다. 안정된 전자궤도(허용된 궤도)를 돌고 있는 전자에 Energy를 가하면 전자가 Energy가 높은 궤도로 이동한다(이것을 닐스-보어는 양자도약이라 했다.(Quantum Leap) : 원자〈실은 전자〉는 빛 방출(복사)이나 흡수는 계속적으로 일어나지 않고 도약적으로 일어남). 그리고 다시 원래 궤도로 돌아오는데 이때 Energy준위의 차이만큼 Energy가 빛으로 방출되는 것이다. 원자핵으로부터 가까운 전자궤도는 Energy준위가 낮은 상태이고 핵으로부터, 먼 전자궤도는 Energy준위가 높은 궤도이다.

(3) 원자나 분자가 들뜬상태에서 바로 기저상태로 돌아오는 경우는 일반적인 빛을 내는 경우이고 레이저 光은 들뜬상태와 기저상태 사이에 여러

단계의 에너지 준위 단계(Intermediate Energy Level＝Metastable State 준안정상태)를 갖는 물질만이 레이저 光을 낸다. 즉 Metastable State (준안정상태)를 갖는 물질만이 레이저 光을 발진시킬 수 있다고 알려져 있다.

(4) 자유전자가 등가속 진자운동을 할 때 빛을 낸다.:자유전자레이저(Free Electron Laser).

※ 특수한 경우의 빛 발생 원리

(1) 백열등⇒필라멘트에 전류(전자의 흐름)가 흘러, 뜨거워지면서, 내는 복사열(자유전자가 고온에서 빛을 내는 방전현상).

(2) 형광등⇒필라멘트에서 고온으로 방출된 전자가 유리관 內의 수은기체에 충돌하여, 자외선을 방출하는데, 이 자외선이 형광물질을 들뜬상태 → 기저상태로 돌아오게 하면서 가시광선을 방출한다.

(3) X-선의 2종류 1) Breakig radiation X-ray

$\qquad\qquad$ 2) K-Characteristic X-ray Fluorescence

1) X-선관에 고출력의 전류(6만~10만volt)를 가하면 음극에서 양극으로 전자가 흐르면서 가속된 전자가 양극의 타깃에 충돌하면서, 전자의 속도가 갑자기 감속하면서, 발생되는 X-선이다.

2) 그 물체의 원자 Type에 따라, X-선의 파장이 결정되어 나오는 X-선으로 핵에 가까이 있는 K-shell(k각의 전자 궤도)에 있는 전자의 경우는, Energy 차이가 아주 커서, 가속하는 전자가 타깃의 텅스텐이나, 구리, 몰리브덴의 K-shell에 있는 전자와 충돌하면, 높은 E준위 때문에 X-선이 방출된다. 1), 2)는 들뜬상태의 전자가 감쇠(Decay)하면서 나오는 전자기파(빛)이다.

(4) 감마선(r-ray)⇒α나 β붕괴에 의해 생긴 딸핵은 종종 들뜬상태로 남아서, 기저상태로 가면서 내놓는 광자가 r-선이다. X-선과(전자의 이동으로 발생되는 빛), 다르게 원자핵에서 나오는 광자이고 우리 몸에 해롭고

Energy가 X-선보다 높다.

(5) 레이저 光 ⇒ 준안정상태(Metastable State)를 갖는 물질에서만, 레이징(Lasing)이 일어나는데, 동일한 E-level에서 나온 광자끼리는, 파장이 같아, 결맞음(Coherent)이 일어나서, 한 방향으로 멀리가고, Energy가 고Energy가 될 수 있고, 파장이 같으므로 단색성의 빛이 나온다. 이런 동일한 E-Level에서, 파장이 같은 빛들이 나와서, 진공기안에서 증폭되어 밖으로 나온 빛이 레이저 光이다. 그 상태에 따라 고체 L, 액체 L, 반도체 L로 분류하고, 그 활성매질(Lasing Medium)에 따라 이름을 명명한다.

(6) 물질-반물질⇒ 물질과 반물질이 충돌하면, 쌍소멸 되면서 소멸방사로서, 섬광이 나온다. 전자와 반전자가 충돌하면, 쌍소멸 되고, 광자 2개가 생성된다. 두 광자가 특수한 상황(고E 상황)에서 상호작용하면, 전자-반전자가 생성된다. 1kg의 반물질을 물질과 충돌하면 대량의 폭발이 일어 나지만 서서히 소멸방사를 일으키면, 대량의 Energy를 생산할 수도 있다. 반물질을 대량으로 얻을 수 있는 길이 아직 보이지 않는다.

※레이저핵융합발전소나 물질-반물질 소멸방사, 블랙홀의 Energy 등이 미래에 Energy를 얻는 방법으로 연구될 수 있겠다.

※ 광학의 영역에서 아인슈타인의 3가지 업적!

(1) 광양자가설(1905년) : 빛의 입자성 입증, 광전효과의 성공적 설명, 빛의 이중성확립

(2) 유도방출이론(1917년) : 레이저에 대한 이론적 근거를 제시하여 1960년에 마이만이 루비 레이저를 발명함.

(3) 특수상대성이론(1905년)에서 $E=mc^2$의 공식 완성으로 광속도가 불변이면, 光에너지와 질량이 등가이다.

2-2 빛의 역사

1. 여명기

2. 개화기

3. 성숙기

4. 황금기

「"빛은 가늘게 새어나와, 한올한올 흑암의 장막을 밝히는 여명기를 거쳐, 산허리에 살포시 얼굴의 일부를 꽃처럼 피어올라, 파란 하늘의 정점을 향해 그의 키가 한 뼘, 두 뼘 성숙해 간다. 이윽고 그 빛 아래서, 천하 만물과 오곡백화는 황금들판을 이루고, 오렌지와 능금은, 황금빛으로 물들어간다"」

2-2 빛의 역사(전자기파로서의 빛)

제1장의 빛의 역사는 상징적인 뜻이지만, 2장의 빛은, 전자기파로서의 순수한 과학적인 빛을 말한다. 역사는 여기서도 4단계로 나눴다. 여명기란, 알파벳 문자나 가, 나, 다, 라 문자를 만든 시기로 비유할 수 있으며, 그것에 관해서 한 올의 빛이 새어나온 시작점, 곧 출발점을 말하며 방향을 지시해 주는 나침반역할을 하며 인류에게는 긴 여정의 숙제를 던진시기! 그 시기가 여명기이다. 개화기는 알파벳문자로 단어를 만든 시기라고 비유할 수 있으며, 한 올의 태양빛이 하늘을 조금 빨갛게 물들이더니, 이제 그 모습을 산봉우리에 드러내는 시기로, 출발점의 내용이 나침반과 숙제로서 부각되어 쟁론화되는 단계! 그 시기가 개화기이다.

성숙기는 태양이 머리위로 떠올라 한없이 따스한 빛을 비쳐주는 문장을 만든 시기라고 비유할 수 있으며, 개화기 때부터의 논쟁과 정반합에 의해서 어떤 결론들이 도출되는 시기! 그 시기가 성숙기이다. 황금기는 그 문장을 가지고 소설도 쓰고, 시도 쓰는 완제품을 만든 시기로 비유할 수 있으며 성숙기의 도출된 결론들을 응용하므로 인류가 풍요롭게 문명의 이기를 누리는 시기, 마치 태양이 정오를 지나 들판의 오곡백화를 황금색갈로 물들이는 시기! 그 시기가 황금기이다.

빛의 여명기는 빛에 대한 과학적 지식이 문헌으로 남겨진 초기의 역사로서 고대 희랍에서 이루어졌다. 그들은 빛의 본성에 대해서 연구해보자고 숙제를 던진 셈이며, 빛은 직진하며 반사하고 굴절작용이 있고 파동할 것이라고 추측했으며 빛의 색깔을 인식하는 과정을 설명했다.

2-2-1 빛의 역사의 여명기

엠페도클레스 (Empedocles B.C 495(?)~435)

⬇ "빛의 속도는 유한할 것이다."

데모크리토스 (Democritos B.C 460)?)~370(?)

⬇ "빛이 없으면, 색깔을 볼 수 없다."

아리스토텔레스 (Aristoteles B.C 384~322)

⬇ "빛의 파동설 추측"

유클리드 (Euclid B.C 330~275)

⬇ "빛은 직진한다."

아르키메데스 (Arkimedes B.C 281~212)

⬇ "빛의 반사를 이용함."

프톨레마이오스 (Ptolemaeos A.D 100(?)~170(?))

⬇ "빛의 굴절작용 발견-

물에 잠긴 막대가 휘어져 보인다."

1) 빛의 역사의 여명기

"빛의 속도는 유한하다", "빛은 직진하며 파동한다. "빛은 반사하며 굴절한다. 의사였던 엠페도클레스는 빛은 빠르나, 유한할 것이라고 생각했다. 원자론의 원조(Leukippos와 함께)로 알려진, 데모크리토스는 빛의 원자가 물체에 부딪친 후 눈에 들어오므로 물체의 색깔을 구별한다. 빛이 없으면 색깔도 볼 수 없다고 했다.

만학의 아버지로 알려진 아리스토텔레스는 빛의 파동설을 추측했고, 눈에서 빛이 나가므로 사물을 본다. 그래서 눈을 감으면, 사물을 볼 수 없다. 인류에게 큰 숙제인 빛의 본성에 대해, 빛의 파동설을 던지므로 2천여 년간의 빛의 파동설과 빛의 입자설에 논쟁의 씨앗을 던졌다.

기하학의 아버지로 알려진 유클리드는, "빛이 직진한다"고 했으며, 빛의 반사법칙에 대해 언급했다고 알려졌다. 아르키메데스는 물의 부력을 처음 인식한 자로, 유레카(Ureka 나는 깨달았다)로 유명하며, 방패로 빛을 반사시켜 공격해온 로마의 군함을 불태웠다고 알려지고 있다. 프톨레마이오스는 A.D 2C의 고대희랍사람으로, 이집트의 알렉산드리아에서 활동한 천문학자, 지리학자로, 아리스토텔레스의 천동설을 부연해서 주장하고 천문도를 작성했다. 물에 잠긴 막대가 굽어져 보이는 것은 빛의 굴절작용이라고 옳게 설명했다.

2-2-2 빛의 역사의 개화기

	알하젠 : A.D / 천년경, 이슬람 과학자, 광학 7권 저술
파동설	레오나르도 다빈치 (Leonardo Davinci, A.D 1452~1519) 이태리 　　　　　"빛의 파동설 추측" 호이겐스 (Christian Huygens, A.D 1629~1695) "파동설 주장" 로버트 훅 (Robert Hooke, A.D 1635~1703), 영국 "파동설 주장"
입자설	데카르트 (Rene Decart, A.D 1596~1650), 프랑스 "입자설 제안" 뉴턴 (Isaac Newton, A.D 1642~1727), 영국 "입자설 주장" 라플라스 (Pierr.S.Laplas, A.D 1749~1827), 프랑스
파동설입증	그리말디 (Francesco M Grimaldi, 1616~1663 이태리 의사, 과학자) 토마스 영 (Thomas Young, A.D 1773~1829, 영국의사 과학자) 진 프레넬 (Jean Fresnel, A.D 1788~1827, 프랑스 물리학자) 말뤼 (E.L Malius, AD 1775~1812, 프랑스, 물리학자) 푸코 (장베나르레옹 푸코, A.D 1819~1868, 프랑스, 물리학자)
스펙트럼연구	토마스 멜빌 (Thomas Melville), 1750년, 불꽃색의 연구 죠셉 프라운호퍼 (Joseph Fraunhofer, 1787~1826) 　　　　　1814년 태양의 스펙트럼 분석
빛의 속도	갈릴레오 (Galileo Galilei : A.D 1564~1642, 이태리), 1.2km 떨어진 　　　　　언덕사이에서 빛의 속도를 재려고 시도 올레 뢰머 (Ole Roemer (1644~1710, 덴마크), 　　　　　1676년 이오 (목성위성)에서 지구까지 온 빛의 속도 　　　　　: 약 23만 km/s

2) 빛의 역사의 개화기(A.D 11C - 18C)

　여명기의 아리스토텔레스가 던진 빛의 본성에 대한 숙제에 대해서, 파동설과 입자설이 300여 년 동안 엎치락 뒤치락 논쟁을 하여 파동설이 승리한 시기이다. 이미 앞에서 언급한대로 고대희랍에서 시작된 자연과학이 르네상스나 그 이후로 연결되어진다. 이와 같이 중세는 암흑기였다. 르네상스 이후, 네덜란드의 빛의 행렬의 기수격인 호이겐스와 영국의 세포발견자인 로버트 훅은, 빛의 파동설을 주장한다.

　그들은 근거를 제시하면서, 파동설을 주장했다. 그러나 데카르트. 뉴턴, 라플라스 등은, 빛은 미립자로 되어 있다는 입자설을 그들대로의 근거를 제시하며, 주장한다. 뉴턴이 누구인가? 영국왕립학회의 회장이며 프린키피아 책(1676)을 출간하여 전 유럽에 알려진 중력법칙의 대가가 아닌가? 그는 프리즘을 통과한 빛띠를 통해 7가지 색을 이미 관찰한 빛의 대가이다(광학, 1704 출간). 파동설이 위축될 수밖에 없었을 것이다.

　두 의사들이 빛의 파동설을 입증하기까지는! 이태리의 의사인 프란체스코 H 그리말디는, 회절현상을 설명하며, 빛의 입자론을 부정했다(회절현상;Diffraction Phenomena);특정한 조건에서 광선은 대상주위에서 약간 휘어진다. 즉, 어떤 차광물체에 빛이 진행시, 그 물체의 안쪽으로 빛이 돌아들어오는 현상이다. 목욕탕 전등의 고리나, 달무리 등이 회절현상의 예이다. 증기입자에 의해(물의) 전등빛이나, 달빛이 회절현상을 일으키기 때문이다. 소리나 빛은 파동이므로 회절현상을 일으킨다.

　영국의 의사인 토마스 영은 그 유명한 두 틈새실험(Two Slit Experiment)으로 두 틈새를 통과한 빛이 파장이 겹치면, 보강되어 밝아지고 반대의 파장을 만나면 소실되어 어두워지므로 밝은 무늬와 어두운 무늬가 나타나는데 이것을 간섭무늬라하며 빛의 파동이 같은 위상에서 겹치는 현상을 간섭현상이라 하며, 빛의 간섭성이라 한다. 빛이 파동이므로 이 현상이

나타나는데 레이저광에서 현저히 나타난다(Interference Phenomena=
Coherent). 이러한 실험의 입증 앞에서 위풍당당한 뉴턴도 위축될 수밖에
없었을 것이다. 적어도 아인슈타인이 "광전효과"를 설명하기까지는! 빛은
이제 입자가 아니라, 파동이라고 떠들었다.

　뉴턴은 이중 프리즘실험으로 렌즈 때문이 아니라 자연광(백색광=혼합광)
은 여러 파장을 가진 빛이 혼합되었다고 설명했다(7가지 색띠를 관찰하고).
그리고 그는, 눈으로 물체의 색깔을 인식하는 것은 빛의 반사와 흡수 때문
이라고 올바르게 설명했다. 여기서 물체의 색깔을 인식하는 기전을 의학적
으로 설명해보겠다. 결론은 빛의 파장에 따라 색깔을 그렇게 우리 눈과 뇌
가 인식한다는 것이다. 물체에 빛이 반사되어 우리 눈에 들어오면 망막의
중앙에 많이 분포된 원추세포(Cone Cell)나 망막의 가장자리에 적게 분포
된 간상세포(Rod Cell)들의 색소가 반응하여 세포에서 화학물질이 분비되
어, 시신경(Optic Nerve)에 전기 E펄스를 만들어 뇌로 전달되어 그 빛의 파
장에 따라 색깔을 구별하는 것으로 알려졌다.

　물체의 불꽃색이 다른 것은(구리-초록색, 칼륨-보라색, 소금-노랑), 물
체의 성분이 다르기 때문이며, 불꽃색을 보아 어떤 원소나 분자인지 알 수
있다는 토마스 멜빌의 1750년의 발견은 이제 빛의 스펙트럼을 분석하면,
물질의 원자도 알게 되고 더욱 나아가 우주별의 성분과 우주팽창까지도 알
아내는 지식의 근간이 된다(스펙트럼은 물질의 지문이다).

　프라운호퍼의 1814년의 태양의 스펙트럼을 통하여, 태양의 여러 화학적
원소들의 존재도 알려진다. 또한 빛은 가시광선 말고도 보이지 않는 광선도
있음이 알려 진다. 보라색 밖의 감광선은 자외선이며, 적색 밖의 열선은 적
외선으로 이름 붙여진다. 비로서 개화기에 와서 빛의 속도를 재려는 사람들
이 나타난다. 첫시도자는 갈릴레오였고 덴마크의 천문학자 올레 뤼머에 의
해 근사값(23만km/s)이 구해지고, 성숙기에 아만드피죠가 빛의 속도를 정
확히 측정한 그 첫사람이 되었다(31만km/s). 그리고 마이컬슨도 빛의 속도

를 30만km/s로 측정했다.

　호이겐스는 1678년, 서로 교차하는 두 빛이 교차 후 그대로 방해 없이 진행하는 것은, 빛이 파동하기 때문이다라고 생각했고, 물위에 떠있는 기름막의 착색 띠를 근거로 파동설을 주장했다(기름 막의 착색 띠는 간섭현상으로 간섭무늬가 나타남을 의미하는데, 토마스 영이 설명하고 입증했으며 호이겐스는 주장했다).

　로버트 훅은 빛이 진공에서 파동하려면, 탄성파(Aether)라는 매개물을 통해서 이루어진다고 주장하며 훅은 처음 식물세포를 관찰하고 Cell이라고 명명했으며 중력이 거리의 제곱에 역제곱 한다는 법칙을 놓고 서로 먼저 주장했다고 뉴턴과의 논쟁으로 유명하다.

　뉴턴은 빛은 직진하다가 물체를 만나면, 더 이상 진행하지 못하고, 그림자를 만드는데, 이것은 빛이 미립자(입자)라고 하는 에너지 덩어리로 되어 있기 때문이라고 했다.

⑴ 빛의 파동설과 입자설의 논쟁 1라운드 ; 입자설 승리.

① 빛의 직진에 대하여;

　　입자설 : 입자는 외부의 힘을 받지않는한 같은 속도로 직선 운동을 한다.
　　　　　　　(뉴턴의 운동 제1법칙 - 관성의 법칙)

　　파동설 : 파도가 해안에 직각방향으로 밀려온다는데 착안, 직진은 파동의 기본적인 성질이다.

② 빛이 수면에서 굴절하는 현상에 대하여 ;

　　입자설 ; 빛입자가 수면에서 아랫방향으로 힘을 받아 굴절한다. 공기분자보다 물분자가 빛입자를 끌어당기는 힘이 크다.

　　파동설 ; 파동의 파장이 짧아져 수면에서 굴절한다.

③ 거울에서 반사의 법칙(입사각과 반사각이 같다 : snell's law).

　　입자설 ; 빛입자가 거울 면에서 탄성충돌하기 때문에 입사각과 반사각이 같다.

파동설 ; 거울 면을 중심으로, 파동이 대칭적으로 뒤집히므로 입사각과
　　반사각이 같다.

(2) 제 2라운드-파동설 승리(회절현상과 간섭현상으로 파동이 입증됨).

① 회절현상(Diffraction Phenomena) : 파동이 장애물의 뒤쪽에, 기하학
적으로 결정된 그림자를 만들지 않고 그림자에 해당하는 부분까지 돌아가
는 현상. 하여튼 빛이 진행시 어떤 물체를 만나면 휘어지는 현상(소리에서
현저하다). 이태리 의사 그리말디가 주장했다. 음파나 장파처럼 파동이 장
애물과 부딪히면, 진행방향이 변경되면서 이동하는데, 이것을 회절현상이
라고 한다(담 너머에서 "여보시오"해도 이 현상으로 들린다).

② 간섭현상(Interference Phenomena＝Coherence, 결맞음)

같은 위상에서 파동이 중첩되는 현상을 말하며, 비눗방울 기름 막의 착색
띠에는 아름다운 색깔의 줄무늬가 나타나는데, 이는 두종류의 빛의 파동이
합쳐서 생기는 현상이다. 파동설에 따르면, 두 파동이 마루와 마루, 골과 골
이 겹치면 더 크게 진동하며, 밝아진다. 이것이 "보강간섭"이다. 반대로 마
루와 골이 겹치면 파동이 상쇄되어 어두워진다. 파동에서는 그래서 밝고 어
두운 줄무늬가 나타나는데, 이것을 간섭무늬라고 한다. 토마스 영이 두 틈
새 실험으로 파장까지 구하는 공식을 제시함으로 빛의 파동이 입증되었다.
영은 1807년, "자연철학의 강의"를 출간하여, 빛의 파장을 구하는 공식을
제시했다.

※ Polarization Phenomena(편광현상) : 빛이 매질에 닿아서 한 면으로
　　반사되는 현상이다.

③ 두 의사들 외에 푸코의 실험까지 더해져 파동설이 승리함(장베나르레
옹푸코, 1819~1868년, 프랑스의 물리학자). 1850년 푸코는, 회전거울장치
를 이용하여 빛의 속도를 측정하므로, 물속에서 빛의 속도가 감소되는 것을
입증함(푸코진자로지구의 자전도 입증함).

(입자설 : 물속에서 빛의 속도가 증가한다고 했다). 공기 속에서의 빛의 속

도 : 2.98×10^8 m/s. 물속에서의 빛의 속도 : 2.25×10^8 m/s.

　　※ 입자설은 수면에서는 아랫방향으로 힘이 작용하므로 굴절 후 빛의 속
　　　도가 커진다고 했으며, 파동설은, 물속에서는 파장이 짧아지므로 빛의
　　　속도가 느려진다고 생각했다(고로, 매질 안에서 빛의 속도는 영향 받
　　　음. 최근 루비듐기체에서 빛을 가두었다고 주장했다).

결국 "성숙기"에 아인슈타인이 '광전효과'를 성공적으로 설명하여, "빛
의 광양자"가 입자처럼 E를 전자에게 주고받을 수 있는 입자로 입증되어,
뉴턴의 입자설은 입증된다. 빛의 파동설과 입자설은 무승부 원점으로 돌아
갔으며, 빛의 본성으로 파동(Wave)과 입자(Particle Corpuscle)의 이중성이
확립된다.

2-2-3 빛의 역사의 성숙기

1. 1849년 비천문학적 광속측정, 아만드 피죠(Armand, H.L. Fizeau):광속:31만 km/sec (1819~1896, 프랑스)

2. 1861년, 빛은 전자기파다. 제임스 맥스웰(James Clerk Maxwell (1831~1879) 스코틀랜드

3. 1870년 틴달현성(John Tyndall(1820~1893, 영국)), 전반사로 광섬유의 기본이론

4. 1879년 크룩스관에서 빛발생 관찰 윌리암 크룩스(William Crooks, 1832~1919, 영국)

5. 1887년 마이켈슨-몰리실험(Albert A Michelson, 1852~1931, 미국) "광속불변의 원칙과 에테르는 없다"

6. 1895년 X-선 발견, 빌헤름 뢴트겐(Wilhelm Conrad Roentgen, 1845~1923, 독일)

7. 1896년 자연 방사선 발견, 헨리 베퀘렐(Antoine Henri Becquerel, 1852~1908), 프랑스

8. 1900년 에너지 양자가설에서 "양자"(quantum) 용어 사용.

   막스 플랑크(Max Carl Ernst Ludwig Planck (1858~1947), 독일

9. 1905년 "광양자가설" 발표로 빛의 이중성 확립

   알버트 아인슈타인(Albert Einstein, 1879~1955, 독일)

10, 1909년 α-선, β-선 발견, 러더포드(Ernest Rutherford, 1871~1937, 뉴질랜드)

11. 1912년 결정의 원자 구조 발표, 라우에(Max von Laue, 1879~1960)와 브래그 부자(William Lawrence Brag, 1890~1971, William Henry Brag, 1862~1942) 1913년-닐스 보어의 원자 모형(Niels Handrick David Bohr, 1885~1962, 덴마크)

12. 1917년 아인의 유도방출이론-후에 레이저광의 기본이론

13. 1923년 콤프턴의 X-선 산란 실험으로 빛의 파동과 입자 이중성이 검증됨 (Arthur H Compton, 1892~1962, 미국)

14. 1958년 광 MASER를 발진시킴 타운스(Charles Hard Townes, 1915~, 미국)와 숄로우(Arthur L Schawalow, 미국)에 의해

3) 빛의 역사의 성숙기

이제까지는 빛이 파동성이 있다는 것만 확정되었다(개화기에). 이제 성숙기에 와서 보화와 같은 빛에 관한 과학지식들이 쏟아져 나왔다. 먼저 빛의 속도가 1849년에 거의 정확하게 비천문학적인 방법으로 아만드 피죠에 의해 처음 측정되었다. 톱니바퀴와 거울을 이용해 빛의 속도가 31만km/s로 늘어난 것이다. 광속이 측정되어 결정되었다.

1864년에는(61~65) 맥스웰에 의해서 빛은 본질적으로 "전자기파"가 되어 별명을 하나 얻은 셈이다. 그것은 단순히 수학 계산의 결과였다. 공간을 진행하는 전자기파의 속도를 계산해 본 결과, 전자기파의 속도가 항상 빛과 일치하므로 속도가 같다는 이유로 이제 빛은 전자기파의 일종이 된 것이다. 소리(음파)보다도 빛의 속도가 그렇게 빠른 이유도 대충 설명되었다. 전기장 E와 자기장 E 즉 전자기적 E로 진행하므로 빛은 그렇게 빠르다. 1870년에 죤 틴달(John Tyndall, 영국 과학자, 1820~1893)은, 폭포수에 빛을 비추면 물을 타고 빛이 내려가는 것처럼 보이는 틴달현상을 발견했는데 이것이 전반사이며 후에 광섬유 발명에 기여했다.

1879년 윌리엄 크룩스는 크룩스관에서 초록색의 빛방출을 목격함으로, 원자나 분자에서 빛을 만들어낼 수 있음을 시사하는 발견이었다. 1887년 마이컬슨은 1881년에 그가 개발한 간섭계(그래햄 벨의 지원을 받아 개발함)를 가지고 화학자 몰리와 함께 실험했다.

이 기구는 거울을 이용해 진행한 빛을 둘로 쪼개어 각기 다른 통로로 진행하게 했다가 다시 하나로 모으는 장치로 두 광선이 움직인 거리가 다르거나 두 빛이 각기 다른 속도로 움직인다면 합쳐질 때 간섭무늬가 나타날 것이다. 그들은 망원경으로 관측했다.

그러나 간섭무늬는 생기지 않았고 에테르 바람도 일어나지 않았다. 실험 결과는 1)에테르는 없고 2)광속도는 불변했으며 3)빛의 속도는 30만km/s

였다. 그들은 그들의 결과에 어찌할 바를 몰랐다. 그러나 이 실험결과는, 물리학의 하나의 혁명으로 가는 문을 열어젖혔다. 아인슈타인이 그들의 실험결과를 간단히 해석했다. 에테르는 없으며 광속은 우주에서 항상 일정 하다. 1895년, 독일, 뷔르츠부르크 대학의 물리학 교수인 빌헬름 콘라드 뢴트겐(1845~1923)이 음극선관에서 방출되는 자외선을 연구했다.

모든 물질과 벽을 투과하는 광선을 발견하고 그의 아내의 손뼈도 찍고, 미지의 이 광선을 X-선이라 했다. 전 세계 병원이 들썩였고 병의 진단에 혁명이 왔다. 그 누구는 1895년 11월 8일을 핵물리학이 탄생한 날이라고 말하기도 한다. 1896년은 베케렐이 우라늄의 방사선을 발견했고 1898년에는 마리 큐리가 방사능(Radioactivity)이란 용어를 만들었다. 지구상의 원소 중에는 저절로 붕괴되어 방사선을 방출하며 질량이 반으로 줄어든다. 불길한 예감이 스쳐가는 순간이었다.

방사능 물질에서 엄청난 E를 꺼낼 수 있음을 시사했고 그것은 폭탄을 의미하는 것이다. 그리고 방사선 원소의 상대량을 구하므로 연대측정도 가능케 되었다. 1900년에는 막스 플랑크는 E의 양자화를 부르짖고 E의 최소 단위인 "Quantum"이란 용어를 만들어내므로, 아인슈타인은 그것을 광양자라 부르고 "광전효과"에 적용하므로, 빛의 본성 중 입자가 확정된 순간이다 (1905년). 빛의 파동은 이미 입증되었으므로 이제 빛은 파동과 입자가 된 것이다.

1909년(1911)에는 러더포드가 α선과 β선을 발견했다. 1912년에는 X-선 회절에 의한 사진으로, 라우에와 브래그 부자가 결정의 원자구조를 알게 되고, 1913년에는 닐스 보어가 E 양자화(막스 플랑크)와 광자 양자화(아인슈타인)를 통해 원자내의 전자궤도 양자화를 추론하여 "원자모형"을 제시했다.

1917년에는 아인슈타인이 "유도방출이론"을 발표한다. 흥분된 상태에 있는 전자(또는 준안정상태에 있는 전자: Metastable State에 있는 전자)에 E가 가해지면, 안정된 기저상태로 감쇠(Decay: 안정된 기저상태로 돌아가는 과정)되는 것이 유도(자극)될 수 있고, 동일한 전자궤도에서 방출된 광자는 파장이 같아서 같은 방향 같은 위상에서 겹칠 수 있어(Coherent) 같은 광자를 대량으로 복제하여 증폭할 경우에는 단색광이며, 고E이며 방향이 같은 빛을 만들어낼 수 있다. 이 이론에 따라 1960년에 마이만이 루비 레이저를 만들어 빛의 황금기가 온 것이다.

1923년에 콤프턴이 X-선 산란실험으로 빛의 이중성을 한 실험에서 입증했다. 1958년에는 마이크로로파 영역의 전자기파를 증폭시켜 "메이저"(MASER(마이크로파 증폭))를 발진시키므로 가시광선이나 그 외 불가시광선의 증폭에 따라 발명되는 레이저의 시대가 오게 된다.

2-2-3 빛의 역사의 성숙기

성숙기를 요약하면,

① 비천문학적 방법으로 광속을 결정했으며,

② 빛은 이제 본질적으로 "전자기파"가 되었으며,

③ 빛을 발생시키고 빛을 운반할 수 있음(광섬유로)을 보았다.

④ 빛의 속도가 일정하다는 광속 불변의 원칙이 정립되고,

⑤ 빛에는 보이는 가시광선보다 안보이는 불가시광선이 여러 개 발견된다
　　(X-선, γ-선, α선, β선).

⑥ 이제 빛의 본성으로 파동, 입자 이중성이 확립되고,

⑦ 빛을 통해 원자와 고체 결정구조가 밝혀졌다.

⑧ 자연방출 외에 유도방출이 있어, 특이한 빛(레이저)의 출현을 예고했다.

⑨ 빛의 이중성이 입증되어 확립되고(콤프턴에 의해), 인류는 레이저를 만들기 전에 메이저(Maser)를 먼저 만들었다. 더 요약하면,

　① 광속은 30만km/s로 결정되고 우주에서 광속은 일정함.

　② 빛을 본질적으로 전자기파이며 본성으로 파동과 입자임.

③ 가시광선 외에 여러 불가시광선의 전자기파가 발견됨(X선, γ선, α선, β선).
④ 원자나 분자에서 빛이 발생되고 틴탈현상 발견으로, 빛의 운반도구(광섬유)를 생각하게 됨.
⑤ 유도방출을 통해 새로운 빛의 출현을 기대하게 됨.

4) 빛의 역사의 황금기(1960년 이후)

성숙기를 거치면서 빛은 속도가 결정되고 광속불변으로 광속은 우주의 최고 한계속도로 밝혀졌다. 이 사실로 인하여 현대물리학의 한 기둥인 아인슈타인의 상대성 원리가 정립되어 뉴턴이 보지 못했던, 원자세계와 우주 거대세계를 보게 되었다. 이제 빛은 본질적으로 전자기파가 되었으며 본성인 파동성과 입자성이 확립되었다.

윌리엄 크룩스가 1879년에 빛의 발생을 처음 발견한 이후, 빛은 원자나 분자에서 언젠가 발생되리라고 개화기 때부터 예견되었고 성숙기에 와서 빛박사 아인슈타인이 "유도방출이론"을 제기하므로(1917년), 특이한 빛의 출현을 인류는 고대했던 것이다. 이제 그 빛, 특이한 빛, 레이저광이 1960년, 테오도 마이만(Theodore H Maiman, 미국, 1927~)에 의해, 694nm의 파장을 가진 적색광을 방출하는 루비 레이저가 발명된 것이다.

아인슈타인의 유도방출이론 그대로였으며, 자연광인 혼합광에 대해서 레이저광은 순수한 단색광의 아름다운 빛이었다. 이제 인류는 "특이한 빛"을 만들어냈다. 아니 물질에서 특이한 빛을 빼내었다는 표현이 더 적절할 것 같다. 이제 이후로 빛의 황금기가 도래한 셈인데, 마이만은 노벨상을 못 받았다. 레이저광을 무서운 무기로만 여겼기 때문이다. 레이저가 쓰이는 곳은 뒷장 우측에서 일목요연하게 그림으로 보인다. 광산업시장이 반도체시장을 능가할 것이라고 한다.

2-2-4 빛의 역사의 황금기

1. 1960년 테오도 마이만(Theodore Harold Maiman, 1927~, 미국)이 루비레이저 발명

2. 1961년 죤슨과 나사우(Johnson & Nassau)가 Nd-YAG L 개발 수술광나이프

3. 1962년 IBM MIT 링컨연구소 제너럴 일렉트릭연구소
   3곳에서 반도체레이저 개발(다이오드 L) 광통신

4. 1970년 뉴욕의 코닝 연구소에서 로버트 모이어는 실용적인 광섬유만을 만듬

5. 1976년 스탠포드대학, Madey 등, 자유전자레이저 개(Free Electron Laser)

6. 1985년 X-선 레이저 개발, Matthew's et al

7. 1985년 광케이블로 초당 4기가 비트(40억 비트)를 보내는데 성공함

8. 2000년 8월 미국과 이스라엘은 "THEL"을 개발하여 지상에서 레이저를 방출해 미사일을 격추하는 실험에 성공함

9. 2001년 8월 23일자 네이쳐 최신호에 일본 오사카대의 고와마류 오스케 교수팀은 새로운 핵융합방식에 관한 초기 실험에 성공했음을 밝힘. 기존의 ICF(Inertial Confinement Fusion：관성제한 융합기술) 기술을 응용 발전시켜 일본과 영국 과학자들이 레이저에 의한 핵융합 초기 실험에 성공

①레이저 가공 ②의료기기 ③광통신 ④색분해 ⑤신소재 개발 ⑥형상인식 ⑦광컴퓨터 ⑧계측기 ⑨레이저스캐너 ⑩건축 및 토목공사 ⑪거리 측정기 ⑫원격탐사 ⑬유전자 조작 ⑭정밀화학 동위원소 분리 ⑮반도체 가공 및 미세가공 ⑯핵융합 레이저 발전소 ⑰군사용 레이저.

2-2-4 빛의 역사의 황금기

크게 의료용, 산업용, 군사용, 레이저 개발이 활발히 이루어졌고, 이루어지고 있다. 의료용으로 시도하다(20~30가지의 의료용 레이저가 개발됨) 산업용으로 발전했으며, 결국엔 태양과 같은 에너지를 낼 수 있는 L핵융합 발전소가 50년 안에 개발된다고 한다.

2-3 특이한 빛 레이저 光

1) 불→돌, 철, 청동, 기계, 반도체, 컴퓨터. 레이저 발명 →광시대 21C.

인류가 불을 사용하기 시작해서부터 위의 여러가지를 사용해왔다. 이윽고 레이저를 개발해 광시대에 연착륙한 상태다. 현대 물리학의 3대 발명품은 마이크로파, 반도체, 레이저라고 하며, 현재 선진국의 첨단산업을 보면 실리콘 벨리, 포토닉 벨리, 바이오 벨리, 우주항공산업을 들 수 있다.

스텐포드 대학 주변의 흩어진 계곡에 반도체 컴퓨터 단지가 조성되어, "Silicone Valley"라고 통칭한데서 나온 말이다. 광산업(Photonic Valley)은 당연히 레이저 개발로 발전된 산업으로 광 E를 제어하는 나라가 선진국이라는 말도 나오고 있다. 유전자 공학 산업(Bio-Valley)도 체세포 복제와 유전체 프로젝트 달성으로 인간의 생명을 더 연장하기 위해 분주히 돌아가고 있다. 우주항공 산업도 화성의 얼음 발견과 가상 혜성의 충돌체 실험 등으로 곧 무엇을 한 건 할 것 같은 조짐이다.

2) LASER ; 레이저광이 나오는 과정의 첫단어를 본떠서 만든 합성어, "빛 비춤 (전자기 복사)의 유도 방출에 의한 광 증폭" –고든 굴드가 명명–

　　L : Light(빛)

　　A : Amplification(증폭)

　　S : by Stimulated(유도의)

　　E : Emission(방출)

　　R : of Radiation(방사, 빛 비춤, 파동 E를 가하는 것)

3) 레이저 광의 발전에 기여한 7인의 과학자.

1. 앨버트 아인슈타인

1917년에, 레이저광의 발생에 대한 물리학적 기본이론인 "유도방출" (Stimulated Emission)이론을 발표했다. 원자내의 들뜬(흥분한)전자가, 자연히 기저상태(Ground State)로 돌아가는데(감쇠;Decay) 이 돌아가는 감쇠를 인위적으로 유도하면, 즉 빛을 비추면(광자를 가하면) 동일한 파장을 가진 광자가 다수 방출되어서 파장과 위상과 지향성이 동일한 빛 즉, 레이저광이 방출된다. 모든 물질이 레이저광의 활성 매질로 사용될 수 없고 Metastable State (준안정상태)를 갖는 물질만이 레이저광을 낼 수 있다.

2. 챨스 타운즈(Charles H, Towns)

1958년 암모니아 가스분자를 들뜨게 하여 방출되는 마이크로파를 증폭하여 광 메이저(MASER)를 만들어 냈다.

3. 니콜라이 바소프(Nicholai G Basov, 구소련)

4. 알렉산더 프로카로프(Alexander M Prokharov)

유도 방출된 빛이 레이저광으로 방출되려면 그 빛이 증폭되어야 한다. 1954년에 구소련의 이 두 과학자는 유도 방출된 빛의 광증폭에 관한 연구 논문을 발표하여 1964년 미국의 타운즈와 함께 노벨 물리학상을 수상했다.

〈레이저의 응용〉

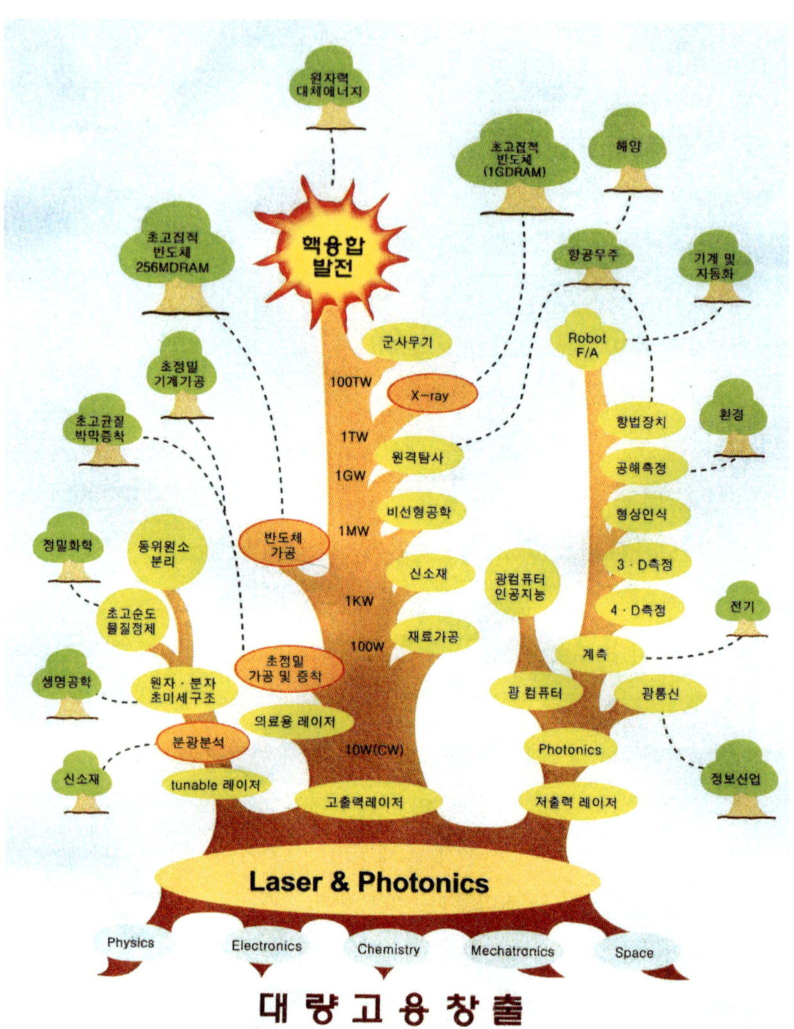

〈대전 KAIST 공홍진 교수님 제공〉

2-3-1 레이저광의 발전에 기여한 7인의 과학자

1. 알버트 아인슈타인 : 1917년 유도방출이론(stimulated emission theory)

2. 챨스 타운즈 : 光메이저를 발진시킴

3. 4. 니콜라이 바소프(Nicholai G Basov, 구소련) : 알렉산더 프로카로프 (Alexander M Prokharov) 레이저 매질에서 발생한 빛의 증폭에 관한 논문 발표

5. 아서 쇼와로우(Arthur L Schawalow) : 챨스 타운과 함께 마이크로파 영역의 전자기파를 증폭시켜 "MASER"을 발진시키고 미국 최초의 특허를 취득함

6. 고든 굴드(Gorden Gould) : "LASER"라는 명칭을 처음 고안해 냄. 콜롬비아 물리학과 대학원생

7. 테오도 마이만(Theordore H Maiman) : 인조루비를 활성매질로 하여 적색광의 루비레이저를 개발함

5. 아서 쇼와로우(Arthur L Schawalow)

챨스 타운즈와 함께 레이저의 기본원리에 관한, 미국 최초의 특허를 취득했고, 원자나 분자의 성질을 레이저광을 사용해 연구함으로써, 1981년 노벨 물리학상을 수상했다.

6. 고든 굴드(Gorden Gould)

1957년 타운스의 메이저에서, 힌트를 얻어 레이저 장치의 원형을 설계하고, 이것을 레이저라고 명명했다. 레이저라는 명칭을 처음 고안해낸 과학자. 콜롬비아 물리학과 대학원생.

7. 테오도 마이만

퓨즈 항공회사 연구원으로 1960년 1cm정도의 인조루비를 활성 매질로 하여, 적색광의 루비레이저를 개발함.

4) 레이저광이 발생하려면 :

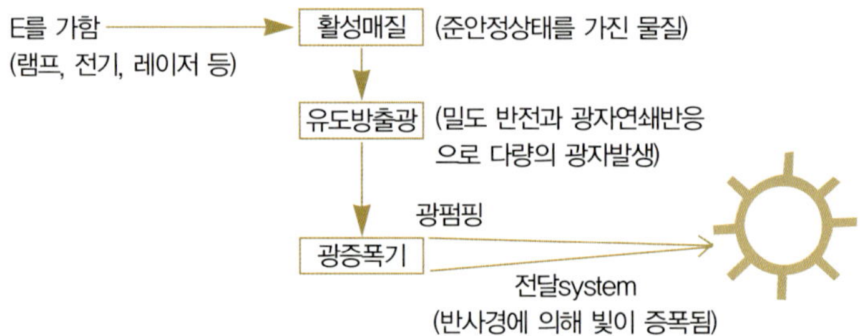

5) 레이저광의 특성

(1) 가간섭성(Nearly Coherent),

파동의 결맞음을 말하며, 레이저광은 원자내의 동일한 전자궤도 에너지 Level에서 나온 빛이므로 공간적, 시간적으로 동일한 위상과 파장을 갖는데, 이것을 간섭성이라 한다. 소리는 완전한 간섭성이나, 빛은 거의 간섭성이다.

(2) 단색성(Monochromatic)

　　파장이 같고 위상이 아주 고른 레이저광은, 단색성으로 순수하고 아름

　　다운 빛이다.

(3) 지향성(Directionality)

　　동일한 방향으로 진행하는 빛이다. 먼 거리까지 갈 수 있다(달까지도 갔

　　다 온다. 달에 반사경을 두었음).

(4) 고 에너지(High energy)

　　파장이 겹치므로 Energy가 배가 되어 큰 E가 방출될 수 있다.

※ 일반 자연광은 백색광이고, 혼합광으로 다색성의 빛이나, 레이저광은 단

　　색성이다.

6) 레이저의 분류 및 명명

(1) 활성 매질의 상태에 따라 : 고체L, 기체L, 액체L, 반도체L, 특수화합물L

(2) 방출되는 빛의 power에 따라(출력에 따라),

　　①고출력 레이저 ②저출력 레이저

(3) 빛방출의 작동방식에 따라

　　①연속파(Continuous Wave) ②충격파(Pulsed Wave)

(4) 레이저광의 스펙트럼 분포에 따라

　　①가시광선L ②적외선L ③자외선 L

(5) 활성매질의 이름에 따라 레이저가 명명된다.

　　①CO_2가 활성매질이므로-CO_2 L

　　②색소가 활성매질이므로-색소L

　　③Nd-YAG-가 활성매질이므로-Nd-YAG L

　　이트리움과 알루미늄이든 심홍색의 광석인데(YAG:Yitrium Aluminum

Garnet), 이중 Nd(네오다이미움, Neodyminium)원소가 활성매질로 작용.

7) 레이저광의 응용

　(1)광통신 (2)광컴퓨터 (3)광 knife(의학) (4)광전자 레인지 (5)광복사기 (6) 광 가위(Laser scissors, 유전자 제단 (7)Laser tweezers. (8)THEL(Tactical High Energy Laser) ; 전략적 고출력 레이저, 미사일격추레이저.

8) 레이저광의 최첨단 응용

(1)레이저로 번개를 격추한다. 피뢰침과 뇌운 사이를 레이저 빔으로 연결하여 뇌운에 축적된 정전기를 방출시켜, 낙뢰하기 전에 그 정전기를 중화함.

(2)레이저로 바이러스 제거 ; HIV(에이즈), HCV(C형 간염)등의 바이러스를 인체외부로 혈류를 돌려서 레이저광에 의해 Virus를 파괴함(미래 의료로서 연구 중).

(3)레이저 핵융합;50년 후에, 인류의 꿈의 E생산이다. 토카막(Chamber에 해당되는 러시아 말)에 의한 핵융합은 한계에 다다른 듯하다. 고출력 레이저로 핵시료를 때려, 1억 도 이상의 플라스마 상태에서, 중수소와 3중수소를 핵융합시킨다. 태양과 같은 E가 나오지만, 방사능은 발생하지 않아, 완전 무공해이며, 무한 에너지원이다.

(4)레이저 무기 및 미사일 제거L.

(5)레이저광으로, 벼나 채소를 재배한다.

(6)레이저광에 의한 송전 계획(산업용L까지, 40종 이상이 개발됨).

　※ 태양력 위성 개념

　거대한 위성(지름 20km정도)을 우주에 띠워 기가W의 태양 전기를 만들어, 그 E를 마이크로파 광선을 써서, 지상으로 보내 지상의 특수한 렉테나(수신 안테나)로 농장에서 받아 다시 전기로 사용함. 태양력 위성의 핵심 기술 2가지는 태양전기와 마이크로파 송신기 장비이다.

　1993년 일본은 E수출국이 되기 위한 첫 단계의 조치로 지상에서 태양력

위성의 기술시험을 성공했다. 일본 우주과학 연구소에서는 "母"로켓에서 딸 캡슐을 방출한 다음 로켓에서 캡슐로 900W가 넘는 E를 마이크로파 광선을 쏘는데 성공했다.

9) 레이저의 의료응용에는?

(1)무출혈 절개 (2)선택적 광열 융해원리(SPTL)로 검은점이나 붉은점 등 색소 모반치료 (3)눈의 렌즈를 식각하여 근시를 교정한다(LASIK 수술) (4) 광역 동적 치료(PDT;Photo Dynamic Therapy)로 암을 완치하기도 하고 암 몽울이를 수술 없이 제거한다(조기 위암, 진행성 식도암등). PDT는 레이저치료의 꽃이다.

제 2장 빛의 요약

1. 빛의 파동설과 입자설.

2. 빛은 파동이며 입자이고 파동이다.

3. 빛의 속도(光속도)는 진공에서 일정하며 30만Km/s이다.

4. 빛은 전파의 속도와 항상같으므로 빛도 일종의 전자기파라고 한다.

5. 빛의 속도가 빠르고 우주의 최고의 상한값이다. 전기장, 자기장의 E로 진행하므로 빠르다.

6. 전자기파의 스펙트럼에는 파장이 작은 쪽에서부터 우주선, 감마선, X-선, 자외선, 가시광선, 적외선, 마이크로파, 단파 중파, 장파이다.

7. 가시광선의 빛띠는 빨, 주, 노, 초, 파, 남, 보이다. 700nm(빨강쪽)~400nm(보라쪽) 태양은 자연광, 백색광, 혼합광이라 하며 무지개의 색띠와 태양빛을 프리즘에 통과시키면 가시광선의 7가지 색띠가 나온다.

8. 광속도가 일정하고 불변하므로 시간, 공간, 질량이 상대적으로 변하는 특수상대성원리가 정립됨.

9. 빛도 중력장에서 휜다.

10. 빛은 매질을 만나면 흡수될 때 그자신의 고유 E가 전달된다.

11. 빛은 열의 복사에서 발생되고(불빛) 원자나 분자가 등가속진자운동을
   할 때 방출될 수 있다.

12. 빛의 역사에서 아리스토텔레스-알하젠-호이겐스-뉴턴-토마스영-아
   인슈타인의 역할을 알자!

13. 빛이 만물을 알게 해주었다.

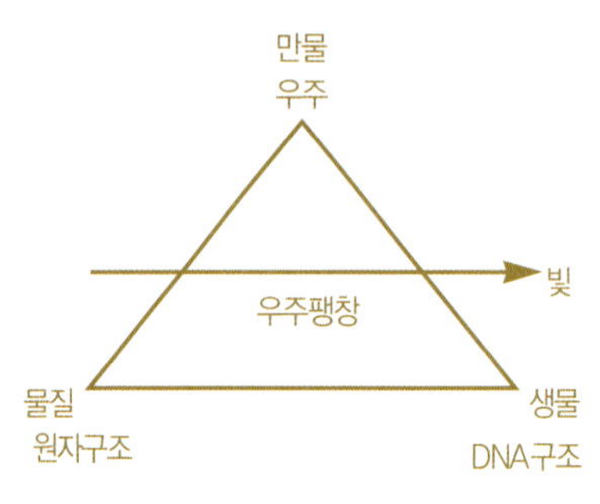

우주가 팽창함을 먼 은하단의 별빛이 적색편이 함을 통해 알게되고 빛 E인 양자(Quantum)의 연구를 통해 원자의 구조를 알게되고 X-선 회절사진을 통해 결정원자의 구조와 DNA의 이중나선 구조를 알게 되었다.

14. 특수한 빛인 레이저 光을 발전시켜서 光시대가 도래했다. 여러분야에서
   레이저光이 활동함.

15. 준안정상태(Metastable State)를 갖는 물질만이 레이저光을 방출시킬
   수 있다.

16. 고출력 레이저에 의한 핵융합발전소가 인류의 꿈의 E로 부각되고 있
   다.

제3장
원자(소립자, 입자)

"이 세상에서 갯수가 가장 많은 것은 원자이다"

"먼저 우리는 원소들(흙, 공기, 물, 불)이 영원한 것인지 아니면 생성되고 파괴되는 것인지부터 물어야 할 것이다. 원소들이 어떤 종류의 물체로부터 생성된다는 것은, 불가능하다. 그러려면, 원소와 다르고, 원소 이전에 존재하는 어떤 물체가 있어야 하기 때문이다" 천체에 관하여 "B.C 330년(on the Heaven)."

– 아리스토텔레스 –

현대 문명을 상징하는 단어 한 개를 고른다면, 단연 "원자"이다.

– 리챠드 파인 만 –

"원자는 인류의 지혜를 상징하는 기념물로 우뚝 서 있다. 그렇지만 언젠가는 자신의 어리석음을 보여주는, 묘비로 우뚝 서 있을 것이다."

– 파인버그 –(J. G. Feinberg), "원자론과 원자력 이야기" 1960년

3-1 원자(입자)의 총론

고대 희랍의 여명기의 사람들은 하늘의 천체뿐 아니라 발을 딛고 서 있는 이 세상 만물은 무엇으로 되어 있나? 저 별들은 무엇으로 되어 있나? 그리고 그 기본단위는 무엇이며 어떤 구조를 갖고 있나? 하고, 우리에게 물질세계에 대한 숙제를 내주었다. 그들이 우리에게 준 힌트는 만물이 5원소로(물, 불, 공기, 흙, 에테르)되었고 쪼개면 더 쪼갤 수 없는 원자라는 상태가 있든지 아니면 영원히 쪼갤 수 있든지! 이었다.

중세 암흑기를 지나 과학자들은, 원소를 한 개, 두 개씩 모으기 시작해서, 그들을 63종까지 모아 원자량의 순서대로 배열하므로 1869년에 멘델레프를 통해 원소주기율표를 만들어 냈다. 이미 여명기의 사람들이 내준 힌트는 오류로 판명되었다. 보일(1661년)을 통해 공기는 원소가 될 수 없으며 기체인 공기는 미립자(원소)로 되었음을 인식했고 라부아지에에 이르러서는 (1772) 원소의 정의까지 내렸다.

원소란? 화학적인 처리를 통해 더 간단한 물질로 분해되지 않을 때만 원소로 간주할 수 있었다. 닐스 보어의 관계식을 통해영국의 헨리 모즐리는 각 원소의 특이한 X-선의 파장을 구해 각원소의 양전기량을 구하여 지구의 원소를 1-92번까지 줄을 세우는데, 결정적인 일을 한 후 젊은 나이에 죽고 말았다(1차 대전시). 이제 관심은 그 원소(기능적인 용어, 구조적인 용어 시는→ 원자)들의 내부 구조에 초점이 모아졌다. 그때 그 분위기를 고조시킨 자는 J.J 톰슨이었다.

그는 다짜고짜 음극선관에 자석을 들이밀자 음극선의 흐름이 휘는 것을 발견하고 －이온을 띤 입자(아원자 입자)이며 원자보다 매우 작은 입자라 하여 원자가 내부구조를 갖고 있음이 명백하다고 했다. 그 입자는 "전자"로 판명되었다. 그리하여 원자를 방사선 붕괴에서 얻은 α입자나, 양성자를 탄환으로 사용하여, 원자와 충돌시키던 중 러더포드는 α-입자(헬륨의 핵)로,

금 원자(금박지)충돌시 8천 번에 1번꼴로 α-입자가 튀어나오는 것을 간과하지 않고 α-입자를 튀어나오게 하는 단단한 그 무엇이 원자속에 있다고 판단되어 이것을 원자핵이라 칭하고 덴마크에서 온 젊은 연구생 닐스 보어에게 호감을 갖고 함께 연구한다.

이제 빛이 물질의 최소단위인 원자의 구조를 밝히는 단계에 왔다. X-선 회절을 통해 "고체 결정의 구조"가 알려진 가운데(1912), 닐스 보어는 결혼 후 신혼여행도 취소하고 연구에 들어갔다. 플랑크가 E의 양자화를 말했고 (1900년) 아인슈타인이 빛입자의 양자화를 말했다(1905년). 물질에 빛 E가 (양자, 광양자, 광자) 들랑달랑할 때 "충격적인 그 형태"로만 불연속적으로 흐르는 것은 원자내부의 불안정한 "전자궤도"가 양자화되어서 안정된 궤도에서 돌다가 양자로(광자) 튀어나오기도 하고(빛방출), 빛을 흡수할 때는 또 더 높은 안정된 전자궤도로 뛰어오르고(빛흡수), 즉 양자가 도약적으로 (Quantum Leap) 작동하는 것은 원자의 전자궤도의 E준위가 양자화되었기 때문이다. 돌다가 핵으로 떨어져 물질을 붕괴시킬 것 같은, 원자내의 전자궤도가 안정되고 허용된 궤도로 되어 있다고 설명했다. "제2의 창조"란 저서에서 로버트 크리스와 찰스만은 이것을 이렇게 표현했다.

빛(광양자, 광자) E는 전자들이 원자내의 허용된 장소(궤도)들을 이동할 때 거둬들이거나 지불하는 통행료이다. 양자화된 궤도에서 어떤 조건이 되면, 더 높은 궤도로 뛰어오르고 다시 제 위치로 올 때 빛 E가 방출되는데, 그 에너지는 원래 고유한 원자내 전자궤도에서 양자화된 E인 것이다. 보어는 "발머공식"의 도움으로 이 추론을 입증하고 "원자모형"을 발표한다(1913년).

양성자가 명명되고 핵자중 중성자가(1932년, 채드윅) 발견되어, 원자는 모름지기 원자핵(양성자와 중성자로 됨)과 그 주변을 도는 전자로 되어 있다. 양자론에서 "원자구조"가 밝혀지자 이제 과학자들은(빛 때문에), 그런 구조를 가진 원자들이 이룬 우주의 세계를 설명하려고 했다. 빅뱅시 이윽고 시간이 지나 양성자와 중성자가 결합하고 전자를 포획하여 수소 헬륨 원자가 되고…. 그런데 이런 아원자입자(소립자, 입자)들의 원자내 행동들을 기술할 수 있는 수단인 양자역학이 1920년대 중반에 들어서면서, 수백 가지의 소립자들이 알려졌고 입자와 반입자가 있음도 알았다.

1938년 리즈 마이트너가 우라늄의 핵분열을 설명했다. 이때가 원자의 역사의 황금기의 시작이다. $E=mc^2$의 최고의 E가 핵분열을 통해서 이루어졌기 때문이며 원자력시대가 도래하였다. 그리고 핵자인 양성자와 중성자들이 더 작은 입자로 쪼개짐이 관찰되어 양성자, 중성자들이 쿼크들로 구성되었음이 알려졌다.

1963년에 칼텍의 겔만과, 스위스의 젊은 과학자 조지 쯔바익은 물질이 무엇으로 되었나?에 원자로 되었다란 답을 쿼크로 되었다로 바꾸어 버렸다. 이런 소립자들에 대한 물리학의 분야를 입자 물리학이라 부르며, 현대 물리학에서 관심이 집중된 분야이다. 물질의 근본구조가 밝혀져야 우주를 설명할 수 있다. 2008년 9월 10일 유럽입자핵 연구소(CERN)에서 14년간 9조 원의 돈을 투자해서 설립한 거대 강입자 가속기(LHC;Large Hadron Collider. 7TeV, 미국, 일리노이 주 페르미 연구소의 테바트론(1TeV의 7배)) 속에서 입자충돌실험으로 어떤 물질이 산출될 것인지? 힉스입자가 발견될 것인지? 그렇다면 우주는 초끈이론으로 설명될 수 있는지? 아니면 M-이론으로 설명될 수 있는지? 이것이 우리들의 앞에 놓여있는 현실이다.

1). 원자 ; 원자핵과 전자로 구성됨

　　　　원자핵 : 전자

(1) 무게 : 99.97%차지 0.03%차지

(2) 부피 : 원자의 1/10만

(3) 크기 : 몇 옹스트롬 (10^{-10}/m) 1/1억cm

(4) 전자의 질량 : 양성자의 1/1800

(5) 원자핵의 지름 : 원자지름의 1/10만

(6) 원자의 전하 : 0

(7) 우리 몸에 10^{27} 수만큼 원자가 있다(우주의 별보다 만배나더 많다).

(8) 원자의 지름 : 1/100억m

(9) 원자의 크기 : 원자가 올림픽 경기장(서울)만 하며, 원자핵은 중심이 진주 크기만하다.

(10) $1cm^3$의 수소 기체 속에 : 10^{18}개의 원자가 있음

(11) 고체1mole당 : 6.02×10^{23} 개의 원자가 들어 있다.

　※박테리아(세포) ; 500개를 옆으로 세우면 1cm, 가시광선 파장 2만 배 하면 1cm, 원자-1억 개를 세워야 1cm. 핵자는 전기적으로 중성인 중성자와 전기적으로 양성인 양성자로 되어 이 주변을 -(음이온)전기를 띤 전자가 안정된 궤도에서 돌고 있다. 1960년대까지는 원자의 구조를 이렇게 생각했으나 현재는 6종의 경입자와 강입자는 6종의 쿼크로 되어 있고 4가지 힘을 매개하는 매개입자, 중력자(Graviton), 광자(Photon), 글루온(Gluon), 욱실(W^+, W^-, Z^0), 이외 아직 관찰 안 된 higg's입자(만물의 입자, 신의 입자)가 있다. 이것이 입자물리학의 현재 모형이다.

2) 소립자 분류

경입자(lepton): 6가지(전자, 뮤온, 타우, 전자-중성미자, 뮤온-중성미자, 타우-중성미자).

강입자(Hadron):①중간자(Meson): 케이온,(쿼크와 반쿼크), 파이온

②중입자(Baryon): 양성자, 중성자, 람다, 시그마, 크시, 오메가.

※ 페르미온(Fermion);기본입자, 반정수 값의 스핀을 갖는 입자(1/2, $1\frac{1}{2}$ …) : 전자, 양성자, 중성자, 쿼크가 여기에 속함. 파울리의 배타원리에 따라 페르미온 입자는 동일한 장소에 동일한 방향으로 입자가 존재할 수 없다(2개의 동일한 페르미온 입자는 같은 시각, 같은 장소에 있을 수 없

기 때문에, 물질이 붕괴하지 않고, 원자는 화학반응을 일으킬 수 있는 구
조를 갖는다).

※ 게이지 보손입자 : 힘을 전달하는 입자로, 정수 값의 스핀수를 갖는다(1,
2, 3…). 광자, W^+, W^-, Z^0(욱실) 보손입자는 동일한 시간, 동일한 위치에
있을 수 있다. 이 원리로 레이저광이 출현할 수 있다(결맞음이나, 중첩).

1세대 : 업쿼크(3MeV) 다운쿼크(7MeV) 전자-중성미자(-0) 전자
    (0.5MeV)

2세대 : 참쿼크(1.3GeV) 스트레인지쿼크(120MeV) 뮤온-중성미자(-0) 뮤
    온 (106MeV)

3세대 : 탑쿼크(174GeV) 보텀 쿼크(4.3MeV) 타우-중성미자(-0) 타우
    (1.8MeV)

이 름	상대적 크기	관련된 입자
(1) 강력 ;	1	meson (중간자), gluon (글루온)
(2) 전자기력 ;	10^{-2}	광자
(3) 약력 ;	10^{-13}	W^+, W^-, Z^0 (욱실) : Uxyl
(4) 중력 ;	10^{-40}	graviton (중력자)

※ 자연에 존재하는 기본적인 힘

3) 원소 X의 핵을 표시한다

상온에서 원소는 고체상태 ; 납, 금, 셀레늄. 기체상태 ; 수소, 질소, 헬륨,
크립톤. 액체상태 ; 브롬과 수은으로 존재할 수 있다. "상온"이란 지구상에
서 느낄 수 있는, 통상의 압력과 온도조건이다.

원자는 전기적으로 중성이다. 양성자의 양이온 갯수와, 전자의 음이온
갯수가 정확히 일치한다. 한 원자의 화학적 성질은, 전자의 갯수에 따라 좌
우되므로, 원자번호에서 그 원자의 화학적 특성을 예견할 수 있다.

4) 방사선 원소의 핵붕괴

α-붕괴, β-붕괴, γ-붕괴.

5) 인공 핵변환과 연쇄반응

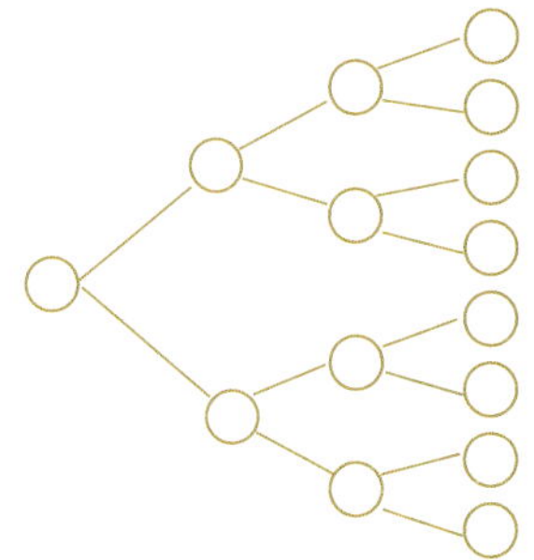

핵 연쇄반응(Nuclear Chain Reaction)

6) 선스펙트럼은 물질의 지문인 동시에, 어느 쪽으로 치우쳐졌는가에 그 빛
   이 가까이 오는가. 멀어지는가를 알 수 있다.

7) 1976년 스티븐 와인 베르그는(1979년 노벨 물리학상 수상) "처음 3분간"
(The 1st three minutes)이란 저서에서, 소립자의 세계에 관한, 현대 입자
물리학을 통해, 빅뱅 당시, 우주의 생성과정을 설명하려고 시도했다. 그의
표준 모형은, 물질세계를 쿼크 6종과, 렙톤 6종, 그리고 4가지의 힘을 전달
하는, 매개입자 4종으로 설명했다.

빅뱅 태초에는 섭씨 100조 온도(1022k)였으며, 이런 상태에서는 모든 물
질이 붙어 있을 수 없어 녹아내렸을 것이며 최초 3분 후에는 1조 도까지 온
도가 떨어져 양성자와 중성자가 결합해, 복잡한 핵을 만들 수 있는 온도였
다. 이렇게 큰 E에서 원자핵이 결합되었으므로, E보존의 원칙에 의해서도
양성자와 중성자가 붕괴하는 핵분열에서 엄청난 E가 방출될 수밖에 없다.

비로소 전자들이 원자핵들과 결합해(포획되어) 수소원자와 헬륨원자가 만들어졌다. 대충 이런 시나리오다(호킹의 "시간의 역사", p148~149 참조).

8) 1963년 핵자인 중성자, 양성자가 쿼크로 구성됨

　머리 겔만 – 쿼크로 명명(Quark)).

　조지 쯔바익 – 에이스로 명명(Ace).

　리챠드 파인 만 – 파톤으로 부름(Parton).

　양성자–2개의 업쿼크와, 1개의다운 쿼크로 됨.

전하 ; 1개 업쿼크2/3, 다운쿼크 –1/3. (2/3 + 2/3–1/3=1. 양성자 전하1, 중성자–2개의 다운 쿼크와 1개의 업쿼크로 됨(–1/3–1/3+2/3=o, 중성자 전하 0). 1969년 머리 겔만, 입자물리학에 기여한 공로로 노벨 물리학상 수상.

㉠기묘도 ㉡8중도 ㉢쿼크이론

　1990년, 스탠포드 대학, 선형가속기 연구소(SLAC)에서, 제롬 프리드 만(Jerome Friedmann), 헨리 켄달(Henry Kendall), 리챠드 테일러(Richard Taylor)의 "심층비탄성 산란실험"을 하여, 이 원리에 따른 효과를 기록하므로, 쿼크의 존재를 입증했다. 즉 전자가, 양성자와 충돌하고, 어떻게 산란하는지를 명확히 보여줌으로써, 쿼크가 존재한다는 실험적 증거를 제시함.

　1977년, 두 번째 무거운 쿼크인, 보텀쿼크가 발견됨 양성자 질량의 5배임. 1995년, 페르미 연구소의 테바트론 가속기에서, 가장 무거운 쿼크인 톱쿼크가 발견됨(양성자 질량의 200배).

9) 전자. 창조주가 E를 담기위해 담는 그릇으로 광자와 함께 가장 흔하게, 사용하는 그릇이다(리챠드 바이스 "빛의 역사" 저자).

　전자는 페러데이의 노래처럼 :"돌리고""돌리고" 자석사이에서 코일뭉치를 돌리면, 전기가 만들어지는데 전기는 전자의 흐름이다. "돌리면" 전자는 만들어지고 광자는 원자내의 전자궤도의 전자를 기저상태로 떨어뜨리면

물질에서 발생된다.

  ※ 전자는 자석사이에서 코일뭉치를 돌리면, 만들어지고 광자는 원자내
    의 전자 궤도에서 전자가 기저상태로 떨어지면 광자가 방출된다.

(1) 전자는-전기를 띤, 음이온 입자로 원자핵주변을 돌며 양성자 질량의
   1/1800 정도이다.

(2) 전자는 물질에서 물질을 하나로 묶는데, 중요한 역할을 한다(양성자(+
   이온)와 전자(-이온)가 서로 잡아당긴다).

(3) 전자는 축을 중심으로 회전해(Spine ; 지구의 자전처럼, 전자는 페르미
   온이라, 중첩될 수 없어 파울리의 배타원리를 따르고, 독일 물리학자 가
   우스 서미트와, 울렌벡이 가설을 세우고, 입증하였다), 자기장을 만들어
   내며(S극, N극), 음전하의 진동하는 알맹이(입자)이며, 파동이다. 그 E
   는 최소한 50만ev로, 속도를 내면 그 질량과 E가 증가한다.

(4) 전자는 그의 반입자인 양전자(Positron, 반전자)가 있는데 동일한 질량
   과 동일한 운동을 하는데, 반대 전하와 반대 자기극성(S극, N극)을 띤
   다. 그리고 이 둘이 서로 충돌하면 쌍소멸 되면서 50만eV를 가진 2개의
   광자가 만들어진다(쌍생성). 100만eV의 광자는 전자 50만eV로 전환될
   수 있다(쌍생성). 전자는 중력에 영향을 받는다.

10) 힉스 입자(Peter W Higgs, 1929~), 스코틀랜드 물리학자, 에든버러 대
   학 교수로 재직

   1964년 피터 힉스가 제안한 가상적인 입자로 만물의 입자, 신의 입자로
알려졌다. 빅뱅직 후 소립자는 질량을 갖지 않았는데, 극히 짧은 순간에 힉
스입자의 바다인, 힉스장(Higgs Field)과의 상호작용으로 질량을 갖게 되
었다고 주장함(힉스 Mechanism). 대통일 이론에 따르면(GUTs), 입자들의
질량이 없어야 하나 실제 질량은 존재한다. 이 모순을 설명한 것이 힉스입
자다. 이 입자는 양성자 질량의 100~200배로 추정되며 기존의 가속기로는

관측되지 않았다.

힉스 메커니즘을 통해 쿼크, 경입자, 약력 게이지보손과 같은 표준모형의 기본입자들이 질량을 갖게 되었다. 물리학자들은 빅뱅 당시, 우주의 E는 질량이 없는 빛으로만 존재했을 것으로 추정한다. 그런데 세상 만물에 질량을 부여하는 근원입자가 힉스입자이다. 쿼크, 뮤온 등도, 근본적으로 힉스에서 왔을 것으로 추정한다. 찾기가 어려운데 그 이유는 입자 충돌후 10^{-25}초 동안만 존재했다, 다른 입자로 바꿔지거나 쪼개진다. LHC(거대 강입자 가속기)에서 1초에 1억 개의 입자가 발생되나, 힉스는 하루에 1개정도 발생되는 것으로 추측된다.

11) 2008년 9월 10일 CERN(유럽 입자 핵 연구소)의 7TeV의 거대 강입자 가속기(LHC)가 실험가동에 성공했다. LHC가동에서 먼저 검증되어야 할 3가지를 꼽는다면?(Lisa Landall의 답변 "숨겨진 우주" 저자).

1. 입자들이 질량을 어떻게 얻는가?(힉스 메커니즘이 옳은지:힉스입자의 유무)
2. 힉스입자의 질량은 어느 정도인지 그 규모를 정립하는 것이다.
3. 초대칭성이 우리세계에 존재하는가, 아닌가?(K-K 입자의 유무)

제네바의 스위스와 프랑스 사이의 국경지대에 있는 이 연구소는 지하 100m에 27km 원궤도 터널 속에 파이프를 따라 만들었다(예산 9조원, 14년간 공사). 80개국, 9천여 명의 물리학자들이 참여하고 있으며, CERN에는 8천여 명의 연구원이 종사한다.

미국 일리노이 주의 페르미 연구소의 입자 가속기 테바트론이 1TeV의 E로 양성자와 반양성자를 충돌시킬 수 있는데, CERN은 7TeV(7곱배)의 E로 충돌시켜서 태양 중심 온도의 10만 배로, 빅뱅시의 환경을 조성하여, 어떤 입자들이 발견되는지를 연구한다.

입자 가속기의 E가 더 강할수록 입자들의 속도를 광속도로 가속시킬 수

있으며(99.9999991%) E가 큰 상태에서 충돌시 더 무거운(질량이 큰)입자
가 생성될 수 있다. 이 실험 결과로 예측되는 물리학적 중요성은?

　(1) 힉스 입자가 발견될 것인가? 힉스 기전(Mechanism)이 설명될 수 있
　　는가? 1초에 1억 개 정도의 입자들이 만들어지나, 힉스입자는 하루에
　　1개 미만이 만들어지고 곧 사라진다.

　(2) 힉스입자의 존재는 3가지 힘을 하나로 통합하려는 GUTs에 타당성을
　　제공한다.

　(3) 인공 아원자 블랙홀생성유무.

　(4) 초끈이론의 타당성을 가늠해 우주의 여분차원을 설명할 수 있다(즉,
　　시공간 4차원의 추가 차원의 존재, 여분 차원 숨겨진 우주 말이다. 리
　　사 랜달이 주목함).

　(5) 우주의 암흑 물질의 정체.

　(6) 짧은 길이 규모(10^{-33}cm – 플랑크 길이 규모)의 물리과정을 탐색하는
　　유일한 길은 높은 E뿐이다.

　(7) 결국 우주생성의 신비를 벗긴다.

　(8) K–K 입자유무(초대칭입자).

※ 실험중 블랙홀이 형성되어 지구를 삼킬지 모른다는 위험이 제시되었으
　나, 전혀 위험하지 않은 것으로 결정되었다.

3-2-1 원자 역사의 여명기

1. 탈레스 (Thales, B.C 624(?)~546(?), 고대 희랍

   "만물의 근원은 물이다"

2. 아낙시메네스 (Anaximenes, B.C 500여년전),

   고대 희랍 "만물의 근원은 공기이다"

3. 아낙사고라스 (Anaxagoras, B.C 500~428(?), 고대 희랍

   "만물은 영원히 쪼갤 수 있다"

4. 엠페도클레스 (Empedocles, B.C 495(?)~435(?),

   고대 희랍 "4원소설", (물, 불, 흙, 공기)

5. 레우키포스 (Leukippos, B.C 478), 고대 희랍

   데모크리토스 (Democritos, B.C 460~370(?), 고대 희랍

   "모든 물질은 더 쪼갤 수 없는 atom이 있다"

6. 아리스토텔레스 (Aristoteles, B.C 384~322, 5원소설) : 고대희랍

   지상계 4원소, 천상계 1원소(에테르)

3-2-2 원자역사의 개화기

1. 파라셀수스 (Paracelsus, A.D 1493~1541, 스위스)

2. 로버트 보일 (Robert Boyle, A.D 1627~1691, 아일랜드)

3. 조셉 블랙 (Joseph Black, A.D 1728~1799, 프랑스)

4. 헨리 케번디시 (Henry Cavendish, A.D 1731~1810, 영국)

5. 죠셉 프리스틀리 (Joseph Priestley, A.D 1733~1804, 영국)

6. 앙투앙 로랑 라부아지에 (Antoine Laurent Lavoisier,
   A.D 1743~1794, 프랑스)

7. 죤 달톤 (John Dalton, A.D 1766~1844, 영국)

8. 야콥 베르셀리우스 (Jon's Jakob Berzelius,
   A.D 1779~1848, 스웨덴)

3-2 : 원자의 역사

1) **여명기**는 앞에서 설명되어졌다.

2) **개화기**는 진정한 원소들이 차례로 들어나는 시기이며, 여명기의 힌트는 모두 오류로 드러났다. 1526년에 스위스의 의사이며 바젤대학의 교수였던 파라셀수스는 원소들을 치료목적으로 사용하고 많이 쓰면 독이 되고 적게 쓰면 약이 된다고 하여 의화학의 원조이며 근대 약학의 아버지로 불린다.

고대 희랍의 원소설이 처음 부정된 것은 1661년의 로버트 보일에 의해서다. 공기는 원소가 아니고 많은 미립자(원소)로 된 것이었다. 조셉 블랙은 공기의 성분중 이산화탄소(분자)와 질소(원소)를 발견하게 된다. 물도 이제 더 이상 원소가 아니다. 헨리 캐번디시에 의해 물은 산소와 수소의 화합물로 판명되었다.

이제 라부아지에는 1772년 20여 종의 원소들을 정리했으며 원소의 정의를 재정립했다. 2200여 년의 세월이 흐른 후 고대 희랍의 의문이 풀렸다. 원소가 되려면 화학적 처리에도 더 이상 나누어지지 않는 물질이어야 하며 20여 개나 발견된 것이다(24개).

존 달 톤은 화학적인 원자론을 정립하면서 물질은 원소(원자, Atom)로 되어 있고, "원자"란 단어를 부활시켰다.

3) **이제 성숙기**에 이르러 원자의 결합으로 된 분자가 그 물질의 성질을 띠는 최소단위가 됐으며, 아보가드로에 의해 분자 수를 결정할 수 있었다. 그리고 멘델레프에 의해 1869년, 그때까지 모아진 원소(63종)들을 원자량 순으로 배열한 "주기율표"가 완성된 시기이다(7번째 기둥).

1894년에는 영국의 레일리경(캐번디시 2대소장)과 램지에 의해 비활성 기체 원소들이 분리되고, 이들이 안정된 이유는 그런 전자궤도 구조를 갖기 때문이며 모든 화학반응은 이들의 이런 구조를 갖추기 위해 결합됨을 알게 된다. 이윽고 1897년 톰슨에 의해 전자가 발견되므로, 이 아원자입자의 발견은 원자구조에 모든 과학자들의 눈을 돌리게 한다. 그 결과 러더포드가, 원자핵을 발견하고 닐스 보어와 함께 공동 연구로 닐스 보어가 전자궤도 구조를 수소를 들어 성공적으로 설명함으로 "원자모형"을 1913년에 발표했다. 그는 전자궤도가 허용된 안정궤도여야 하며, 그 전자궤도에서 광양자가 양자도 약적으로만, 불연속적으로 흐른다라고 했다.

이윽고 헨리 모즐리는 현대 주기율표의 기초석을 세워 1번(수소)-92번(우라늄)까지의 주기율표가 나오게 하는데, 각원소의 특징적인 X-선 파장을 구하여 기여한다.

1920년대 중반부터 원자내의 이런 아원자입자, 즉 소립자들의 원자내의 행동을 기술할 수 있는 "양자역학"이란 독특하고도 중요한 이론 물리학이 정립되고, 양자역학의 권위자인 영국의 폴디락은 "양자파동방정식"을 통해 우리세계가 입자와 반입자로된 세계임을 알려 전자와 반전자인, 양전자의 발견을 예견했으며 1932년 칼 앤더슨이 양전자를 우주선에서 발견하여 입증했다.

그리고 제임스 채드윅이 중성자를 발견하므로(1932년), 원자의 구조인 기본모델이 완성되었다. 원자핵에 양성자와 중성자가 결합되어 있고 전자가 핵 주변에서 안정된 궤도를 돌고 있는 모양이 되었다.

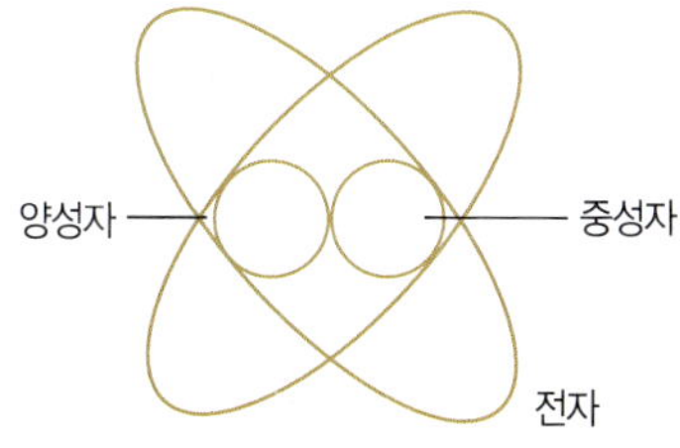

3-2-3 원자역사의 성숙기

1. 아보가드로(Amedeo Avogadro, 1766~1856, 이태리):아보가드로의 분자가설

2. 프라우트(Prout, 영국의사):모든 물질은 궁극적으로 수소로 이루어져 있다

3. 칸니자로(Stanislao Cannizzaro, 1826~1910, 이태리)
   "아보가드로 가설" 입증

4. 분젠과 키르히호프가 1860년에 Cs(세슘), 루비듐(Rb), 탈륨(Tl, 인듐(In) 발견

5. 뉴랜드(Newland), 영국 1863년 옥타브설 주장

6. 멘델레프(Dmitri Mendeleev, 1834~1907, 러시아):주기율표 완성

7. 레일리경(Rayleigh, 1842~1919, 영국)과 W 램지는 함께 1894년에 비활성기
   체원소를 분리함 (He, Ne, Ar, Xe)

8. 톰슨(J.J. Thomson, 1856~1940, 영국) "1897년 전자 발견"

9. 러더포드(Ernest Rutherford, 1871~1937, 뉴질랜드) "1911년 원자핵 발견"

10. 닐스 보어(1885~1962, 덴마크) "원자모형 모델"완성, (1913년)

11. 헨리 모즐리(Henry Moseley, 1887~1915), 영국 "각 원소의 X-선 파장을 구
    해, 닐스보어의 관계식에 대입하여 각 원소의 양전기량을 구하여 원소를 1번
    수소부터~92번 우라늄까지 일렬로 세운데 기여한 과학자

12. 제임스 체드윅(James Chedwick, 1891~1974, 영국) "1932년 중성자 발견"

13. 폴 디락(Paul Adrien Maurice Dirac, 1902~1984, 영국) "1928년 상대론적
    파동 방정식 발표" 입자와 반입자 이론

14. 칼 엔더슨(Carl Anderson, 1905~1991, 미국)
    "우주선에서 전자의 반전자인 양전자를 발견함" (1932년)

1. "원소 주기율표"가 확립

2. 원자구조 확립

3. 아원자 입자인 소립자(입자) 출현

4. 소립자들을 기술할 수 있는 이론 확립(양자역학)

5. 입자, 반입자 개념 확립

6. 원자, 분자 수 결정

1. **리즈 마이트너** (Lise Meitner, 1878~1968, 오스트리아)

   "1939년 우라늄의 핵분열 발표"

2. **엔리코 페르미** (Enrico Fermi, 1901~1954, 이태리)

   "1942년 우라늄 핵연쇄 반응실험 성공"

3. **머리 겔만** (Murray Gell-Mann, 1929~, 미국)

   "쿼크이론"

   죠지 쯔바이크 (George Zweig) : "에이스이론"

4. **피터 힉스** (Peter W Higg's, 1929~, 영국)

   "힉스메카니즘과 힉스입자 (만물입자=신의 입자)

5. 초끈이론-죤 슈바르츠 (John Schwartz) 주장 (1971년)

   1984년, 초끈혁명-마이클 그린 (Michael Green)

   1995년 M이론, Edward witten이 주장

4) 황금기

물리학이란, E를 다루는 학문이라고한 바 있다. 물리학의 통속적인 목적은, 그것을 E화할 수 있는가? 라고 말할 수 있다. 나는 "원자의 역사"에서 황금기를 그 원자를 최대한 E화 할 수 있는 이론을 정립한 인류사의 여성 2호 물리학 박사인 리즈 마이트너와 그 이론에 따라 실제로 "원자로"의 실험을 마친 엔리코 페르미를 선택하는데 주저하지 않았다. 그 원자로에서 나온 전기 E를 우리는 지금까지는 풍요롭게 사용하고 있지 않는가?

1938년 12월 크리스마스에 스웨덴의 쿤갈브의 설원에서 종이에 적어가면서 조카 로버트 프리시와의 자유토론을 통해 베를린에서 오토 한과 스트라스 만이 행했던 중성자를 우라늄원소에 충돌시키는 실험을 이론적으로 정립했던 리즈 마이트너! $E=mc^2$의 아인슈타인의 공식(1909년에 들었던)에서 "잃어버린 질량"이 E화 될 수 있음을 보았고, 조지 가모브의 "물방울 원자핵 모형"등에서 원자핵은 과포화상태로 중성자 1개의 충돌에 의해서도 분열을 일으킬 수 있음도 보았고, 우라늄의 분열에서 바륨이 나옴을 통해 우라늄이 2개의 핵으로 분열되었다고 확신했다.

문제는 우라늄의 핵자들이 강력한 힘으로 결합되어 있는데, 그들의 결합을 해체하는 E는 정말 어디에서 왔으며, 우라늄의 핵에서 그 E가 발생되었다면 그 증거는 무엇인가? 그 일은 수학을 통해야 했고, 그녀는 우라늄의 양성자의 1/5정도의 질량이 잃어짐을 알게 됐고, 양성자의 질량은 938MeV 질량이므로 이것의 1/5은 거의 200MeV(2억전자볼트)이었다. 우라늄의 분열당 200MeV의 E가 방출되며, 이 E가 우라늄의 핵자들의 결합을 해체하는 것이다.

아인슈타인도 몰랐던 그런 엄청난 E가 어디서 나올까? 리즈 마이트너는 "우라늄 원자의 핵분열"에서 그런 E가 나올 수 있다고 했다. 이윽고 핵물리학자 엔리코 페르미는 1942년 맨해탄 프로젝트의 종결실험인 U-235의 임계질량, 연쇄반응실험을 시카고 대학의 스퀴시코트 실험장에서 성공함으로, "원자로"를 통해 원자력 E를 얻어 물을 데워서 증기로 터빈을 돌려 "돌리고"하여 전기를 생산해내므로 우리는 얼마나 풍요롭게 사용하는가? 원자의 역사의 황금기라고 할 수 있지 않을까? 원자의 구조를 이루는 소립자(입자)들이, 소립자의 "멘델레프"란 별명을 가진 머리 겔만에 의해 잘 분류되고 정리되었다. 이제 핵자인 양성자 중성자도 그 하부입자들로 쪼갤 수 있는데, 그들을 "쿼크"라고 명명했다. 6종의 경입자, 6종의 쿼크, 그리고 4개의 전달입자(중력자, 광자, 글루온, 욱실)들로 소립자의 세계가 알려졌다.

1964년 피터 힉스는 빅뱅시 질량이 없는 광자들로만 충만했는데, 그 이후 입자들이 질량을 가진 것은 힉스메카니즘 때문이며, 만물의 입자, 신의 입자라할 수 있는, 힉스입자를 통해, 쿼크나 뮤온 등도 질량을 갖게 되었다. 이제 양성자 질량의 100~200배로 추정되는 힉스입자가 발견될 것이다. 그래서 우리는 CERN의 테바트론을 주시하는 것이다.

초끈이론과, M-이론은 정말로 모르겠다!

※ 입자 가속기(Particle Accelerator):

(1) CERN-유럽핵공동연구소로 세계 최대의 입자 연구소(프랑스어의 약자 Conseil European pour la Recherche Nucleaire)

(2) 미국의 페르미 입자연구(시카고대학), (SLAC-스탠포드대학)

(3) DESY(Deutche Elektronenscyn Chrotron):독일의 입자 물리학 연구 센터. 함부르크에 있다

(4) 일본입자연구소(쓰쿠바시에 있다)

(5) 포항입자가속기연구소

1932년 어니스트 로렌스가 발명했다. 전하를 띤 입자인 전자나 양성자에 높은 E를 가해, 그들의 속도를 광속도에 가깝게 하므로, 관찰, 충돌실험을 할 수 있는 장치. 사이클로트론(Cyclotron), 베바트론(Bevatron(칼텍에 있는 가속기), 코스모트론(롱아일랜드의 가속기), 후루시초프트론(러시아에 있는 가속기), 테바트론, (시카고 페르미 연구소) 등 여러 이름으로 불린다.

1TeV(1조 eV). CERN. 7TeV(7조eV). 에너지 공급은 전자기장을 통해 이루어진다. 입자들이 고리모양의 진공관을 통해, 날아가는 원형가속기나, 선형가속기가 있다. 세계최고는 CERN의 27km길이의 LHC이다. 강력한 자기장이 이온 궤도를 구부려서 이온입자가 작은 원을 그리며 진공의 중앙 둘레를 돌게하고, 입자가 궤도상의 특정지점을 돌 때마다, 연속적인 전기충격을 가해 가속시킨다. 자석에 의한 자기장으로 입자들을 진공관으로 인도하고, 전기충격으로 가속시킨다.

그러므로 큰 도시에서 쓸 수 있는 양의 전기량이 공급된다. 1988년의 포항 방사광 가속기는 2.5GeV, 원형가속기둘레 280m, 세계 4위급. 입자가 속기 거리가 명왕성까지의 거리가 요구된다. “원자”의 역사를 요약하면, 고대희랍인들이 여명기에 4원소로 힌트를 주었다(흙, 물, 공기, 불). 그것들이 원소가 아니었으나, 그 이후 인류는 그것들에서 원소(원자)를 꺼냈다.

1750년, 죠셉블랙이 공기에서 질소와 CO_2(분자)를, 1774년 프리스틀리가 산소()를, 분리했다. 헨리케번디시는 1766년 물은 산소와 수소의 화합물이라고하여 수소를 발견했다. 근대 화학의 아버지 라부아지에는 20여 종의 원소를 모으고 원소를 정의했다. 존 달 톤은 물질은 원자로 되었다고, 원자 말을 다시 썼다. 페러데이가 물을 전기 분해하므로 산소와 수소로 분리되었다. 베르셀리우스를 거쳐 1869년에 멘델레프가 63종의 “원소주기율표”를 만들었다. 헨리모즐리의 공으로“현대 주기율표”에 기여한다. 원소는 1~92번 우라늄까지 이 지구상에서 볼 수 있는 원소들이 일렬로 줄을 섰다. 93~115번까지는 실험실에서 특수 실험으로 발견된 원소들이다.

이윽고 J 톰슨의 전자발견으로 아원자입자가 발견되자, 모두가 “원자의 구조”를 밝히기에 혈안이 되었다. 1913년 러더포드와 닐스 보어에 의해 원자모형이 만들어졌다. 1932년 중성자까지 발견되어 원자구조의 기본모델이 정착되었다(양성자, 중성자, 전자로). 그리고 1920년대 중반부터 원자내의 아원자입자(소립자, 입자)들의 행동을 기술할 수 있는 이론인 양자역학이 정립되었다. 원자구조를 알게 된 인류는 이번에는 망치로 원자핵을 깨뜨리기 시작했다. α-입자망치, 양성자 망치, 중성자 망치들이다. 결국 일을 내고 말았다. 중성자 망치로 중핵인 우라늄(94번인 플루토늄)을 깨도 핵분열과 핵E가 방출됨(플루토늄은 실험실에서 얻어짐). 우라늄의 핵을 깨자 아인슈타인이 말한 E=mc²의 E가 그곳에 숨어 있었다. 이것을 깨우친 사람은 1939년 "중성자에 의한 우라늄의 분열"을 발표한 리즈 마이트너였다. 그리고 이 이론대로 "원자로"를 만든 사람은 엔리코 페르미였다. 원자력시대가 도래하여 풍요로운 전기 생활을 우리는 누리고 있다.

미국 가수 톰 존스의 "proud marry" 노래에서 "rollig, rolliing on the river" 란 가사가 나온다. 지금 한국에서 "돌리고"노래가 유행하고 있다. 돌리는 아저씨는 인류과학 역사상 페러데이다. 그는 자석 속에서"코일뭉치"를 돌리고 화력에서도, 수력에서도, 원자력발전소에서도 원리는 같다. 증기압이나 수압으로 터빈을 돌려 코일뭉치만 돌리고 돌리고하면, 전기가 쏟아져 나온다. 지금까지 인류최대의 E는 핵분열과 핵융합이다. 우리는 핵분열에 의한 에너지를 누리고 있고 핵융합은 꿈의 E로, 50년 내에 개발할 것이라고 한다. 물론 수소폭탄은 핵융합폭탄이다.

물리학은 E를 다루는 학문으로 아리스토텔레스가 "Physics"란 용어를 만들었다. 고대희랍인들은 물질은 물, 불, 공기, 흙(4원소)으로 되었다고 힌트를 띠웠다. 그러나 그것은 원소가 아니었다. 그것들에서 원소가 쏟아져 나왔다. 물에서 수소와 산소가 공기에서 질소, 산소, 수소, 탄소가 그리고 흙에서 라듐, 철, 우라늄 등등이 우리에게 시사 하는 바가 크다.

그리고 더 나아가 E화할 수 있는 물질이 어디에 있는가? 우리가 물었다면 그들은 "E"의 개념은 모르나 4원소에서 찾아보라고 그들은 외치는 것만 같다. 우리는 지금 "하이브리카"차를 만들었다. 물로 가는 차. 물에서 수소를 분리해 E로 쓴다. 우리는 공기 중 수소에서도, 핵융합을 통해 E를 얻는다. 흙에서 우라늄을 얻어 "원자력"을 통해 E를 얻는다.

우리는 현재 "태양열" E를 쓰고 있다. 태양은 불타는 별이다. 불이다. 우리는 4원소에서 E를 꺼내어 쓰고 있다. 정확한 힌트요, 나침반이요 숙제였다. 물리학이란 E를 다루는 학문이야! 그것은 E화할 수 있어! 물리학이 준 최대의 이슈이다.

제3장 원자의 요약

1. 4원소설 – 불, 물, 공기, 흙(엠페도클레스)
2. 원자의 구조

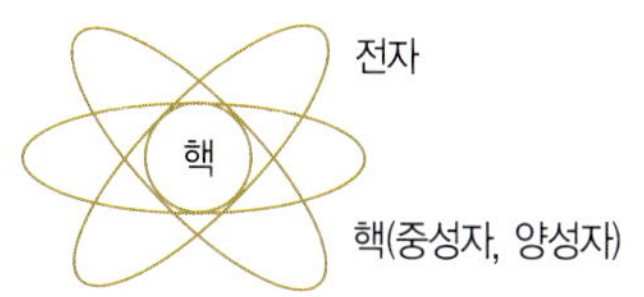

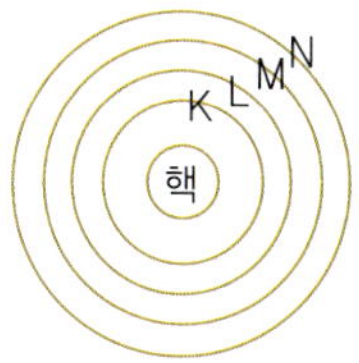

전자궤도–K각, L각, M각, N각 핵주위의 전자궤도는 E Level이 가장낮고 핵에서 멀어진 궤도 일수록 E Level이 높다.

3. 물질은 6종의 경입자와 6종의 쿼크로 되어 있다. 그리고 우주의 4가지 힘을 매개하는 4개의 매개입자가 있다.

⑴ 경입자–전자, 뮤온, 타우, 전자–중성미자 뮤온–중성미자 타우–중성미자

⑵ 6종의 쿼크–업쿼크, 다운쿼크, 참쿼크, 스트레인지쿼크, 바텀쿼크, 탑쿼크

⑶ 4개의 매개입자 – 중력자, 광자, 글루온, 욱실(Uxyl)

※ 기본입자–페르미온, 반정수 값의 스핀을 갖는 입자 힘을 전달하는 매개입자–게이지 보존입자로 정수값의 스핀을 갖는다.

※ 입자가속기(Cyclotron) : 미국의 페르미입자가속연구소, 스탠포드 대학의 입자가속기 입자를 자석으로 유도하고 전기의 E를 가해 속도를 광속에 이르도록 가속시키는 장치.

※ 핵분열–우라늄(92번원소)이나 플로토늄(94번원소)의 분열로 두 개의

원소로 나누어지며 각 분열당 약 200Mev의 E가 방출된다(연쇄반응).

※ 핵융합-2중수소와 3중수소의 융합으로 대략 4MeV의 E가 방출되며 방사능이 없다.

4. E(에너지)를 담는 두그릇인 전자와 광자

전자는 자석사이에서 코일뭉치를 돌리면 전자가 만들어지고, 광자는 원자의 전자궤도에서 전자가 기저상태(또는 중간 전자궤도)로 떨어지면 광자가 방출된다.

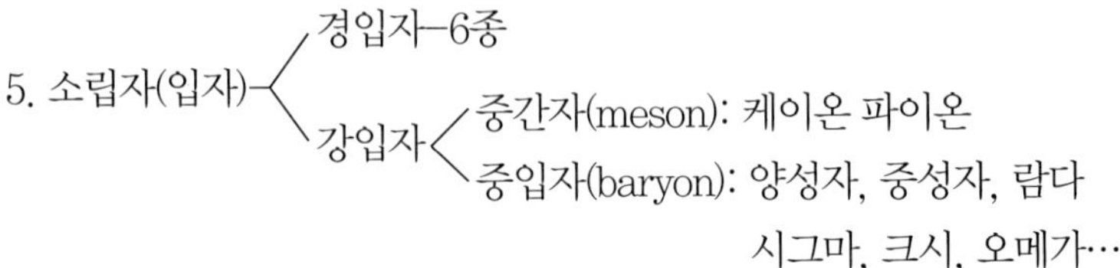

5. 소립자(입자) — 경입자-6종 / 강입자 — 중간자(meson): 케이온 파이온 / 중입자(baryon): 양성자, 중성자, 람다 시그마, 크시, 오메가…

6. 쿼크(에이스) — 핵자인, 양성자, 중성자를 이루는 입자로 분수배의 전하를 띠고 있는 수학적인 산물로 추정되며 아직 검출되지 못했다(강한 E 장벽으로 둘러쌓였기 때문).

7. 힉스입자 — 입자로 하여금 질량을 갖게하는 만물의 입자 신의 입자로 불리우며 아직 검출되지 못했다.

8. K-K입자 — 칼루자 클라인 입자로 초대칭입자.

9. 원자번호 1번 수소부터 92번 우라늄까지는 지구상에서 볼 수 있는 원소이며 93번~115번까지는 실험실에서 발견됨.

10. 방사성동위원소 — 원자번호는 같으나 중성자수가 달라 질량번호가 다른 같은 종류의 원소로 질량차이로 물리적 성질에 차이가 있음(화학적 성질은 같다).

11. C-14 방사성원소와 C-12원소의 상대적인량을 구해 유기물의 연대추정에 이용됨. C-14의 반감기: 5천 700만 년. 우라늄과 납의 상대적인량을 구하여 암석의 연대를 추정한다. ^{238}U의 반감기: 46억 년.

제4장

우주

"이 세상에서 가장 크고, 넓은 것은 우주이다"
그 우주는 허상과 수수께끼로 가득 차 있다.
인류는 이제, 그 우주에 돌멩이를 던지는 우주 개척 시대에 돌입했다.

제4장 우주
★숙지할 기본 용어와 개념

1. 우주=시공, 시간과 공간이 4차원 연속체로 통합되는 것(5차원, 11차원, 23차원).

2. 항성–일주운동을 따르며(지구의 자전에 의한) 스스로 E를 방출하는 별, 빨리 움직이지 않는 별.

3. 행성–일주운동(24시간마다, 시계반대방향으로 북극성을 중심하여, 서에서 동으로 한 바퀴씩 도는 별들의 운동으로 지구의 자전에 의해서 생긴다)을 따르지 않고, 제멋대로 움직이는 별로 스스로 E 방출을 하지 않는 별(태양의 E를 받아 반사하는 달처럼).

4. 위성–어떤 천체를 중심으로 돌고 있는 별(지구의 위성은 달 하나다).

5. 소행성–목성과 화성궤도 사이의 소행성대에 있는 별의 잔재로 태양계를(별의 쓰레기), 돌고 있다. 이들의 충돌로, 별똥별(운석)이 생긴다. 주로 암석과 금속물질로 구성되며, 7천 개로 추산하고, 수백 g–수백만 톤까지 천차만별이다. 가장 큰 소행성은 세레스(Ceres)로 지름이 약 930km. 지금까지 소행성중 지구와 충돌 가능한 것은 170개정도. 북해의 해저 "실버피트", 캐나다 써드베리나 멕시코 유카탄 반도에 큰 소행성 충돌 분화구가 있다(지구에 100여개). 지름 2km의 소행성이 지구에 떨어지면, 히로시마 원폭의 1,000만 개가 동시에 폭발하는 위력이다.

6. 혜성–주로 물, 얼음, 수소, 탄소로 되었으며, 태양계에 수조 개나 있다. 주로 "오르트 운"(Oort Cloud)이라는 거대한 물질구름에서 발생한다고 하며, 태양가까이 갈 때, 증기, 기체, 먼지가 긴 꼬리처럼 보여서"긴 머리 털"을 뜻하는 그리스어에서 유래됨(Comet, 혜성). 간혹 헨리 혜성처럼 다른 행성들의 궤도를 가로질러 태양근처까지 접근하는 일도 있다. 혜성조각이 지구와 충돌할 확률은 천년에 한 번꼴이다.

※ 소행성과 혜성의 지구 충돌은 수백만 년 만에 일어나는 일로 알려졌고, 지구엔 최근(1908) 시베리아 퉁구스(Tungus) 지역에서 넓은 숲이 타버렸다. 분화구는 없다(수백 평방km의 산림이 초토화되었다).

7. 펄(Pulsar)–맥동천체–규칙적으로 전파펄스를 방출하는 특수한 종류의 중성자별이다.

8. 퀘이사(Quasar, 준항성체)–적색편이는 관측되나 관측이 힘들며, 자전하고 있는 중성자 별. 아주 먼 거리에 있지만 높은 광도와 강한 전파방출이 관측되는 희귀한 천체(중성자로만 구성된 밀도가 매우 높은 별).

9. 적색편이-별빛의 수소스펙트럼선이, 먼 곳에서 올 때, 여러 은하에서 흡수되어, 적색 쪽의 스펙트럼선을 띠는 것을 말한다. 이것으로 우주의 팽창을 주장한다. 별이 멀어져갈 때, 파장이 길고, 진동수가 적은(E가적은) 적색 쪽으로 기울고, 별이 우리에게 닥아올 때는, 별빛이 파장이 짧고, 진동수가 많은(E가 높은) 청색 쪽으로 기운다.

10. 초신성(Supernova)-태양질량의 10배 정도의 혼자인 별들이 겪는 더욱 격렬한 최후의 폭발로 태양이 몇십 억 년간 방출한 만큼의 E가 방출된다. 초신성폭발의 전제조건은, 규소의 핵융합으로 철의 중심핵이 만들어져야 한다. 은하에서 초신성이 폭발하면, 그 초신성하나가, 은하의 모든 별들을 합한 것보다 더 밝게 빛을 낸다. 이 초신성이 폭발하면, 성간에 물질의 대부분을 흩어 뿌려, 다시 다른 별들의 생성에 이용된다. 신성(Nova);쌍성계에서 일어난다.

※ 호주의 로버트 에번스 목사-2003년까지 초신성 별 36개를 관찰함.

11. 직접관찰 하지 못하고, 간접증거로만, 그 존재를 알 수 있는 물리학의 실체는? (1)쿼크 (2)암흑물질(25%) (3)암흑E(70%) (4)여분차원 (5)블랙홀.

12. 여분차원(제한된 경로)-1919년 독일 수학자, 테오도르 칼루자(Theodor Kaluza)는 아인슈타인의 일반상대성 이론에서, 여분차원이 존재할 수 있음을 알고는, 보이지 않는 새로운 공간차원인 4번째 공간차원이 있음을 제안했다. 1926년, 스웨덴의 수학자, 오스카 클라인(Oskar Klein) 은, 여분차원이 원형으로 말려 있을 것이라는 제안을 했다. 그 크기는 극히 작아 10^{-33}cm(플랑크 거리)에 불과하리라고 했다[K-K 입자:(칼루자-클라인 입자)].

13. 끈 이론이란-자연의 가장 기본적인 단위는 입자가 아니라, 진동하는 끈이라고 주장하는 이론. 양자역학과 일반상대성 이론을 통합할 수 있는 가장 유망한 이론이다. 거리가 매우 짧은 규모의 세계를 기술할 수 있는 이론(10^{-33}cm 거리;플랑크 거리), 이짧은 거리에서는, 중력은 의미 있게 커진다. 플랑크 규모 E;10^{19} Gev.

4-1 우주 총론

하늘은 신비 그자체로 인간의 어린 시절에 각인되어 있으나, 또한 허상과 수수께끼의 그 무엇이다. 윤동주시인의 "별 헤는 밤" 별 하나에 순희, 별 하나에 어머니가 문득 생각난다. 과학적으로 보면 하늘의 허상은 이렇다. 태양이 중천에 떴네(지구가 1/4이나 자전했네). 별빛이 바람에 스친다(지구의 대기권에 먼지가 많네). 햇볕이 뜨겁다(지구가 태양 가까이 왔구나). 지구보다 수백, 수천, 수억 배 큰 별들이 저렇게 많이 밤하늘에 떠 있다니 수수께끼 그 자체로다.

세상의 가장 넓은 우주에 대해 말하려니 말문이 막혀서가 아니라, 개념이 부족하여 원자보다 짧게 말하려고 한다. 우리는 우주를 하늘을 통해서 본다. 그래서 하늘은 우주의 통로요, 우주의 창이다. 직립인간(Homo Erectus)으로 밤에 우리가 올려다 본 곳이 그곳이요 인류역사 이래, 수없는 영웅, 위인, 인간들이 한 평생 그곳을 올려다 보다가 갔다. 대부분 하늘의 별들만 보고 갔다. 내가 이 글을 쓴 것은 하늘의 별 뿐만아니라, 우주의 별들도 보면서 살자는 것이다. 인류가 우주에 대해서 한일은 크게 4가지다.

A. B.C 3천 년경부터 밤하늘 별(육안으로 5천개 정도), 그 별들의 형태와 위치에 따라 이름을 붙이고, 점술도 하고, 천문도도 그려서, 바다나 사막의 여행 때 길잡이로도 이용했다(B.C 3 천년경에, 이집트, 중국, 바빌로니아 등지에서 천문도를 그림). 지구둘레 4만km내에서 올려다 본 하늘의 별들은 너무나 멀리 떨어져서 의미가 있었을까? 그러다가 학문의 발생지인 고대 희랍에 와서(B.C 600~A.D 100년), 태양과 지구, 그리고 유일한 지구의 위성인 달, 이 셋의 상호위치에 따라 만드는 일식과 월식도 인식하고 예견했다. 천동설도 나왔다. 첫째는 별들의 이름을 붙였다. 궁수자리, 오리온별, 카시오페아, 북두칠성, 백조자리, 켄타우루스, 용골자리 등.

B. 천동설이 무너지고, 지동설이 부활되면서, 지구의 수학이론을 우주에

도 적용하자 딱 들어 맞았다. 우주에도 적용할 수 있었다. 태양이 중심이고, 태양을 도는 행성들의 궤도는, 원궤도가 아니라 타원궤도이며, 그들의 공전 주기가 정확히 관측과 계산에 의해서 구해졌다. 사과를 잡아당기는 힘이 달 도 잡아당기는 것도 알았고, 태양이 행성들을 잡아당기므로 타원궤도 운동 도 이루어짐을 알았다. 둘째로 르네상스이후에 수학과 어우러져 그들(별들 의 일부. 태양계의 행성. 수, 금, 화, 목, 토)의 운동방식과 공전주기가 결정 되었다.

C. 아인슈타인이 일반상대성이론과 방정식을 세상에 내어놓자, 우주가 바빠지기 시작했다. 우주의 시작과 끝이 있음이 확정되었다. "우주의 팽창" 도 허블에 의해서 발견되었다. 빅뱅이론, 빅크런치, 블랙홀, 적색편이, 일식 때 태양주변을 지나는 별빛이 1.74초 정도 휠 것이다 등등. 현대 우주론이 발전한다. 셋째로 우주에 대해 많은 과학적 사실이 알려진다.

D. 신화와 전설, 그리고 우리의 예측과 기대가 깨어지면서, 냉혹한 현실 을 본다. 1969년 7월 20일 "인류가 달에 섰다" 그렇게 퀭한 삭막한 지평선 만 보았다. 달과 지구는 너무도 차이가 났다. 넷째는 우주의 대양을 개척할 전진기지로서, 가장 가까운 달에 기지건설 등이 예상되고, 이제 우주는 개 척할 바다로서 달을 징검다리로 삼아 섬들도 개척할 수 있게 되었다. 인류 의 역사가 계속된다면 말이다.

「우주에는 별이 있고, 별들이 모여서 은하수(은하)를 이루고, 은하들의 그룹을 은하단(Cluster), 그리고 초은하단(Super Cluster), Void(빈공간), 대장벽(Great Wall), 은하는 기체와 티끌과 별로 구성되었다」「별들은 항 성, 위성, 행성, 소행성, 혜성, 블랙홀, 펄사, 퀘이사로 구분 요약할 수 있다」 「우주에 은하는 1,050억 개가 있고, 1개의 은하당 1억 개의 별을 거느린다. 우리 태양계의 은하에는, 3천억 개의 별이 있다고 한다. 밤하늘에 우리가 육안으로 볼 수 있는 별은 5천 개정도이며, 호주 국립대의 천문학 연구팀이 최근(2003년 7월) 우주에는 700해개의 별이 있다고 했다(억, 조, 경, 해…,

무량대수). 지구 모래의 10배에 해당되는 수」「우주는 3개의 모형이 주장된다. 닫힌 우주(빅뱅-빅크런치), 편평한 우주, 열린 우주」. 스티븐 호킹의 "시간의 역사"p58-59그림참조. 「우주에는 4가지의 힘이 있다. 중력, 전자기력, 강한핵력, 약한 핵력(바람의 힘도 있으나, 일시적이고, 법칙화할 수 없어, 물리학에서는 제외된다). 큰 바위밑 산비탈에 지게를 내리고 할아버지가 쉬려할 때 할아버지! 그곳은 위험해요 하고 소년이 외칠 때, 그곳은 바위가 굴러 떨어질 수 있기 때문이다. 이것이 중력의 힘이다. 천둥, 번개칠 때, 철 우산을 쓰고 벌판을 걸을 때, "위험해요"라고 소리치는 것은, 전자기력의 힘이다. 원폭이나 원자로에서, 인공방사선이 방출되는 것은, 강한핵력이다. 방사능 원소에서, 자연 방사선이 방출되는 것은 약한 핵력 때문이다」.

「우주의 4가지 힘을 통합해서 쉬운 방정식으로 표현하고자, 물리학자들은 고심한다.

(1) 전자기력+약한 핵력=약전기력(1960년대 후반). 와인버그, 살람, 글라쇼우의 이론에서 주장되고, 1984년, CERN에서 높은 E에서 2개의 힘이 근원적으로 같다고 입증되었다.

(2) 약전기력+강한핵력=대통일이론(GUT ; Grand Unified Theory).

(3) 약전기력+강한핵력+중력=만물의 법칙(TOE ; Theory of Everything).

  ※ 1991년, 초대칭 이론을 통일 과정에 도입하면, 대통일이론이 된다고 김정욱 박사가 제시했다」.

「우주 만물에 대한 4가지 상」

(1) 아리스토텔레스의 세계상(전인류 중, 가장 넓은 학문의 세계를 펼친 사람들 중 대표)

"지구는 둥글고(2가지 근거로), 지구가 우주의 중심이다(돌멩이 던지는 실험을 통해, 공중에 던진 돌이 항상 지구로 떨어졌다. 공중의 좌우로 사라

지는 법 없이). 중심인 지구는 고정되었고, 태양과 별들이 지구를 돌고 있다
(천동설). 고정되어 움직이지 않는 물체가, 가장 안정적이며, 움직이려면,
힘이 필요하다. 무거운 것이 가벼운 것보다 먼저 떨어지고, 만물은 5원소로
되어 있다. 빛은 무한대의 속력을 가졌으며, 직진하나 파동할 것이다.

(2) 고전 역학의 세계상(뉴턴의 세계상)

행성의 법칙이 밝혀지고, 그 행성의 움직임을 통해서, 중력법칙과 뉴턴
의 운동법칙이 정립되자, 뉴턴은 자연만물을 신화나 전설적 존재로부터, 질
서와 조화가 있으며, 예측성이 가능한 잘 맞물려서, 돌아가는 정교한 시계
톱니의 기계와 같은 세상으로 봤다. 자연법칙이 수학방정식으로 요약되었
고, 계산을 통해서 얻은 "해"를 통해, 오류와 사실이 구별되었다.

자연만물과 우주의 세계가 비교적 쉽고, 이성과 과학으로 풀어지는 흥미
진진한 세상이었다. 무한대의 빛속도는 계에 따라 달라지고, 기본 물리량인
시간, 공간, 질량은 언제나 불변하는 절대적인 것으로 간주되었다. 행성들
의 회전운동에 어떤 기준점이 되는 절대 정지점인 "절대공간"이 있을 것이
고, 그곳은 신의 영역일 것이라고 했다.

(3) 상대성 원리의 세계상(아인슈타인의 세계상)–얼른 상대론적인 현상을
목격하기가 쉽지 않다.

한마디로 아인슈타인의 세계상은 온 우주만물에 시작과 끝이 있음을 천
명한 세계상이요 시간, 공간, 중력이 물체와(질량) 상관 있으며, 이에 대해
서 완벽한 물리학적 개념을 천명한 셈이다. 뉴턴의 세계상에 모호한 점이
있음을 지적하고, 그것을 명쾌하게 '하자보수' 하여, 모순을 제거했으며, 일
반적인 뉴턴의 세계상이 미치지 못하는 원자세계나 우주의 거대세계까지
이론을 확장시킨 세계상이 아인슈타인의 세계상이다. 그 이론의 중심에
"빛"이 있고, 빛의 속도가 계마다 변하고, 시간, 공간, 질량은 절대적으로

변할 수 없다는 뉴턴의 모순되는 형이상학적 개념을 물리학적인 실질적인 개념으로 밝혀냈다. 광속도가 불변이라고 마이컬슨—몰리 실험에서 알려지고, 광속도 불변의 원칙을 깨닫자 시간, 공간, 질량은 계마다 달라지는, 상대적인 개념으로 바뀌지게 되어 그것이 틀림없는 물리적인 실체임을 밝혀냈다.

이제 시간, 공간, 질량은 계마다 변하는 또는 절대적으로 불변하는 존재가 아니라, 그가 말한 감마인자를 통해 보정하고 조정되어야 한다. 우주는 안정된 우주로(정적 우주), 우주의 주관자인 신이, 주도면밀하게 주관한 세계이다.

(4) 양자역학의 세계상

얼른 일반적 상식으로, 이해되지 않는 세계상이다. 이것을 닐스 보어의 표현을 빌리면, "양자 물리학"이론에 충격을 받지 않는 사람은, 그 이론을 아직 제대로 이해하지 못한 것이다라고 했다. 미국의 물리학자 폴 데이비스(Paul Davis)와 존 그리빈(John Gribbin)은 20C 양자물리학이 가져온 성과를 토대로 헤겔과 마르크스의 "유물론"(만물은 물질로 되었다)은 죽었다고 선언했다.

이것은 우주만물이 물질로 되었음을 천명하지 않고, 물질보다 더 앞선 상태 즉, 보이지 않는 힘(장;Field)인 "장에너지"를 근본으로 천명함을 말한다. 양자역학이 천명하는 세계상을 열거해보면,

1) 우주를 이루고 있는 근본은 인과 관계도 안 따르고, 예측도 불가능한 형태로 연결된 입자와 파동으로 되어 있다(장에너지).

2) 우주의 물질이란 애시당초 없고, 보이지 않는 에너지 장의 파동과 불규칙한 자극들로만 가득 찼을 뿐이며, 그런 E장이 응집하여 우리가 부르는 입자들이 생겼다.

3) 만물의 근본인 원자를 바라볼 때, 원자를 구성하는 소립자의 미시세계가

거시세계의 축소판으로 간주하지 않으며, 전자나 핵자들이 더 이상 물질이 아니고, 장(Field)이라고 간주하는 편이 더 정확하다.

4) 닐스 보어의 "코펜하겐 해석"에 따르면, 그 전에는 예측되는 결과나 세상도 말할 수 있었으나, 이 해석에 따르면, 측정되지 않은 것은 존재하지 않는 것으로, 간주한다는 생각은 물론, 지금까지도 논란의 대상이다. 이에 아인슈타인도 반발하여, "달을 쳐다보지 않을때, 과연 달은 그곳에 있을까?"라고, 우문 비슷한 명언을 남겼다.

5) 세계가 하나의 전체라고 생각한다. 하나가 전체고 전체가 하나다. 부분이 전체고 전체가 일부분이라는 개념이다. 시간을 두고 충분히 생각해야 조금씩 이해되는 개념이고 세계상이다.

「지구에서 가장 가까운 행성은 금성이고(새벽하늘의 파수꾼. 샛별. 새벽별. 계명성. 낮별(낮에도 보일 정도임), 가장 가까운 항성은 태양이다(1억6천만km. 8광분거리). 우리 은하에서 가장 가까운 항성별은 프락시마 켄타우리 알파별로써, 4광년 거리다(37조km). 지구에서 가장 가까운 은하는 안드로메다 은하이고, 가장 먼 은하는 150억 광년 거리에 있다. 그 은하에서 온 별빛은 150억 년 전에 그 은하를 출발한 빛이므로 그 빛을 분석, 연구하면, 150억 년 전의 우주를 추론할 수 있다. 별의 거리는 ㉠1AU;(지구와 태양과의 거리로 표시함) ㉡변광성 세페이드 별로 어느 정도 알 수 있다 ㉢"빛의 속도"로 표시」. 「별빛으로 알 수 있는 것 ㉠거리 ㉡발광량(광도) ㉢별의 온도 ㉣그 별의 구성원소」.

「우리 태양계는, 중심에 태양과 내행성인 수성, 금성, 지구 그리고 외행성인 화성, 목성, 토성, 천왕성, 해왕성, 명왕성 9개의 행성들과, 그에 딸린 위성들, 그리고, 소행성과 혜성들로 구성되었다. 푸른 별은 뜨거운 젊은 별이고, 노란별은 중년의 별이고(태양은 노란별이다), 붉은 별은 늙어 죽어가는 별이고 작고 하얀 별이나 검은 별은 죽음의 문턱에 이른 별이다. 수성, 금성, 화성, 목성, 토성은 맨 눈으로 볼 수 있고 소행성과 천왕성, 해왕성,

명왕성은 어두워 고성능 천체 망원경으로 관측할 수 있다. 수, 금, 지, 화, 명왕성은 크기와 질량이 매우 작고, 밀도가 크며 원형에 가깝다. 그래서 이들을 지구형 행성(Ferrentrial Planet)이라하며, 주성분은 암석과 금속이다. 목, 토, 천, 해의 4개의 행성을, 목성형 행성(Jovian Planet)으로 크기와 질량이 비교적 크고, 밀도는 작다. 비교적 타원형으로 주성분은 수소와 얼음이다. 지구에는 위성이 하나이고(달), 화성은 2개(포보스와 데이모스), 그리고, 토성은 31개, 목성은 갈릴레오 관측시는 4개였으나, 2006년 7월까지 63개의 위성이 발견되어 가장 많은 위성을 거느리고 있다. 금성은 지구에서 가장 가까운 행성이며, 가장 뜨겁다(온실 효과로). 노란색을 띠는 것은 황 때문이다. 금성의 구름은 완전히 농축된 황산용액이다. 금성의 자전은, 다른 행성들과 반대여서, 해가 서에서 동으로 지며, 금성의 하루는 지구의 118일 걸린다(밤59일, 낮59일)」.

「블랙홀은 태양질량의 20~30배의 적색거성이 죽어서 된 별의 시체로, 중력장이 강해(그 정도로 시공을 휘게 함) 빛도 빠져나가지 못한데서, "Black Hole"이라고, 존 휠러(1969년)가 명명했고, 아인슈타인의 일반상대성이론의 방정식의 해를 구하다가, 슈바르츠 쉴트(Schwartz Shield)가 인식한 천체다. 눈에 보이지 않아, 밤의 별들 보다 많다는 주장도 있다. 최근 호킹은 별로 검지 않다고 표현했다. 그 이유로 X−선과 자외선을 방출할 것이기 때문이다. 논문으로 수없이 제시되었으나, 아직 확인되지 않았다. 스티븐 호킹이 블랙홀의 대가다. 암흑물질이 블랙홀일 것이다, 블랙홀에서 인류는 E를 얻을 수 있을 것이다 등이 제시된바 있다」.

「별도 생명주기가(Life Cycle) 있다. 먼지구름과 가스가 자체인력 때문에 스스로 중력붕괴 하면서, 별이 형성된다. 핵융합에서 나온 별의 내부 E는 중력의 인력과 균형을 이루어 별은 안정되나 핵연료가(수소) 모두 소모되면, 냉각되면서 수축되어 질량에 따라 운명이 결정된다. 태양질량 정도의 별은, 백색 왜성이 되고, 10배의 별은 중성자 별이 되고, 30배 이상의 별은 블랙홀이 된다. "시간의 역사" p106~107 그림참조. 질량에 따른 별의 운명을 처음 제시한 천문학자는 인도의 찬드라세카르이며, 1928년의 일이다. 별의 운명은 그 별이 생성될 때, 얼마나 큰 질량을 갖고 생성되었느냐에 달렸다」.

　「20C 초에 할로 섀플리(Harlow Shapley, 1885~1972)와 로버트 트럼플러(Robert Trumpler, 1886~1956) 이 두사람의, 연구에서 우리 은하의 모습이 설명되었다. 우리 은하는 회전하는 수많은 별들로 이루어졌으며 지름이 약 10만 광년이며, 이 은하의 가장자리에 있는, 가까운 나선팔위에, 우리 태양계가 있다. 태양계와 태양계가 속한 나선팔은 은하 중심에 대해 초속 약 220km(시속 약 80만km)의 속도로 움직이며, 은하주위를 한 바퀴 도는데, 2억 3천만년이 걸린다. 태양은 우리 은하 주위를 이미 20바퀴나 돈 것으로 생각된다(선캄브리아대 ; 46억년 의미)」.「지구상의 생물은 별들의 후손이라고도 말한다. 그들은 99%가 수소, 탄소, 질소, 산소의 4가지 원소만으로 되어 있다. 우주의 원소에서 왔다고 말하는 것이다」.「1989년 COBE 위성발사로 1992년 "우주배경 복사"를 촬영함. 1990년 미국 우주왕복선 디스커버리호에 실려, 지구에서 600km떨어진 궤도에 허블 망원경 띠움. 2002년 10월 GALEX 탐사선에 자외선 우주망원경 실려 띠움」.

　※ 2001년, WMAP 위성 발사(우주 배경 복사탐사). 2003년 2월 120억 광년 거리에 있는 퀘이사 보다 더 먼 거리의 복사를 분석함.

　「현대 우주론의 3대 기본 틀은 ㉠아인슈타인의 일반상대성 이론 ㉡허블의 적색이동관찰로 우주팽창 증거 발견 ㉢그 검증의 증거로 우주배경 복사」「우리 은하에서 초신성 폭발은 ㉠1054년 7월 4일 ; 황소자리의 초신성 폭발 ㉡1572년 11월 11일 ; 티코 브라헤가 남긴 초신성 폭발 ㉢1604년 ; 케플러가 적어둔 초신성 폭발」「샤를 메시에(Charles Messier(1730~1817), 프랑스 천문학자」. 그가 작성한 104개의 성단과 성운의 목록에, 피에르 매생이 1786년에 6개를 추가하여 M110이 되었다.

※〈메시에 마라톤〉. 매년 3월, 12일, 오후 6시부터 새벽까지 메시에 목록 110개의 성단과, 성운을 찾는 대규모 천문 이벤트. 오후 7시경 가장 먼저 떴다지는 M74를 시작으로 관찰 시작. M51=NGC5194(New General Catalogue).

M31이란, 샤를 메시에 목록 31이란 뜻이며, 지구에서는 안드로메다자리에서 관측된다.「2018년까지 달에 유인기지를 건설하겠다고 NASA(미 우주항공국)는 2005년 8월 발표했다」. 1972년 아폴로 17호가 달에 유인 착륙한 것이 마지막이었다. 기지에 필요한 자재는 달 표면에 있는 철과 티타늄 등의 샘플을 활용하는 방안이 거론된다.

「소행성 그리고, 혜성의 충돌로 달에 수많은 운석공이 있듯이 (루나호가 달의 뒷면을 찍어온 사진), 지구에도 큰 운석공이 있다(100여 군데, 멕시코 유카탄반도, 캐나다의 서드베리, 북해의 해저"실버피트") 등」「천왕성(Uranus) ; 1781년 윌리엄 허셜이 발견, 해왕성(Neptune ; 1846년 J G갈레가 발견. 명왕성(Pluto) ; 1930년 퍼시빌 로웰 천문대의 톰보가 발견」「화성에 관심을 가진 천문학자 티코브라헤는 케플러에게 화성을 많이 관찰하라 했으며, 퍼시빌 로웰(Percival Lowell, 1855~1916)은 애리조나 주 플래그 스태프(Flagstaff)에 화성관측을 위해 천문대를 세웠다. 외교관 신분으로 조선에서도 근무한적 있다」(이탈리아 천문학자 스키아 파렐리에게 영향받음).「갈릴레오가 망원경으로 관측한 우주의 사실은? ㉠은하수-별들의 집단 ㉡태양의 흑점(태양 대기에서 주위보다 절대온도가 2천 도나 낮아 검게 보이는 것을 말한다. 이 흑점은 강한 자기장을 동반한다 ㉢금성의 위상 변화 ㉣달의 운석공과 달의 산 ㉤목성의 위성 4개 ㉥토성의 고리 등」

「1994년 슈메이커레비 혜성이 20여 개 이상의 조각으로 나뉘어져 목성에 충돌하여 강력한 E를 방출하며 폭발했다. 1000만 메가톤의 규모로 히로시마 원폭의 8억 개 정도의 위력이었다」. 역사시대에 기록된 것 중 가장 큰 규모의 충돌이었다.

4-2-1 여명기

1. 탈레스 (Thales, B.C 624(?)~546(?), 고대 희랍 (이오니아)
   ↓   "일식을 예언함"

2. 아낙시만드로스 (Anaximandros, B.C 610(?)~545), 고대 희랍
   ↓   "별자리 모양의 천구도를 작성, 우주 생명체가 있다"

3. 피타고라스 (Pytagoras, B.C 582(?)~497(?), 고대 희랍 우주를 "cosmos"로
   ↓   보았고, 달의 모양에서 지구가 둥글다고 유추함

4. 아낙사고라스 (Anaxagoras, B.C 500~428(?), 고대 희랍
   ↓   "달이 반사된 빛 때문에 밝게 보인다고 말한 최초의 사람"

5. 데모크리토스 (Democritos, B.C 460(?)~370(?), 고대 희랍
   ↓   "은하수가 별들의 집단일 것이라고 예견함"

6. 아리스토텔레스 (B.C 384~322), 고대 희랍
   ↓   "2가지 증거로 지구가 둥글다" "천동설"

7. 아리스타르코스 (Aristarchos, B.C 310(?)~230(?), 고대 희랍
       "지동설"

8. 에라토스테네스 (Eratosthenes, B.C 273(?)~192(?), 고대 희랍
       "지구의 둘레를 계산함" (4만 km)

9. 히파르코스 (Hipparchos, B.C 160(?)~90(?), 고대 희랍
   ↓   "최초의 천문도를 만듬"

10. 프톨레마이오스 (Klaudios Ptolemaeos), 그리이스 천문학자
   ↓   "천동설" 「천문학의 집대성」 책 저술

11. 알수피 (Al-Sufi) : 항성에 관한 책 저술함 (A.D 964년)

4-2 우주에 대한 인식의 역사

1. 여명기

고대 희랍, 이오니아 문명의 철학자, 과학자들에 의해 그들의 세상에 대해서 말했다. 지구와 하늘의 천체에 대해서다(B.C 600~200). 일식과 월식을 인식했으며, 달은 반사체로(행성) 빛을 냈음도 인식했다. 우주의 생명체도 있다고 추측했고, 별자리 모양의 천구도와 천문도도 그렸다. 에라토스테네스는 지구의 둘레도 과학적으로 측정했으며(4만km), 지구가 둥글며 그 이유도 2가지를 들어 아리스토텔레스는 설명했다. 그리고 천동설과 지동설을(아리스타르코스) 주장했다. 프톨레마이오스(A.D 2C경)는 "천문학의 집대성"의 저자로 히파르코스의 영향을 받았고, 별자리를 명명하고 별의 밝기를 기록하여, 목록을 만들었다. 이 천문학 집대성의 책이 바그다드에서 번역되어 "알마게스트"(위대한 책)로 출간되었는데, 원본보다 더 유명했다.

A.D 964년에 아라비아의 천문학자 알 수피는 "항성에 관한 책"을 저술했다. 하늘의 천체에 대해서 농축되고 농축된 숙제들이 이렇게 쏟아져 나온 시기이다(더 자세히 알기 원하는 독자들에게는 칼 세이건의 코스모스 제3장과 7장을 권한다).

4-2-2 개화기

1. 요한 뮬러 (Johan Muller, 1436~1476) "천동설을 부인하는 최초의 시도자" 「요약 (Epitome)」출간, 1496년

2. 니콜라우스 코페르니쿠스 (Nicholaus Corpernicos) : "지동설로 처음 복귀한 과학자"

3. 티코 브라헤 (Tycho Brahe, 1546~1601, 덴마크 천문학자) "수만 번 육안으로 천체를 관측한 정보를 케플러에게 물려줌"

4. 요하네스 케플러 (Johannes Kepler, 1572~1630, 독일) "3가지 행성 법칙 정립"

5. **갈릴레오 갈릴레이** (Galileo Galilei, 1564~1642, 이태리) "실험 물리학의 원조"로 목성의 위성 4개와 금성의 위상변화를 망원경으로 관측하고 천동설의 1800여 년간의 오류를 무너뜨림. 지동설 복귀

6. 시몬 마리우스 (Simon Marius, 1573~1624) "안드로메다성운 관측"

7. **뉴턴** (1642~1727) "지구와 우주를 중력법칙으로 설명함"

8. 죤 미첼 (John Michell, 영국) "1783년에 블랙홀의 의미를 암시하는 논문을 왕립협회 물리학 회보에 발표함"

9. 샤르 메시에 (Charles Messier, 1730~1817, 프랑스) "104개의 성단과 성운 목록 작성" 피에르메생이 1786년에 6개를 추가하여 M110 이됨

10. 프레데릭 허셜 (William Frederick Herschel, 1738~1822, 독일의 아마츄어 천문학자 "1781년 천왕성 (uranus) 발견" 우리 은하의 성단 2500개 목록 작성

2. 개화기

1800여년의 천동설의 아성이 무너지고 지동설로 복귀한다. 브루노 교수는 화형을 당했고, 갈릴레오는 감옥에 갇혔다. 요한 뮬러나 코페르니쿠스의 책들은 사후에나 출판되거나 죽는 날에 초판본을 받아보았다. 과학 지식의 오류가 수정되는데, 너무 많은 세월을 보낸 것이다. 역사는 정반합이라는데 우리에게 남는 교훈은 잘못된 성서관과 종교가 권력을 가져서도 안되지만, 종교를 가지고 이 세상에서 인간이 인간을 심판하는 일이 없어야 한다.

지구에서 적용되는 수학법칙이 우주에서도 어김없이 적용되었다. 행성들의 위치나 공전주기는 정확히 예견되고, 계산되었다. 케플러와 갈릴레오, 뉴턴에 의해서다. 갈릴레오 망원경으로 천체를 관측하고(별의 사자) 보고서 작성함. 성단과 성운의 목록이 작성되고, 이제 별들과 성단은 공용어의 별칭이 생겼다. 샤를 메시에, 피에르 매생, 그리고 아마추어 천문학자 프레더릭 허셜에 의해서다.

4-2-3 성숙기

1. 윌리엄 허긴스(William Huggins, 1824~1910, 영국 천문학자와 아르망 피죠(Armand HL Fizeau, 1819~1896, 프랑스 물리학자) "밝은 별들의 스펙트럼선이 "적색편이" 함을 발견. 1869년 허긴스는 시리우스가 초속 32km의 속도로 지구에서 멀어지고 있다고 발표"

2. 할로 새플리(Harlow Shapley, 1885~1972, 미국) 로버트 트럼플러(Robert Trumpler, 1886~1956, 미국) "1915년에 태양계와 지구는 우리 은하의 변방인 거대한 은하의 가장 자리에 가까운 나선팔 위에 있으며, 은하 중심에서 2만7천 광년의 거리다"

3. 아인슈타인(Albert Einstein, 1879~1955) "1916년에 일반상대성이론을 발표하고 1917년에 이 이론에 따른 우주방정식에 우주상수를 추가하여 정적인 우주상을 정립"

4. 1922년 알렉산드르 프리드만(러시아의 물리학자 수학자)이 아인의 공식에서 "우주 팽창"을 예견함(우주상수항을 제거시)

5. 1927년 허블과 휴메이슨이 캘리포니아의 윌슨산 천문대에서 먼 은하단에서 온 별빛의 수소 스펙트럼선이 적색편이(Red Shift)함을 분석하고 "우주 팽창"과 "허블의 법칙"을 정립함

6. 1927년 죠오지 르메트리가 빅뱅이론을 제안함. 1948년 죠오지, 가모브가 빅뱅 용어를 만들고 "우주배경복사"를 예견한다

7. 1965년 펜지아스와 윌슨이 전파 망원경으로 "우주배경복사"를 발견

8. 1970년 펜로즈와 호킹이 "특이점 정리 논문으로 빅뱅 특이점 입증"

3. 성숙기

두 사람에 의해 적색편이 현상이 도플러의 현상으로 설명되어 빛(광원)이 멀어지고 있을 때, 나타난다고 인식되고, 우리 태양계의 위치가 우리 은하의 변두리인 가장자리의 나선팔위에 있다고 밝혀진다.

아인슈타인이 일반상대성이론과 우주 방정식을 내놓자, 프리드만이 우주 팽창을 예견하고, 허블이 적색편이 현상을 통해 우주팽창을 발견했다(20C 최고의 지식중의 하나로 알려진). 우주팽창에 따라, 그 역을 생각하다. 두 죠오지는 빅뱅이론을 정립하고, 빅뱅이론을 뒷받침해줄 우주배경 복사를 가모브가 예견하고, 펜지아스와 윌슨이 이것을 발견했다.

우주역사의 성숙기는 아인슈타인의 일반상대성이론 때문에 지구가 급박하게 돌아가, 우주의 시작과 끝이 알려지고, 빅뱅이론이 역사의 스타로서 등단하고, 우주가 팽창한다는 사실이 큰 뉴스처럼 세계에 펄럭였다. 아인슈타인은 빛박사에서 우주론의 아버지로 변신한다.

4-2-4 황금기

1. 1969년 7월 20일 아폴로 11호의 닐암스트롱과 버즈올드린이 달에 착륙함

2. 1963년 머리 겔만과 죠오지 쯔바익은 입자 물리학 분야에서 원자의 핵자들인 양성자와 중성자들이 쿼크로 구성되었다고 발표함

3. 1964년 피터 힉스(1929~, 스코틀랜드)가 힉스입자(Higg's Particle)를 제안함

4. 1971년 죤 슈바르츠 (John Schwartz) "초끈이론 제창"

5. 1984년 "초끈혁명"-죤 슈바르츠, 죠엘 세르크(Joel Sherk), 마이클 그린 (Michael Green)

6. 1990년 SLAC의 실험에서 쿼크 입증(스탠포드대학의 입자 가속기)

7. 1992년 "COBE" 위성에 의해 "우주배경 복사"가 촬영됨

8. 1994년 슈메이커-레비9호혜성이 목성의 남반구에 충돌하면서 커다란 화염과 구름을 일으켰다(역사시대 이후로 가장 큰 규모의 혜성 우주 충돌이다)

9. 1995년-M-이론-에드워드 위튼

10. 1999년 리사 랜들과 라만 선드럼의 "여분차원"이 휘어진 공간에서 뒤틀려 무한한 크기로 펼쳐질 수 있다

11. 2008년 9월 10일 CERN(유럽 핵연구소)의 7 TeV의 LHC(거대 강입자 가속기)에서 가동 실험에 성공함

4. 황금기

나는 우주역사의 황금기를 달 착륙으로 정했다. 인류의 신화나 전설을 깨뜨리고, 달 왕국에 우리를 인도한 사건이요, 1018년까지 NASA에서 달에 유인 기지를 건설하겠다고 발표했다.(2005년) 이제 달은 우주 섬 개척시대의 전진기지가 될 가능성이 매우 크다.

역사가 우리에게 허용되었다면 말이다. 어떻든 인류의 총 지혜가 결집되어(상대성 원리, 양자 역학, 컴퓨터, 지능 로봇, 신소재, 그 모든 학문의 원래 최신 문명의 결과로) 인간은 달 왕국에 서게 되었다.

그러나 달은 지구와 너무나 달랐다. 1960년대까지, 물질의 구조는? 의 질문에, 원자, 원자핵, 양성자. 중성자(핵자)와 전자라고 답했으나, 1963년에 두 사람에 의해 원자핵인 양성자와 중성자도 2개의 쿼크와 1개의 쿼크로 되어 있다 핵자가 깨진 것이다. 피터힉스는 빅뱅시, 질량이 없는 광자가 방출되었는데, 어떻게 입자가 질량을 갖는가에 대해 만물의 입자로 가상 입자인 힉스입자를 제안했다. 그것이 CERN의 테바트론에서 검출될지가 물리학자나 과학자들의 관심거리다.

1970년 펜로즈와 호킹은, "특이점 정리"란 논문을 발표했다. 우주의 밀도와 곡률과 E가 무한대인 유일무이한 점을 수학용어로 특이점이라고 한다. 아인슈타인의 일반상대성 이론이 옳고, 우주가 엄청난 물질(암흑물질)을 갖고 있다면, 우주는 3개의 특이점을 갖고 있다고 발표하면서, 우주 시작의 특이점이 빅뱅이며, 시공 영역속의 특이점, 이것이 블랙홀이며, 우주 종말의 특이점이 빅크런치라고 발표했다.

그리고 팽창하는 우주는 빅뱅 특이점에서 시작해야 한다고 주장하면서, 빅뱅이 있었음을 물리학적 수학적으로 설명하여 증명하므로, 거의 모든 사람들이 우주가 빅뱅 특이점에서 시작되었다고 생각하게 되었다.

그리고 우주배경복사의 발견과, COBE의 입증으로 빅뱅이론은 우주생성의 "Standard Model"로 받아들여지고 있다.

1971년 죤 슈바르츠는 끈 이론을 주장하는데, 끈 이론이란 자연의 기본적인 단위가 입자가 아니라, 진동하는 끈이라고 주장했다. 이 이론은 먼저, 1919년 독일 수학자, 테오도르 칼 루자가, 일반상대성 이론을 통해 여분차원의 가능성을 열어주었고, 1926년 스웨덴 출신의 수학자, 오스카 클라인(Oskar Klein)은, "여분차원"이 원형으로 말려 있을 것이라고 제안했다(K-K 입자(여분차원이 3차원 세계에 남긴 지문 : 초대칭입자).

바로 끈이란, 여분차원의 말려진 공간을 설명할 수 있고, 양자역학과 일반상대성 이론(중력)을 통합할 유망한 이론으로 평가되며, 짧은거리(10^{-33}cm 플랑크 거리) 규모의 세계를 기술할 수 있는 이론으로 생각했다. 이처럼 짧은 거리에서는 중력이 의미 있게 커진다. 그리고 짧은 길이 규모의 물리 과정을 탐색하는 유일한 길은 높은 E뿐이다.

그래서 CERN의 7TeV의 LHC에 기대가 큰 것이다. 뒤틀린 여분차원을 말하려면, 막-이론이 나와야 하고(Membrane 이론, Mystery, Mother 등에서 M을 따왔다) 끈 이론은 수학적으로 아직 정식화되지 않았다. 이론적인 질문과 생각에 의존하고 있다. 지난 30년간 물리학자들은 기본입자와 상호작용으로 물질과 힘의 기본성질을 설명하는 입자 물리학 표준모형에 의존해 연구해 왔다. 새로운 입자를 발견해 그들의 "표준모형"을 검증해 냈다.

　※ 중력은 뉴턴에서는 잡아당기는 힘이었으나, 아인슈타인에 와서 중력은 시공간 내부에 존재하는 물체와 E가 결정하는 시공간 곡률로 이해되었다(시공의 기하학의 발현).

제 4장 우주의 요약

1. 하늘은 우주의 입구로 밤하늘의 별들은 육안으로 볼 수 있는 별이 5천 개 정도이며 이 우주에는 1,050억 개정도의 은하가 있고 은하당 1,000억 개의 별을 거느리고 있어서 우주에는 700해 개의 별이 있다고 한다(700해

개의 숫자는 지구의 모래의 10배. 우리 은하에는 3천억 개의 별들이 있다).

2. 우주에는 별, 은하수(은하), 은하단, 초은하단⋯ 보이드⋯ 대장벽⋯.

3. 우주에는 항성, 행성, 위성, 소행성, 혜성, 블랙홀, 퀘이사, 펄사⋯등의 천체가 있다.

4. 지구에서 태양까지의 거리를 1AU라 하고 변광성 세퍼이드별 빛 그리고 빛의 속도로 우주의 거리를 나타내며 가장먼 은하단은 지구에서 150억 광년이다(빛의 속도로 진행시 150억 년 걸린다).

5. 1969년 7월 20일에 인류는 달에 착륙하였고(삭막한 사막을 보았다) 2018년까지 미국의 NASA는 달에 유인촌을 세우겠다고 발표했다(2005년).

6. 아인슈타인전에는 별이름 몇개, 천문도, 행성의 공전주기, 일식, 월식, 혜성의 출현예측 초신성별 등 별볼일 없는 우주만 보았지만 아인의 일반 상대성이론에서 유추된 우주방정식으로부터 빅뱅, 빅뱅이론, 빅크런치, 우주팽창, 우주의 시작과 끝, 블랙홀, 암흑물질⋯ 등등 별볼일 있는 우주가 되었다.

7. 평행우주, 다중우주, 여분차원의 숨겨진 우주⋯ 우주의 시공이 여러차원으로 말려 들어갔다.

8. CERN의 7TeV의 테바트론의 실험에서 힉스입자가 발견될 것인지? K-K초대칭입자가 발견될 것인지? 이들입자의 발견은 우주의 초기상태나, 우주구조에 대해 약간 설명할 수 있을 것이다.

9. 우주의 거리를 측정하는 방법(나타내는 방법)? (1)태양과 지구의 거리(1억5천만km)인 1AU로 나타낸다(AU:Austridial Unit/천문단위) (2)빛의 속도로 나타냄:1광년－빛이 1년동안 진행한거리 km(약94조km) (3)1Parsec:3.26광년 (4)변광성별을 이용하여 측정.

10. 우주선:우주로부터 입자들이 대기층으로 들어올 때 충돌에 의해 생성되는 입자들의 방사선.

제5장
생물(생명체)

"이 세상에서 가장 고귀한 것은 생명체이다"

5-1 생물(생명체)의 발생

> *생명의 발생이야말로 모든 신비 가운데 가장 신비스러운 것이다.
> -찰스 다윈-

과학이 내린 결론은 인간은 특별한 생물 종이란다. 그 특별한 생물종인 인간에 대해서 과학이 말하는 것을 요약해서 조명해 보고자 한다. 생물은 살아서 움직이고 호흡하는 육체의 생명(生命)을 가졌다. 생명의 3대 요소는 기원(발생), 생식(자손번식), 진화(변이)라 한다.

생명을 가진 인간은 유전의 원리를 따라야 하고 생육의 원리, 물질대사의 원리도 따라야 한다. 지상의 생물들은 모두 유기화합물로 구성되었는데 탄소(C)가 중요한 역할을 하는 복잡한 미세구조의 유기분자들로 이루어져 있다. 자연과학은 생명의 기원에 대해서 두 가지로 다른 양상으로 말하고 있다. 이 지구의 생명체가 처음 기원될 때는 자연히 발생했다고 했다(아리스토텔레스의 자연 발생설).

그러나 저급한 하등동물에서 인간이란 고등동물로 진화한 다음에는 인간뿐 아니라 동물들까지도 자연히 발생되는 것이 아니라 알이 있어서 발생되었고 그런 생명이 나오는 데는 저절로 나오는 것이 아니라 암, 수가 있어야 된다. 이것은 르네상스 이후의 과학자들의 결론이다.

지구초기의 생명의 발생 기원(46억 년 전~40억 년 전) 즉 선캄브리안대의 생명체 발생에 대해서는 주로 3가지가 알려져 있다.

1) 1920~1930년경에 러시아의 생물학자 알렉산드르 오파린이 말한 원시수프이론으로 가장 많이 인용된다. "메탄, 암모니아, 수소, 수증기"가 벼락 또는 화산 폭발 등의 열, 자외선, 방사선 등의 대량의 E와 합쳐져서 생명체를 이루는 기본물질(유기분자물)이 만들어졌고 이 혼합물이 원시 바다 속에서 합성작용을 일으켜 마침내 최초의 유기체가 만들어졌다. 이것을 실험으

로 입증한 사건이 밀러-유리(Miller-Urey Experiment) 실험으로 1953년에 스탠리 밀러가 시카고 대학원생 때 교수인 헤롤드유리의 실험실에서 이루어졌다. 유리관에 메탄, 암모니아, 수소, 수증기를 합쳐서 넣고 초기지구 환경을 만들어 주기 위해 6만Volt의 전기 스파이크를 가한 후 그 유리관에서 아미노산(Amino Acid)과 RNA의 구성 화학적 성분 등을 얻게 되므로 오파린의 주장을 입증 한 듯 초기에는 요란하였으나 그것이 전부였다.

RNA-DNA로 진화하고 DNA가 복제하여 생명체가 되는 것은 입증되지 못했다. 그러나 지구의 초기에는 이 유기물에서 하나의 세포가 발생하여 계속 분열하여 단세포에서 다세포로 분열하고 무핵세포-유핵세포, 하등동물에서 고등동물로 진화해 왔다는 것이 생물학의 일반적인 시나리오이다. 이 단 한 번의 세포발생을 물리학의 우주생성 표준모델인 빅뱅과 견주어서 생물학자들은 대 탄생(Big Birth)이라고 부른다. 유기분자들이-원시수프(바다의 분출구)에서 충분한 E와 결합-합성작용-Big Birth가 이루어졌다.

2) 분자 + 이산화탄소가 되풀이 되면서 결합해 덩치가 커지다가 다시 분열하는 화학반응이 되풀이 되어서 최초의 생명체가 나왔다(이 반응에서 핵산이나 단백질은 필요 없다). -뮌헨출신의 화학자 균터 베히터스 호이자(Günter Wachtershauser)의 주장이다.

3) 우리들의 구성 성분과 우주별의 구성 성분이 동일함 때문에 우주의 별에서 운석이 지구의 바다로 떨어져 생명체가 나왔다. 우리는 우주별의 후손이다. 영국의 켈빈경은 1871년, 영국 과학진흥협회의 학술대회에서 "어떠한 생명의 씨앗이 운석으로부터 지구에 떨어졌을 수도 있다"고 그 가능성을 제기했다. 생물의 발생기원에 대해서 우리는 3가지 정도의 이론(Theory)을 지금 보았고 그 시초가 46억 년 전쯤, 먼지 구름과 가스가 합쳐지고, 응축되고, 합쳐져서, 지구라는 행성이 되었다.

그 시기가 46억 년 전쯤인데 그것은 앞에서 언급한대로 우리 은하가 우주의 중심 은하를 한 바퀴 도는데 2억 3천 년이 걸리는데 지금까지 20번 정도 돈 것으로 추정되고 있다.

"밀러의 실험"이 있던, 1953년에 미국 위스콘신에서 열린 지질학 학술회에서, 클레어 패터슨(1940년대에 시카고 대학원생으로 지구의 나이를 아는 방법으로 "납 동위원소 측정법"을 연구해왔다. 우라늄이 납으로 붕괴되는 시간을 연구하고 우라늄과 납의 양을 측정해서 암석의 연대를 계산해 낸다)은 지구의 나이를 45억 5천만년(± 7000만 년)이라고 발표했다(약 46억 년). C-14의 탄소동위원소 연대 측정은 동위원소 C-14와, 동위원소가 아닌 C-12의 상대적인 양을 측정해서 연대를 추정하고, "납 동위원소측정법"은 우라늄의 핵이 붕괴되어 깨어져 가면 결국 안정된 원소인 납까지만 붕괴된다.

암석에 들어 있는 우라늄과 납의 상대적인 양을 통해서 암석의 연대를 추정한다. 우라늄 ^{238}U의 반감기는 46억 1천 년이다. 1982년, 호주 국립대학에서 "SHRIMP"라는 기계(납과 우라늄의 미세한 양의 차이를 알 수 있는 기계, 암석이나 결정의 샘플에서)로 서부 호주에서 얻은 암석의 연대측정은 43억 년이었다. 어떻든 과학이 말하는 생물의 발생은 46억 년 전쯤~40억 년쯤 된다.

우주에서 날라 온 운석의 원소나 유기물들이 연쇄 화학반응으로 거대 분자유기물이 되고 이것들이 바다의 원시수프에서 Big Birth가 유일하게 한 번 일어나 그 세포가 분열하고 분열해서 캄브리아기의 삼엽충(머리, 흉곽, 꼬리 3엽으로 됨)으로 나타나고 중생대 백악기의 공룡을 거쳐 신생대, 제4기의 충적세를 지나 지금부터 400만 년 전, 아프리카에서 오스트랄로피테쿠스, 아프리카누스 유인원이 원인이 되어 호모하빌리스, 호모에렉투스, 호모사피엔스의 크로마뇽인에서 유럽의 현생인류가 나왔다고 말한다.

원숭이에서 인간이 진화된 것이 아니고 원숭이와 인간이 한 공통조상에서 나와 프로콘술(Proconsul)유전자풀이 인간과 가장 가까운 순서는 침팬지, 고릴라, 오랑우탄, 긴팔원숭이 순이다.

　나는 최근에도 전남 해남, 우항리의 우리나라 최고의 공룡박물관을 매형과 누님을 모시고 다녀왔다. 벌써 다섯 번째인 것 같다. 공룡의 눗관 같은 뼈들 앞에 서거나 그 거대한 인조 공룡 앞에 서면, 나는 웃음부터 나온다. 그리고 습관처럼 되어 버려 모시고 온 분들의 표정을 바라본다(은사님, 목사님, 아내, 아이들, 누나…). 들어갈 때는 약간 긴장하고 웃음이 나오고 놀래고… 하다 나올 때면 별이 별 생각이 다 든다. 공룡만큼 나를 생물이라고, 피조물이라고, 말해 주는 것도 드물다. 나에겐 이처럼 끝이 있는 인생의 끝이 오기 전에 무엇을 할 것인가! 꼬리에 꼬리를 문 의문들이 계속된다.

　정말 공룡이 있었던 거야? 공룡의 뼈들 속에 인간의 해골이나 호랑이의 두개골은 왜 안 나온 거야? 정말 과학이 말하는 진화가 맞는 거야? 왜 인간 닮은 뼈는 몇 백만 년 전인데 공룡 뼈들은 억년이 넘어가는 거야? 5번의 생물 전멸, 그 중 중생대 백악기말의 전멸이 전무후무한 멸종으로 생물의 95%이상이 멸종 되었단다. 왜 전멸한 거야? 노아의 방주에 공룡도 탄 거야? 구약 성서 욥기 40장 15절 이하는 정말 하마가 아니라 공룡을 묘사한 거야? 왜 소행성의 지구 충돌로 공룡의 멸종을 설명하는 거야?

　뉴욕 맨해탄의 자연사 박물관은 아직 가보지 못했지만 그곳도 피장파장이겠지? 결론은 왜 나는 아는 게 적은 가? 대학입학과 시험 보기 위해서만 책을 본 거야? 춤을 추고, 흥분을 해야만 즐거운 거야? 과학과 성서는 서로 반대야? 아니면 과학자들의 말과 잘못된 성서관이 서로 반대야? 과학과 성서를 통합할 수 없나? 아는 게 힘이야? 모르면서 알려고 안하는 그 고집은 어느 무지 세포가, 어느 무지 유전자가 만든 거야?

　공룡 앞에 서면… 스타가 다 뭐야? 권력은 또 뭐야? 종교는 또 뭐야? 그렇다. 정말 순수해지고 묵은지와 같은 깊은 인생을 보게 되고 모든 것이 사라져 버린다. 인간다움이 무엇인가? 공룡 앞에 서면 두 가지만 남는다. "과학과 성서"… 이곳은 세계에서 유일하게 공룡과 익룡과 물바퀴 달린 파충류 세 가지 화석이 나온 곳입니다.

방송을 듣게 될 때 그 순간! 나는 다시 현실로 돌아온다. 돌아오는 차속에서 시골길의 전경을 바라보며 나의 상념들은 계속된다. 아인슈타인의 상대성원리 때문에 과거나 미래로의 상상 시간여행이 시작된 셈인데 그 여행도 인과론을 따른다 했다. 콜라병의 마개를 따는 것 없이 콜라를 마시고 콜라병을 따는 것을 볼 수 없다.

과거로 가서 내가 만일 할아버지를 살해한다면 아버지는 어디서 나오고 아버지 없는 나는 어디서 나올 수 있나! (할아버지역설)이랬는데, 미치오카쿠(뉴욕시립대 물리학 석좌교수)의 "아인슈타인을 넘어"는 또 뭐야! 시간은 함께 공유하지만, 공간이 다른 또 하나의 우주가 있다는 이론인 평행우주론(다중우주)은 또 뭐야? "시공이 휜다는 것도 충분히 신기한데 여분차원이 있고 우주가 5차원, 11차원으로 말려 있다니?"

"공룡과 사투를 벌이는 나를 보게 되고 외계인과 동업해서 햄버거 가게를 하고 있는 나를 보게 된다. 스티븐 호킹의 「시간의 역사」 책에서 반 자아를 만나면 악수를 하지 말라, 폭발할 거니까! 이 소리도 섬뜩했는데 카쿠의 이야기는 더 섬뜩하다. 이것이 과학이야! 그들의 추론이야! 무엇을 알면 더 복잡해진다는 게 이런 거야! 본질이야, 현상이야! 허구야! 상수를 미분하면 0이 되지만 상념도 미분하기 위해 눈을 감아보지만 0이 되는 것이 아니고 1이 된다. 그래 빛이야, 빛 때문이야, "광속도 불변"이 핵심이야!⋯

5-2-1 생물연구 역사의 여명기

> 1. **탈레스**(Thales, 고대 희랍) "만물의 근원은 물이며 물에서 생명체도 왔다"
> 2. 아낙시만드로스 "생명의 자연 발생설" "생명은 진흙에서 발생했다"
> 3. 엠페도클레스 "지구상에는 많은 생물이 살았지만 자손을 낳지 못해 멸종했다"
> 4. 데모크리토스 "간단한 형태의 생물이 원시습지에서 자연히 발생했다"
> 5. **아리스토텔레스 "자연발생설" "종불변설"**

5-2 생물의 연구 역사

1. 여명기

그들은 신들이 생명체를 만든 것이 아니라, 물에서, 원시습지에서, 진흙에서 간단한 형태의 생물체가 자연히 발생했고, 물고기가 육지로 올라와 변이와 진화를 통해 자연 선택에 의해 멸종되기도 하고 살아남기도 했다. 우주의 다른 세계에서도 생명체가 소멸과 재생을 반복하고 있을 것이다.

만학의 아버지 아리스토텔레스가 자연발생설과, 종불변설로 요약했는데, 종불변설은 매우 특이하다. 개가 개를, 원숭이는 원숭이를, 인간은 인간을 의미하기 때문이다. 그는 "정교한 존재의 계급"(Scale of Being)이론에서 사다리 맨 아래 칸에는 광물을 두고 맨 윗칸에는 사람을 두어 생물은 진화하지 않는다고 가르쳤다. 그러나 종에서 그종이 나오는 것은 유전을 암시하는 듯하다.

여명기는 대탄생(Big Birth), 물, 바다에서 육지로 변이, 진화, 외계인 등으로 요약된다. 그들은 여전히 방향을 가리키는 숙제를 우리에게 던진다. 생명체의 기원이 어디냐? 생명체의 발생과 물은 어떤 관계인가? 물에서 육지로 진화했나? 진화는 사실인가?

5-2-2 생물연구 역사의 개화기

1. 윌리암 하비(William Harvey, 1578~1657) "모든 동물은 난자에서 생기기 때문에 자연발생은 불가능하다"는 것을 최초로 입증한 과학자

2. 프란체스코 레디(Francesco Redi, 1626~1697) "부패한 고기에서 구더기가 생긴다"(파리가 알을 까놓아서 구더기가 생김)

3. 마르첼로 말피기(Marcello Malpighi, 1628~1694) "전성설"(난자와 정자 속에 태어날 아기는 아담과 이브시대에 이미 결정되었음)을 주장

4. **로버트 훅** "세포발견"(1665년)

5. 안토니 반 레벤후크(Antoni Van Leeuwenhoek, 1632~1723, 네델란드) "현미경으로 혈구 정충 세균을 관찰" 함(1673).

6. 라차로 스팔란치니(Lazzaro Spallanzani, 1729~1799, 이태리) "동물이 태어나려면 난자와 정자의 접촉이 필수적임을 입증"

2. 개화기

여명기의 자연 발생설과 종불변설에 대해서, 하나는 부정되고, 하나는 사실처럼 여겨졌다. 르네상스 이후에, 이루어진 일이다. 구더기나 쥐들이나 물속의 벌레들이 자연히 발생되는 것처럼, 여겨졌으나, 실험과 입증을 통해서, 콩심은 데 콩나고, 팥심은 데 팥난다였다.

존 레이(John Ray. 1627~1705. 영국의 식물학자. "1691, 창조물에 나타난 신의 지혜"라는 저서에서 생물의 구조적 특징과 해부학에 기초하여, 생물의 형태를 기술했다(비교 해부학의 기초를 닦음).

파리가 앉지 못하게 그릇의 입구를 막은 곳의 고기에서는 구더기가 발생되지 않았고, 파리가 앉도록 한 그릇에서는 구더기가 발생했다. 난자와 정자에서도 생명체는 나오지 않았으나, 난자와 정자의 결합에서만 생명이 태어났다. 그 생명은 부모를 닮거나, 개에서 개가, 원숭이에서 원숭이가 태어났다. 종은 불변이다.

생명체의 최소단위인 세포가 관찰되었고, 맑은 물에서도 많은 생물체가 현미경에 의해 관찰되었다. 인간의 조직도 현미경으로 들여다 보았고(말피기소체), 생물의 구조적 특징과 인간과 동물의 해부학적 차이와 같은 점들도 그들은 이 개화기 시대에 보게 되었다.

5-2-3 생물연구 역사의 성숙기

1. 칼 폰 린네(Carl von Linne, 1707~1778, 스웨덴) "동식물의 이름을 이명법으로 나타냄" 1735년 "자연의 체계" 출간

2. 죠르쥬 드비퐁(George LL De Buffon, 1707~1788, 프랑스) "1749년 44권에 달하는 박물학 출간"

3. 죤 프레어(John Frere, 1740~1807, 영국) "멸종한 동물의 뼈 발견"(메머드, 털 복숭이, 검치호랑이)

4. 제임스 허턴(James Hutton, 1726~1797, 스코틀랜드) "1785년 「지구론」논문. 지질학의 원조

5. 조르쥬 퀴비에(George Cuvier, 1769~1832, 프랑스)

   : 프랑스의 동물학자, 박물학교수, 격변설지지

6. 챨스 라이엘(Charles Lyell, 1797~1875, 영국) "1830년 「지질학 원리」출간" 근대 지질학의 아버지

7. 로버트 브라운(Robert Brown, 1773~1858, 스코틀랜드) "1831년 세포핵발견"

8. **챨스 다윈**(Charles Robert Darwin, 1809~1882, 영국) "진화론" 1859년 「종의 기원」 출간

9. **그레고 멘델**(Gregor Mendel, 1822~1884, 오스트리아) "유전자가 쌍으로 있고 유전법칙이 있다"

10. 발터 플레밍(Walther Fleming, 1843~1905, 독일) "1888년 세포핵에서 염색체 발견"

11. 토마스 헌트 모건(Thomas Hunt Morgan, 미국) "초파리의 염색체 지도" 염색체에 유전자가 배열되어 있다. "초파리의 염색체에 X-선을 쬐어 돌연변이를 일으킴"

12. **오스왈드 에이버리**(Oswald T Avery, 1877~1955, 미국) "유전자는 DNA"다

13. 에르윈 슈뢰딩거(Erwin Schrödinger, 1887~1961, 오스트리아) 「생명이란 무엇인가」? 생명현상의 본질은 "질서는 서열로부터와 무질서로부터 질서로"(order from order, order from disorder)

3. 성숙기

이제 동·식물들은 린네를 통해서 공통의 이명법으로, 이름이 붙여지므로 학술회의 등에서도 보다 쉽게 의사소통이 되었다. 외형상 비슷하게 관련이 있는 생물집단을 속명으로 표기하고 보다 더 가까운 집단은 종명으로 표기했다. 늑대는 Canis Lupus가 학명이다. 계, 문, 강, 목, 과, 속, 종의 7단계로 또한 생물은 분류되었다.

"자연의 체계"그의 저서에서 처음에는 "종불변설"을 얘기했으나, 개정판에서는 모든 종은 고정되어 있고 새로운 종은 생길 수 없다는 주장을 삭제했다고 한다. 가축의 잡종교배에서 발견한 돌연변이라는 유전적 변화를 인식하여 처음부터 신이 허용한 것인지 진화된 것인지 그로서는 혼란했던 것이다.

프랑스의 박물학자인 죠르쥬 드 뷔퐁은 44권의 많은 박물학을 저술하여, 동물들은 진화할지도 모른다고 생각하고 지질의 역사가 단계적이어서 생명의 지구역사를 3만 5천 년이라 했다. 존 플레어는 멸종한 동물의 뼈와 인간의 두개골을 다른 동물의 화석 등과 함께 발견했다.

제임스 허턴과 챨스 라이엘은 지질학의 원조들로서, 지층의 변화를 동일과정설로 설명하여 나무의 나이테를 보고 나이를 알 수 있듯이, 지층의 변화로 지구의 나이를 알 수 있다고 하여, 수십만 년, 수백만 년이라고 주장했다. 생물의 기본단위인 세포에는 원자핵이 있듯이 세포핵도 발견하고, 세포가 동식물의 기본단위로 알려졌다. 그리고 드디어 과학종교인 진화론이 구체적으로 다윈에 의해 주장된다.

생물은 환경에 적응하여(적자생존) 돌연변이가 일어나 후손에게 전해지고, 자연선택에 의해 종은 진화한다는 설이다. 궁금했던 과학자들에게는 대단한 소식이요 탈출구였다. 특수한 인간종을 이제 설명할 수 있었으니까! 루돌프 피르호는 모든 세포는 세포에서 나온다고 하여 세포속의 유전물질이 유전뿐 아니라, 세포분열에도 관여함을 예견했다.

이윽고 멘델은 중력법칙이 우주에 있듯이, 생명체의 유전에도 유전자가 쌍으로 있고(양부모에게 있고) "유전법칙"이 있음을 밝혔다. "다윈"에게 소개했다면 정말로 만나고 싶었던 사람일텐데(동시대 사람이었지만), 다윈이 멘델보다 2년 먼저 세상을 떠났다. 세포핵에는 세포에 염색물질을 가하면 염색이 잘되는 물질이 있다. 핵의 염색체가 발견된 것이다(발더플레밍에 의해, 1888년). 이어서 토마스 모건은 초파리를 갖고 실험하여 초파리의 염색체 지도를 그리고 이 염색체에 유전자가 일렬로 배열되어 있다고 했다.

그리고 이 초파리의 염색체에 X-선을 쬐어 돌연변이가 일어남도 발견했다(1915). 영국의 세균학자 그리피스는 폐렴을 일으키는 폐렴쌍구균을 가지고 연구하여 죽은 쌍구균의 세포속의 어떤 물질이 살아 있는 세균에게 유전특성을 전달함을 알았고, 에버리는 그것이 단백질이나, RNA가 아니라 세포의 염색체에 있는 DNA라고 밝혔다(1944년). 선천성 질병연구자, 진화론자들에게는 대단원의 막이 오른 놀라운 소식이었다.

진화나 유전을 설명할 수 있게 되었으니! 델브룩의 논문을 읽은 양자역학의 파동방정식을 만든 슈뢰딩거는 DNA의 분자구조의 안정성을 양자물리학적으로 설명했으며, 물리학자인 그가 생명현상의 핵심인(Central Dogma), 단백질 합성과 생명체의 기본 질서에 대해 "order from order, order from disorder"(질서는 서열로부터, 무질서로부터 질서로)라고 간결하게 표현했다.

생명현상의 질서는 단백질의 아미노산 서열로부터 좌우되고, 아미노산 서열은 DNA의 염기서열로부터 결정되는 것이 생명현상의 센트랄도그마(핵심원리)이며, 우주는 전체적으로 질서로부터, 무질서도가 증가하는 방향으로 나아가는 것이 열역학 제2법칙이 말하는 자연의 법칙인데, 생명체는 그 반대로 무질서에서 질서화가 일어나는 특수한 시스템이다.

1. 프랜시스 크릭(Francis H.C. Crick, 1916~2004, 영국) 제임스 왓슨(James D Watson, 1928~, 미국)"DNA의 이중나선 구조 모델"발표(1953. 4. 25)

2. 클레어 패터슨(Clair Patterson, 미국)"1953년 지구의 나이를 약 46억 년으로 위스콘신학회에서 발표"

3. 이안 윌머트(Ian Wilmert, 영국) 1997년 포유류 최초의 체세포 복제에 의한 "복제양 돌리" 출생

4. 지놈프로젝트 발표와 완성. 2000년 6월 26일 미백악관에서 클린턴 미대통령이 발표함. 2003년에 완성됨

4. 황금기

생물의 연구역사(생명의 역사)의 황금기를 나는, DNA의 이중나선구조 모델을 크릭과 왓슨이 완성한 때로부터 시작되었다고 생각했다. 부모의 형질을 물려받게 하는 유전자! 세포는 세포의 분열로 만들어진다는데, 도대체 DNA의 구조는 어떻게 생겼을까?

DNA의 이중나선 구조의 특징은 크게 세가지로 나누어 볼 수 있는데

첫째, 두가닥의 DNA 사슬이 마치 서로 얽혀 꼬여있는 새끼줄처럼 이중나선구조를 이루고(두 사슬의 두기둥은 디옥시리보스 5탄당과 인산이 연속적으로 결합해서 형성)

둘째, 인산과 당(Deoxyribose)의 결합이 되풀이 되어 있는 사슬의 안쪽

에 염기분자가 돌출되어 있으며,

셋째, 이러한 염기는 두가닥 사슬 사이에 사다리 안쪽모양, A(아데닌)와 T(티민), G(구아닌)와 C로만 결합되는 "상보적 염기쌍" 관계로 AT쌍은 2군데에 "수소결합"을 형성하고 GC쌍은 3군데에 "수소결합"을 형성한다.

따라서 한가닥의 염기서열이 정해지면 이에 대응하고 있는 다른 가닥의 염기서열이 자동으로 결정되므로 이와같이 DNA 구조는 DNA의 복제와 유전정보의 전달을 가능케 하는 것이다.

인간의 세포에는 약2만 8천 개(2만5천~3만)의 유전자가 있어, 개인의 형질을 결정한다. 각각의 유전자는 부모로부터 받은 46개의 염색체에 배열되어 있으며, 각 염색체는 5천만~2억5천만 개의 염기쌍으로 구성돼 총30억 개의 염기쌍으로 배열되어 있다. 이때 염기쌍이 어떻게 배열되느냐에 따라 유전자의 기능이 결정된다. "지놈 계획은 이 30억 개의 염기쌍 서열을 알아내는 것이다."

지구의 나이도, 오래된 결정속에든 극미량의 우라늄과 납의 양을 측정하여 상대량을 비교함으로써, 46억 년 전이라고 패터슨이 학술회의에서 발표했다. 죠르쥬 드비퐁이 "생명의 지구역사는 35,000년이다"라고 말한지 200여년 만에 이루어진 일이다. 동물을 복제시키는 방법에는 수정란의 16세포기를 떼어내, 복제하는 수정란 복제와 젖샘의 상피세포를 떼어내어, 미수정란의 핵과 치환하여 이루어지는 체세포복제가 있는데, 포유류중 최초로 체세포복제에 의하여 "돌리양"이 태어나 6년을 살고 폐질환으로 사망했다. 노화현상이 다른 양보다 빨랐고 여러 질환이 나타났다고 한다. 그 이유에 대해서는 아직 잘 설명되지 못했다.

★★★ 진화론(과학종교)

"전 세계가 나의 고향이며, 과학이 바로 나의 종교다"(크리스티안 호이겐스). 네덜란드 과학자. "자연과학에 대한 믿음이야말로 이 시대의 유일한 만민종교다"(바이츠 제거. 독일 물리학자).

나는 여기서 진화론에 대해서, 자연과학이 말하는 것을 한번 넘겨짚고 갈 필요를 느꼈다. 결론부터 말하면, 이러이러하기 때문에 진화되었다고 볼 수 있지 않느냐! 이며, 아직 확정된 것이 아니므로(물론 과학자들은 확정된 것처럼 간주하는 경향이 많지만) 반론도 많이 나올 수 있다.

그리고 원조인 챨스 다윈에게 가서 물으면 많이 실망할 것이며, 오히려 분자생물학자나 진화생물학자 또는 분자 인류학자에게 가서 들으면 근거를 보다 많이 들을 수 있다. 짧게 표현하면 "다윈의 종의기원"이란 책보다는 "진화의 패턴"(로즈 르윈, 1997년 출간) 책을 읽으면, 진화에 대해서, 더 건 질 것이 많다는 말이다.

챨스 다윈은 그저, 방향제시나 숙제정도를 우리에게 던진 것에 불과하다는 뜻이다. 소심한 그의 성격탓도 있으나 그 만큼 확실한 증거를 제시할 것이 부족하지 안했을까?

TV에서 어떤 강사가 행복이란? 무엇인가에 대해서 짧게 "말이 통하는 것이다" 말이 통하면 행복해 진다. 신과 인간이 말이 통하면, 부부가 말이 통하면, 부모와 자식 간에 말이 통하면, 친구끼리 말이 통하면 그것이 행복이란다. 아직도 곳곳에서 논쟁을 하는 사람들을 위해서, 이 내용이 행복에 이르는 지혜를 주었으면 한다. 진화 · 과학 · 종교를 그 몇 분간의 대화로 모두 끝난 것처럼 대하지 말자는 말이다. 근거가 무엇인데, 음 일리가 있군요. 그러나 이러이러한 의문도 생기는군요! 평생 얘기해도 아직까지 풀리지 않는 엉킨 실타래와 같다. 상대방을 존중해주고 막말을 하지 않으며, 그의 진술을 차분히 들어준다면, 보다 더 행복해지지 않을까? 앞에서 이미 진술했으므로 더 간단히 말하겠다.

1. **챨스 다윈**이 말하는 진화론에는 3가지 개념을 갖고 말하면, 표현된다고 했다. 적자생존 · 돌연변이 · 자연선택 · 생물이 자연에 적응해서 생존하

려면, 그 자신 변이가 일어나야 하며 자연은 무수한 세월 속에서 그것을 선택하여 감으로 하등동물에서 고등동물로 진화해 간다. 그 증거로서 그는 핀치의 부리모양 거북이 등껍질의 모양, 땅 속의 화석과 현재 동물들의 다른 점, 동물의 난자에 있는 찢겨진 틈 등등이다. 나는 이것을 육안 즉 비교 해부 학자처럼 보인다고 했다(다윈은 진화론자라기 보다는 비교 해부 학자처럼 보인다). 그리고 "종의 기원"이나 "인간의 유래" 인 그의 저서 속에는 "붕어빵에는 붕어가 없다"라는 것을 발견할지도 모른다. 소문난 식당을 찾아갔는데 그 집은 별로 맛이 없고 그 옆의 식당에서 자기 입맛에 맞는 음식을 우리는 발견하기도 한다.

생물학도 많이 진화한 것 같다. 유전학(Genetics), 분자생물학(Molecular Biology), 진화생물학(Evolutionary Biology), 분자인류학, 고인류학, 계통학(Systematics), 계통발생학(Phylogeny), 형태학(Morphology) 등. 나는 10년 동안 주로 물리학에 빠져 있었다.

그래서 두서없이 진화에 대한 근거들을 이 책 저책에서 본것과 교수님들과의 대화 등에 의존하여 열거해 보겠다(의과대학에서 배웠던 세포학(Cytology)이나 생화학도 가물거리기만 할 뿐이다). 로저르 윈의 "진화의 패턴"책도, 호킹의 "시간의 역사"와 같이 끝까지 읽기가 매우 어렵다. 학술적 용어로 기술되었기 때문일 것이다. 그래서 나는 쉽게 표현해 볼 작정이다.

2. 자연과학이 말하는 진화의 증거들

(1) 각각의 지층에서나 그 시기에는 마치 그 생물들만 살았던 것 같은 증거를 우리에게 남긴다. 캄브리아기의 삼엽충, 백악기의 공룡들이 그 예이다. 그리고 인간처럼 생긴 유인원이나 원인의 뼈나 화석은 그 연대측정에서 몇 백만 년 전이 공통적이나 공룡의 뼈들은 수천만 년, 억 년 전 등으로 기록되고 있다. 결론은 그런 시기에 그런 생물이 살다가 전멸하고, 그 이후 시대에서는 보다 고등한 생물이 살았기에, 단계적으로 진화한 것이 아니겠느

냐! 역시 공룡은 신기하고 혁신적인 열쇠를 쥐고 있는 동물처럼 보인다.

(2) 고대 희랍 철학자들이 말한대로 물이 생명기원의 첫 장소인 것 같은데, 오파린의 원시 수프이론과 밀러−유리의 실험실에서 메탄, 암모니아, 수소, 수증기에 강한 E(6만V)를 가하자 아미노산, RNA의 화학적 성분들이 산출되었고 이어서 DNA가 만들어졌을 것이다. 결국 "Big Birth"가 일어나지 않았는가!(DNA가 생명복제의 핵심이다).

(3) 모든 생물의 세포핵의 구조나 동·식물할 것 없이, 그들의 자손번식에는 DNA라고 하는 고분자물질과, 그들의 생명을 영위하는 물질대사에는, 단백질이라고 하는 공통적인 물질을 공유하고(물론 개체마다 그 배열은 다르나) 작동하고 있지 않은가? ㉠생명현상의 분자수준의 화학반응을 보면 형질보존을 위하여 핵산(DNA, RNA)을 이용한다는 점 ㉡세포내 생화학반응을 통제하는 효소들은 거의 모두 단백질로 되어 있다는 점 ㉢폐를 가진 동물마다 호흡에 "산소"라는 공통적 물질을 이용한다는 점 ㉣ATP(Adenosine Triphosphate)를 생체 E로 사용한다는 점. 그러므로 지구의 생물은 공통조상에서 유래되었음을 암시하지 않는가!

(4) 생쥐와 인간의 유전자 풀(Genome)보다는 원숭이의 유전자풀이, 인간과 더 가깝고(DNA의 염기배열 구조가 생쥐보다 원숭이에서 인간과 더 가깝다) 침팬지, 고릴라, 오랑우탄, 긴팔원숭이 순으로, 인간과 유전자 Pool이 더 가까웠다. 그래서 유인원이 인간 쪽으로 진화했다고 볼 수 있지 않느냐? 또 인간과 유인원들은 공통의 조상에서 분화되어 나왔지 않았겠느냐? 찰스 다윈이 예견한대로(침팬지와 인간의 DNA 염기서열이 98%나 같다) 현생 인류는 아프리카유인원에서 진화했지 않았겠느냐!

(5) "르윈"의 책 "진화의 패턴" 1장에서, 말한, 바위종다리새(Dunnock)는 고니새가 보여준 일부일처제가 아니라 일부다처제, 일처다부제, 다처다부제를 보이는데, 자손들을 많이 번식하도록 자연이 그렇게 선택한 것 아니겠는가! 다윈의 주장이 맞지 않는가!

⑹ 세포속의 미토콘드리아는 형태가 세균처럼 생겼고, 유일하게 세포 속에서 자신만의 고유 DNA를 갖고 있다. 막도 내막과 외막의 이중 막으로 되어 있고 항생제에 대한 반응도 세균과 비슷하다. 그래서 외부에서 어떤 생물체가 세포 속으로 들어가 공생하고 있는 것 아닌가! 식물세포에서는 엽록체가 비슷하다. 크기 이중막 독자적인 DNA를 가짐. 이렇게 만물이 서로 적응해서 보다 더 고등한 형태로 진화해 오지 않았느냐! 최근에 미토콘드리아 이브(Eve)라는(1987년) 용어까지 등장했다. 빠른 진화속도와 모계진화양식을 갖기 때문에 유래되었다 한다.

⑺ 우주가 코스모스(Cosmos)의 세상인 것처럼(조화된 세상), 기린의 목이 길어진 것처럼 분자수준에서 보면 그 구조가 그의 기능을 잘 수행할 수 있도록 멋지게 설계되어 있지 않느냐! DNA의 염기들이 "수소결합"되어 있어 (물이 결합되어 있듯이 물 분자끼리 수소결합), 적은 E에도 잘 끊어져서 DNA가 복제를 위해 지퍼가 열리 듯이 벌어져 복제를 용이하게 한다. 만물의 이중성이 있듯이 세포막 하나만 봐도 지질로된 이중막(구조)으로 되어 있지 않는가! 끝이 없어 날이 샐 것 같아 이쯤에서 줄인다.

5-3 세포(Cell)

생물체를 구성하고 있는 최소단위이며, 생명현상이 일어나는 최소 단위로서, 세포에서 일어나는 현상을 이해하는 것이 생명현상을 이해하는 지름길이요, 출발점이다. 1665년에 출간한 "현미경 도보"에서, 로버트 훅이 죽은 식물 세포벽과 빈 공간이 마치 "수도사의 방을 연상시킨다 하여, 식물의 최소단위 셀Cell(수도사의 작은 방)"이라 명명했다. 세포학을 쓰려는 것 이 아니라, 인간의 세포에 대한 "오리엔테이션"이라는 게 더 적절하다. 양을 줄이려고 이장에 포함시켰다.

1. 세포의 크기와 수, 종류

세포의 크기는 통상 20㎛라고 하여 세포 500개 정도가 1cm가 되며, 가시광선의 파장은 2만 배가 되어야 1cm이고 원자는 1억 개 정도가 1cm이다. 우리 몸에 60조 개~100조 개의 세포가 있으며, 종류는 200여 가지이다. 그래서 세포는 눈으로 볼 수 없고, 현미경으로 봐야 보이는 구조물이다. 전자현미경으로 본 세포의 대형 화면을 보았던, 본과 1학년의 조직학 시간이 떠오른다.

2. 세포는 세포 자신이 분열하여 만들어지고, 줄기세포(Stem Cell;아직 분화하지 않은 세포)가 분화하여, 분열할 세포를 만든다. 루돌프 피르호가 19C 중엽에 모든 세포는 세포에서 생겨난다고 말한 내용이다.

※암(Cancer);세포신호전달체계의 이상으로, 비정상적인 분화가 일어나 생기는 몽우리를 나타내는 병으로(예외;혈액암), 자기들만이 영원히 불멸화(Immortalization)되어 살겠다라고 하는 세포들의 반란으로 발생하나, 이 암 때문에 그 세포의 숙주인 우리 자신 개체가 사망에 이르는 병을 말한다.

– 이민화 교수

3. 세포의 구조와 기능

세포도 원자처럼(양성자, 중성자(핵자)와 전자), 세포핵, 세포질, 세포막3 부분으로 되어 있다. 세포핵의 염색체는 DNA(Deoxyribo Nucleic Acid)로 구성되어 있으며, 세포핵에 염색체는 23쌍으로 46개가 있다(22쌍의 상염색체와 성염색체, x, y). 46개의 염색체 속에 DNA가 이중나선으로 감겨 있고 그 사이에 30억 개의 염기와 약 3만 개의 유전자를 담고 있다. 핵막도, 세포막처럼 이중 막으로 보호되어 있다. 세포질에는 세포의 소기관이라 부르는 구조가 10여개 안팎인데, 다 설명하지 않고 몇 개만 설명하겠다.

1) 리보솜(Ribosome)은 DNA의 암호문 지령을 갖고 온 mRNA와 결합하

여, 아미노산을 지령대로 붙여서 단백질을 만드는 공장과 같은 곳이다. 인체 내에는 약5만 종의 단백질이 있어서, 생명현상에 중요한 호흡과 관계된 혈색소(Hb:헤모글로빈)나, 각종 단백호르몬 물질대사에 관여하는 효소 등이 단백질로 되었기 때문에, 끊임없이 단백질을 만들어야 한다(DNA-RNA-리보솜;단백질합성-생명현상에 관여함).

2) 미토콘드리아(Mitochondria);세포내 발전소

식물세포의 엽록소와 같이 내막과 외막으로 된 이중막과 독자적인 DNA를 갖고 있고, 원핵세포를 닮아 진핵세포(핵이 있는 세포)내로 원핵세포(박테리아 등)가 들어와 공생하는 것처럼 보여 무핵세포-유핵세포로의 진화를 얘기할 때, 많이 말하여 진다. 내막 관에는 많은 효소와 전자전달체계의 구성성분이 결합되어 있어, 이곳에서 3대 영양소의 산화를 통해 얻은 E를 이용하여 생체 내의 E를 공급하는 아데노신 3인산(ATP;Adenosine Tirphosphate)을 만드는 곳이다. ATP-ADP로 되면서 E를 생체내로 공급한다. 산소를 필요로하고, 마지막 산물에 물과 이산화탄소(CO_2)가 배출되므로 '세포내 호흡'이 이뤄지고 있는 곳이다.

3) 골 기체(Golgi Apparatus):세포내에 주로 만들어지는 단백질을 포장하여 세포 밖으로 운반하는 포장공장이다. 겹쳐진 막과 소포로 되어 있다.

4) 소포체(Endoplasmic Reticulum-ER형질내세망) 소관, 소포 모양의 구조물로된 그물모양의 구조물이다. 약물대사나 지질과 단백합성에 관여하고 있다.

5) 용해소체(Lysosome):산성가수분해 효소들이 많아 세포외의 침입자나 세포내의 폐기물을 처리하는 곳이다.

6) 세포막(Cell Membrane):세포의 형태를 유지시켜주고 물질을 흡수하고 배출하는 검문소 같은 곳이다. 이중 지질 막으로(Lipid Bilayer), 친수성(Hydrophilic) 머리 부위는 바깥을 향하고, 소수성인(Hydrophobic) 꼬리 부위는 안쪽을 향하고 있어 물질의 통과에 연관이 있다.

4. 세포를 구성하는 물질

물이 70%이고, 나머지는 단백질, 그리고 인지질과 다당류 등이다. 물은 세포내의 온도 조절에 중요하며, 분자끼리 수소결합되어 있어, 세포의 구조나 물질과의 반응 작용에 중요하다. 단백질은 아미노산으로 구성된 폴리펩티드의 사슬로 되어 있고, 동식물에 필요한 아미노산은 20여 종이며, A-T, G-C pair염기로된 DNA는 3분자로 된 코돈(Codon : 조지 가모브가 처음 주장한 DNA나 RNA의 3분자로 된 암호코드)에 따라 20여 가지 중 아미노산이 결정되어 단백질의 아미노산 연쇄사슬이 결정되어 단백질이 만들어진다.

이 아미노산 사슬에 이상이 있어 병을 초래한 대표적 경우가 겸형적 혈구빈혈증(Sicle Cell Anemia)이다. 글루탐산의 합성을 지시하는 뉴클레로티드 배열에 생긴 돌연변이 때문에 글루탐산이 Valin으로 치환된 Hb이(혈색소) 형성되어 제 기능을 못해 빈혈이 오는 병이다. 1956년 영국의 생화학자 버논 잉그램(Vernon Ingram, 1924)이 처음 발견한 질환으로 유전암호배열과 신체기능사이에 밀접한 관계가 있음을 보여주는 중요한 계기가 되었다.

지방질의 주된 구성단위는 지방산(Fatty Acid)이며, 포도당에 비해 6배의 에너지가 나오므로 세포는 지방산을 E원으로 저장한다. 지방산과 글리세롤(Glycerol)로 만들어지는 인지질은 세포막과 세포 소기관의 막들의 주요 성분이다.

5. 세포의 생체E인 ATP와 ATP를 만들어내는 공장인 미토콘드리아의 세포내 호흡(Intracellular Respiration). ㉠페에서처럼 산소가 이용되고, 마지막 산출물로 CO_2가 나오므로 세포내 호흡이라 부른다(물론 세포내에서는 물도 결과물로 나온다). ㉡음식물(탄수화물, 단백질, 지방질)은 세포내로 들어가 3단계에서 E를 만들어 내는데, 탄수화물(다당류가 단당류인 포도당으로 세포내로 유입되면)을 예로 들어 설명하겠다.

첫 단계;세포질에서 이루어지며, 해당(Glycolysis)이라고 부르며, 무산소

상태에서는 피루브산(Pyruvic Acid)으로 분해된다. 이때 4분자의 ATP가 생성되고, 2분자의 ATP가 소모된다.

둘째 단계;유산소 상태에서 미토콘드리아에서 이루어지며, 이 단계를 크렙스 사이클(Krebs Cycle, TCA Cycle(Tricarboxylic Acid)이라 한다. 1937년 Hans Krebs에 의해 발표된 구연산회로이다(그림만 봐도, 고교 때나 본과 1학년때에 머리가 어지러워지는 그림이다). ATP가 2분자가 만들어진다.

셋째 단계;미토콘드리아에서 이루어지는 많은 E를 만들어내는 과정이다. 내막에 있는 전자전달계(Electron Transport System)의 호흡사슬(Respiratory Chain)로 전자를 옮겨주어서 각 단계마다 ATP가 산출된다. 시토크롬 효소가 작용한다.

이 단계를 산화적 인산화(Oxidative Phospholylation)라 하며, 34분자의 ATP가 산출된다. 포도당 1분자가 세포로 들어가 총 38분자의 많은 ATP가 산출된다(40분자가 만들어지나 해당과정에서 2개가 소모됨). ⓒATP(Adenosine Triphosphate)가 ADP(Adenosine Diphosphate)로 전환될 때 한 군데의 고에너지 결합에서 E가 방출되어 생체 E로 쓰인다. 물질합성 운반, 근육의 수축, 신경의 흥분, 호르몬 분비 등에 E가 쓰인다.

ADP는 다시 영양소의 분해과정 즉, 미토콘드리아의 크렙스 사이클이나 산화적인산화과정에서 다시 E를 받아 ATP로 된다. 지루함을 덜기위해 이쯤에서 줄이기로 한다.

6. 복제동물을 만드는 2가지 방법

(1)첫째 : 수정란 복제 (2)체세포 복제

1. 수정란 복제 – 수정란을 배양하여 16세포기나 32세포기의 세포를 떼어내 배아줄기세포(E-S Cell: Embryonic Stem Cell)를 얻어 배아세포의 핵을 핵이 제거된 미수정란에 세포융합을 시켜서 대리모 동물의 자궁에 난자를 착상시켜 출산시킨다(배아세포핵을 미수정란에 치환함).

2. 체세포 복제–양이나 소의 젖샘상피 세포를 떼어내어 핵을 추출해서 미수정란의 핵을 제거한 난자에 세포융합을 해 대리모 동물의 자궁에 착상시켜→출산.

3. 뇌세포는 평생을 산다. 우리가 출생 시 100억 개 정도를 가지고 태어난다. 그것이 전부다. 그리고 매시간 500개 정도가 죽어가는 것으로 추정되고 있다.

5-2-5 DNA 연구의 역사

1. **그레고 멘델** : 유전자는 쌍으로 있고, 유전법칙이 있다 (1865년)

2. 프리드리히 미쉬너 : 고름에서 핵산발견.(1869년)

3. 피버스 레벤(Phoebus A.T. Levene, 1869~1940) "1909년 RNA의 Ribose 당성분을 밝힘"

4. 막스 델브룩(Max Delbruck, 1906~1981, 독일) : 1935년, 단파복사가 돌연변이를 일으키는 기전을 양자론에서 찾음(생물학적 과정에 물리학의 중요성)

5. **오스왈드 에이버리** : 유전자는 DNA다(1944)

6. 어윈 챠가프(Erwin Chargaff, 1905~)(1950) : 챠가프비

7. 알프레드 허시(Alfred D Hershey, 1908~) "박테리오파지에 의한 실험으로 유전자가 DNA라는 에이브리의 결론을 확인함"(1950년대)

8. 모리스 윌킨스, 로잘린드 프랭클린:DNA의 X–선 회절연구(1953)

9. 제리 도나휴 : AT, G–C pair와 수소결합(1953년)

10. **프랜시스 크릭과 제임스 왓슨** "DNA의 이중 나선 구조 모델"(1953년)

1. DNA연구의 역사

후손들은 부모를 닮는다. 한 개체가 자기의 일생에 적자생존 하기 위해 이룩한 돌연변이가 후손에게 전달되어야만 진화는 설명될 수 있다. 어떻게 후손에게 자기의 형질과 변이를 전해주는 유전기전이 이루어지는가를 알아가는 과정이 DNA연구의 역사다. 1865년에 멘델은 10년 동안 행한 완두콩 잡종실험에 관한 논문을 발표했으나, 오랫동안 그 중요성을 인류는 알지 못했다. 그는 부모에게 쌍으로 존재하는 유전인자가 있고, 유전법칙이 있음을 밝혔다. 유전자가 쌍으로 존재한다는 발견은, 우성의 법칙(75% 나타날 확률), 유전자는 복제가 쉽고, 세포는 분열되어 재생된다는 내용을 미리 예견한 것처럼 너무 놀랍다. 멘델은 다윈보다 2년 후 사망함(다윈과 동시대를 살았으나 교제가 없어서 안타깝다).

1869년 스위스의 생화학자인 미쉬너는 고름을 현미경으로 관찰하고 세포핵 속의 물질인 핵산을 발견하고, 뉴클레인이라 명명했다. 1909년, 피버 스레벤은, RNA의 당성분인 리보스를 밝혔다. 1944년, 오스왈드 에이버리는 유전자 본체는 DNA다라고 밝힘. 단백질이나 RNA가 아니라 DNA를 통해 유전이 이루어짐이 결론 났다(노벨상 감이나 훼방으로 받지 못함). 1950년 챠가프는 DNA의 4가지 염기중 A-T쌍과, G-C쌍의 성분량이 같음을 알았다. 이것을 챠가프비라고 한다. A와 G는 퓨린(Purine Base)염기이고, T와 C는 피리미딘(Pyrimidine Base)염기이다.

1935년 델 브룩은 유전자인 DNA의 분자구조의 변화를 양자론으로 설명, 돌연변이의 원인은 DNA의 구조변화라고 했다. 맨해탄 프로젝트에 참여하여, 우라늄 분리에 관여했던(238U, 235U), 윌킨스는 케임브리지 트리니티 칼리지에서 슈뢰딩거의 강연을 듣고, 유전의 핵심인 DNA의 구조가 양자역학적으로 변화되고 안정을 이룰 수 있음을 알게 된다. 그리고 그는

X-선 회절을 이용한 DNA의 분자구조 연구에 착수한다. 로잘린드 프랭클린이란 여자 조수와 함께 영국 킹스칼리지대학에서 X-선을 가지고 연구했는데, 37세에 난소암으로 사망하여, 노벨상을 놓친(1962년) 프랭클린의 이야기는 유명하다. 그녀는 당시, DNA의 X-선 회절사진을 찍어 가장 좋은 X-선 필름을 가지고 있었으나, 손에 쥐고서도 이중나선구조임을 모르고 있었다.

2차 대전 후 프랜시스 크릭은, 그의 인생을 전공인 물리학에서 생물학으로 바꾸어, 캐번디시로 왔고, 미국에서 19세로 시카고 대학을 졸업하고, 인디애나 대학에서 박사학위를 받은 후, 22세에 정부장학금을 받아 캐번디시로 왔던 제임스 왓슨, 그들은 1951년 가을에 만나 생명의 비밀은 DNA의 분자구조에 있고 DNA의 분자구조를 밝히려는 관심이 있음을 서로 확인하고 함께 이것을 풀자고 결심한다. 1953년 4월 25일, "DNA의 Double Helix 구조"가 발표되었다. 크릭과 왓슨은 1년 6개월 정도 사고실험과 자유토론을 통해서 DNA의 분자구조를 밝혔다.

이것은 챨스 다윈의 돌연변이가 유전(라마르크의 획득형질 유전)될 것이라는 예상과 그레고 멘델이 유전자가 있다고 밝힌 후 88년(1C가 약간 못된)만의 일이요 에이버리가 DNA가 유전자라고 밝힌 후 9년만의 일이었다. 이것은 크릭과 왓슨은 물리학자와 생물학자가 이상적으로 만나, DNA에 대한 그들의 정열 또한 대단한 것이었고 그들을 돕는 과학자가 많이 동원되었다. 로렌스 브래그(노벨상 수상자. 연구소 총괄자), 윌킨스, 프랭클린, 어윈챠가프, 제리도나휴 등이다. 그들은 사고실험 1년 6개월을 갖고 엄청난 일을 한 것이다.

2. DNA의 총론

통상인간의 세포크기는 500개가 1cm로서 20㎛(원자는 1억 개가 1cm이다)이며 세포핵은 지름이 수마이크로미터로서 현미경으로 보면 핵속은 특정한 색소로 염색되는 염색질로 가득차 있고 염색질은 공모양의 히스톤 (Histone)이라 불리는 단백질과 이중나선 구조인 DNA의 부합물질로 되어 있다. 그리고 DNA가 히스톤단백질에 이중으로 감긴것을 뉴클레오솜이라 부르며 이 뉴클레오솜이 응축되면 염색사(Chromatin)가 되고 세포가 분열할 때 더욱 압축되어 염색체가 된다.

인간의 체세포에는 23쌍(46개)의 염색체가 있으며(상염색체 22쌍 성염색체 1쌍) 1쌍의 염색체를 1개의 지놈이라 하고 23개의 지놈은 30억의 염기쌍을 가지고 있는데 이 30억 개의 염기쌍을 해독해 내는 것을 지놈

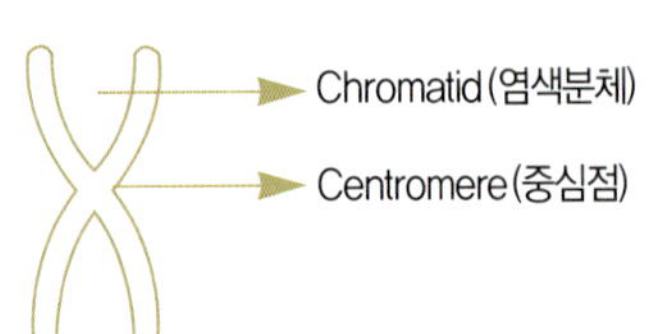

프로젝트(HGP:Human Genom Project)라한다. 핵속의 DNA는 모두 하나로 연결된 것이 아니라 23쌍의 염색체안에 분할되어 들어있는데 그 총길이가 약 2m(1.8m)로 알려져 있다. 이 23종류의 염색체 한쌍이 인간지놈(게놈 Genome)으로서 여기서 몇 가지 의문이 떠오르는데 그것은 (1)약2m 정도의 DNA가 지름이 수마이크로미터인 세포핵속에 어떻게 저장되어 있는 걸까? 바로 이중나선 구조로 고밀도로 응축되어 접혀 있어 좁은 공간을 최대한 이용하는 구조이기 때문이다.

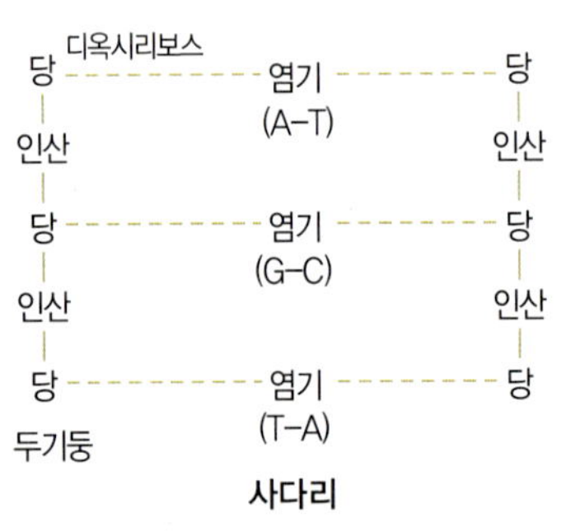

(2)좁은 공간을 최대한 이용하는 방법으로 DNA의 구조가 이중나선구조로 되었다면 그런구조를 가능케한 근본 이유는? A-T, G-C pair가 수소결합으로 이루어져 공유결합과는 다르게 잡아당기는 힘이 치우쳐져서 나선구조(회전구조)가 된다.

(3)생물의 형질과 모양을 결정하는 유전메카니즘은 복잡하고 그 가지수가 아주 많을 텐데 이것은 어떻게 설명 되는가? DNA의 총염기 배열은 30

억 개 정도이며 이중 2만 5천~3만 개 정도가 유전자로 관여한다. 유전자나 단백질합성에 관여하여 암호화 서열 된 DNA의 부분을 액손(Exon)이라 하고 비암호화 서열로 구조를 유지하는 DNA의 부분을 인트론(Intron)이라 하며 이 비특이적 부분은 각 개인마다 독특한 패턴을 갖으므로 "전기영동" 하에 특정한 밴드를 나타내 DNA의 지문감식법(DNA Finger Printing Method)에 이용된다.

(4) DNA는 자기자신의 복제와 단백질합성의 지령을 RNA분자에 전사시키는 두가지의 중대한 기능이 있는데 이것을 가능케 하는 것은? DNA는 두 가닥으로 염기들의 약한 수소결합이 깨어지고 지퍼처럼 열리는 아닐링효과(Annealing Effect)가 있어서 쉽게 복제되고 한가닥의 RNA가 쉽게 전사한다.

(5) DNA의 염기서열과 이중나선 사슬의 가닥은 어디에 이용되는가?

생물체로부터 DNA의 원하는 가닥을 떼어내어 염기서열을 분석함으로 유전자의 염기서열을 알아낸다. 미량의 DNA를 중합효소연쇄반응(PCR : Polymerase Chain Reaction)으로 시험관 내에서 수천, 수만 배 증폭할 수 있는데, 이 방법의 개발자 인 캐리 멀리스(Kary Mallis)는 1993년 노벨 의학상을 수상했다. DNA의 가닥을 효소나 화학처리하여 마디마디를 절단하여 전기영동을 하면 각 개체의 DNA를 해독할 수 있는 특징적인 밴드 (Band)를 나타내어 개인을 확인(범인, 친자확인등)하는 DNA 지문감식법 (DNA Finger Printing Method)에 사용된다. 주로 비암호화서열인 인트론 (Intron)이 이용된다.

지구상의 모든 인간들은, 그들의 DNA염기 서열로만 보면, 99.95%가 같고, 인간과 가장 비슷한 염기서열을 가진 침팬지는 98%의 DNA서열이 같다. 0.05%의 차이가 인종, 성격, 질병을 결정한 셈이며, 서열 2%의 차가 인간과 침팬지의 차이뿐으로 침팬지의 2%염기서열을 어떤 요술로 바꾸어 버리면, 막말로 침팬지는 인간이 될 수 있는 결론에도 도달한다. 그리고 10년

후에는, 하루에도 자신의 DNA염기 서열을 해독하는 날이 올 것이며, 그때
는 자기의 DNA칩으로 병원에 가서, 맞춤의학으로 치료 받는 날이 올 것으
로 예상된다.

1) 염기란, 산과 결합하여 중성염을 생성하는 물질로 질소 원자를 지닌 유
기화합물이다. 아데닌과 구아닌은 퓨린 베이스(Purine Base)이고, 티민과
시토신은 피리미딘 베이스(Pyrimidie Base)이다. 그래서 퓨린베이스인 아
데닌은 피리미딘베이스의 티민과만 결합하여 A-T, G-C pair로만 염기서
열을 이루고 있으며 2군데, 3군데 수소결합을 하고 있어서 물처럼 중요한
물질이 수소결합하는 것처럼 세포내의 중요한 물질인 DNA의 염기쌍이 수
소결합하고 있는 셈이다(수소 결합은 서로의 인력으로 잡아당겨서 결합된
약한 결합이며, 전자를 공유해서, 결합한 공유결합과는 차이가 있다).

적은 E에도 잘 끊어지며 생명체의 근본이 되는 물질들은 수소결합, 소수
결합, 이온결합등의 형태를 띤다. A-T, G-C pair의 쌍은 서로 보안해주는
상보적 염기쌍 관계이며, 어윈 챠가프와 제리 도나 휴가 이들의 결합의 양
자물리학적 설명을 통해 왓슨이 큰 도움을 받는다.

2) 멘델은 쌍으로된 유전자가 생명체에 있다고 밝혔고(1865), 미쉬너는 사
람의 고름에서 핵산을 발견하였는데 세포핵에서 단백질과 산을 분리해낸
것이다. 그 핵산을 뉴클레인이라고 불렀다(1869년). 아이보리는 DNA가 유
전자라고 밝혔으며(1944), 크릭과 왓슨은 그 DNA의 분자구조인 "이중 나
선 구조"를 밝혔던 것이다(1953년). 왓슨 발견의 결정적 도움을 준 사람들은
다음과 같다. 어윈 챠가프는 1950년에 DNA의 염기들인 아데닌+티민=구아
닌+시토신의 염기양은 동일하다고 밝혔다. 이것을 챠갸프비라고 한다.

1953년 1월 왓슨은 프랭클린의 연구실에서 DNA의 X-선 회절사진을 보
게 되는데, 이 해상도 좋은 사진에서 결정적 이중나선구조라는 힌트를 받게
된다. 그리고 1953년 2월 미국의 결정학자 제리 도나휴로부터 아데닌은 티
민하고만(AT pair), 구아닌은 시토신(G-C pair)하고만 결합되며 수소결합

의 의의와 양자역학의 특별한 이론을 듣게되므로서, 4월에 발표하기에 이른 것이다.

핵산은 핵에 있는 DNA와 세포질에서도 발견되는 RNA가 있고, DNA는 바로 이중나선이고, 아닐링효과(Annealing Process)나 현상이 있어서 잘 풀어지고 다시 감기는 성질이 있다. RNA는 한 가닥의 긴 사슬처럼 생겨서 복사(Copy)하기 좋은 테이프와 같다. 각 세포의 DNA는 1.8m의 길이가 된다.

3) DNA의 기능은?

(1) RNA를 통해 단백질의 합성을 지시하고 감독하여 생명체 전체구조 및 설계와 기능을 통제한다.

(2) 염기들의 수소결합이 떨어지면, 지퍼가 열리듯이 Annealing Process가 작동하여, 두 가닥이 벌어지면 새로운 가닥이 형성되어 유전자를 공유한 DNA가 세포분열과 함께 복제되어 나온다(DNA를 복제한).

4) 개인이 얻는 유전 정보의 전달과정을 3가지 중요한 단계를 통해 얻어지는데, 이것이 분자유전학의 핵심이론이다.

(1) 첫 번째 단계 ; 복제(Replication)다. 어버이 DNA를 복사하여 어버이 DNA의 뉴클리오티드배열과 동일한 딸 DNA를 만들어 내는 단계(세포분열을 통해).

(2) 두 번째 단계는 ; 전사(Transcription=Copy)다. DNA에 있는 유전 정보가 RNA로 전달되는 과정.

(3) 세 번째 단계 ; 해독(Translation)이다.

「RNA가 담고 있는 암호메시지가 리보솜에 의해 20개 아미노산 문자의 알파벳으로 된 코돈이 단백질구조로 번역되는 단계이다. 코돈에 따라 리보솜에서 AA배열을 결정하여 단백질을 합성한다」.

㉠ DNA가 두 가닥의 나선구조인 것이 지퍼가 열리 듯 Annealing Process를 통해 잘 풀어지고 다시 감겨 복제가 쉽고 RNA가 1가닥으로 잘 풀어지고 tape처럼 작용하여 벌어진 DNA의 지령을 복사한다. DNA가

RNA를 통해서 단백질 합성을 지시한 것은 DNA는 핵에만 존재할 뿐
아니라 두 가닥으로 핵공을 빠져나가지 못하며, 단백질합성 공장인 리
보솜은 세포질에 있으므로 누군가 대리역할을 해주어야 하는데, 이것
을 RNA가 하며 복사 후 핵공을 통과하여 세포질의 리보솜에 암호를 전
달하면 특정한 아미노산이 결정되어 단백질 합성이 이뤄지는 것이다.

ⓛ 좀 더 전사 단계를 부연하면 DNA의 유전자가 풀어지면 한 가닥의
RNA가 전사(Copy)하여 RNA중합효소에 의해 떨어져 나가면, 이
RNA를 전령(mRNA)이라 하고, 이 mRNA가 핵막의 핵공을 통해 세
포질로 이동하여 리보솜에 전달된다.

ⓒ 유전자의 염기서열이 mRNA라는 중간체를 통해 단백질의 아미노산
서열로 번역되는 법칙을 유전암호라 한다.

mRNA상의 3개의 염기로 구성되는 유전자 암호를 코돈(Codon)이라 한
다. 이 코돈에 tRNA의 Anticodon이 상보적이어서, 정확히 결합되어, 특정
한 아미노산 배열로 전환하게 하는데, 이 변환과정을 해독이라 한다.

올바른 단백질 합성을 위해서는 3개의 염기로 구성된 코돈을 정확히 해
독하는 것과, mRNA나 tRNA를 사용해 길어져 가는 아미노산 사슬(A,A
sequence)의 위치를 정확히 지키는 것이 필요하다. 단백질 합성장소인 리
보솜은 리보솜 단백질과 rRNA로 이뤄진 큰 복합체이다(RNA는 3종이 있
다. mRNA, tRNA, rRNA).

1955년에 핵물리학자인 조지 가모브는 생화학에도 족적을 남겼는데 '염
기 3개의 배열이 하나의 아미노산을 결정할 것이다'라고 예견했다. 이 유전
자 암호단위인 3 염기 배열을 코돈이라 한다(4개 염기로 암호화할 때, 1개
염기면, 4개 아미노산 밖에 지령할 수 없다). 두 개의 염기면 12개다. 그러
므로 20개의 AA가 있으므로 3개의 염기로 암호화하면 64가지를 지령할
수 있으므로 20가지를 포함하므로 3개의 염기배열로 유전암호를 지령할
수밖에 없다.

※ 코돈이란? mRNA의 3염기 조합으로된 유전자암호의 단위로 DNA를 전사한다.

5) DNA는 염기서열로 되었고(AT, GC pair), 유전자는 특정한 기능을 가진 DNA의 특정한 부위를 말한다.

6) 1961년, 니렌버그(M, W, Nirenberg)는 20가지의 아미노산이 들어 있는 시험관에 우라실을 가지는 리보뉴클레오티드만을 가진 RNA를 만들어 첨가하자 페닐알라닌이라는 아미노산만으로 구성된 인공단백질이 만들어지는 것을 발견했다. 그는 uuu코돈은 페닐알라닌을 지시한다고 예측했다. 오초아(S Ochoa) 등의 가세로, 1965년에 모든 해독이 완결되어 "유전 암호표"가 완성되었다. 〈도표1 참조〉

〈도표 1〉 아미노산을 결정해 단백질을 합성하는 유전암호

DNA 세문자	RNA 세문자	아미노산	DNA 세문자	RNA 세문자	아미노산
AAA	UUU	페닐알라닌(1)	ACA	UGU	시스테인(10)
AAG	UUC		ACG	UGC	
AAT	UUA		ACC	UGG	트립토판(11)
AAC	UUG				
GAA	CUU	류신(2)	ATA	UAU	티로신(12)
GAG	CUC		ATG	UAC	
GAT	CUA				
GAC	CUG		GCA	CGU	
			GCG	CGC	
AGA	UCU		GCT	CGA	아르기닌(13)
AGG	UCC		GCC	CCG	
AGT	UCA	세린(3)	TCT	AGA	
AGC	UCG		TCC	AGG	
TCA	AGU				
TCG	AGC		GTA	CAU	히스티딘(14)
			GTG	CAC	
GGA	CCU				
GGG	CCC	프롤린(4)	GTT	CAA	글루타민(15)
GGT	CCA		GTC	CAG	
GGC	CCG				
TAA	AUU		TTA	AAU	아스파라긴(16)
TAG	AUC	이소류신(5)	TTG	AAC	
TAT	AUA				
			TTT	AAA	리신(17)
TAC	AUG	메티오닌(6)	TTC	AAG	
TGA	ACU		CCA	GGU	
TGG	ACC	트레오닌(7)	CCG	GGC	글리신(18)
TGT	ACA		CCT	GGA	
TGC	ACG		CCC	GGG	
CAA	GUU		CTA	GAU	아스파르트산(19)
CAG	GUC	발린(8)	CTG	GAC	
CAT	GUA				
CAC	GUG		CTT	GAA	글루탐산(20)
			CTC	GAG	
CGA	GCU				
CGG	GCC	알라닌(9)	ATT	UAA	(지시의 종지부)
CGT	GCA		ATC	UAG	
CGC	GCG		ACT	UGA	

7)휴먼 유전체 프로젝트(HGP→Human Genome Project)는 인간 30억 염기서열을 모두 판독해 내는 것이 목표이며 이중 유전자는 2만 5천~3만이다. 2000년 6월 26일, 백악관에서 미 대통령 클린턴은 "인간 지놈의 전체 30억 염기의 개요분석이 완료되었다"고 선포했고, 2003년 4월 인간 지놈의 99.9%를 밝혀냄으로서, 사실상 해독은 완성되었다.

8)DNA는 효소, 화학반응, 레이저 등으로, 각 부분을 절단하여, 전기영동시 물속에 전극을 설치하고, (−극, +극), Nacl를 가하면, Na는 −극으로, cl은 +극으로 끌려가는 것을 전기영동이라 한다. 작은 DNA절편은 빠르게, 긴 DNA절편은 느리게 이동하므로 특징적인 밴드(*spectrum)를 나타낸다. 이렇게 하여 DNA특징적인 패턴을 판독하여 친자확인이나 범인을 알아내는데, 이것을 DNA지문감식법(DNA Finger−Printing)이라 한다.

9) 세포의 죽음(Cell Death): 괴사(Necrosis). 고사(계획사, Apoptosis).

⑴ 괴사는 통상 손상 받은 세포나, 염증을 일으킨 세포가 부풀어 오른 뒤 터져서 주위에 염증반응을 일으키며, 현미경으로 관찰하면 형태가 없다.

⑵ 반면 고사는 주위의 아무런 영향도 없이 죽는 것으로 현미경하에서, 세포가 쭈그러들고, 핵막이 분해되어, DNA가 조각조각 갈라져 있는 것을 볼 수 있다. 핵의 손상으로 DNA복제나 단백질 합성지시가 멈춰선 세포기능정지 상태.

10)세포주기(Cell Cycle):간기, 전기, 중기, 후기, 말기가 있다. 세포의 분화, 노화, 암화, 사망은 생명체의 가장 중요한 현상이다. 이중 세포의 노화는 여러 요인이 있으나 크게 두 가지의 중요한 요인으로 설명한다.

※세포가 노화되어가는 메카니즘(기전)은 여러 요인으로 설명할 수 있으나, 그중 중요한 요인 두가지를 설명해 본다면,

⑴세포나 조직내에 물질화학반응이 일어나, 활발한 활성산소(Reactive Oxygen)가 축적되어, 세포가 손상되어 노화되어 간다는 주장이 있다. 이런 활성산소종(Reactive Oxygen Species)에는, 옥시겐 프리 라디칼(Oxygen

Free Radical)에 ①수퍼옥사이드 라디칼(Superoxide Radical : $\dot{O}_2^{\circ}$) ②하이드록실 라디칼(Hydroxyl Radical :OH°) 등이 있고, 옥시겐 난 라디칼(Oxygen Non Radical)에는 ①싱글렛 옥시겐(Singlet Oxygen : $'O_2$ 1중항 산소) ②하이드로겐 퍼옥사이드(Hydrogen Peroxde : H_2O_2) 등이 알려져 있다. 비타민C를 비롯하여, 여러물질들이 활성산소를 억제하여 세포의 노화를 예방해 준다고 알려져 있다.

※ Free Radical 정의 : 원자나 분자궤도에서 최외각 전자궤도에 쌍을 이루지 못하는 전자가 한 개 혹은 그 이상 포함하고 있으면서, 독립적으로 존재할 수 있는 화합물종.

※ Free Radical 의의 : ①자기장에 의해 이끌린다(Paramagnetic). ②매우 반응적이다(Highly Reactive). ③독립적으로 존재한다. ④난라디칼로부터 전자 하나를 잃거나 난라디칼에 의해서 전자 하나를 얻으므로 형성된다.

※ Radicals : 한 unit처럼 행동하는 원자구룹(Groups of Atom)

(2)계속된 세포분열에서 염색체 말단부위의 특정부위인 텔로미어(Telomere : 헬라어로 극부분이라는 뜻)의 길이가 짧아져, 세포의 분열을 중단하여 노화돼간다고 설명한다. 텔로미어는 텔로머라제(Telomerase)라는 효소에 의해 길이가 유지되는데, 이 효소의 활성이 떨어지면 길이가 줄어들어 노화된다. 암세포는 이 효소의 활성이 증가되어 있어 계속 분열하여 불멸의 암세포가 된다. 텔로머라제의 활성을 억제하여 암을 치료하는 연구가 진행되고 있다.

그러나 최근(2010. 2), 영국 뉴캐슬대학과 독일 울름대학 연구진이 〈분자 시스템 생물학〉지에 발표한 논문에 따르면, 나이가 들어 세포의 염색체에 손상이 오면, 개체는 특정신호를 보내 세포내 미토콘드리아가 정상적인 분자를 산화시키고 그 결과 세포는 파괴 되거나 분열을 멈추어 노화의 징후를 보인다.

그리고 노화현상을 예방하는 묘약생산은 금세 이루어지기는 어렵다는 한계를 인정했다(한마디로 우리몸 스스로가 문제가 된 세포와 치른 전투의 흔적이 노화현상인 셈이다).

11)이상의 기초지식을 질병에 응용하면 ㉠DNA의 이상으로 코돈에 문제가 있을 때는 결국 만들어지는 단백질 구조에 이상을 초래해 제기능을 못하는 병을 일으킬 수 있다(겸형적혈구빈혈증) ㉡염색체 이상으로 선천성병 유발(무도병 등) ㉢암세포만 선택적으로 고사시키면 암도 제거되고 치료될 수 있다(레이저의 광역동 치료(PDT)).

〈도표 2〉 염색체

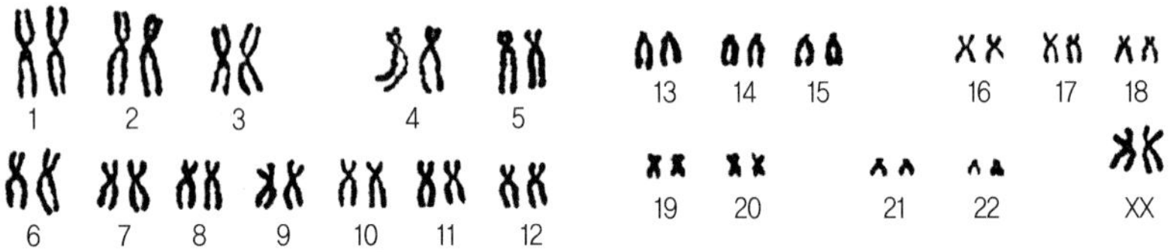

제6장
과학과 성서

"우리의 인생 동안, 과학과 성서란 주제에
균형 잡히기가 어찌 그리 어려운지!
그래서 역사는 모순과 어리석음으로 점철되어 있는 걸까?"

제6장 과학과 성서

　나는 먼저 분명히 해두고 이 장을 기술해 가려고 한다. 나는 무엇을 주장하기 위해서 이 책과 이 장을 쓰고 있는 것이 아니다. 그저 들려주고 싶었을 뿐이다. 과학적 지식을 논하다가 웬 성경이야! 알레르기 반응을 보이지 않기를 바랄 뿐이다.

　어떻게 인간들의 지식과 거룩하고 지고한 하나님의 말씀을 비교한단 말인가! 왜곡된 과학관이나 잘못된 성서관에서 돌아서기를 바랄 뿐이다. 아마도 과학과 성서가 한 주제 아래 놓이는 가장 큰 이유는 이 우주나, 이 지구, 그리고 인류가 어디서 왔나? 하고 그 유래를 묻게 될 때에, 대답할 수 있는 것은, 이 세상에 딱 두 가지 뿐이기 때문일 것이다.

　과학자들은 '빅뱅에 의해서 우주가 만들어졌으며, 먼지 구름과 가스가 결합해 지구가 되었고, 빅버즈(Big Birth: 대 탄생)에 의해 물에서 단세포가 딱 한 번 발생해 그 세포가 분열에 분열을 거듭하고 장구한 세월에 진화되어 하등동물에서 고등동물로 진화해 왔으며 결국 인간과 같은 특수한 종이 이 지구상에 출현하게 되었다라고 말한다.

　성경은 하늘과 땅을 하나님께서 창조하셨으며, 그리고 빛을 맨 처음 창조하셨고 인간이 살 수 있는 환경을 만드신 후 마지막으로 하나님의 형상을 따라 인간을 흙으로 창조하셨다고 기록하고 있다.

　어디서 왔나? 저절로! 아니 하나님께서 창조하셨다! 마치 과학과 성서가 서로 대립되며 상충된다고 생각하고 있다. 그런데 내가 발견 한 것은 과학과 성서가 대립되는 것이 아니라, 과학적 지식을 가지고 과학자가 추론한 결론이 성서와 상반될 뿐이며 잘못되게 해석한 성서관과 과학이 상반될 뿐이었다. 우주의 생성 초기에는 빅뱅과 같은 대폭발에 의한 고에너지 복사열이 우주 팽창에 따라 식어져 오고 있다고, 과학은 들려주고 있는데, 과학자

들은 빅뱅에 의해 우주가 만들어졌다고 결론적 추론을 했을 뿐이며 천지창
조가 기원전 4,004년에 일어났다는 아일랜드의 주교인 제임스어셔의 잘못
된 성서 해석(아담 이 후의 사람들의 나이를 더하여)에 대해서 지구의 암석
은 40억 년의 나이도 있다고 과학이 말하고 있을 뿐이다.

과학은 한마디로 하나님이 인간에게 주신 선물이며 하나님께서 허용하
신 것으로 우리들의 편리함과 유용함 때문에 주어진 것이다. 오늘 우리들의
식탁위의 식사가 그렇듯이 말이다.

의학과 자연과학을 살펴 보았지만, 그런 지식들이 나로 하여금 성서를 멀
리 하거나 덮어두게 하지 못했으며 과학과 성서를 깊이 알아 갈수록 서로를
보완 해주고 보강해 주어 아는 것을 더욱 확실히 알게 되어 베이컨의 "아는
것이 힘이다"인 것처럼 더욱 힘이 넘쳤을 뿐이며, "나의 힘이되신 여호와여
내가 주를 사랑하나이다"하고 기쁨의 감사가 더욱 넘쳤을 뿐이다.

나는 의학에서 「죽음의 현상」을 배웠다, 심장과 호흡이 멎고 동공이 커지
며 항문이 열리고 근육은 굳어져간다. 그러나 그 어디에도 「죽음의 정의」는
없었으며 심장이 멎고 호흡이 멎는 원인과 이유는 설명되어졌으나 인간은
왜 죽는가?에 대한 설명은 의학에는 없었다.

「에드몬드 무디의 사후세계, 잠깐 보고 온 5분간의 세계」란 책에서 많은
도움을 받았다. 영혼과 육체가 분리되어 시끄러운 소리와 시커먼 통로를 빠
져 나와 응급실의 천정에서 바라본 자신의 육체 그리고 벽을 그냥 통과하여
병실에 고열로 고통 받는 환자를 바라보거나 죽음의 세계에 가서 본 어린아
이 시동생…. 그리고 깨어난 곳은 시체실이며, 시간은 죽은 후 5~10분 정도
였다. 무디는 미국의 정신과 의사이며 많은 죽음의 세계를 체험하고 온 임
상사례가 있었다.

그 후에 성서를 보다가, 신약 야고보서 2:26 과 누가복음 8:55에서 「죽음
의 정의」를 알게 되고 죽음에 대해서 보완되고 보강되었다. 육체와 영혼이
분리(정의)되면 죽음의 현상(의학적인 죽음)에 빠지고 그 영혼이 돌아오니

살아났다. 그 후 나는 응급실이나 중환자실에서 임종하는 환자들을 대할 때마다 병실 천정을 응시하는 습관을 갖게 되었다.

그리고 식물인간이 되어버린 환자 앞에서도 큰 소리로 인사도 한다. 그는 비록 대답이 없지만…. 나는 지금 과학과 성서를 비교해서 논쟁을 만들자는 것이 아니라 과학과 성서중에 약한 부분(모르는 부분)이 있다면 보완과 보강의 필요성을 느끼게 하고 싶을 뿐이다.

다시 한번 강조하지만, 과학과 성서를 비교하는 것이 아니라 과학의 이런 사실에 대해서 성서에는 이렇게 기록되어 있으며, 성서에 이렇게 기록 되어진 것인데 "과학에서는 이렇게 입증되어 결론 되어졌네요"라고 말하고 싶을 뿐이다. 서로를 알게 되므로 보완되고 보강되어 지혜를 얻었으면 하는 것이고 더욱더 확실히 알아 더욱 힘을 갖추었으면 하는 바램인 것이다. 배우고 때때로 익히니 이 아니 기쁜가!

과학 : 과학이란 무엇인가? (먼저 과학을 살펴보고 성서를 살펴보겠다)

우선 과학자들이 말하는 과학에 대한 진술을 들어보자.

「박테리아든, 은하단이든, 우리 주위에 있는 것들을 설명해 보려는 인간 정신이 바로 과학이다. 우리는 그것이 재미있으니까 하고 있다」

– 죠지 가모브 –

「모든 진실한 예술과 과학의 원천은, 신의 계획을 찾는 것이다」

「종교 없는 자연과학은 무력하고, 자연과학 없는 종교는 눈먼 것이다」

– 아인슈타인 –

「중력이란? 이 우주에 있는 두 물체 사이에는, 질량에 비례하여 커지는 잡아당기는 힘이 있으며, 거리의 제곱에는 반비례하여 약해지는 힘이 있는데 그것이 중력이다. 왜 그런 현상이 있는지는 아직까지 잘 모른다. 단지 그런 현상이 있을 뿐이다. 이것이 중력의 전부다」

– 리챠드 파인만 –

「중력은 힘이 아니라, 휘어진 시공의 부산물이고, 어떤 의미에서는 중력이 존재하지도 않는다. 혜성과 행성들을 움직이게 만드는 것은 공간과 시간의 뒤틀림 뿐이다」

-미치오 카쿠에-

「오늘날 우리는 우주를 이해할 수 있는 강력하고, 정교한 방법을 알고 있다. 그것은 과학이라는 이름으로 불린다. 과학이 우리에게 알려 준 것은 우주는 시간적으로 오래 되었으며, 공간적으로 광막하게 널리 퍼져 있다고 한다. 과학은 본질적으로 재미있는 것이다. 인류가 자연에 대한 이해에서 기쁨을 얻을 수 있도록 진화해 왔기 때문이다. 과학에는 자정작용이 있다」

- 칼 세이건 -

「모든 물리법칙과 화학법칙을 따르는 생명체는, 생명이 없는 분자들로 이루어져 있으며, 이 생명의 정수를 제공하는 분자들은 독특하고도 아주 복잡한 구조를 가지고 있다. 이 복잡한 구조를 이해하는 것은 과학자에게 아주 매력적이다」

-앨버트 레닝거(Albert Lehninger)의 생화학의 원리에서-

이들의 진술을 살펴보면 과학은 재미있는 것이고 우리의 주변이나 환경에서 일어나는 일을 설명해 보려는 고귀한 정신이다.

과학은 개념이 변하거나 수정되어, 진보할 수 있으나 우리가 알 수 있는 것이 있고, 지금까지는 모르지만, 미래에 알려 질 수 있는 것이 있고, 절대로 알 수 없는 것이 있다. 자연에는 뉴턴의 중력 법칙이 있고, 생물에는 멘델의 유전 법칙이 있고, 빛에는 광속 불변의 법칙이 있고, 이 세상에는 아인슈타인의 일반상대성 이론이 있듯이, 이미 그런 현상의 법칙이 있고, 그 법칙을 알아내는 자들이 과학자들이며, 그런 현상의 법칙을 알아내는 방법이 본질적으로 과학이다.

이제 내가 발견한 자연과학의 몇 가지 원칙을 말해 보겠다.

(1) 다양성(Variety)

자연과학을 고찰해 오던 중에 가장먼저 떠올랐던 개념은 자연과학의 세계는 다양하다는 것이었다. 동식물의 종류가 다양하고 원소들이 그렇고 소립자들이 그랬으며 암 유전인자가 그랬다. 지놈(게놈)을 구성하는 DNA의 염기쌍인 A-T, G-C pair가 30억 개에 가깝고 우주의 별의 숫자가 700해 개에 이르고 우주에 광자의 숫자는 10^{90}개다. 민족이 다양하고 언어가 다양하며 나라가 다양하다. 이 세계는 몇 가지를 알았다고 우쭐 댈 수 없는, 다양한 세계였다.

(2) 일반성(Generality)

자연과학의 세계에는 일반적인 원칙도 있었다. 물은 높은 곳에서 낮은 곳으로 흐르며, 전기는 −극에서 +극으로 흐른다. 세포는 세포에서만 나오고 물질에서도 그 정도의 에너지를 가진 광자가 튀어 나왔다면 그 정도의 에너지를 가진 광자라야 물체로 흡수될 것이고 원자 내의 전자궤도의 에너지 준위도 그 정도의 에너지이다.

원자내의 양성자의 숫자와 전자의 숫자가 동일하므로 원자의 전하는 0이다. DNA는 이중나선 구조이고 지퍼처럼 열려서 복제하고 세포분열시 두 개의 세포로 분열된다. RNA는 한 가닥으로 되어 있어서 DNA가 열리면 한 가닥으로 전사(Copy)하기가 쉽다.

금성의 상이 노랗게 보이는 것은 금성의 대기 중에 있는 황 때문이다. 이와같이 자연과학에는 일반성이 있다.

(3) 예외성(Exception)

일반적인 원칙들이 일반성으로 잘 이해되었으나 어떤 경우에는 일반성을 따르지 않고 예외가 있다는 의미이다. 자연과학은 예외가 있다. 10억 개의 염기쌍 중 한 번 꼴로 돌연변이가 일어날 수 있다.

α−입자로 금박지를 충돌시킬 때 8천 번에 한 번 꼴로 튀어나오는 예외를 분석하여 원자핵을 발견했다(러더포드가). 자연의 에너지는 양자화 되었지만 쿼크의 전하는 분수의 숫자이다. 업(up) 쿼크는 2/3전하이고 다운(down) 쿼크는 −1/3전하이다. 자연과학을 이해하게 될 때에 예외성이 있음

을 상기할 필요가 있겠다.

(4) 예측성(Expectancy)

물리학은 예견하고 입증하고 예견하고 또 입증하면서 발전해 왔다. 과학은 불변의 법칙이 있기 때문에 그 법칙 가운데서 추론하였다면 어떤 사실을 미리 예측할 수 있었던 것이다. 죠지가모브는 "우주배경복사"를 예측하고 펜지아스와 윌슨이 발견하였다. 맥스웰은 전파를 예견하였고 헤르츠는 그 전파를 실험실에서 발생시키고 송신과 수신을 함으로 전파를 입증하였다. 프리드만은 우주팽창을 예견하였고 에드윈 허블은 우주팽창을 발견하였다. 데모크리토스는 은하수가 별들의 집단이라고 예견했고 갈릴레오가 망원경으로 입증하였다. 자연과학의 지식은 그것을 토대로 하여 다른 것을 이렇듯 예측할 수 있다.

(5) 과학의 세계는 알 수 있는 것이 있고, 미래에 알려 질 수 있는 것이 있고 결코 알 수 없는 것이 있다.

이것이 물리학의 하이젠 베르거의 "불확정성원리"로 표현된 것이 아닐까? 빛이 파동성이면 입자성은 보이지 않고 입자성을 띄면 파동성은 보이지 않고 소립자의 운동량을 알면 소립자의 위치가 불확실해지고 소립자의 위치를 확실하게 알면 그 운동량이 불확실해진다.

자연의 세계에 "불확정성 원리"가 이미 내재 되어 있다. 모르는 것은 결코 모른다. 요한복음 3장 8절에서 바람이 나뭇잎을 지나갈 때 흔들리는 모습과 소리를 들어 바람이 불고 있구나! 하고 알 수 있지만 그 바람이 어디서와서 어디로 가는지 알지 못한다는 것이다.

(6) 과학의 세계는 점핑이론(Jumping Theory)이 있어 불가피한 상황을 모두 둘러 될 수 있는 마지막 이론이다.

아직까지 책에서 보지 못했고 이민화 교수님께 들었으므로 나는 가끔 "이 교수님의 Theory"라고도 불렀다. 물은 수소원자 2개와 산소원자 1개가 결합되어 H_2O인 물 분자를 이루고 있다. 우리 인간에게 공기와 함께 없어서는 안될 물 분자는 참 특이하다. 물은 그 들의 분자를 이루고 있는 원자들의 특성과 전혀 상관이 없다. 즉 수소의 특성이나 산소의 특성에서 물의 특성은 전혀 예측할 수 없다.

수소 원자 2개와 산소 원자1개가 만나면 분자라는 한단계 높은 차원에 뛰어 올라(Jump) 물분자가 된다. 수소와 산소의 두 특성을 잘 알아보았지만 물의 특성은 한 점도 그들에게는 보여지지 않는다.

전능세포인 수정란이 발육하면 분화되어 간을 만들고 심장을 만들고 위를 만들고 손과 피부를 만들고… 하다보면 이런 장기가 모여서 점프하듯이 특출한 생물종인 인간이 탄생되는 것이다. 이 인간에게는 간 형태의 특징이나 심장 형태의 특징이나 등등에서 예견하려고 해도 전혀 예측이 안된다. 세포가 모여 조직이 되고 조직이 발육하여 장기를 이루고 그 장기가 일정수준 모아지면 요술처럼 주문을 외우 듯 점프하여 특별한 생물종인 인간이 되는 것이다.

인간이 어디서 발생합니까? 하고 질문한다면 간이 모아지고 심장이 모아지고 피가 모아지고 뼈들이 모아지면 자기 스스로 점프해서 인간이 된 것이야! 물론 그런 개체가 나오리라고는 전혀 예측할 수 없었던 것이다.

그런데 그렇게 점프 하듯이 인간이 ~~인간이 ~~나온 것이다. Jumping theory가 작동한 것이다.

이제 성서는 과학을 어떻게 보는가?

성서에서 과학은 어떻게 말하여지는가?

성서가 보는 과학을 이제 말해 보려고 한다.

마태복음 9장 12절에서 "의사는 병든자에게 쓸데 있다"라고 하나님, 예수 그리스도는 말한다. 성서는 의학이라는 과학을 인정한다. 마태복음 12장 12절에서는 의학의 치료 행위를 선한일이라고 말한다. 주장하는 것처럼 보여질까봐 말을 줄인다.

성서가 의학이란 과학을 어떻게 대하고 있는가를 여러분에게 보여주고 있는 것이다. 자연과학의 효시는 앞에서 여러 번 진술하였듯이 탈레스가 자연현상을 이성적이고 합리적으로 설명하기로 한데서 찾았다. 그러면 성경은 어디에서 과학의 시작을 찾아 볼 수 있을까?

그 첫 장소가 창세기 2장 19절에서다. 하나님은 천지를 창조하셨고 인간인 아담은 과학을 만들었다. 가정을 이루기전에 만물을 다스리라의 첫 번째 순종으로 아담은 동물들의 이름을 붙인다.

이것이 과학의 기본행위이며 원리라고 스위스의 정신과 의사였던 폴 토우르니에(Paul Tournier)가 그의 저서 "성서와 의학"(초판1951년 출간, P30에 기록됨)에서 창세기 2장 19절을 성서의 첫 과학적인 원리의 장소로 기록하고 있다. 그는 한걸음 더 나아가 나에게 깨우침을 공급하였다.

"이르시니" 무어라고 아담에게 이르셨을까? 기록된 성경대로라면 이름을 붙이라고 하여 아담은 순종한 것이다. 들짐승과 새들의 이름이 명명되었고 이름을 붙이니 아담 가족에게는 얼마나 편리하고 간편했을까! 과학은 하나님께서 명령하여 허용하신 것으로 틀림없는 하나님의 선물인 것이다.

그러면 이제 이름 붙이는 것이 과학의 출발점이요, 기본원리가 되며 얼마나 중요한 단계인가, 과학의 역사에서 복습해 보자. 아리스토텔레스는 "자연의 이해"라는 뜻으로 물리학의 용어를 만들었다(Physis자연→Physics 자연의 이해, 물리학). 뉴턴은 무게(Gravitas 라틴어 "무게"의 뜻)라는 라틴어에서 중력(Gravity)이라는 용어를 만들었으며, 빛을 프리즘에 통과시 나타나는, 빛띠를 현상(Spectrum)이라는 라틴어에서 스펙트럼이라고 명명했다.

전기의 아버지, 윌리엄 길버트는 전기를 호박(Elektron:송진)에서 나온 힘이므로, Electricity라고 명명했다. 마리큐리는 방사능(Radioactivity)이라는 단어를 만들었고, 머리 겔만은 양성자와 중성자인 핵자들을 이루는 소립자를 쿼크라고 명했다. 이렇듯이 과학은 이름을 명명하면서 시작되고 출발함을 우리는 보고 있다.

과학사에서 칼폰린네는 동물, 식물들에게 이명법으로 학명을 만드니 전 세계가 회의 때마다 공통어로 사용하므로 편리하게 사용하고 있지 않는가!

창세기 2장 19절에서 과학의 본질은 우리의 편리함 때문이다. 아담이 이름을 붙인 것은 우리의 편리함 때문이다. 성서에서는 이름을 붙이므로 과학이 시작되었고 과학 존재 목적의 본질은 우리의 편리함 때문임을 알 수 있었다. 창세기 3장 19절에서 "흙에서 왔으니 흙으로 돌아가리라…" 어떻게 흙으로 돌아가는가? 과학으로 연구해 보니 박테리아를 통해 부패되고 괴사되어져서 인간의 시신은 흙으로 돌아간다. 흙으로 돌아가지 않았다면 지구는 시체들로 가득 찼으리라! 창세기 1장 14절에서 "그 광명으로하여, 징조와 사시와 일자와 연한을" 관찰하고 연구하여 일식과 날짜, 1년, 그리고 항성들의 공전주기를 알아냈다. 자연에 그러한 현상이 있음을, 연구하고 법칙을 만들어내는 것이 과학이며 목적은 우리의 편리함과 유용함 때문이다.

성서는 우리가 하나님을 알 수 있는 방법에 대해서 세 가지를 통해서 가르친다.

⑴ 로마서 1장 19절 "이는 하나님을 알만한 것이 저희 속에 보임이라…" 우리 속의 이성을 통해서 하나님을 깨달아 알 수 있다.

⑵ 로마서 1장 20절 "그 만드신 만물에 분명히 보여 알게 되나니, 그러므로 저희가 핑계치 못 할지니라" 자연 만물에 하나님의 능력과 신성이 보여서 우리가 하나님을 깨달아 알게 된다.

⑶ 이사야 34장 16절 "너희는 여호와의 책을 자세히 읽어보라 이것들이 하나도 빠진 것이 없고 하나도 그 짝이 없는 것이 없으리니 이는 여호와의 입이 이를 명하셨고 그의 신이 이것들을 모으셨음이라"

성경을 통해서 하나님을 알 수 있다. 물론 성경을 읽고 깨달을 때는 성령의 도우심을 받는다. 이성과 자연 만물과 성서를 통해서 우리는 하나님을 깨달아 알 수 있다고 성서는 말한다. 과학은 배워서 알게 되며, "아는 것이 힘이다" 이지만 성서는 성령을 통해 배워서 스스로 깨달아야 알게 되며 진리를 많이 알수록 더욱더 자유를 누리고 쉼을 얻으며(마태복음11:29, 내게 배우라…. 마음이 쉼을 얻으리라, 요한복음8:32, 진리를 알지니, 진리가 너희를 자유케 하리라). 여호와 그분 자신이 우리의 힘이다(시편 18:1 믿음이 힘이다).

여기서 아일랜드 주교인 제임스 어셔(James ussher1581~1656)가 17C에 발표한 "천지창조의 날짜"를 한번 복습 해보자. 그는 1650년에 구약성서의 기록을 중심으로 하여 '구약성서 연대기'를 출간했다. 그 책에서 기원전 4004년 10월 23일 일요일 오후 2시 30분에 천지창조가 이루어졌다고 주장했다. 그는 구약성서의 아담 이후의 사람들의 나이를 합산하였던 것이다. 어셔 주교님은 천지창조가 적어도 기원전 4004년 이전의 일이라고 발표했더라면, 큰 문제는 없었으련만 날짜를 확정 해버렸던 것이다.

오늘날 예수의 재림이 몇 년, 몇 월, 며칠에 일어난다고 말하는 것과 흡사했다. 성경은 계시의 말씀으로 호적등본이나 왕조실록의 역사기는 아니다. 마태복음 1장의 왕들의 족보에도 3명의 왕이 빠져 있다(역대상3:11~12, 역대하 21:5~6, 22:1~4 참고, 아하시야, 요아스, 아마샤 세 왕이 빠짐).

고산병의 치료원칙에 보면, 이 병이 고산에서 발병하여 두통, 호흡곤란, 정신이상 등의 증세까지 초래케 되는데 치료원칙은 첫째도 하산(go down), 둘째도 하산, 셋째도 하산이다. 이렇듯이 성경은 첫째도 계시의 말씀이요, 둘째도 계시의 말씀이요, 셋째도 "계시의 말씀"인 것이다. 자기가 받은 계시가 참인지 아닌지 먼저 성경 전체에 물어야 할 것이다. 성서적인가, 비성서적인가는 매우 중요한 일이다. 어셔의 사건은 그 후 과학자들이, 약방의 감초처럼 그 사건을 끄집어 내어 매사 성서가 그렇게 잘못되어 있는 양, 과학자들은 성경을 비판하였던 것이다. 창세기 1장 2절과 3절 사이에 몇 억 년이 흘렀는지를 모른다고 성서학자들은 말한다. 잘못된 성서 해석이 과학과 대치되었던 하나의 예에 불과한 것이다. 이제 하나씩 열거하면서 과학과 성서가 얼마나 서로를 보완하고 보강하는지를 살펴보자.

7-1-1 과학과 성서는 서로를 보완하고 보강한다

과 학	성 서
1. 지구가 둥글고 우주공간에 떠 있다 　(1) 피타고라스, 아리스토텔레스 　(2) 20C에 인공위성이 입증 　시대:B.C 300년경(B.C 384~322) 　20C:인공위성의 우주인	1. 하늘을 차일(curtain)같이 펴셨으며 (이사야40:22) 궁창으로 해면에 두르실때에 (잠언8:27) 땅을 공간에 다시며(욥기26:7) 시대:이사야:B.C 700년경, 잠언:B.C 1000년경, 욥기:B.C 2천 년경
2. 일식, 월식, 공전, 자전 　(1) 고대 희랍의 탈레스, 　아낙시만 드로스, 아낙사고라스 　(B..C 600~400년경) 　(2) 푸코 (Jean, Foucault, 　1819~1868) "푸코의 진자"- 　지구의 자전을 기록	2. 그 광명으로하여 징조와 사시와 일자와 연한이 이루라 (창세기 1:14) 달의 명랑하게 운행되는 것을 보고:달(12개월) (욥기31:26) 해는 그 떴던 곳으로 빨리 돌아가고 (지구의 자전:전도서1:5) 시대:창세기: B.C 1500년경, 욥기:B.C 2천 년경, 전도서:B.C 977년경
3. 1969년 7월 20일 아폴로11호의 닐 암스트롱과 버즈 올드린의 인류 최초 달착륙-달의 지평선 삭막했다.	3. 이사야19:6, 애굽시냇물은-마르므로 달과 같이 시들겠으며
4. 우주는 넓다. 150억 광년. 1050억 개의 은하와 은하당 1000억 개의 별. 700해 개의 별	4. "삼층천" (신약)고후 12:2-셋째하늘 (구약) 열왕기상 8:27:하늘과 하늘들의 하늘이라도 (구약)느헤미야 9:6:하늘과 하늘들의 하늘과
5. 빅크런치(대격돌):우주, 지구 종말 50억 년 후 태양 붕괴, 그 이후 빅크런치	5. 신약 요한계시록 6:13:하늘의 별들이 땅에 떨어지며

7-1. 과학과 성서는 서로를 보완하고 보강한다

1. 과학에서는 일찍이 아리스토텔레스가 두 가지를 근거로 지구가 둥글다고 했으며, 고대 희랍 사람들은 여기에다 바다에서 배가 돛대부터 보이는 것을 추가하여 세 가지를 근거로 지구가 둥글다고 생각했다. 현대인은 인공위성을 타고 지구 대기권을 벗어나 우주에서 바라본 지구를 사진 찍어 전송하므로 지구가 우주 시공에 떠 있으며 지구가 둥글다는 것을 확실히 알게 되었다. B.C 2,000~1,500년 전 경에 기록된 욥기서 26:7을 통해 이미 지구가 공중에 매어 달렸으며, 이사야 40:22, 잠언 8:27 등에는 "하늘을 차일같이 펼쳤으며," "궁창으로 해면에 두르실 때에" 등으로 지구가 둥글다는 것을 알 수 있는 말씀이 기록되어 있다.

2. 고대 희랍의 과학자들인 탈레스, 아낙시만드로스, 아낙사고라스 등은 일식, 월식, 지구의 공전(1년) 등을 B.C 600~400년 사이에 알게 된다. 이후에 지구의 태양, 공전은 1년이 걸리며, 지구의 자전은 하루가 걸림을 알게 된다. 성서 창세기 1장14, 16절, 욥기 31장 26절, 전도서 1장 5절 등에서 징조와 일자와 연한, 달의 공전운동, 지구의 자전 등을 기록하고 있다.

3. 1969년 7월 20일 오전 11시 인류 최초 달 착륙하는 닐 암스트롱과 버즈 올드린이 달 착륙하므로 달의 삭막한 지면을 보여준다.

성서 이사야 19장 6절에서 B.C 700년경에 기록된 말씀을 통해 "에굽 시냇물은, ~~ 마르므로 달과 같이 시들겠으며~~" 달이 시들었다고 기록되어 있다. 우리는 시든 달을 아폴로 11호의 착륙을 통해서 우리는 보았던 것이다. 성경은 이미 B.C 약 700년 전에 달이 시들어 있음을 우리에게 증거했던 것이다.

4. 과학은 우주가 넓다고 하며, 가장 먼 은하단은 150억 광년 걸린다고 한다. 성서는 신약 고후 12장 2절과 구약 열왕기상 8장 27절, 느헤미야 9장 6절을 통해서 삼층천을 기록하고 있다.

과 학	성 서
6. 아인슈타인의 일반 상대성 이론 우주가 시작과 끝이 있다 (빅뱅과 빅크런치)	6. 창세기 1:1…「태초에 하나님이 천지를 창조 하시니라」 창세기 1:3 「빛이 있으라」 신약 베드로후서 3:10 「주의 날이 도적같이 오리니, …체질(원소)이 뜨거운 불에 풀어지고…」
7. 숨겨진 우주 (Warped Passage 2005년 출간) 리사 랜달 (Lisa Randall 1962~) 여분 차원의 시공이 5차원으로 비틀려 있다. 시공이 말려 들어가 있다 (우주가 5차원 11차원 26차원 등으로 말려 있다)	7. 신약 요한계시록 6:14 「하늘은 종이 축이 말리는 것 같이 떠나가고…」구약, 이사야 34:4 「…하늘들이 두루마리 같이 말리되…」
8. 무지개의 7가지색 (빨, 주, 노, 초, 파, 남, 보) 햇빛 (자연광)도 프리즘 통과 시 7가지색 빛띠 (뉴턴)	8. 창세기 9:9~17 하나님께서 무지개를 하늘에 두실 때 언약이란 단어를 7번 말씀하심
9. 빛의 속도 (광속도 불변의 원칙)는 일정하다 (30만 Km/s 자연광 (햇빛)의 색띠 (spectrum)는 7가지 일정하다)	9. 구약, 호세아 6:3 「…그의 나오심은 새벽빛같이 일정하니…」
10. 미국 NASA (우주항공국)는 2018년까지 달나라에 유인촌 기지건설 계획 발표(2005년)	10. 구약성서, 오바댜 1:4 「네가 독수리처럼 높이 오르며, 별사이에 깃들일지라도 내가 거기서 너를 끌어 내리리라」

우리가 육안으로 보는 하늘이 1층천이며, 그 후 2층천, 3층천이 있다고 기록되어 있다. 우주는 넓고도 넓다.

5. 빅크런치는 과학이 말하는 우주종말 사건으로 앞으로 50억 년 후에 태양이 붕괴하고 그 후에 빅크런치가 온다고 말한다. 우주가 끝이 있다고 말한다. 성서는 신약 요한계시록 6장 13절에 [별들이 과일처럼 떨어지며…] [배드로 후서 3장 7, 10절 "하늘과 땅은 불사르기 위하여 간수하신바…] [그 날에 하늘이 불에 타서 풀어지고, 체질(원소)이 뜨거운 불에 녹아 지려니와…] 마지막 그날이 있다고 성서는 기록하고 있다.

6. 아인슈타인의 일반상대성이론은 우주가 시작과 끝이 있다고 제안하였다. 성서는 태초에 하나님께서 천지를 창조하셨으며, 제일 처음에 빛을 창조 하신다(창세기 1장1절, 3절). 베드로 후서 3장 7, 10절 [심판과 멸망의 날까지 보존하여 두신 것이라] 성서도 시작과 끝을 기록하고 있다.

7. 숨겨진 우주(2005년에 출간, 리사 랜들 1962~) 초끈이론, 막이론 등에서, 우주는 5차원, 11차원, 23차원으로 비틀려, 말려들어갔다(아직 검증되지는 않았다). 성서는 요한계시록 6장 14절 [하늘은 종이 축이 말리는 것 같이 떠나가고…] 이사야 34:4 [하늘들이 두루마리 같이 말리되…] 하늘이 두루마리 책처럼 말려 있다고 성경에 기록되어 있다.

8. 과학은, 물방울의 태양 빛 흡수와 굴절에 의해 7가지색의 무지개 색깔이 초래된다고 하며, 햇빛을 프리즘 통과 시키면 7가지 색의 빛띠가 나타난다. 성서 창세기 9장 9절~17절에, 하나님께서 노아의 물 심판(홍수) 후 다시는 물로 심판하지 아니 하신다고 우리 인간들에게 7번이나 언약 하신다(언약이란 단어가 7번 나온다).

물론 하나님께서 언약을 7번 하셔서, 무지개 색깔이 7가지 색이라고 바로 말할 수 없다. 그런 말씀이 성경에 기록되어 있지 않기 때문이다.

그러나 마치 한번 언약의 단어를 말씀할 때마다 무지개의 색깔이 들어난 것이 아닐까? 7은 하나님의 숫자로 완전한 숫자로 말하여지고 있다. 성령

과 학	성 서
11. 천둥, 번개도 일종의 전기다. 미국의 최초 물리학자 벤쟈민 프랭클린 (1706~1790)	11. 구약, 욥기 37:15 「하나님이 어떻게 이런 것들에게 명령하셔서 그 구름의 번개 빛으로 번쩍번쩍하게 하시는지…」
12. 레이저광선 치료. 1960년부터 루비레이저 개발되어 계속 개발됨	12. 구약, 말라기 4:2 「치료하는 광선을 발하리니…」
13. 입자의 장벽투과 현상 (Tunneling Effect)	13. 요한복음 20:26 「…문들이 닫혔는데 예수께서 오사, 가운데 서서…」
14. 판게아 이론(대륙이동설) 1912년에 알프레드 베게너가 제창(Alfred Wegener, 1880~1930)	14. 구약, 창세기 10:25 「그때에 세상이 나뉘었음이요…」요한계시록 6:14 「…산과 섬이 제자리에서 옮기우매」
15. 알렉산더 왕국이 무너지고 4나라로 나뉨 (1) 마케도니아 (카산더 장수) (2) 소아시아 　(리시마쿠스 장수) (3) 이집트 　(프톨레마이오스 장수) (4) 시리아 (셀류쿠스 장수)	15. 구약, 다니엘서 8:8, 22 11:3-4 「큰 뿔이 꺽이고, 그 대신에 현저한 뿔 넷이…났더라」「이 뿔이 꺾이고 그 대신에 네 뿔이 났은 즉…」「한 능력 있는 왕이 일어나서…그 나라가 갈라져… 그 나라가 뽑혀서…」

을 통해서 깨달을 자는 깨달을 진저!

9. 광속도 불변의 원칙, 빛의 속도는 광원의 운동과 관찰자의 운동에 관계없이 일정하다. 태양빛에 의해서 밤과 낮이 일정하게 구분된다. 성서 구약 호세아 6장 3절「그의 나오심은 새벽 빛 같이 일정하니…」구약 예레미야 31장 35절「해를 낮의 빛으로 주었고 달과 별들은 밤의 빛으로 규정하였고…」빛은 과학이나 성서에서 일정하다고 말한다.

10. 우주시대로 2018년까지 달나라에 유인촌 기지를 건설할 계획이라고 NASA(미 항공우주국)은 발표 하였다(2005년에). 구약성서 오바댜 1장 4절 [네가 독수리처럼 높이 오르며 별 사이에 깃들일지라도 내가 거기서 너를 끌어 내리리라…].

11. 최초의 미국인 물리학자인 벤 자민 프랭클린(1706~1790)은 천둥 번개도 일종의 전기라고 주장하고 연 날리는 실험을 통해 입증했다. 성서 욥기 37장 15절「구름의 번개 빛으로 번쩍번쩍하게 하시는 자를 네가 아느냐?…」−전기와 +전기가 충돌하므로 번쩍번쩍 빛이 난다.

12. 레이저 광선치료가 암을 치료하는 데서부터(PDT:Photodynamic Therapy, 광역동치료) 무혈절개와 피부의 색소 병변증, (오타스모반, 혈관종, 인위적인 문신 등) 얼굴의 주름제거 박피술 등, 임상각과 영역에서 레이저 의학이 맹활약하고 있다. 말라기 4장 2절의 "치료하는 광선"이 바로 레이저 광선을 말한다라고 나는 말하는 것이 아니다. 말라기서의 "치료하는 광선"은 예수님을 상징한다. 단지, 내가 말하고 싶은 것은 예수님께서 재림하실 때에 모든 민족이 보리라 했다.

바로 월드컵 중계를 우리는 동시에 지금 보고 있다. A.D 1C 경에는 "모든 민족이 보리라"는 내용은 현실성이 없던 것으로 보여졌을 것이다. 그러나 현대에 와서 월드컵 축구중계를 각 민족이 거의 동시에 (시간차는 있지만) 보고 있다. 마찬가지로 "치료하는 광선"은 예수님을 가리키지만, 실제로 광선이 치료의 행위를 하는 일이 우리들의 인식 앞에 현실화되어져야 한

다는 것이 필요되어지며 현대에 와서 레이저 빛이 그 일을 하고 있다는 것
이다

13. 입자의 장벽투과 현상이란 입자가 담을 지나갔는데 담에는 구멍이 없
는데 입자가 담 밖에 존재한다는 현상이다. 요한복음 20장 26절에서[부활
하신 그리스도께서 문이 잠긴 방으로 그대로 들어오심] 문이 열리지도 안았
고 벽에 구멍도 없는데 부활하신 예수님께서 입자의 장벽 투과현상처럼 방
안으로 들어오셨다.

14. 1912년에 알프레드 베게너(Alfred Vegener1880~1930) 독일의 지구
물리학자가 판게아 이론(대륙이동설)을 주장하여 해일이나 지진, 화산폭발
산맥융기 등을 합당하게 설명하였다. 성서 창세기 10장 25절「그때에 땅이
나뉘었음이요…」신약 요한 계시록 6장 14절「각 산과 섬이 제자리에서 옮
기 우매…」땅이 나뉘고 산과 섬들이 배처럼 행동할 것이라고 성서는 기록
하고 있다.

15. 세계사적으로 알렉산더 대왕 사후에 그의 제국은 그의 부하 장수들에
의해 4개의 왕국으로 나뉜다.

(1) 마케도니아(카산더 장수)　　　(2) 소아시아(리시마쿠스 장수)

(3) 이집트(프톨레마이오스 장수) – 프톨레마이오스왕조

(4) 시리아(셀류쿠스 장수)

B.C 320년경 이후의 일이다.

구약성서 다니엘서에는 바벨론과 페르샤(메데바사)와 헬라와 로마에 대
해서 구체적으로 잘 예언 되어 있는데 그중 알렉산더 대왕이 일찍 요절할
것이며 그의 사후에「뿔 넷이 하늘 사방을 향하여 났더라…」라고 기록되어
있다. 이것은 너무나 놀라운 일이다. 그러나 많은 사람이 선입견이나 왜곡
되어져 성경에 대한 이해가 부족한 것이 문제인 것이다.

성경의 예언이 성취되는 것을 세계역사에서 보게 될 때 과학과 성서는 서
로를 보완하고 보강한다는 것이 실감이 난다.

16. 정신분석학자 프로이드는 우리의 인격에 세부분이 있음을 지적하였다. Id와 Ego와 Superego다. Id는 우리의 본능적인 부분을 담당하며, Ego는 우리를 현실과 관련지어 생각하게 한다(Reality Relationship담당). 그리고 Superego(초자아)는 Id나 Ego를 통제(Control)하는 윤리적이고 도덕적이며 종교적인 그 무엇이다. 신약성서 데살로니가전서 5장 23절, 히브리서 4장 12절에 우리 인간은 영(Spirit), 혼(Soul), 육(Body)이 있음을 기록하고 있다. 각각을 논하려면 몇 권의 책을 써야 할 것이다. 식물은 육(Body)밖에 없다. 그래서 나무는 자란다. 동물은 육과 혼(Soul)이 있어서 소나무 앞에서 돌을 들어도 소나무는 이동하지 않지만 개나 원숭이 앞에서 돌을 들면 개나 원숭이는 재빠르게 도망을 친다. 생각하는 이성인 혼이 있기 때문이다.

인간은 영과 혼과 육이 있어서 육이 자라기 위해 빵을 먹고 혼이 자라기 위해 지식을 배운다. 동물들은 이성이 있지만 동물들은 영이 없으므로 동물집단이 제사를 지내거나 재물을 바치는 의식을 행했다는 것을 우리는 본적도 없고 들은 적도 없다. 그러나 인간들은 각 민족마다 태양신을 섬기던지 재단을 쌓고 제사의식을 행하던지 예배를 드리던지 종교 의식을 행하는 것을 볼 수 있다. 이것은 동물에게 없는 인간에게만 영(Spirit)이 있음을 알게 해주며, 파스칼은 이 공간(Blanck)은 하나님의 것이므로 하나님의 것으로 채울 수밖에 없으며(말씀, 성령으로) 영을 채울 수 없을 때 재산, 명예, 권세를 다 가졌어도 우리는 궁극적으로 허무함에 빠진다고 지적했다.

17. 의학에서는 죽음의 정의(Definition)가 없고 죽음의 현상만이 있을 뿐이다. 전술한대로 인간이 죽으면 이러이러한 현상이 나타난다(혈압이 0이 되고 맥박과 호흡이 멎고 동공은 커지며 항문의 괄약근은 이완되어 열린다). 성서의 기록에 의하면 몸에 영혼이 없는 것이 죽음이며, 그 영혼이 몸에 돌아오니 죽음에서 깨어난다고 기록되어 있다. 즉 육체와 영혼의 분리가 죽음의 정의라고 할 수 있으며 옛말에 의하면 파란불이 빠져나간다 했다.

어떤 과학자는 사람이 죽기직전에 체중을 달고 죽은 후에 체중을 검사하

과 학	성 서
16. 프로이드(정신분석학자)가 말한 인격에 3부분이 있다. Id. Ego, Superego 식물:육(body), 동물:혼(Soul)과 육체, 인간:영(spirit), 혼, 육	16. 신약성서, 데살로니가전서 5:23 「…또 너희 온 영(Spirit)과 혼(Soul)과 몸 (Body)이… 흠없게 보전되기를 원하노라 (신약) 히브리서 4:12, …혼(Soul)과 영(Spirit)과 및 관절과 골수 (Body)
17. 죽음의 현상–의학에서 혈압:0, 호흡:stop, 동공:열림, 맥박:stop 항문괄약근: 풀림	17. 야고보 2:26 「영혼없는 몸이 죽은 것 같이…」 누가복음 8:55 「그 영이 돌아와 아이가 곧 일어나거늘…」 구약, 열왕기상 17:22 「그 아이의 혼이 몸으로 돌아오고 살아난지라」
18. 체세포 복제, 수정란 복제를 통해 새끼나 자식을 얻음. Sexual Contact없이 (성접촉없이)	18. 마태복음 1:18 「동거하기 전에 성령으로 잉태된 것이 나타났더니…」
19. (1) 시에네 (Syene:현재 애스완댐이 있는 곳):에라토스테네스 (2) 밀레투스:탈레스 아낙시만드로스, 아낙시메네스의 고향 (3) 알렉산드리아–대도서관이 있어 세계 학문의 중심지 (BC 320~AD 400) (4) 코스섬:의학의 아버지 히포크라테스의 고향 (5) 사모스섬:수학의 아버지 피타고라스 고향, 아리스타르코스(지동설)의 고향	19. (1) 구약성서, 에스겔 29:10, 30:6: 수에네(syene) (2) 사도행전 20:15:밀레도에 이르니 (밀레도:Miletus) (3) 사도행전 18:24 「알렉산드리아에서 난 아볼로라하는 유대인…이 사람은 학문이 많고…」사도행전 21:1 「바로 고스(cos)로 가서…」사도행전 20:15 「…그 이튿날 사모(samos)에 들리고…」

여 그 차이를 영혼의 무게라고도 주장했다. 에드몬드 무디의 「사후세계」란 책은 영혼과 육체가 분리되어 응급실의 천정에서 자신의 육신을 바라보는 영혼에 대해서 여러 사례들을 보여주고 있다.

그는 이 사례를 정신과 학회에서 발표했다고 한다.

영혼과 육체가 분리되면 죽음에 이르고 죽으면 육체에는 그러한 여러 현상이 나타난다. 영혼과 육체가 분리되어 죽음의 세계를 경험하고 5~10분 사이에 시체실에서 깨어나 나온다. 그리고 사후세계를 경험한 사람들은 그 나머지 인생에서 크게 변화된 두 가지 현상이 두드러지는데, 죽음의 세계에서는 "선한 일"을 많이 행한 사람들에게 좋은 평점을 주므로 깨어난 후 선한 일을 하려고 발버둥치며, 죽음의 세계를 보고 자신이 너무도 모르는 것이 많고 무지했던 것을 깨달아 책을 많이 읽으며 무엇이든지 배우려고 하는 지식에 대한 굶주림이 있다. 이와 같이 죽음을 이해하는 데는 과학과 성서가 다 필요하며 서로에 대해 보완되고 보강된다.

18. 체세포 복제나 수정란 복제를 통해서 남녀 간의 육체의 접촉 없이도 자식(생명체)을 임신하고 얻을 수 있는 시대에 우리는 살고 있다. 신약성서 마태복음 1장 18절 「예수께서 성령으로 잉태 되었다」. 내가 의과대학을 다녔던 1975년도만 해도 과학자들은 어떻게 남녀의 성 접촉 없이 임신할 수 있느냐 하며, 동정녀 마리아에 의한(예수님이 성령으로) 잉태를 불가능한 것으로 생각되어 부정하였다. 그러나 과학의 발달로 성 접촉 없이도 임신과 분만이 가능한 시대에 지금 우리는 살고 있는 셈이다. 인간들의 과학도 해냈는데 전지전능한 하나님께서 동정녀에게서 성령을 통하여 예수님을 어찌 잉태치 못할 수가 있겠는가!

19. ⑴ 탈레스, 아낙시만드로스, 아낙시메네스의 고향 밀레투스(Miletus) 지금의 터키의 도시, 밀레도로도 부름.

⑵ 알렉산드리아 B.C 320~A.D 400가까이 거의 700여 년간 세계 학문의 중심지였다. 알렉산더 대왕을 기념하여 프톨레마이오스

장군이 이집트에 건립했다.

(3) 시에네(Syene 현재 애스완댐이 있는 지역) 에라토스테네스(알렉
산드리아 관장)가 지구의 둘레를 측정시 알레산드리아와 시에네
까지 도보로 사람을 시켜 거리를 측정하여 지구둘레 4만Km를 측
정함.

(4) 코스-히포크라테스의 고향인 지중해의 섬.

(5) 사모스섬-피타고라스의 고향인 지중해의 섬.

1) 신약성서 사도행전 20장 15절에 밀레도가 밀레투스이다.

2) 사도행전 18장 24절에 아볼로의 고향인 알렉산드리아가 나오며 아볼로
는 학문이 많은 사람이었다. 알렉산드리아가 그때 당시 세계 학문의 중
심지였다.

3) 구약 에스겔 29장 10절, 30장 6절의 수에네가 시에네이다.

4) 코스 = 고스-사도행전 21장 1절의 고스가 코스 섬이다.

5) 사모-사도행전 20장 15절에 나오는 사모가 사모스 섬이다.

이오니아 문명을 탄생시키고 자연과학의 원조들의 고향을 신약성서와
구약성서에서 찾으므로 무엇인가 보완되고 보강됨을 느낄 수 있다.

20. *1787년 미국 뉴저지 주의 우드버리크릭 지역의 강바닥에서 공룡의
뼈라고 인정될 수 있는 거대한 대퇴골(Femur)뼈가 처음 발견되어 그 당시
미국최고의 해부학자이었던 카스파위스타 박사에게 전해졌고 그는 그 뼈
를 거대한 동물의 뼈라고만 담담하게 설명했다. 공룡의 뼈가 발견되었지만
간과되었고 인류는 아직도 공룡을 모른 채 흘러갔다.

*1812년 영국의 메리애닝이라는 12세 소녀가 바다의 절벽에서 익수룡을
발견했으나 거대한 바다괴물의 화석으로만 간주 되었다(라임레기스라는
지역의 해안에서).

*1822년 영국의 맨텔의사가 공룡의 화석 이빨을 발견하여 프랑스의 동물
학자인 퀴비어에게 보내졌지만 퀴비어는 하마의 이빨이라고 던져 버렸다.

*1825년 영국의 버클 랜드 목사가 공룡을 발견하여[런던 지질학회 회보]에 논문을 실었다. 이것이 공룡에 대한 최초의 공식적인 설명으로 인정되었으며 그 화석의 동물의 이름으로는 메갈로사우루스라고 이름 붙여졌다.

*1841년 영국의 유명한 해부학의사인 리챠드 오언(Richard Owen 1804~1892)은 공룡의 이름을 처음 명명했다. 다이노사우리아(Dinosauria):Dino-무서운 Sauria-도마뱀, 무시무시한 도마뱀, 그리고 런던 자연사 박물관 건립에 공헌하여 1880년에 사우스켄싱턴에 박물관이 건립됨. 오언은 그의 평생에 600편에 가까운 해부학 논문을 발표한 재능 있는 해부학자 이였지만 학자답지 않게 맨텔의 공룡에 대한 독창적인 논문의 출판을 거부 했으며(왕립학회에서의 영향력으로) 맨텔의 공룡에 관한 연구 업적을 조직적으로 지워버렸으며, 공식석상에서 자신의 신앙의 이유로 진화론을 주장한 챨스 다윈을 맹비난함으로 챨스 다윈에게 정말로 중요한 동물화석인 공룡에 대한 연구를 착수하지 못한 하나의 원인이 되지 않았을까? 조심스럽게 헤아려 볼뿐이다.

※ 다윈의 말년의 연구업적

1870년에 식물에 관한 다섯 권의 책 출간

1875년 [덩굴식물의 운동과 생태]

1876년 [식물계의 이종교배 및 자가 수정효과] 출간

1877년 [동일종에 존재하는 다른 형태의 꽃] 출간

1880년 [식물의 운동력] 출간

1881년 [땅 속 벌레들의 활동에 의한 부식토의 형성] 1882년 4월 19일-다운하우스에서 사망. 이렇게 다윈으로 하여금 공룡에 대한 연구보다도 식물연구에 매어 달린 것은 공룡전문가이며 왕립학회 회원인 리챠드 오언의 공식적인 맹비난도 일조를 한 것이 아니었을까?

챨스 다윈의 학자다운 열정은 우리가 본 받아야 할 덕목이 아닌가! 그는 관찰과 실험을 포기할 수밖에 없는 날이 바로 내가 "죽는 날이 될 것이다"

과 학	성 서
20. 공룡(Dinosauria) ⑴ 처음 발견:1787년 미국 뉴저지주의 우드버리크릭지역의 강바닥 ⑵ 1806년 미국 몬테나의 지옥의 계곡탐사 (후에 공룡의 공동 묘지) ⑶ 1812년 매리애닝이라는 영국 소녀, 라임레기스 해안도서에서 익수룡 화석 발견 (바다 괴물) ⑷ 1822년 영국의 의사 맨텔 "공룡이빨 화석" 발견 ⑸ 1841년 영국의 해부학자 리챠드 오웬 (Richard Owen, 1804~1892)―공룡 용어만듬. 무시 무시한 도마뱀(Dino Sauria) (1880년 사우스 켄싱턴 자연사 박물관 건립 추진) ※ 해남 우항리 공룡관, 경남 고성의 공룡관 ※ 자연사의 문제총아 공룡 ⑹ 「현대과학의 성서적 기초」 1984년 출간 헨리 M 모리스:캘리포니아 샌디에고의 창조과학회 회장. p414에 의하면 텍사스주 글렌로즈 가까이에 있는 팔럭시(Paluxy river) 강 계곡의 백악기 석회암층에 인간의 발자국과 공룡의 발자국을 여럿 발견했고 동일한 유타주의 사암층에서 2개의 인간 해골이 발견되고 몇 마일 떨어진 그층에서 공룡화석 발견	20. 구약, 욥기 40:15~24, 「풀을 먹는 하마를 볼지어다… 그 뼈는 놋관 같고… 창조물 중에 으뜸이라… 하수가 창일해도 놀라지 않고…」 욥기 기록연대 B.C:2천 년~1500여 년 시편 104:25~26, 시편 74:13~14) 바다의 악어와 바다의 용이 공룡을 연상케 한다. 시편은 B.C 1000년 전에 기록 됨

라고 말한 열정적인 학자가 아니던가? 생물의 진화연구에는 공룡과 같은 동물이 더 중요한 열쇠를 지고 있는 셈인데 맨텔, 오언 등은 공룡에 매어달려 논문을 쓰고 있을 때, 챨스 다윈은 위에서 보듯이 식물이나 덩굴식물, 식물의 이종교배, 식물의 운동력, 지렁이 등에 관한 연구를 하고 있었으니….

오언은 1841년 공룡의 명명자로서 학자로 맹위를 떨칠 때, 맨텔은 마차 사고로 척추를 다쳐 보행 장애자가 되고 만성통증환자가 되어 고통과 학문적인 박해로 1852년 자살을 하며 그의 휘어진 척추를 왕립의과대학에 기증되었는데, 역설적으로 그 대학의 헌터 박물관 소장이었던 리챠드 오언이 그 관리 책임자가 되었다. 아! 인생무상(人生無常)이다!

공룡의 뼈가 처음 발견된 때는 1787년이며 공룡이란 명칭이 붙여진 때 1841년 오언에 의해서며, 동식물의 이름을 붙인 칼폰 린네도 공룡의 뼈가 처음 발견된 해보다 9년 전에 사망하였으므로 린네는 공룡이란 뼈의 화석이 있다는 것도 몰랐다. 과학적 진화론의 교부격인 챨스 다윈은 그가 관심을 갖게 되었으면, 얼마든지 연구할 수 있었던 그 시기에 공룡을 제쳐 두고 식물의 연구에 빠져 있었다.

이때 전술한대로 쌍으로 된 유전자와 유전법칙을 발견한 그레고 멘델 보다 2년 먼저 타계한 챨스 다윈은 멘델을 몰랐고 교제하지 못하므로, 돌연변이가 후손에게 전달되는 유전 메커니즘의 연구에 착수할 수 없었다. 동시대이였으므로 가능할 수 있었던 챨스 다윈의 학문적인 연구의 애석한 두 가지는 공룡연구와 유전자 연구이다. 공룡이란 동물의 화석은 자연사 연구나 고생물 연구 그리고 생물의 진화사 연구에 있어 문제 총아이며 핵심적인 열쇠를 가진 동물임에 틀림없다.

전 세계에 걸쳐 발견되는데, 발견되는 지질층연대. 공룡뼈 화석의 정확한 연대측정, 인간 뼈나 평범한 동물의 뼈와 함께 발견 유무 등이 먼저 규명되어져야 할 것이다. 1984년에 출간된 헨리모리스의 [현대과학의 성서적 기초]란 책의 P414에 의하면 텍사스 주 글렌로즈 가까이에 있는 팔럭시강 계곡의 백악기 석회암층에 인간의 발자국과 공룡의 발자국의 선명한 발견 사진이 게재되어 있고, 동일한 유타 주의 사암층에서 2개의 인간해골이 발견되었는데 몇 마일 떨어진 그 사암층에서 많은 공룡화석이 발견되었다고 기록되어 있다.

헨리모리스는 캘리포니아 샌디에고의 창조과학회 회장이다. 자연과학자들에게는, 아주 충격적인 의미 있는 기록이라고 생각된다.

*세계나라의 각처에는 자연사 박물관이나 공룡관이 있다.

한국, 전남 해남 우항리의 공룡관, 경남 고성의 공룡관. 이제까지는 과학이 말하는 공룡을 살펴봤다. 이제 성서에는 공룡에 대해 어떻게 기록되어 있나? 이에 대한 답은, 대부분의 신학교수나 목사님들은 성경에는 공룡이란 동물이 기록되어 있지 않다고 답했다. 그도 그럴 것이 "공룡"이란 단어는 1841년에 만들어진 용어가 아닌가? 칼 폰 린네는 그 뼈를 본적도 없고, 들은 적도 없다지 않은가? 성경의 구약은 B.C 1500여 년간, 신약은 A.D 1C 동안, 총 1600여 년간에 걸쳐 기록된 하나님의 말씀이다.

그런데 구약성서 욥기서 40장 15절부터 24절의 기록은, 우리를 놀라게 하기에 충분하다. [풀을 먹는 하마를 볼지어다… 그 뼈는 놋관같고 그 갈빗대(Bones, 뼈들)는 철장 같으니 그 것은 하나님의 창조물 중에 으뜸이라… 하수가 창일한다 할지라도 그것이 놀라지 않고…, 그것이 정신 차리고 있을 때에 누가 능히 잡을 수 있겠으며…].

기원전 2천 년경 기록된 구약 욥기서에 하마라고 되어 있으나 그 짐승은 하나님의 창조물 중에 으뜸이라는 대목에서 하마를 가리키는 것이 아니라 지구상의 최고의 동물을 말하고 있다는 것을 알 수 있다. 그리고 뼈가 놋 관같고 철장 같다는 표현은 공룡관을 관람한 적이 있는 사람이라면 당연히 이해가 갈 것이다.

단지 그 당시까지의 욥의 상식으로는 그 짐승을 하마로 묘사하고 있을 뿐이다. 신약의 마지막 부분인 장차 인류역사 가운데서 일어날 사건을 예언한 요한계시록에서 요한에게 하나님께서 한 전장을 보여주었다 하더라도 요한은 원자폭탄이나, 수소폭탄이란 용어를 사용하지 않고 [햇불 같이 타는 큰 별이 하늘에서 떨어져…, (요계8:10)]라고 기록할 수밖에 없음을 우리는 알 수 있다. 성경을 기록하는 기자도 시대의 영향을 받는다. 하여간 욥기서 40장 15절 이하는 두고두고 묵상할 말씀이며, 공룡에 대한 과학연구는 상당히 흥미로워질 수밖에 없음을 우리는 지금 보고 있는 것이다.

21. 아인슈타인의 일반상대성 이론 만들기의 사고 실험인 "낙하하는 엘리베이터" 실험에서 엘리베이터 안의 사람과 손에 들린 사과는 공중에 둥둥 떠 있다. 중력과 관성력(가속도)이 서로 상쇄되기 때문이다. 여기서 아인은 중력과 가속력을 구분해 낼 수 없다. 즉 중력과 가속력(관성력)은 등가다라고 하여 등가 원리를 추론해낸다.

신약성서 요한복음 14장 16절, 16장 17절, 고린도 전서 15장 45절을 각각 살펴보면, 이 세 구절에서 오늘날 성령은 누가 보내셨나? 하고 질문하면 요한복음 14장 16절에서는[또 다른 보혜사를 너희에게 주사…] 하늘의 하나님께서 보내셨다고 기록되어 있다. 요한복음 16장 7절 [가면 내가 그를 너희에게로 보내리니…] 예수님께서 보내셨다고 기록되어 있다. 고린도 전서 15장 45절에서는 마지막 아담은 살려 주는 영이 되었나니 (생명주는 영이 되었나니 life giving spirit) 말씀에서는 예수님께서 부활하셔서 생명주는 영(성령)이 되셨다고 기록되어 있다. 이 세 말씀에서 어느 말씀이 맞는지 우리는 구분할 수 없다.

우주에 멈춤 인공위성

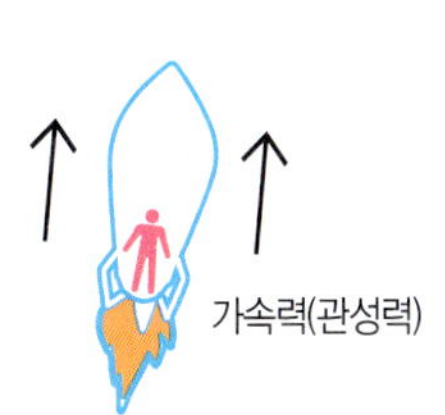

우주로 날으는 인공위성

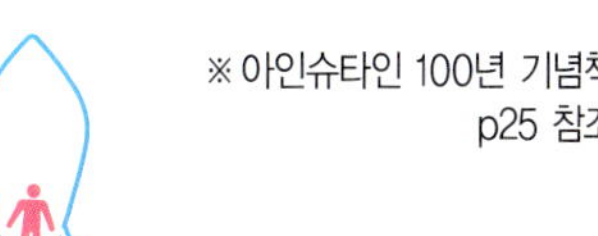

과 학	성 서
21. 아인슈타인의 「일반상대성이론」이 나오기까지는 "엘리베이터의 자유낙하"의 사고 실험 결과이다. 엘리베이터 안의 사람의 손에서 떨어진 사과는 (관성력=중력) 엘리베이터 안에서 관성력과 중력이 상쇄되어 공중에 둥둥 뜬다. 여기서 관성력은 가속력에 해당된다. 그래서 중력과 가속력을 구별해낼 수 없다고 한다. 중력과 가속력은 등가이다	21. (1) 요한복음 14:16 (2) 요한복음 16:7 (3) 고전도전서 15:45 성령님은 누구인가? 누가 보내셨나? 하고 물으면 성서는 일반적으로 3개의 답을 찾을 수 있다
A. 우주에 멈춘 인공위성 : 우주선 안의 비행사는 공중에 둥둥 뜬다	(1) 요한복음 14:16에 의하면 성령님은 또다른 보혜사(상담자 : Counselor)로서 하나님께서 보내셨다
B. 우주를 날으는 위성 : 비행사는 가속력(관성)에 의해 우주선 밑에 서게 된다	(2) 요한복음 16:7절에 의하면 예수님께서 그 보혜사 성령님을 보내셨다
C. 멈춰 있으나 위성 밑으로 거대한 천체가 다가와 있음 : 천체의 중력에 의해 비행사는 우주선 밑에 서게 된다	(3) 고린도전서 15:45에 의하면 예수님 (마지막 아담)께서 죽고 부활하셔서 성령이 되셨다 (살려주는 영=생명주는 영 (Life giving spirit)⟹로마서 8:2에 의해 생명주는 영은 성령이시다
여기서 B, C번에서 가속력과 중력을 구분해 낼 수 없다고 말한다. 즉 가속력(관성력)과 중력은 등가이다(등가원리).	결론 : 성령은 하나님이 보내셨다. 예수님이 보내셨다. 예수님이 부활하셔서 성령이 되셨다. 이 3가지 경우에서 (1), (2), (3)의 성서 말씀에서 서로의 말씀을 구분해 낼 수 없다. 3가지 말씀은 동등하다. 즉 하나님과 예수님은 등가이다. 삼위일체(삼일 하나님)원리이다

마치 중력과 관성력을 구분할 수 없듯이 말이다.

그래서 중력과 관성력의 등가 원리가 있듯이, 이 세 말씀을 구분할 수가 없고 이 세 말씀의 권위는 동일 선상에 있다. 즉 하나님=예수님=성령님이 3위 일체이시며 세 말씀의 권위가 동일하다. 즉 하나님과 예수님은 등가 원리이다. 물이 액체인 물, 고체인 얼음, 기체인 수증기 세 부분으로 표현될 수 있으나 본질은 H_2O 화학식 하나로 표현되듯이, 하나님은 성부, 성자, 성신인 삼위가 있으나 본체는 하나님 한 분으로, 이것을 삼위일체교리라고 한다.

중력과 가속력(관성력)을 구분할 수 없으므로 등가가 되듯이 하나님과 예수님을 구별해낼 수 없다. 즉 하나님과 예수님 그리고 성령은 삼위일체로 본체는 하나님이시다. 이외에도 과학과 성서가 서로 보완되고 보강되는 예는 얼마든지 찾을 수 있을 것이다.

이제 그것은 독자들께서도 할 수 있으리라 생각된다. 이름을 붙이면서 시작되는 과학은 자신의 주위에서 일어나는 일을 설명해보려는 인간의 고귀한 정신이며 어떤 과정과 현상을 설명하려는 인간의 노력으로 하나님께서 허용하신 것이요 하나님의 선물로서 우리의 편리함과 유용함 때문에 주어진 것이다.

과학자들은 자기의 지식으로 추론적인 결론을 내리므로 오류를 범하던지(아직 검증이 되지 못했던지), 성서를 믿는 자들은 성서를 잘못 해석하므로 크나큰 오류와 사건을 일으켜 마치 과학과 성서가 대립되는 것처럼 보이게 했을 뿐이다.

과학자들은 요한복음 3장 8절의 […바람이 어디서 오며 어디로 가는지 알지 못하나니…]와 같이 인간이 알 수 없는 것이 있고, 사도행정 17장 26절의 […저희의 연대를 정하시며 거주의 경계를 한 하셨으니]와 같이 시간과 공간이 제한되어 있는데, 그렇지 않은 것처럼 행동하고 말하므로 항상 오류에 빠지는 일을 상기해야 할 것이다. 성서를 믿는 자들은 마태복음 5장 45절, […하나님이 그 해를 악인과 선인에게 비취게 하시며 비를 의로운 자와 불의한 자에게 내리우심이니라]처럼 자신에게만 해와 비가 임한다고 착각해서는 안 될 것이고, 창세기 2장 19절[…아담이 각 생물을 일컫는 바가 곧 그 이름이라]의 말씀을 묵상 하시므로, 이름 붙이는 행위 즉 과학을 마치 사탄의 도구인양 정죄해서도 안 될 것이다.

과학은 이성으로 깨닫고 배워서 알아지는 것으로 많이 알수록 편리 해지고 유용하게 되며 힘이 넘쳐 기쁘지만 한계를 모르고 힘을 쓰므로 교만과 오류에 빠진다. 우리는 남을 돕기 위해 힘이 필요하다. 믿음이란 만물을 보고 자신의 내면 깊숙한 죄성을 보고 이성으로 스스로 깨닫고 하나님의 말씀을 성령의 조명과 가르침으로 체험으로 깨달아 어느 날 놀랍게 발견 되어지는 것이다.

요한복음 8장 32절의 가르침처럼 진리를 많이 알수록 더욱더 자유하게 된다. 과학을 배워서 힘이 넘치고 진리를 깨달아 자유함이 넘치므로, 이런 자의 고백은 "주 예수여! 내 잔이 넘치나이다"이다. 이런 고백을 독자들도 경험해 보시기를 간절히 소망한다. 성서는 시편 18:1에서 여호와 하나님 자신이 우리의 힘이 되신다.

이제 과학자들이 기독교를 비판할 때 어셔주교의 "천지 창조일"과 함께 단골로 이용하는 메뉴인 [갈릴레오] 사건을 재조명해 보면서 이장을 마치려 한다. 물론 결론은 성서를 잘못 해석하여 과학자를 핍박했던 사건이다. 1992년 교황 바오로 2세는 360년 만에 가톨릭교회가 갈릴레오에게 행했던 재판, 구금, 가택연금 등의 핍박을 잘못으로 인정하였다. 천동설을 믿었던 자들이 지동설을 주장한 과학자이며 가톨릭평신도이였던 갈릴레오를 핍박하였던 것이다. 세월이 흘러 과학은 지동설이 과학적인 사실이라고 밝혔다.

1641년 12월 21일 피렌체의 산타마리아 노벨라 성당에서 수도원장 "토마스 카치니" 신부의 강론을 먼저 한 번 살펴보자. 그는 구약성서 여호수아 10장 12~13절의 기록을 인용하면서 지동설을 주장하던 갈릴레오를 공개적으로 비난하기 시작했다. 이 비난을 시작으로 갈릴레오는 많은 비난에 처하며, 결국 갈릴레오는 종교재판과 투옥까지 당하게 되며(1632년), 10년 간의 가택연금 중에 1642년 사망한다.

여호수아는 이스라엘 민족의 지도자로 이방 민족인 아모리 족속을 치기 위하여 하나님께 기원하여 태양이 중천에 거의 종일토록 머무르게 했다는 기록이다. 토마스 카치니 신부는 중천에 멈춘 해는, 그 전에 무엇을 하고 있었는가? 그 태양은 지구를 돌고 있지 않았단 말인가? 하면서 갈릴레오의 지동설(지구가 태양주위를 돈다는 이론)을 공개적으로 비난하였던 것이다.

그 당시는 천동설이나 지동설에 대해서 확고하게 생각하는 사람은 거의 없었으므로 성경을 가지고 지동설 주장자인 갈릴레오를 공격하는데 신이 났고 보람도 있어 보여서 그럴듯한 사건이 되었다.

이 사건을 세밀히 살펴보면,

① 그 당시 가톨릭교회의 성직자(교황, 추기경. 신부, 수도원장 등)들이 가톨릭교회의 일반신자인 갈릴레오를 재판하고 핍박했다.

② 자기들이 생각하는 아리스토텔레스의 천동설이 성서적이고 갈릴레오의 지동설은 비성서적으로 생각했다.

③ 비과학적인 천동설을 가지고 과학적인 지동설을 공격하고 핍박했다.

④ 갈릴레오도 주장했지만 성서에는 천동설이나 지동설을 가리키는 말씀은 아직까지 발견되지 않았다.

⑤ 여호수아 10장 12~13절처럼 「…태양이 중천에 머물렀다」 했으므로 그 전에 태양은 무엇을 했나? 하고 물으면 태양은 돌고 있었다라고 답할 수밖에 없을 것이다. "태양이 지구를 돈다"라고 하는 비과학적 천동설이 성경적인 것처럼 보이고 지구가 태양을 돈다는 과학적인 지동설이 비성서적으로 보이는 사건이다.

⑥ 더욱 중요한 것은 기독교를 개혁했던 사람의 대명사격인 마틴루터와 쟝 칼벵[존 캘빈]도 지동설을 주장했던, "코페르니쿠스"를 비난하였다.

이것은 영적으로는 올바를 수 있지만 과학적으로는 잘못될 수 있음을 보여 주는 예이다. 이제 내가 왜 이 사건을 거론하는지 독자들은 알게 되었을 것이다. 나의 주제 과학과 성서가 대립된 것이 아니라, 성서를 잘못 해석한 종교지도자들이며 비과학적인 자들이 과학적인 일반신자와의 대립이였던 것이다. 성경에는 지구가 둥글며 우주공간(허공)에 매어달려 있으며 움직인다, 해는 떴던 곳으로 빨리 돌아간다, 달은 메말라서 삭막하며 명랑하게 운동한다는 내용이 기록되어 있지만 천동설이나 지동설은 기록되어 있지 않다(아직 우리가 깨닫지 못할 수도 있다).

움직이던 해가 멈춘 것은 자전하고 있던 지구가 멈추면 해가 멈추는 것처럼 보인다. 그러므로 거의 2천여 년 간 군림했던 아리스토텔레스의 천동설과 낙하시 무거운 물체가 먼저 떨어진다는 아리스토텔레스의 주장을 망원경으로 목성과 목성의 위성 4개를 관찰함으로 천동설을 박살내고 지동설로 복귀했으며 비탈면에서 공을 가지고 실험하여, 무거운 물체나 가벼운 물체가 낙하시 똑같이 떨어짐을 입증한 갈릴레오!

지구가 태양 주위를 돌지만 눈에 보이는 허상의 대표 격(태양이 지구를 돈 것처럼 보이는 허상)으로, 우리는 앞으로도 지구가 돈다는 표현보다는 눈에 보이는 대로 해가 떴다, 졌다, 멈추었다 할 것이다. 이것이 갈릴레오가 대답하고 싶었던 말이 아닐까?

결론으로 과학과 성서는 대립관계가 아니라 보완해주고 보강되는 관계이다. 빅뱅에 의해서 우주가 만들어졌다고, 아니 한술 더 떠 우주는 창조된 것이 아니라 빅뱅에 의해서 만들어졌다고 단언하기 때문에 스스로 대립관계를 만들었던 것은 아닐까? 이제 이 문장은 이렇게 바꿀 수 있지 않을까? 우주생성의 초기에 빅뱅이 있었다. 하나님께서 창조하셨다면 엄청난 빛이 방출되는 빅뱅과 같은 사건으로부터 시작했을 것이다.

"빅뱅과 빅크런치는 우주 창조시 빛을 처음 창조했고 우주(지구) 끝에는 불의 심판이 있음을 과학적으로 입증한 이론은 아닐까?"

제7장

자유토론

제7장 자유토론

우주생성에 대해서 물리학과 성경은 매우 비슷하게 진술함을 우리는 보게 된다. 에너지, 시간, 공간, 질량 순으로 생성됨을 과학과 성서는 말한다. 즉 빛으로 시작해서 빛으로 끝마친다. 과학은 빅뱅에서 시작하여 빅크런치로 끝나며 성서는 빛 창조로 시작하여 불 심판으로 마친다. 과정은 비슷하지만 어느 쪽이 더 합리적이고 이성적인가?

1. 우주 생성 기원에 대해서

〈1〉 과학은?

우주 생성 초기에 빅뱅이 있었으며, 엄청난 빛 E 방출이 있었다. E가 있은 후에 시간, 공간, 질량도 있었다. 그 빅뱅은 어디에서 왔나? 우주알(Cosmic Egg)이나 E 차이가 있는 두 진공의 요동에서 왔다. 약간 추상적이다. 어떤 과학자가 말했다. 빅뱅에 의해서 우주가 만들어질 확률은, 쓰레기 창고에서 쇠붙이 들이 서로 조립되어 헬리콥터가 완성되어 날아오르는 학률만큼이나 어렵고, 원숭이가 컴퓨터를 무자기로 두드려 한 줄의 시를 쓰는 확률만큼이나 어렵다고….

〈2〉 성서는?

창세기 1장 1절 「태초에 하나님께서 천지를 창조하시니라」언제? 태초에, 누가? 하나님께서, 무엇을? 천지를, 어떻게 하셨나? 무에서 유를 창조했다. 애매한 문장이 아니라 확실한 진술을 기록하고 있음을 우리는 본다. 성경 속으로 들어가는 입구가 창세기 1장 1절이라고 많은 성경학자들은 말한다. 창세기 1장 1절이 믿어지면 그 외의 성경 말씀도 더불어서 믿어진다고 한다. 천지를 창조하실때 맨 처음 빛을 만드신다.

창세기 1장 3절 「하나님이 가라사대, 빛이 있으라 하시니 빛이 있었고」

빛 E를 먼저 창조하심을 본다. 창세기 1:5「~저녁이 되며, 아침이 되니~」 시간의 경과가 나온다. 즉 빛 E를 창조하신 후 시간이 생기고 창세기 1장 7절「~궁창을 만드사~」 공간(우주)이 생기고, 창세기 1장 9절「~뭍이 드러나라 하시매~」 질량이 만들어 진다(전주 김문중 내과원장님의 공급).

　　빅뱅이론은 정말 과학적인가? 1970년에 로저펜로즈와 스티븐 호킹은 "특이점 정리"에서 우주 초기 특이점인 빅뱅이 있었음을 물리학적으로, 수학적으로 입증하여 빅뱅이론이 세계로 퍼졌다. 우주의 생성 초기에 대폭발 같은 엄청난 빛 E가 방출된 적이 있었다. 이렇게 말하는 것이 타당하지 않는가? 그런데, 추론이 지나치고 결론이 빗나가 빅뱅에 의해서 우주가 만들어졌다! 고 너무 건너 뛴 것은 아닌지! 독자들의 선택의 몫이다.

⑴열(Heat):물체들 사이에 온도차이가 있을 때, 발생하는 E전달의 한 형태로 그 물질의 원자나 분자 운동이 불규칙적으로 활발한 상태.

⑵열역학:열과 일사이의 관계를 연구하는 물리학의 한 분야(열의 힘에 관해서 연구하는 학문).

⑶열의 3가지 전달방식:①전도(Conduction):뜨거운 곳에서 찬 곳으로 전달되는 것 ②대류(Convection):열전달시 위로 움직이는것(물 끓음) ③복사(Radiation):열에서 빛으로 방출되는 것.

⑷열역학 제0법칙(열평형 상태(Thermal Equibrium)):어떤 물질의 원자나 분자들의 운동상태가 평형인 상태.

⑸열역학 제1법칙(에너지 보존의 법칙):아이작 아시모프(Isaac Asimov 미국의 생화학자)의 정의:E는 전환될 수 있으나, 창조되거나 소멸될 수 없으며, 우주의 E총량은 항상 일정하다.

⑹열역학 제2법칙:아시모프의 정의:우주는 계속 무질서가 증가한 방향으로 흘러간다. 클라우지우스(Clausius)의 정의:우주의 엔트로피(Entropy: 일로 전환될 수 없는 E)는 증가하는 방향으로 흘러간다.

⑺에너지:일을 할 수 있는 능력 즉 E는 일이다.

(8) 힘: 일률로서 일을 하는데 사용되는 E의 비율이나 속도를 말한다.

빅뱅에 의해서 우주가 만들어졌다는 빅뱅이론의 오용은 자연과학에서 보편 타당한 대진리로 통하는, 열역학 제1법칙과 제2법칙에도 위배됨을 우리는 쉽게 발견할 수 있다. 열역학 제2법칙은 우주의 시작점 즉 창조가 있음을 암시하는 법칙이며, 열역학 제1법칙은 우주는 E를 창조할 수 없음을 암시하고 있다. 과학의 법칙 중 가장 진리라고까지 회자되는 열역학 제1법칙과 제2법칙에 의해서도 빅뱅론(빅뱅에 의해 우주가 생성 되었다)은 모순되는 이론으로 들어나게 되는 셈이다. 창조나 창조론 또는 요즈음의 "지적 설계론"은 자기의 비위나 선입감으로 거부할 뿐이지 과학과 성서는 일치하여, 사실이라고 증언하고 있는 것이 아닐까?

※ 참고–"헨리 모리스"의 「현대 과학의 성서적 기초」(1984년 출간): 제7장(p225~238) ; 「아이작 아시모프가 인정한대로」"왜 에너지가 보존되는지는 아무도 모른다" "또 엔트로피가 왜 증가 하는지도 아무도 모른다" 우리가 아는바는 오직 모든 과학적 측정과 관찰을 해 본 결과 하나의 예외도 없이 E가 보존되고 엔트로피가 증가한다는 사실이다. 이 두가지는 가장 중요하고 가장 보편적인 과학법칙들이지만 그 이유를 아는 사람은 아무도 없다!

2. 지구의 기원

과학 : 46억 년 전에 먼지구름과 가스가 만나서 행성인 지구가 되었다. 왜 46억 년인가? 1953년 시카고 대학 대학원을 졸업한 클레어 패터슨이 일리노이의 아르곤 국립연구소에서 오래된 결정 속에 갇혀 있는 극미량의 우라늄과 납의 양을 최신형 질량분석기를 사용해 측정했다. 그리고 그는 위스콘신에서 열렸던 지질학 학술회의에서 지구의 나이를 정확하게 45억 5천만 년(±7000만 년)이라고 발표하였다. U–238의 반감기가 46억 1천만 년으로 알려져 있다.

우리 은하가 우주 중심은하를 중심으로 1바퀴 도는데 2억 3천만 년 걸린다고 하는데, 지금까지 20바퀴 정도 돌았다고 한다. 빅뱅의 150억 년도 왔다 갔다(100년이다, 200년이다) 했던 것을 우리는 기억할 줄 안다.

※연대 측정 방법

⑴ C-14 탄소동위원소 연대 측정법:

유기물인 생명체의 연대측정에 유용하고, 돌이나 흙같은 무기물의 연대 측정에는 우라늄과 납의 양에 의한 우라늄 동위원소연대측정이 용이하다. 동위원소 C-14와 동위원소가 아닌 C-12의 상대적인 양을 생물체에서 측정하여 결정한다. 반감기가 8차례 정도 지나면 방사선탄소의 양이 1/256만 남게 되어 미량이어서 측정이 불가능하므로 더 이상의 연대측정은 불가능해진다고 한다.

그래서 C-14의 연대측정은 4만 년 정도까지만 측정할 수 있다한다. 그것도 C-14의 양이 지구 공기 중에서 일정하게 존재해 왔음을 전제하고서 말이다. 생물체의 연대를 아는 데 많이 쓰이는 방법으로, C-14의 반감기는 5천 7백 년 정도로 알려져 있다.

⑵ 열발광법 : 진흙 속에 포획된 전자를 측정하여 연대측정 한다.

⑶ 전자스핀 공명법-시료에 전자기파 등을 쬐인 후에 전자의 진동을 측정하는 방법이다.

⑵ ⑶방법도 20만 년 이상 된 유물이나 지구의 연대를 측정하고자 하여 암석과 같은 무기물의 연대 측정에는 적합하지 않다.

⑷ 생물체가 아닌 암석과 같은 무기물의 연대측정에는 납과 우라늄의 동위원소의 상대적인 양을 측정하여 추정한다. 동위원소 우라늄을 이용한 연대측정법-대기 중의 납에 노출되어 오염되지 말아야 한다(방사능원소의 분열에 마지막 산물은 납이다).

⑸ 생물학 연대 측정-돌연변이의 횟수 등을 통해 연대를 추정한다.

※우선 러더포드-소디가 방사선 원소를 통한 연대 추정을 한 이후로 이 방법의 효율성과 정확성이 먼저 알려져야 하겠다.

인류는 달에서, 화성, 목성, 토성에서 생물체를 찾고 싶어 했다. 이제 화성에서 얼음까지를 발견했다. 또 신문에 지구와 꼭 닮은 행성 발견! 또 내일은… 우주에 700해 개의 별이 있단다.

왜 유독 지구에만 사시사철과 동물, 식물, 바다, 인류가 있을까! 그것도 다른 행성들은 태양과 너무 가까워서 뜨겁고 멀면 춥다. 적당한 위치의 지구에만(골디락죤)! 아직도 외계인과 지구 같은 행성을 못 찾았을 뿐이란다.

과학에는 알 수 있는 것이 있고 알 수 없는 것이 있다. 우주에서 만일 ET 같은 외계인이 발견된다면 창조론은 부정되는 것이 아니다. 진화론의 한 증거가 드러났을 뿐 아닌가? 그것은 진화일 뿐이다. 우주에서 인류와 똑같은 생명체가 발견된다면 성경은 찢어져야 할 것이다. 그런데 그것은 상상일 뿐이다. 그 땅에 독수리의 흔적만 있어도 독수리가 사는 법이다.

성경의 증거는 자꾸 늘어만 갔지만 부정적인 증거는 추론될 뿐이다. 다시 한 번 강조한다. 창조는 입증될 수 있는 것이 아니라 창조는 언젠가 깨달아 알고 발견하는 것이다. 「태초에 하나님께서 천지를 창조 하시니라」 언제, 누가, 무엇을, 창조했다고, 無에서 有를 만들었다고 말한다. 진화론은 아직 그 증거가 턱없이 부족하지 않을까? 700해 개의 별들 중 왜 지구에만 인간이 있는 걸까?

3. 생명 발생에 대해서

대탄생(Big Birth) 후 바다에서 육지로, 하등 동물에서 고등 동물로! 라고 과학은 추론한다. 아리스토텔레스의 돌멩이 던지는 실험을 해보자! 소나무 앞에서 돌을 들어도 소나무는 그 곳에 그대로 있다. 개나 원숭이 앞에서 돌을 던지면 그것들은 도망을 간다. 생각하는 이성 즉, 혼(Soul)이 있다. 그런데 동물들이 제사 지냈단 말은 아직 없고 인간만이 특별한 종 인간만이 오딘, 태양신하면서 제사를 지냈다(시간과 민족을 초월해서).

이것이 인간이 영(Spirit)이 있다는 증거이다. 분자생물학은 말한다. 식물이나 동물이나 DNA나 단백질을 그들의 생명현상을 유지하는데 동일하게 사용하므로 진화의 증거로 제시한다. 탈출구가 과학뿐이라면 정말로 기막히지 않는가?

구약성경의 전도서 3:19에는 짐승이나 인간이 동일한 호흡 메커니즘이 있음을 말한다. 그러나 21절에서 동물의 혼은 땅으로, 인간의 혼은 위로 올라가는 줄 누가 알랴! 이다. 구약 욥기서 12:10에「생물들의 혼과 인생들의 영이 다 그의 손에 있느니라」육이 살아가기 위해 빵이 필요하고 혼은(이성) 지식을 배운다. 영이 살아가기 위해서 영적인 그 무엇이 있다고 한다. 영, 혼, 육에 대해서 한번 진지하게 생각해 봐야 하지 않겠는가?

4. 나는 의학과 자연과학을 통해서 과학자들의 결론을 많이 들어왔다

이 조그만 호두알 같은데 올라서서 자기의 과거와 우주를 헤아려 보는 인간은 특출하고도 기이한 "특별종"이다는 것이다. 왜 인간만이 특출할까? 인간이니까! 과학의 답이다. 성경은 말하기를「하나님의 형상대로 창조했다」인간은 동물과 창조 메커니즘이 다르다. 프랑스 전 대통령이었던 드골은 이렇게 말한 적이 있다「나는 내조국 프랑스를 사랑한다. 그러나 사치를 좋아하는 프랑스 국민은 아니다」나는 그동안 배우고 배웠던 자연과학은 나를 보강시키고 성경을 더욱더 깨우쳐 줌으로써 영적이거나 혼적으로 강화되었다. 성경을 깨닫는 것 못지않게 과학적 지식을 깨닫는데도 즐거움이 있었다. 과학은 역시 선물로 허용하신 것으로 우리의 삶에 유용함이 넘쳤다.

그러나 나를 실망시킨 건 과학적 지식이 아니라 그 지식을 가지고 자기식의 추론으로 들어가 이상한 것들을 도출해 내는 과학자들의 추론과 결론이었다. 나는 성경을 사랑하듯이 과학, 의학을 사랑한다. 그러나 과학자는 곧잘 나를 실망시켰다. 최근에 미치오카쿠에는 하나님의 어머니는 누구인가? 했다. 여호와란, 스스로 존재한 자의 뜻이거늘….

5. 페러데이와 맥스웰의 교제는 늙은 과학자와 젊은 과학자의 교제로 좋

은 모델이 된다

페러데이는 전기는 자기가 될 수 있고 자기는 전기가 될 수 있다는 에너지 보존법칙과 코일뭉치를 돌리고, 돌리고하는 돌리고의 과학자(발전기 원리 정립)였다. 맥스웰은 그에게서 전기와 자기가 서로 왔다 갔다 하는 것은 (서로를 발생시키는 것은) 그들은 원래 항상 붙어 다녔던 거야! 그래서 빛은 전자기파가 되었고 빛의 속도도 빠른 이유를 그가 답했다. 전기E와 자기력 E로 진행하므로…. 학문 교류를 하는데 있어서 나이가 무슨 상관이랴? 좋은 본보기가 된 셈이다.

다윈과 멘델은 동시대를 살았다. 멘델이 2년 더 살았다. 챨스 다윈은 진화하기 위해서 돌연변이가 일어나야 하고, 그 돌연변이는 후손에게 전달된다고 했다. 어떻게 전달될 수 있는가? 멘델은 말한다. 부모에게 쌍으로 있는 유전자 때문이며 우열의 법칙과 유전의 법칙을 나는 발견했다오! 둘이 서로 만났다면 유전학과 DNA 발견을 앞당길 수 있지 안았을까?

다윈은 1809~1882년까지를 살았다. 리챠드 오웬은 1841년에 공룡의 이름을 붙이고 1880년에는 사우스켄싱턴에 자연사 박물관도 추진해서 건립했다. 같은 영국인끼리인데도 서로 교류가 없었던 것은 의아하다(물론 리챠드오웬은 공식적으로 다윈을 공격했다). 공룡만큼 과학과 성서에 대해 생각케하는 짐승이 또 있을까? 다윈의 기록에서 공룡은 볼 수 없었다.

그 이유는 리챠드 오웬은 다윈을 공개적으로 비난했다. 보완하고 보강될 수 있는 기회를 비난으로 써버린 오웬과 다윈의 교류가 없었다. 공룡이 더욱더 잠을 자야 했다!

6. 나는 과학과 성서(Bible)에서 과학과 성서가 서로 보완하고 보강시켜 줌을 보여주기 위해 과학과 성서를 같은 위치에서 나열했었다

조바심 때문에 여기서 다시 부연하기로 한다. 나는 하나님께서 7번 언약했으므로 무지개 색깔이 7가지가 되었다고 진술한 적이 없다. 성경에 하나

님께서 7번 언약으로 무지개 색깔이 7가지가 되었다는 기록이 없기 때문이다. 말라기서의 "치료의 광선"은 레이저를 말한다고 진술한 적도 없다.

단지 말하고 싶은 것은 예수께서 재림하실 때에 「모든 족속들이 오는 것을 보리라」(마태 24:30) 어떻게 동시 사건으로 모든 민족을 볼 수 있을까? 인류는 그 의문을 갖고 살아 왔다. 우리는 오늘날 TV 중계를 통해서 월드컵 중계를 동시에 본다(물론 시간의 차이가 따르겠지만).

예수께서 성령으로 잉태했다고 하니까 사람들은 의아해 했다. 어떻게 남, 여가 동침도 안했는데 임신이 될까? 체세포 복제나 수정란 복제를 통해서 우리는 보았고 보고 있다. 이렇듯이 "치료하는 광선"을 빨리 이해하는 데는(예수님을 상징하지만) 우리 눈에 그런 일들이 실제로 보여져버려야 한다.

인류는 B.C 3천 년 전부터 광선치료(Phototherapy)를 시도 했었다. 그러나 지금의 레이저치료만큼 치료효과나 간편함 때문에 두드러지게 보여주는 것은 아직 없었다.(PDT는 레이저로 암도 수술 없이 완치할 수 있고 수술 없이도 수술만큼의 효과도 낼 수 있다―어떤 종류의 암에 있어서) 눈에 보여야 한다. 왜 무지개 색깔은 6개가 아니고 8개가 아니라 7가지 색일까? 하고 생각되어질 때 보완되고 보강되는 그 무엇을 느낀다! 성경은 계시의 말씀이다. 내가 받은 계시가 전부라고는 할 수 없다. 성경 전체의 통제를 받아야 한다.

성서적이란 표현이 중요하다. 계시의 말뜻이므로 「성령이 계신 곳에는 자유함이 있느니라」 각자에게 계시될 수 있고 자유롭게 깨우칠 수 있다. 그러나 남의 깨우침도 귀기울여야 한다.

그것이 성경의 매력이다. DNA의 염기쌍 배열을 G-P(Genom Project)를 통해 다 드러내듯이 성경은 그렇게 할 수 없다. 우리가 성경을 다 풀었다. 다 깨달았다 했을 때부터 게으름과 나태, 교만 등등이 우리를 엄습해 올 수 있으므로 우리는 일평생 그렇게 성경을 사모해야 될 것이다.

성경은 과학책과는 다르게 읽고, 듣고, 공부하고, 묵상하고, 암송하고, 삶에서 체험되어질 때 우리는 말한다. 오! 주예수여! 내잔이 넘치나이다. 성령께서 조명하신대로 받을 만하면…. 구약성서 다니엘 12:4에서, 인류의 마지막 때에 사람이 빨리 왕래하며, 지식이 더하리라! 했다.

7. 1860년 6월 30일 영국 옥스퍼드대학에서 "영국과학발전협의회의"에서 일어났던 일을 한번 보기로 하자

공룡의 이름을 붙였던 리챠드 오웬은 공개적으로 챨스 다윈과 진화론을 종교적 믿음의 바탕위에서 공격했다. 새뮤얼 윌버포스 주교는 인신공격까지 하면서 다윈 진영을 비난했고 다윈 진영에서는 토마스 헉슬리(Thomas H.Huxley, 영국고생물학자 1825~1875)가 유명한 말로 응답했다. 「미천한 유인원과 재능과 영향력을 진지한 과학적 논쟁을 조롱하는데나 쓰는 인간 중에서 어느 쪽을 할아버지로 선택하겠느냐고 묻는다면 나는 주저 없이 유인원 쪽을 택하겠습니다」.

종교적 바탕의 근거로 인신공격에 대해 정중한 학자풍의 풍자적인 응답이 있었다. 그 속에 과학과 성서는 보이지 않았다. 윌버포스 주교는 「친애하는 신사숙녀 여러분, 오늘 여기서 우리는 최근 종의기원(1859년 출간)을 썼던 챨스 다윈의 이론을 듣고 우리가 믿는 신앙보다 더 확실한 증거를 주는지 한번 기대해 봅시다. 그에게 박수를 보냅시다」 신사의 나라 학문의 전당 옥스퍼드에서의 일이 이렇게 되지 못했다. 한 발 더 나가 「오늘 우리들은 성경을 찢어버리는 일이 일어날지 모르니 찢는다면 쓰레기통은 여기 있습니다」「성경이 찢어질지 다윈의 마음이 찢겨질지 다윈박사를 위해서 마음으로 기도하면서 경청해 봅시다」.

성경의 하나님은 넉넉한 분이시다. 악한 자나 선한 자에게 태양과 비를 공평하게 주시고 시간도 공평하게 허락하셨다. 신약은 명령문이라기보다는 호소문에 더 가깝다. 「심령이 가난한자는 복이 있나니~」 마치 과학적으로 무슨 일이 일어나면 곧 성경적으로 무엇이 일어나는 것같이 행동한다.

과학자들은 공룡 뼈도 발견했다. 달나라에도 상륙하였다. 체세포 동물도 복제했다. 유전자도 밝혀 이름을 붙여보지만 과정과 현상을 설명하는 것이 과학일 뿐이다.

1996년 이태리 토스카나에 5명의 세계적 석학들이 모여서 3日간 神, 人門 그리고 科學이란 주제로 자유토론을 벌인 일이 있었다.

한스페터뒤르–물리학 교수. 플랑크연구소 소장. 핵물리학자로 노벨 물리학상 수상.

볼프하르트 판넨베르크–개신교 신학자. 물리학자.

한스디터 무췰러–카톨릭 신학자. 물리학자.

클라우스 아비히–자연철학 교수. 물리학 전공.

프란츠 부케티츠–생물학자. 철학자.

그들의 토론이 기록된 책이 「신, 인간 그리고 과학」이다. 과학자, 신학자들이 보기에 도움이 될 것이며 지면 관계상 줄인다. 그들은 다투거나 논쟁하지 않고도 대화를 이끌어 나갔다. 다시 말하지만 탈출구는 하나뿐이라고 생각하니까! 창조론과 진화론중 어느 하나를 택하는 문제로만 생각했다. 대립된 관계로 보이고 그렇게 결론짓는다.

이 책에서 과학과 성서는 서로 보완되고 보강되는 점을 제6장에서 읽었던 사람은 알게 되었을 것이다. 창조는 증명해 보일 수 없고(창조의 증거는 진화론의 증거를 압도하지만) 진화론은 단막극을 무수한 수억 년의 세월에 포장해서 이렇게 징검다리를 놓으면 그렇게도 생각할 수 있겠구나!이다.

오늘날 우리들의 TV 문화는 어떤가? 젊은 연예계 스타들이 나와서 1박 2일 이라니, 부챗살 도사라니…. 나는 축구를 좋아하고 열렬히 응원한다. 그러나 그것은 스포츠로서 국가 대항전의 경기일 뿐이다. 축구가 이 나라를 이끌어갈 수 있겠는가? 연예계 프로그램 일색에다 TV 출연자들은 모두가 노래 부르고, 흔들어 댄다. 인간다움과 묵은지 같은 우리의 人生은 어디에 있는지…. 영국의 BBC방송은 "동물의 세계", "과학의 세계"를 의미 있게 얘기한다. 우리 방송 언론도 개혁다운 개혁을 통해 인간다움, 참된 과학, 영적인 세계 등, 패러다임의 변화가 있어야 할 때다. 젊은이들의 실업이 늘어가고 있는 중에 어떻게, 왜, 무엇을 하며 살아야 하는지에 대한 확실한 근거를 그들에게 공급할 때가 아닌가! 노익장의 퇴직하는 교수님들의 절도있고 내용있는 토론중계는 어떤가? 인신공격하고 자기정당의 정책 홍보, 남의 얘기에 경청하지 않고, 자기식의 발언만 하는…. 그런 문화에서 탈피하고 싶다.

8. 대학(大學)이 있고 소학이 있다(小學)

우리는 대부분 소학을 한 셈이지 않는가? 시험보기 위해서만 공부한 것이 소학이요 전체는 모르고 부분만 아는 것이 소학이다(물론 나의 생각일 수 있다). 과학하는 즐거움을 회복했으면 한다. 전체를 모르고 코끼리 코나 얘기하고 다리나 얘기하고 몸통만 얘기하지 말고 전체를 묘사하는 이론과 대화, 그럴 수도 있겠다, 그렇게 생각할 수 있겠다. 남의 얘기를 들어줄 수 있는 여유! 人生의 깊이가 은은한 Coffee의 향처럼 끊임없이 피어오를 수 있는 대화! 대학이란, 부분도 알고, 전체도 알고, 즐거움 때문에 학문을 하는 것이 내가 생각한 대학이다.

중력이란 "지구가 잡아당기는 힘"만이 아니다. 이 우주에 무중력상태란 없다. 중력의 힘의 세기가 변화될 수 있을 뿐이지 뉴턴의 잡아당기는 중력이나 아인슈타인의 시공의 휘어진 곳이나 이 우주에 변화는 있지만 계속 작동되고 있을 뿐이다.

노래도 잘 부르면서, 축구도 잘 하면서, 그림도 잘 그리면서, 재판도 정확히 하면서, 수술도 잘하면서, CEO이지만 세포도 알 수 있고, 원자도 알 수 있고, 역사도 알 수 있고, 등산도 잘하면서 점핑이론(Jumping Theory)을 자기의 삶속에 적용할 수 없을까? 보잘 것 없는 것 같지만 모이면 물이 되어 큰 역할을 담당하고 마치 만능세포들이 분열하고 분화되어 조직을 이루고 조직이 모여서 기관이 되어 특별종인 人間이 되듯이, 우리는 무엇을 소유함으로 무슨 위치에 있으므로 무슨 명예나 권력을 잡고 있으므로가 아니라, 자기를 비워줌으로서 그분으로 채워짐으로서, 우리의 흙 그릇이 근본적으로 변화될 수 있을 것이다.

이제 모든 것을 비우고 모든 것을 생각하며 공룡 앞에 진지한 자세로 서 보라! 그리고 빛의 속도로 우주의 역사, 지구의 역사, 인류의 역사를 재고(Review)해 보는 게 어떨지!

9. 자연 과학사를 공부하다가 나는 2가지 것을 발견하고 오랫동안 생각해 보았다

첫째는 자연과학 중에서 가장 먼저 생긴 학문은 무엇일까? '천문학' 이라고 생각된다. B.C 3천 년 전부터 천문도가 세 왕국에서 그려졌었다는 기록에서 엿볼 수 있다(이집트, 바빌로니아, 중국에서다). 그리고 세계에서 가장 먼저 생긴 대학은 이태리의 볼로냐 대학인데(A.D 1088년) 볼로냐 대학은 천문학으로 유명했다는데서 알 수 있었다. 의학이다, 수학이다 토론의 빌미가 될 수 있는데 여하튼 2가지 증거에서 그렇다. 후에 천문학에서 물리학이 나왔던 것이다. 중세 연금술에서 화학이 나오듯이 말이다. 그런데 나는 계속 사고 실험을 해 보았다. 왜 천문학이 먼저였을까?

⑴ 인간이 직립보행을 하게 될 때 그 들 눈에 제일 먼저 들어온 것은 밤하늘의 별들 아니었을까?(Homo erectus)

⑵ 이 질문이 참 재미있다. 창세기 1:14 「하늘에 광명이 있어 그 광명으로 하여금 징조와 사시와 일자와 연한이 이루라」의 광명은 낮에는 해, 밤에는 달과 별들이었다. 이것들이 징조를 나타낸다. 혹 오늘밤에는 어떤 징조가 나타나나 보자. 또 내일 밤에는 또…. 물론 창세기는 모세가 B.C 1500여 년 전에 기록했다. 그러나 그전에는 아담에게서 들은 내용들이

사람들의 입을 통해서 전해 내려왔을 것이다. 그래서 점성술(별자리를 보고 점을 쳤다)도 생겼을 것이고! 오늘날처럼 기독교 신자가 아니더라도 재림이나 말세의 징조에 대해서도 불신자들도 들어서 알고 있다. 오늘 밤에는 무슨 징조가 없나? 하늘을 올려다보는 나를 발견한다.

둘째 : 다음 中 물리학 현상과 상관이 없는 것은?

① 하루 ②일주일 ③한 달 ④일 년

답은 ②번 일주일이다. 일주일은 역사적으로 고대 로마에서부터 사용했다고 한다. 물리학적인 현상과 전혀 상관없이(지구의 자전(하루), 공전(1년), 달의 공전(한달)과 상관없이) 사용되었다. 왜 1주일인가? 이 일주일은 태양과 행성에서 따왔다고 한다.

일요일(Sun)은 태양에서, 월요일은 달(Moon)에서, 화요일은 화성(Mars)에서, 수요일은 수성(Mercury)에서, 목요일은 목성(Jupiter), 금요일은 금성(Venus), 토요일은 토성(Satum)에서 유래했다고 한다. 5행성에다 태양과 달을 더하여 7을 만들었다. 천왕성, 해왕성, 명왕성은 육안으로 식별이 어려워 18C 후엽에 천왕성이 발견된다. 주일은 5행성을 가지고 5日로 만들었다해도 별 문제가 없었을 텐데 그들은 해와 달을 더해서 7을 1주일로 만들었다. 창세기 2:1절에 천지창조는 6日에 하시고 7日째에는 안식하셨다라고 기록되었다. 천지창조가 7日에 완성되었으므로 그들은 회자되어 알고 있는 7日을 1주일로 정하기 위해 해와 달을 더하지 안했을까? 너무도 성경에 영향 받은 것들이 인류사의 문명에는 널려 있었다.

10. 의학과 성서란 주제로 토론해 보자!

수술함으로 병을 치료하는 외과학의 발전에는 마취학(1842년에 Crawford Long이 에테르를 사용하여 마취를 시행함)과 소독법(19C 후반에 Joseph lister 나 파스퇴르, Langenbeck 등에 의해 소독법이 시행됨)의 발전이 선행되어야 했다. 마취란 두 가지 목적을 달성하는 수단인데 한 가지는 수술 중에 환자가 고통(통증)을 느끼지 않아야 하며(움직여서도 안 된다) 또 한 가지는 수술 후에 환자가 다시 깨어날 수 있어야 한다.

수술 중에 마취상태에 이르지 못해 고통을 호소하며 움직임으로 수술을 더 진행할 수 없는 상태가 발생하거나 수술은 수술자가 생각해도 잘 되었는데 환자가 깨어나지 못하는 경우가 드물게 있을 수 있다. 이런 경우처럼 의료진을 당황케 하거나 좌절 시키는 경우도 드물다. 또한 수술 후에 환자의 生命을 위협하는 커다란 요소는 감염(Infection:세균의 침범)이다. 이것을 해결하기 위해 환부(수술부위)나 수술자나 수술기구들의 소독법(무균상태에 이르도록)과 항균제(균의 증식을 차단하는 약(Drug)의 발전은 의학에 있어서 필수적이었다(파울 에를리히가 살바르산 606호(매독약)를 개발한 때는 1908년이었고 알렉산더 플레밍이 곰팡이에서 페니실린 항생제를 개발한 해는 1928년이었다). 그리고 지금도 이런 문제들이 의학의 중심의 이슈(Issue)로 떠올라 신문을 왕왕 장식하곤 한다. 이제 성서의 기록을 한번 살펴보자.

창세기 2장 21절, 22절「하나님이 아담을 깊이 잠들게 하시니 잠들매 그가 그 갈빗대 하나를 취하고 살로 대신 채우시고 여호와 하나님이 아담에게서 취하신 그 갈빗대로 여자를 만드시고」아담은 흙으로 만드셨는데 이브는 아담의 갈빗대로 만드셨다고 기록하고 있다. 최초의 마취과 의사, 외과 의사, 흉부외과 의사(C-S)는 하나님 자신이라고 기록되었으며 현대의학의 마취상태를 성서는 그 오래전 시기에 예견하는 것 같다. 잠들게 하시매….

아담도 흙으로 이브도 흙으로 만들었다고 기록되어 있지 않다. 신약에서 침례요한의 목을 베게 했던 헤롯왕이 충이 먹으니 죽더라라고 기록되었다. (벼락 맞아 죽지 않았다) 창세기 17:12에는 아브라함의 후손(유대인)들에게 태어난 지 8日만에 할례를 받으라고 한다(할례-Circumcision, 포경수술 남자 성기의 늘어진 피부(양피)를 절제하는 수술). 의학적으로 생후 8日이 되어야 혈액 속에 "응고인자"가 어른수준에 이른다고 한다(8日 전에는 출혈의 위험성이 크다). 그리고 유태인 여자에게서는 자궁경부암 발생률이 낮다. 이것은 할례와 연관이 있음이 알려진 사실이다(Smegma Bacillus).

모세는 사도행전 7:22에 보면 「모세가 이집트 사람의 학문을 다 배워 그 말과 행사가 능하더라」 모세는 이집트 왕궁에서 왕자로서 학술을 다 배웠다. 이 말속에는 고대 이집트의 의학(파피루스에 기록되어 있는)도 배웠음을 알 수 있다. 그러나 구약성서 민수기 21장 9절, 신약성서 요한복음 3:14의 기록은 불 뱀에 물린 이스라엘 백성에 대해 모세가 바로 왕궁에서 배운 의학의 학술을 쓰지 않고 얼토당토 않게 불뱀에 물린 자들이 놋으로 만든 놋뱀을 모세가 지팡이에 달아 올릴 때 바라보는 자는 산다고 기록되었다.

오늘날처럼 뱀에 물린 자리를 조금 째고(Incision:절개하고) 충치 없는 입으로 빨아낸다거나 어떻든 파피루스에 기록된 고대 이집트 의학 학술이 기록되어 있지 않고 너무도 얼토당토 않는 방법으로 불뱀에 물린 자들을 치료한다(하나님께서 그렇게 하라고 하셨다). 그래서 모세오경의(창세기, 출애굽기, 레위기, 민수기, 신명기-구약 첫 다섯 부분의 말씀) 기자(기록한 자)는 모세이지만 저자(기록케 하신 분)는 하나님이라고 하는 이유이다.

성경을 읽을 때는 연대(기록한 때)와 계시의 말씀이므로 무엇을 계시하시기 위해서 기록되었나를 상고해야 한다고 한다. 레위기 11장 27절, 39절 레위기 13장 20절 등에는 동물의 사체나 문둥병 환자는 부정하다고 하여 감염(Infection)의 위험을 기록하고 있다. 기원전 1500여 년 전에 기록되어진 모세의 레위기에 사체를 만진 자나 문둥병의 병균은 전염될 수 있음을 기록하고 있다. 그 머나먼 시대에 말이다!

11. 생물학과 화학을 한마디로 말한다면

"그런 구조가 있기 때문에 그런 기능과 작용을 나타낸다."를 설명하는 학문들이며 두개를 합치면 생화학이 되며 그런 작용의 결과로 그런 생명현상을 나타내며 그런 생명현상이 유지되는 것이다. 그렇다면 생물학이나 화학,

생화학의 접근 방법은 무엇일까?

  (1) 그런 작용이 나타나며 그런 생명현상을 나타내는 구조물은 무엇인가?
      먼저 항상 구조물과 구조를 생각해야 되지 않을까?

  (2) 그런 구조나 그런 구조물은 무슨 작용을 하는 걸까?
      "그런 구조를 갖고 있기 때문에 생물에서 그런 기능을 하며 그런 구조
      를 갖고 있기 때문에 그런 화학적 반응을 나타내며 생체 內에서는 생
      화학적으로 그런 생명현상이 나타나는 것이다"이다.

그러므로 이들 학문에서는 항상 그런 구조나 구조물이 규명되어야 할 것
같다. 그것은 육안적인 눈이나 현미경적 관찰 또는 전자 현미경적 소견 모
두를 포함한다. 그런 기능이나 생명현상을 나타내게 하는 구조는 무엇일
까? 그런 구조를 갖고 있으므로 어떤 작용을 하게 되며 그 결과 어떤 생명
현상을 나타내게 될까? 이런 식이 이 세 학문 분야의 화두가 되어야 할 것
같다.

예를 들어서 유전법칙 中 75% 확률의, 우열의 법칙이 성립되려면 각각
부모의 유전자가 쌍으로 존재 해야만 된다(AA'+BB'=AB, AB', A'B, A'B').
더욱 연구해보니 유전현상은 세포의 핵에서 담당하며 그 핵을 염색해보니
염색되는 물체(염색체)가 쌍으로 존재했다. 염색체의 본질인 DNA의 구조
를 연구해 보니 "이중나선구조"였다. 왜 이중나선구조일까? 한 가닥이 풀
어져 쉽게 "복제" 될 수 있는 구조여야 하기 때문이었다. 왜 DNA는 쉽게
풀어져 복제되고 원상태로 돌아가는 특성 "Annealing Effect"가 있는 것일
까? 하고 연구해 보니 두 사닥다리를 연결해 결합하는 염기들의 결합이 수
소결합으로 이루어져(A-T 결합 : 2군데 수소결합, G-C 결합:3군데 수소
결합) 있어서 작은 "열"에도 쉽게 결합이 떨어지고 다시 결합도 쉽게 된다.

"DNA"는 두 가닥이며 그 사이의 염기들의 결합이 수소 결합되어 있어
나선형을 띄우며 "Annealing Effect"가 있어서 풀어져서 쉽게 "복제"하고
원상복구 된다. 쉽게 복제되므로 세포분열시 핵이 둘로 나눠져서 동일한

"Genome"을 갖게 되며 DNA가 쉽게 풀어지므로 한 가닥인 RNA가 붙어서 쉽게 전사할 수 있어서 "DNA"의 단백질 합성 지령을 RNA가 잘 복사(전사)하고 E.R에 전달해서 "DNA"의 지령대로 단백질 합성이 이루어진다.

그러므로 자연과학中 생물학, 화학, 생화학은 그런 구조나 구조물로 되어 있으므로 그런 작용을 하여 그런 생명현상이 나타난다라고 설명하며 그런 생명현상을 수행하기 위해 그렇게 구조가 적응하고 진화해 왔다고 결론 내려진다. 왜! 왜! 왜! 하고 물으면 과학은 처음에는 당당히 몇 마디로 설명할 수 있으나 계속해서 왜 하고 질문하면 과학은 "그 누구도 모른다."라고 대답하며 그 저변에는 그저 자연히 그런 구조로 적응되고 진화해 왔다고 사료되어질 뿐이다라고 대답하는 셈이다. '성경은! 하나님께서 그렇게 창조하셨으며 그런 창조를 행하신 하나님께 감사와 찬송을 돌리지 않을 수 없다' 인 것이다.

물리학은 에너지를 다루는 학문이며 자연현상을 다루는 학문이다. 왜 그런 현상이 있는 걸까? 그런 현상을 설명해 보려고 하므로 여러 가지로 설명할 것이다. 망원경이나 현미경으로도 보이지 않는 세계를 상상으로 "사고 실험" 할 수밖에 없다. 왜 사과는 땅 쪽으로 떨어지는 현상이 있을까? 땅(지구)의 질량이 잡아당기는 중력 때문(뉴턴)에, 사과주변의 시공이 지구의 질량에 의해 휘어져 있어서 경사졌으므로 땅으로 굴러 떨어진다(아인슈타인). 수학과 접합되어 뉴턴의 중력이나, 아인슈타인의 중력이나 유용하게 쓰이고 있지만 아인슈타인의 중력개념이 소립자의 세계나 우주의 세계에까지 더욱 잘 적용된다. 그래서 뉴턴의 중력을 아인슈타인이 확장하고 수정했다고 말한다. 아직도 어느 것이 정답인지는 확정되지 않았다.

그런 현상에 있어서 설명해 보려는 것이요 그 현상을 설명하고 수학과 접합해서 유용하게 사용할 뿐이지 왜 그런 현상이 있는지는 아무도 모른다. 사과가 땅에 떨어지는 현상은 중력 때문에 일어나며 왜 중력이 발생하는가는? 아인슈타인은 지구의 질량에 의해 우주의 시공이 휘어져 있기 때문이라고 답했으며 왜 지구의 질량은 시공을 휘게 하는지는? 왜? 왜? 하고 몇 번 더 물으면 물리학은 아무도 모르며 알 수 없다고 답한다. 자연과학中 물리학은 주로 아무도 모르며 알 수 없다가 최종 산물로 많이 유출된다.

우주가 어떻게 생성되었나? 하고 물리학에 물으면 빅뱅에 의해서 생성되었다고 말한다. 왜 빅뱅이 일어났느냐고 물으면! "우주의 알"에서 일어났다고 답한다(추상적). E 차이가 있는 두 진공의 요동에 의해서 일어났다고 좀 더 물리학적으로 답한다. 왜 진공의 요동이 생겼냐? 하고 물으면 왜? 왜? 왜? 하고 몇 번 더 연속적인 질문에 물리학은 아무도 모르며, 그 누구도 알 수 없다고 말한다. 과학의 최종적 결론은 '모른다' 이고 성경은 하나님께서 행하셨다이다. 이제 이 결론은 이렇게 변해야 하지 않을까?

과학의 최종적 결론은 정말 창조주는 계시는 걸까?

성경을 믿는 자들은 왜 하나님께서 이렇게 하셨을까?…라고.

인체의 구조와 기능을 한번 살펴보자.

육안적으로 볼 수 있는 구조中, 손과 발을 예로보자.

손-물건을 잡고, 당기기에 적합하게 만들어졌다.

발-걷고, 발로차기에 적합하게 만들어졌다.

현미경구조-간(Liver)은 주로 간세포(Hepatocyte)가 코드모양으로 밀집되어 있는데 간세포는 다른세포보다 글라이코겐과립이 많이 저장되고 미토콘드리아의 숫자도 많다. 간은 저장기관이며 물질대사가 활발한 장기이다.

심장(Heart)은 피를 펌핑하는 장기로 심근을 보면 잘발달된 평활근세포로 빽빽이 차있다. 위장(Stomach)은 점막상피세포와 분비세포(Goblet cell)가 있어서 소화액과 분비물을 배출한다.

분자생물학적구조-DNA는 "이중나선구조", 세포막은 "이중의 지질막 구조" 이런 구조와 기능을 보고 과학자들은 인간은 특별한 종이다(칼세이건).

DNA처럼 이생명의 정수를 제공하는 분자들은 독특하고도 아주 복잡한구조를 가지고 있다. 이복잡한 구조를 이해하는 것은 과학자에게 아주 매력적이다(앨버트 레닝거). 인체의 구조와 기능을 보고 과학자들은 대부분 이렇게 말하며 구조와 기능의 특별한 관계를 파헤치는데 전력투구하며 설명될 수 있으면 다 끝나는 것처럼 말한다.

그러나 성서는 욥기 11장 7절에 "네가 하나님의 오묘를 어찌 능히 측량하며 전능자를 어찌 능히 온전히 알겠냐?"이며 시편 139:13-14에서 "나를지으심이(하나님께서 이런구조로 인간을 지으심은…) 신묘막측하심이라!"라고 의미심장하게 기록되어 있다.

12. 이제 대학시절에 머리카락이 곤두서는 두 번의 경험을 독자들과 나누며 이 책을 마치려한다

한번은 "태평양전쟁"을 읽던 중이었다. 기울어져 가는 전쟁상황을 위해 일본은 미국의 군함에 폭탄을 실은 비행기를 충돌시키는 자살특공대전법(가미가제전법)을 쓰고 있었다.

이제 결혼한지 3~4개월 밖에 안되는 신혼의 일본 해군장교가 마지막 폭탄 비행기를 몰고 나가면서 그가 혼자하는 독백을 읽을 때였다. "이 세상에 남자로 태어나서 국가와 민족을 위해 죽는다해도 억울하지도 않고 기꺼이 할 수도 있다! 그러나 세상에 태어나서 人生이 무엇인지? 이 삶이 무엇인지를 모르고 떠나가다니! 그것만이 억울할 뿐이다!

그 순간 내 머리카락은 곤두섰다. 또 한번은 사람을 10여 명 이상이나 죽였던 살인마 김XX의 사형집행을 신문에서 읽었을 때다. 형집행전에 마지막 할 말이 있는가? 하고 집행관의 물음에 그는 이렇게 대답했다고 적혀 있었다. "나는 지금 마음이 평안합니다." 세상의 목사님들이여 나와 같이 방황한 자들에게 예수님의 복음을 전해주세요. 내가 진작 예수님을 믿었다면 이런 살인자는 되지 않았을 텐데…

나는 그 글을 읽는 순간 눈물이 신문 위에 떨어지며 머리카락이 곤두섰었다. 나는 예수교장로교회의 장로님과 권사님의 가정에서 태어난 모태신앙이며 의과대학본과 2학년쯤이었다. 나는 그 두 순간을 지금도 잊지 못한다. 그 때 내가 내 스스로에게 했던 질문들!

"나는 지금 人生이 무엇인지 삶이 무엇인지 확실히 아는가? 지금 이 순간 죽는다면…" 내가 지금 죽음의 현장에 있다면 "나는 마음이 평안합니다"하고 할 수 있는가? 정말 인생이 무엇인지 성경과 과학이 말하는 인간이 무엇인지에 대해서 확신이 없었다.

성경은 무엇을 말하는지? 과학의 진화론이나 빅뱅론은 무엇을 말하는지? 온통 호기심과 궁금증뿐이었으며 그것들이 내 머리카락을 곤두세워 전율케 하였다. 지금 내가 죽는다면 "나는 마음이 평안합니다"라고 그 무섭고 배움이 없는 저 살인마도 사형대 앞에서 말하는데 나는 그렇게 말할 수 없는 나 자신을 보고 통한의 눈물을 흘렸다.

'나는 의사도 되어야 하고 결혼도 해야 할 텐데…'가 내 속에서 세어나오는 소리들이었다. 적어도 김XX형제여 그대는 죽기전 나를 울리고 있소!! 나는 35년 정도 흐른 오늘! 다시 한번 두 가지의 질문 앞에 서기위해 해남의 우항리 공룡관을 방문하고 싶다. 그 공룡의 놋장같고 철장같은 뼈들 앞에서 나는 다시금 나에게 묻고 싶다. 지금 죽는다 해도 人生이 무엇인지? 삶이 무엇인지? 확실히 아는가? 죽음 앞에서도 마음이 평안한가? 나는 의대 3학년초에 첫사랑의 시련 가운데서 성경을 깨닫고 거듭난 그리스도인인 침례교인이 되었으며, 우주적인 교회의 한 지체로, 지역교회를 섬기며 그리스도 안에서 어떠한 형제, 자매와도 교통하며 살고 있다. 이제 나는 무릎사이로 머리를 묻는다.

오, 주! 예수여!(고린도전서1:2)

이 책이 나오기까지 지금까지 나를 가르치셨던 이민화교수님과 김문중 선배님 그리고 과학책의 저자들께 감사함을 올린다. 그리고 책이 출판되기까지 수고하신 군산의 선창규 목사님, 김희숙 목사님, 김승용 목사님의 사모님, 박경희 집사님, 김영진 집사님, 백종신 형제, 한경애 집사님의 큰 따님, 모두에게 이 지면을 통해 감사함을 올린다. 마지막으로 인광침례교회의 정종현 목사님과 사모님 그리고 누가출판사의 직원 형제, 자매께 감사드리며, 헌신적으로 도와주신 마루그래픽스 최선호 실장님과 새한프로세스의 이영목 사장님께도 진심으로 감사드린다.

1. 드디어 빛이 보인다 — 윤혜경 저, 도서출판 성우
2. 레이저의 이야기 – 谷腰欣司(긴지타니코쉬)저, 역:강성조, 도서출판 세화
3. 내가 듣고 싶은 과학교실–데이비드 엘리엇 브로디, 아놀드 브로디 박사, 역:이충호, 자람 기획
4. 시간의 역사 – 스티븐 호킹 – 김동광, 까치출판사
5. $E=mc^2$ – 데이비드 보더니스, 역:김민희, 생각의 나무
6. 물리열차를 타다 – 조지 가모브, 역:승영조, 승산
7. 우주의 수수께끼 – 게르하르트 슈타군, 역:이민용, 이끌리오
8. 레이저 의학 – 김웅기, 의학문화사
9. 레이저의 의료응용 – 송순달, 다성출판사
10. 특별기고문 「김정흠교수」의 양자론과 상대성이론
11. 특별기고문 「김정욱」의 과학이야기
12. 특별기고문 「우주로의 혁명과 상대성이론」– 라대일, 김성원, 김제완
13. 일반물리학 – Jones / Childers 원저, 역:일반물리학교재편찬위원회
14. 특별기고문 – 블랙홀, 박석재 교수
15. 세포생물학 – 서울대학교 의과대학편
16. 암 유전자 – G_H cooper, 역:백문기, 홍경만, 월드사이언스(출)
17. 진화의 패턴 – 로저 르윈, 역:전방욱
18. 지놈기능연구 프로토콜 – 쯔지모토, 고우조우 타나가 토시오, 유대열, 송창우, 유영춘, 박승용 공역, 사이언스북스
19. 상대적으로 쉬운 상대성이론 $E=mc^2$ – 베리 파커지음, 역:이중환, 월드사이언스
20. 세상에서 가장 아름다운 수학공식 – 지오넬 살렘지음, 역:장석봉, 궁리
21. 파인만의 여섯 가지 물리이야기 – 역:박병철, 승산
22. 아인슈타인과 뉴턴의 대화 – 하랄트 프리취 저, 유영이 역 도서출판 해바라기
23. 「거의 모든 것의 역사」 – 빌 브라이슨 지음, 역:이덕환, 까치출판사
24. 「나의 삶은 서서히 진화해 왔다」 – 찰스 다윈, 역:이 한중, 도서출판 갈라파고스
25. 「신, 인간, 그리고 과학」 – 옮긴이 이상훈, 도서출판 시유시
26. 빛이 야기 – 벤 보버지음, 역:이한음, 웅진닷컴
27. 아인슈타인 평전 – 데니스 브라이언 지음, 송영조 옮김, 북폴리오 출판사
28. 나는 물리학을 가지고 놀았다 – 존 그리번, 메리 그리번, 역:김의봉, 사이언스북스
29. 스트레인지 뷰티 – 조지 존슨, 역:고중숙, 도서출판 승산
30. 세포이야기 – 쿠로타미 아케미, 역:최동헌, 푸른 숲
31. 자연과학의 세계 I, II – 김희준, 궁리

32. 「아인슈타인이 들려주는 상대성 원리이야기」 – 정완상 지음, 자음과 모음

33. 코스모스 – 칼 세 이건, 역:홍승수, 사이언스북스

34. 빛의 역사 – 리챠드 바이스, 역:김옥수, 이끌리오.

35. 쉽고 재미있는 과학의 역사 I, II권 – 에릭 뉴트, 역:이민용, 이끌리오,

36. 현대과학의 성서적 기초 – 헨리 M 모리슨, 역:이현모, 채치남. 요단출판사

37. 우주의 구조 – 엘리건트 유니버스의 저자 브라이언 그린, 역:박병철, 승산

38. 숨겨진 우주 – 리사 랜들, 역:김연중, 이민재, 사이언스 북

39. 진화론 300년 탐험 – 세드릭 그리우. 역:이병훈, 이수지, 다른 세상

40. Laser – tissue Interaction – Markolf H Niemz, Springer

41. 위암 – 김진복, 의학문화사

42. 아인슈타인 과학혁명 100년 – 아인슈타인 전시회 위원회(2005년)

43. 「결정성경」 – 한국복음서원

44. 「톰슨성경」 – 기독지혜사